策划　苏州市园林档案馆
　　　苏州市世界文化遗产古典园林保护监管中心

苏州市园林和绿化管理局 编

苏州园林文化研究

（第一辑）

苏州大学出版社
Soochow University Press

图书在版编目（CIP）数据

苏州园林文化研究. 第一辑 / 苏州市园林和绿化管理局编 . —苏州：苏州大学出版社，2022.2
ISBN 978-7-5672-3854-1

Ⅰ.①苏…　Ⅱ.①苏…　Ⅲ.①园林艺术-苏州-文集　Ⅳ.①TU986.625.33-53

中国版本图书馆 CIP 数据核字（2022）第 009947 号

书　　名：苏州园林文化研究（第一辑）
SUZHOUYUANLIN WENHUA YANJIU（DIYIJI）
编　　者：苏州市园林和绿化管理局
策划编辑：王　亮
责任编辑：杨宇笛
装帧设计：吴　钰
出版发行：苏州大学出版社（Soochow University Press）
社　　址：苏州市十梓街 1 号　邮编：215006
网　　址：www.sudapress.com
邮　　箱：sdcbs@ suda.edu.cn
印　　装：苏州工业园区美柯乐制版印务有限责任公司
邮购热线：0512-67480030　销售热线：0512-67481020
网店地址：https://szdxcbs.tmall.com/（天猫旗舰店）
开　　本：700 mm×1 000 mm　1/16　印张：26　字数：440 千
版　　次：2022 年 2 月第 1 版
印　　次：2022 年 2 月第 1 次印刷
书　　号：ISBN 978-7-5672-3854-1
定　　价：98.00 元

凡购本社图书发现印装错误，请与本社联系调换。服务热线：0512-67481020

序　言

园林是集建筑、叠山、理水、花木及诗词楹联、绘画戏曲、书法雕刻、家具陈设等多种元素为一体的综合时空艺术，是立体的画、无声的诗。"虽由人作，宛自天开"，明代造园家计成在《园冶》中揭示了人们造园的最高哲学准则和目的，即中华传统文化中的"天人合一"。

苏州是举世闻名的园林之城，所谓"江南园林甲天下，苏州园林甲江南"。苏州古典园林肇始于春秋，发展于唐宋，全盛于明清，最早可追溯到春秋时期的吴王离宫别苑，如馆娃宫、姑苏台、渔城等；北宋时期的沧浪亭（建于11世纪）是苏州现存最古老的园林。明清时期，苏州迎来造园的全盛时期，私家园林遍布古城内外，当时有园林250余处。苏州园林历史之悠久、艺术之精湛、影响之深远，体现了中国造园艺术的最高成就，在中国乃至世界园林发展史上具有不可替代的地位。作为苏州古典园林的代表，拙政园等9座园林以其艺术、自然与哲理的完美结合，先后于1997年和2000年被联合国教科文组织列入《世界遗产名录》，成为全人类的珍贵文化遗产。

作为江南文人写意山水园的杰出代表，苏州古典园林不仅是对吴地自然山水的摹写，更体现了超越自然、再造城市山林的艺术追求。在有限的建筑空间内，文人阶层与工匠阶层联袂合作，共同打造出了立体风景艺术。作为城市居住空间，园林不仅讲究意境、空间、手法、体宜的精巧布局，更将建造者、居住者的兴趣品位融入其中，在建筑装饰、厅堂布置等方面尽显雅致追求，营造出充满诗情画意的理想栖居地。因而，在苏州古典园林精妙绝伦的自然人文景观背后，蕴含着门类多样、内容丰富的文化内涵。历代园林主人和文人雅士在此留下了讲述不完的情与事，为园林景观增添了历史与文化的厚重感。苏州古典园林的特有魅力值得我们去探寻、研究、品赏。

伴随着苏州古典园林的发展，古今文人、学者研究园林的历史也绵延不绝。古代造园家的著作，如计成的《园冶》、文震亨的《长物志》、姚承祖的《营造法原》、李渔的《闲情偶寄》等，在国内外学术界引起普遍重视。当代，童寯、刘敦桢、陈植、陈从周等先生研究苏州古典园林的专著，向世人展示了苏州古典园林的美，影响了一代代园林文化研究者、广大园林工作者和园林爱好者。

由苏州市园林和绿化管理局主办的《苏州园林》期刊自 1980 年创刊以来，始终是研究、探讨苏州园林文化的阵地，不仅吸引了多位园林专家发表真知灼见，还吸引了许多学者从不同艺术门类解读园林文化，也吸引了一代代园林工作者分享他们研究苏州园林文化的收获与感悟。大家因园结缘，共同打造了以文会友的"一方天地"，在挖掘和传播园林文化的同时，吸引更多人认识园林、走进园林、喜爱园林，让古典园林始终成为苏州文化生活圈的一大特色。

近年来，我国对于保护文化遗产日益重视。接受优秀传统文化的熏陶成为人民群众追求美好生活的重要内容。为了保护、利用苏州古典园林文化遗产，传承、弘扬其中蕴含的优秀传统文化，苏州市园林和绿化管理局持续推动古典园林的保护，建立了覆盖苏州市域范围的园林名录体系，完成了可园、柴园等 12 处园林的保护修复，积极推动园林向社会开放，让群众享受苏州古典园林保护的成果。

同时，苏州市园林和绿化管理局大力开展文化研究和文化宣传，积极传播园林文化和保护理念，探索园林文化展示的多元载体，使陈设布置更加能彰显园林的文化气质，园事、花事活动更加突出对园林自身文化的挖掘和展示；围绕园林举办的一系列主题展览帮助观众了解园林的文化内涵，形成了各具特色的园林文化品牌；注重对园林文化进行总结和提炼，组织完成了《苏州风景园林志》修编工作，全面总结和系统展示了苏州园林的发展历史、文化资源和保护管理成效，出版了一批介绍苏州园林文化的书籍，拍摄了园林文化专题宣传片，帮助人们解读园林文化。

为进一步传承弘扬园林文化，我们策划编辑出版《苏州园林文化研究（第一辑）》，将《苏州园林》期刊中的精彩文章进行整理汇编，分为园林长物、造园艺术、园史考证三个部分，对近年来苏州园林文化研究的成果进行了总结和提炼，以此抛砖引玉，欢迎专家、学者、文人雅士，以及园林工作者、爱好者共同研究园林文化，让世界文化遗产苏州古典园林焕发永恒魅力，推动苏州建成举世闻名的"园林之城"。

是为序。

曹光树

2022 年 1 月

前　言

　　苏州古典园林于 1997 年被列入《世界遗产名录》，至今年已 25 年。25 年来，苏州园林的管理者和诸多学者从未间断对其文化内涵和遗产价值的研究，更在实践中总结出一套保护、传承历史园林的"苏州经验"。为推进落实苏州"江南文化"品牌塑造三年行动计划项目任务，按照《苏州市"十四五"园林绿化和林业发展规划》关于"持续深化苏州园林学术研究"的要求，进一步增强苏州园林在国际、国内园林文化界的影响力，苏州市园林和绿化管理局成立了"江南文化·园林遗产"研究工作小组，分别从苏州园林分类保护管理、园林文化内涵、字画拓片、园林建筑原材料、石刻保护及展示等 10 个方面着手开展研究工作。《苏州园林文化研究（第一辑）》汇编出版工作由苏州市园林和绿化管理局组织苏州市园林档案馆、苏州市世界文化遗产古典园林保护监管中心等单位开展。经过多次研究、商讨，本书从《苏州园林》过往期刊中选取具有史料研究价值、代表一定研究成果的文章进行汇编。

　　《苏州园林》是研究和宣传苏州园林文化的重要刊物，受到了读者的喜爱和专家的肯定。苏州市园林档案馆藏有 1980 年至今所有的《苏州园林》期刊，内容齐全、丰富，该期刊上发表过汪星伯、张学群、叶瑞宝等园林专家、文史学者的文章。此次汇编整理精华作品，有助于加深读者对苏州园林、江南文化的认识与理解。

　　《苏州园林文化研究（第一辑）》共分为园林长物、造园艺术、园史考证三个部分，汇编了 80 篇文章，配图百余幅。馆藏的《苏州园林》期刊全部为实体书，前后跨越 40 余年。在本书选编过程中，苏州市园林档案馆做了很多前期准备工作，对《苏州园林》期刊进行了系统扫描，逐篇转换成电子文稿。书中所配图片大多来自苏州市园林档案馆馆藏的古籍、古画高清电子扫描版本，以及馆藏老照片、园林美图等，还有部分照片是由专业摄像人员拍摄补充的。

　　为保证图书质量，本书编委会成员投入大量精力对全书进行了校对，校正了别字、多字、错字、形近字误用、词语错用、标点符号差错、注释格式错误等问题。特别是针对部分期刊因年代较为久远，古文识别转换存在误差，以及部分文章存在引文出处不明确、引用内容不精准、引用格式不规范等，编委会细致耐心地通过翻原著、查数据库、多版本比对等方式进行了校对，更正差错。苏州大学出版社对本书的出版也付出了大量心血，在此表示感谢。

本书的编写得到了《苏州园林》杂志和文章原作者的大力支持。编委会充分征询作者的反馈意见；鉴于部分作者已作古，便征得其家人的同意。由于选用文章时间跨度大，有少量作者已无法联系上，请作者本人或家人在看到后及时与出版方联系，以便领取稿酬。

本书将数十位名家、学者对园林陈设、艺术、历史等方面的精心研究进行整理并展现在读者面前，是希望在弘扬江南文化、园林文化方面做一些探索，并整合园林遗产文化资源，传承古城文脉。书中难免有一些疏漏及不到之处，还望方家指正。

本书编委会
2022 年 1 月

目　录

造园艺术

苏
州
园
林
文
化
研
究

园林长物

古典园林家具陈设

文/仲国鋆

　　苏州古典园林，具有江南园林建筑古朴、淡雅、素净的独特风格，既有共性又有个性，各个园林都有她自己的美，充满着诗情画意。苏州园林之美，"若使画师描作画，画师应道画难工"。园林陈设布置包含：① 家具陈设，② 书画张挂，③ 盆供摆设，④ 建筑装修，⑤ 照明配置，⑥ 附属设施，⑦ 特殊装备，⑧ 临时安排，⑨ 备品储存，⑩ 维护管理等。家具陈设是室内布置的重要组成部分，也是提高园艺水平的重要内容之一；是一种专门艺术，也是一项学术任务。苏州园林绿化学会打算把家具陈设作为开展学术研究的题目之一，认真探讨，继承我国古典园林室内布置的艺术遗产，发扬家具陈设的民族风格和苏州特色的优秀传统，以求在实践中不断总结提高。

一

　　有建筑物，就一定要有家具陈设。"家具是屋肚肠"，没有它，建筑等于只有躯壳而无内脏。家具是室内布置的主体。这是家具陈设的必要性和重要性。

　　优秀的建筑必须陈设优良家具。犹如穿了一套好衣裳，怎能着双破蒲鞋？岂容"吴中名山留破楼，虎豹狮象夹只狗"？古典园林陈设着古色古香的家具，才能相称。一件或一套家具既可远看——粗看其整体，更能经得起近看——细看其局部。要尊重艺术规律，否则辱没了苏州园林，破坏了园林艺术感。因此，家具陈设必须坚持高标准和艺术性。

　　苏州园林家具，大多数本身就是工艺美术品，有一些是文物，有一些是普通家具。它的功能：① 实用——为游人休息而安置家具。② 欣赏——古典园林中陈设的古旧家具，是供人们参观玩赏的。③ 充实——它对丰富园林内容，提高园艺水平，加强室内布置的艺术效果有着充实的作用。家具陈设搞好了，不仅可充分展示它自身的美，而且能弥补其所在室内，甚至整个园林的不足，或起到锦上添花的作用；但若处理不当，就会产生反作用（画虎不成反类犬，或附赘悬疣，或破落萧条）。因此，家具陈设的好坏，直接反映出园林的管理水平。苏州曾经有个投机商暴发户，为了显示是个书香之家，建造了一所中国庭园别墅，搜罗了许多家具。他不懂陈设艺术，也就弄得"中西合璧，古今结合"，不伦不类，笑料百出，真是"圆凳上厅堂，搁几进闺房，太师椅相配洋沙发，古琴桌上放着金鱼缸"。只有注重与掌握了艺术规律，才能使家具陈设起到充实的作用，而不是反作用。

二

古典园林中常见的中国式（苏式）家具的名称及形式，大体上可分为：

桌类：① 方桌——八仙桌、四仙桌、小方桌和有"踏脚"方桌等。② 圆桌——大中小圆桌、双拼或四拼圆桌和"踏脚"圆桌。花色圆桌，如圆桌面、活络（方圆两用）圆桌、拆卸圆桌等。③ 半桌——有高、矮、大、小、长、短、阔、狭之分。④ 琴桌——木琴桌、砖面琴桌，也有单琴桌或双琴桌等（往往以材质、形状来取琴桌的别名）。⑤ 特殊艺术桌——梅花形桌、方套桌、七巧板拼桌、石桌、砖桌、瓷桌、竹桌等。

几类：指短或小的桌子，也指狭长而比较高大的桌子，亦指小而高脚桌样（有圆形、方形等）的几。有搁几、条几、香几、案几、天然几、花几、炕几（专指炕床的几，把炕床隔成两部分，两侧的人隐几而卧，炕几上可放置物件）、茶几和特殊艺术几——套几、小几、拼几、大理石面几等。此外，案与几有的是异名同物，如狭长的桌子称为案，有案桌、书案、案台、香案等；又如架起来的搁板称案板、搁几等。

椅类：太师椅、圈椅、靠背椅——分一统式的、高靠背的、低脚的和长靠背椅等。还有特殊艺术椅和特殊材料椅，如官帽式椅"双龙戏珠满天星""狮子滚对铺地锦"、大理石镶嵌椅、天然树根椅等；又如竹椅子、石椅子等有靠山坐具。

凳类：方凳、长方凳（骨牌凳、杌子）、长凳、圆凳、春凳和特殊工艺或专门功能的凳——作凳、小矮凳、石凳、瓷墩等。

台类：台也可并入桌类，但也略有区别或异物同名。写字台、梳妆台、镜台、书画工作台、房里抽屉台和特殊艺术台——百灵台、千抽屉台等。

橱类：书橱、镜橱、衣橱、五斗橱、箱橱、架橱、碗橱，以及特殊收藏或陈列橱——什锦橱、姐妹橱等。

柜类：衣柜、钱柜、书画柜与特殊功能的柜，如古代的腰带柜、玩物柜（专门藏放供人玩赏物的器具）、楮墨柜（收藏书画的器具）、旧式床头柜等。

榻与床：包括泛指卧具的"枕席"，如竹榻、"竹夫人"、藤榻、板床、棕垫床、木炕床等。

还有箱、笼（板箱、竹箱、书箱、笼屉、帽笼等）以及盆、桶、架、盒、匣、镜奁之类的器具用具。

此外，木雕艺术为家具装饰，各种家具都可饰以雕刻，有的还用金银丝、玉石、螺钿、翡翠、象牙等镶嵌。苏州的红木雕刻，具有民族艺术传统，且有独特的地方风格，被誉为苏式雕刻。其造型简练，以线为主，做工精细，整体典雅。简、线、精、雅，就是她的艺术风格。关于古旧家具的形态和材质，一般来讲形式与质量是统一的，表里一致。大多采用坚硬、优质材料，如红木、楠木、榉榆树、柏树等，也有以黄杨、银杏等为辅助木材的。

古旧家具的一般特点。明代家具：① 就地取材，以苏州的优质树木为多，但亦有选用红木的；② 造型和起线，简练朴素。清代家具：① 选用外地名贵木材为多，如楠木、紫檀（红木）和花梨木等；② 精工雕刻（花鸟、山水、人物、戏文等各种花纹图案皆有，凡是精品，莫不巧夺天工），大多的造型比较轻巧，但也有少数造型厚重。清末之后的家具：① 逐渐洋派起来，五花八门；② 注重表面，华而不实（粗制滥造，偷工减料）。关于古旧家具的鉴别、格式造型等的研究以及修理、揩漆的技工，现在（苏州）几乎到了人亡艺绝的险境，正在"抢救"，加速培养接班人。

三

园林家具陈设的基本要求：

一是合理与适当，符合历史面貌与艺术风格；合适，要与庭园建筑的特点相适应，以求珠联璧合，相得益彰。合适，要与整个园林风格（包括时代特征、地方特色）相适应，力争水乳交融，相辅相成；合适，要与原来的（使用家具是生活上的）需要相适应（但也不必强求在古典园林里所有家具陈设都恢复旧观，而可抓住重点与一般结合）。对有代表性的室内空间进行精心设计和布置。

苏州园林的厅堂、楼台、亭阁、斋轩、榭舫、馆廊等都具有一种古色古香、婉约轻盈的美感。

厅堂的家具陈设，要用典雅厚重的大家具。① 充满古朴的气息，显示浑厚隆重、安详庄严的气派，有厚度，有分量，切忌小而轻薄，也要避免笨重。② 优美、淡雅而大方，避免片面追求富丽堂皇。③ 左右对称陈设，整齐清洁。④ 保持旧式规模（苏州格调）。如四面厅以外的厅堂，正中放置天然几、方桌（正中必须对准甬道），左右太师椅、茶几（一般与庭柱相平），两侧靠墙壁放方桌、靠背椅或太师椅。最好是一堂明代或明式的家具。不宜放长凳、圆凳（若放圆桌，宜用两拼圆桌，一分为二地放置在两边靠墙，作半桌使用）。

书斋的家具陈设，要用精致的中小型家具。①"书当快意读易尽"，洋溢着闲静的感觉，畅快、安逸、舒适的情致。切忌家具大而多，"土地庙里坐金刚""叠床架屋"。② 清秀而雅洁，窗明几净。"其味要沾，不淡不浓，适其甘美"。③ 可对称也可不对称陈设，但主次从属，散而不乱，脉络分明，层次清楚。④ 传统式地酌情陈设家具，如布置成一套明式或清式的书房，书案、卷架、几椅兼而有之。若是大房间，增配书箱、书橱之类。小型斋轩则要清雅精丽、轻巧玲珑。如是斗室，宜仅置一二桌椅，或配琴桌也是适合的。

其他楼台、亭阁、馆廊，皆可以此类推。家具陈设因不同建筑而异，酌情处理。如走廊里不宜放家具，但在特殊的廊下欣赏点，可以置圆石凳和瓷墩。又如不宜布置璇闱，因过分华丽的室内，与苏州园林淡雅风格不相称。

二是家具陈设的四大统一，统一了就能形成一种艺术风格，耐人欣赏。① 要与建筑物的作用功能相统一，例如走廊里不能放太师椅（妨碍走的"挡路虎"），闺房勿缺梳妆台和床（要名副其实，不能"搁几进闺房"），大厅不置床榻，不能"圆凳上厅堂"（指正厅、正堂）。② 一堂家具的规格、造型要统一。这是关键的问题，必须配套成龙。有七忌：一忌错落不齐。是指反常破格，大小不一，如一堂椅子，有大有小，出现"尖"字；高低不称，如矮椅伴高桌，出现"卡"字。二忌滥竽充数，应用了蹩脚货，鱼目混珠。"长得俏来才是俏，打扮俏来惹人笑。"不是优异的精品，禁止"登堂入室"。要在"将军当中选将军"，不可"矮子里头挑高个儿"，避免一般化。三忌残缺不全。配套必须一应俱全，少了就像三毛的头发，孤单零落。也不能变成苏州西园寺罗汉堂里的疯僧塑像——"十不全"。要避免"破落户"。四忌画蛇添足，如一室配两堂家具，或四椅为一堂的，而配十二椅。如今多配坐具较普遍，片面认为多比少好，或宁多勿少。要避免"暴发户"。五忌古今结合。不能"古琴桌上放着金鱼缸（有机玻璃）"，谁喜欢？六忌中西合璧。如"太师椅相配洋沙发"，格格不入，真难看。七忌瑕瑜互见。如乱补缺，"缺仔酱油放了醋"。或修补的材质相殊太大，"红木桌子杨树脚""紫檀几面杉木补"。再如雕刻的花纹图案是"黄牛角，水牛角，各归各"，没有外形的统一或内在的联系。③ 各件家具的位置与陈设的总体布局相统一。要有格局，讲相称，不可任意摆布。注意"疏朗多空余"，"虚中生静，静中生趣"，室内交通路线要端方少曲折。各件家具的距离与间隔，皆有规格，各得其所。如厅堂里：紧靠屏门天然几，左右对称太师椅，两桌切忌并排摆，当眼边角放花几。一堂家具一幅画，堂堂家具见风格。④ 家具的色调与室内建筑装修的色调相统一。必须是一色，不可五光十色。切忌大红大绿，五彩缤纷（淡雅素净与画栋雕梁、富丽堂皇的风格截然不同）。一般要以生漆原色、紫檀色等为主要色调，从而显得典雅，突出优良的质感，增加室内古朴、素静、闹中有静、实中有虚的安宁舒适气氛。

三是固定性与临时性相结合，以求静中有动，固定而又有变化。一般讲，厅堂里大型的家具陈设比较固定，年复一年的静止状态；中小型家具和楼台亭阁的家具陈设，随着生活的需要或季节变化尚有临时性的变动。如赏菊，堂馆可增加方桌或半桌，或花几，陈列盆菊。如赏月，在廊下或露台上，临时布置家具。再如春时夏季，在木香棚、紫藤棚下增设石台、瓷墩等。

此外，园林茶室、餐厅、卖品部、书场、冷饮室和休息场所等一切服务设施，所有家具、用具要整齐美观，保持高标准的清洁卫生。它的对立面：① 残缺破旧；② 规格不一致；③ 没有合理布局，杂乱无章；④ 不随时整饰，藏垢纳污；⑤ 餐具、茶具消毒不严格，痰盂、废物箱设置不当。

四

家具陈设要与室内其他布置求得协调，不能唯我独尊、同室操戈。其他布置也不可来个分庭抗礼。如苏州园林门窗较多而壁面较少（但粉壁明净雅洁，磨砖镶砌得亦皆细致、朴素而美观），且室外景物幽美，因此书画张挂要少而精。又如盆供摆设，亦要讲求格局，少而精，"室雅何须大，花香不在多"。彼此必须浑然一体。搞好以家具陈设为主的室内布置，精在体宜，方能具有鲜明的苏州园林风格。保持她固有的美，提升她现在的美，创造她未来的美。

（原载于《苏州园林》1980 年全年 1 期）

古桩雀梅镇园宝　盆艺大师传世作

文/左彬森

　　若有人问你苏州盆景的代表作有哪些，你一定会列出"秦汉遗韵""盆景王""苍干嶙峋""巍然侣四皓""一枝呈秀""醉欲眠"等一连串的景名，它们都在国内外和江苏省的盆景展览中，为苏州盆景赢得了荣誉。唯独"雀梅王"老虎不动身，坐镇虎丘，人们只能闻其名声，观其照片，不到虎丘，就不能一睹那传奇般的风姿。

　　"雀梅王"是一棵有四百余年树龄的古桩雀梅，已经枯朽的主干，直径达40厘米，高1米有余，冠径约3米，种植在一只长2米、宽约1米，用6块汉白玉石板制作的盆内。整个盆景重约2吨，可谓苏州盆景中的"庞然大物"，它苍劲古朴，老而弥健，那半爿枯朽的主干向右横斜出盆，虬干老枝上依然枝繁叶茂，溢翠吐绿；根盘后侧有一枝干向左上方昂起，以次代主，枝叶纷呈。整个造型正反两面皆可观赏，形姿俱佳，正面树冠如猛虎伏地，反面枝干则若蛟龙腾起，气势非凡；在同类树种中，可称作难得之珍品。

　　然而，"雀梅王"作为盆景的栽培历史，却是上述盆景中最短的，说来至今才二十余年。1971年初冬，新民苗圃周福金提供了吴县官桥一棵大雀梅的女主人已死、小辈愿意出售的信息。当时园林部门的负责人徐伯勋、朱子安、庞志冲、王钰珍及笔者，驱车前往周福金处，由他带我们步行到天池山西北侧的官桥。这棵雀梅生长在其主人家门前河边的小桥处，藤蔓陡长，枝叶茂盛，冠径达五六米，能看到根部枯朽的主干，只有行家之慧眼，才能鉴别出这是制作盆景的好材料。实际上，我们对这棵雀梅早有所闻，只是女主人迷信，说是她们几代人平平安安，全靠这树保佑，执意不肯卖。现主人逝去，儿子图个实惠，以160元购辆自行车的价格谈妥。

翌年三月，朱子安、庞志冲等人到官桥实地起运。朱子安先大刀阔斧地锯截，剪除无关紧要的枝条，几乎只剩一个树桩，然后再叫工人挖起，用船装至苏州留园，假植在南花房门口北侧的地上。种植时，按照造型构思，将主干侧斜，取其斜势，即成现在主干横斜之形。

在朱老的精心养护下，树桩很快萌芽，经过剥芽、选芽，入秋即进行攀扎造型，奠定了它的雏型。又经过一年多的整形修剪，成型后于1974年3月上盆，并置于留园盆景园内显要位置。端庄古朴的树桩，典型的苏派盆景风格，显示了它的艺术魅力，令参观者和同行称赞不已，誉之为"雀梅王"（图1），从此广为传闻。曾有一名日本商人看到后，愿以10辆轿车调换，被朱子安婉言谢绝，其身价不言而喻。

图1　朱子安作品"虎踞龙蟠"（雀梅王）

1982年9月，位于虎丘山东南麓新建的万景山庄定于10月1日开放，展品全部由朱子安从拙政园、留园盆景园中挑选。"雀梅王"无疑是主要角色，乔迁之时，留园拆掉了一段围墙，"雀梅王"由运输公司用吊车装上平板车，才得以安全运抵，从此成为苏州盆景专类园内的镇园之宝。

"雀梅王"从挖掘、养坯、攀扎、造型到上盆的全过程，都是由我国著名盆景艺术大师朱子安完成的。朱老的盆景艺术享誉海内外，他的作品成千上万，而"雀梅王"当然是其中佼佼者，是朱老的代表作。与获全国特等奖的圆柏"秦汉遗韵"，一等奖"苍干嶙峋"及"巍然侣四皓"等作品比较，其在树种、攀扎技术、造型艺术方面，是地地道道的苏州盆景风格，更具有代表性。

后记：1996 年，笔者请苏州著名书画家、朱子安的挚友王西野先生赐予景名，王老给题了"虎踞龙蟠"这个气势磅礴的景名。

（原载于《苏州园林》1992 年全年 1 期，有增删改动）

网师园的家具和陈设艺术

文/濮安国

网师园的家具和陈设,是江南私家园林的一大特色。从一件件几、案、椅、桌,到一堂堂家具的陈设及室内的布置,皆蕴含着无比深邃的文化内涵,典型地反映了江南明清时期私家庭院的基本面貌。因而,这座具有一定代表性的古典园林,在园林甲天下的苏州,显得出类拔萃,更加引人注目。

这里,我们可以先从网师园内珍藏的几件明清家具说起。

一、鸡翅木双座玫瑰椅

椅长 109.5 厘米、深 51.7 厘米,通高 96.2 厘米。所谓双座,是指可供两人一起坐的一种椅子。明式扶手椅中作如此形式的未曾见第二例。此椅靠背、椅盘皆呈双联状。椅背、椅盘和两侧扶手,均设券口牙子,牙子饰阳线钩回纹。靠背和扶手的牙子下端落在桥梁档横栿上,造成玫瑰椅的最基本式样(图1)。桥梁档两端下弯处则直接与椅盘贴近,中间高起处透亮,表现出与一般玫瑰椅横栿下嵌结子或矮柱的做法有所不同,其造法更为简练。椅盘下的牙子端头落在踏脚档上,档下又有桥

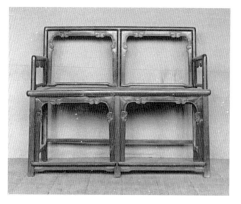

图1　鸡翅木双座玫瑰椅
（苏州市园林档案馆藏）

梁档牙条，上下呼应，协调统一。双座玫瑰椅造型简洁明快，隽秀大方；用材合理，工艺精良，处处以典型的明式造法为准则，是一件非常独特的珍品。

二、黄花梨夹头榫小书案

这是一件似乎貌不惊人的旧家具，由于长年累月被人们用来作为寻常家具使用而显得特别"旧气"。也正因此未经擦漆保护，至今仍保持着古物的旧貌。此案长108.5厘米、宽65.3厘米、高82.5厘米。案面边框起大倒棱压平线"冰盘沿"。面板下置托档三根，左右二根作出榫。四圆足着地，前后两腿间安置椭圆形的双枨，腿上部与面框相接处采用夹头榫做法，结构简明、单纯，造型古朴、典雅。此案与现藏南京博物院、原藏雷允上药店的万历年制夹头榫书案大致相同，后者铁力面心，尺寸稍大，有题识。我们不难发现，这类朴素无华的"书卷气"十足的小书案是当时苏州地区较为流行的家具品种之一，深受文人学士的青睐，是明清时期最有特色的文人家具之一（图2）。

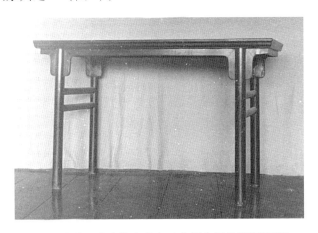

图2 黄花梨夹头榫小书案（苏州市园林档案馆藏）

三、紫檀鼓腿膨牙条桌

此桌长105厘米、宽42厘米、高98厘米，束腰起洼线。采用明显鼓腿膨牙的条桌，在明清硬木家具实例中也很少见。由于腿间不设横档，故腿与面框的结构特别讲究。榫卯制作科学合理。牙板轮廓作连弧状，并起阳线如意纹，线形饱满、纯圆、顺滑，精工细作。腿部也作相应的曲线，脚做成内翻马蹄卷云纹，故形体富有变化（图3）。此条桌造型别致，手法新颖。此桌共有二件，规格尺寸相同，可供成双配对使用。

除上述三件以外，网师园内收藏的珍贵明清家具还有紫檀搭叶平头画案一件，紫檀双门圆角橱一件，鸡翅木特长平头案一件，鸡翅木文椅（图4）一件，鸡翅木两式画桌和小方桌各一件等。这一件件明清家具，不仅是贵重的历史文物，而且大多还是稀世艺术珍宝。苏州是明式家具的重要产地，我国古代硬木家具的优秀传统，在这里发展到了它的历史高峰。我们从网师园和其他园林中珍藏的这些明清家具中，完全可以清楚地看到这一光辉的历史，从中体察工匠卓越的技艺水平。

图3　紫檀鼓腿膨牙条桌（苏州市园林档案馆藏）　　　图4　鸡翅木文椅
（苏州市园林档案馆藏）

明清硬木家具兴盛发展的时期，也正是苏州园林营造旺盛的时代，园林建筑物内的陈设需要，园林隐逸生活的旨趣，都对明清硬木家具生产和艺术风格形成起着直接的作用。故而，明清硬木家具，最讲究用料材质。黄花梨、紫檀、鸡翅木、铁梨木等，都是名贵的优质硬木，这些木材质地坚密细致，花纹色泽美丽。当时园主以及文人的喜爱和倡导，使苏州生产的明清家具在充分发挥材质自然美属性的同时，更多地融进了特有的文化气息。尤其是明末清初时期，明式风格发展到了极致，成了中华民族物质文明的一个重要象征，在世界家具史上也自成一系。

清初以后，由于上述这些木料日益稀少，家具用材更多地改用来自南洋的红木。由此，高级的红木家具很快成为清代中期以来最多最贵重的家具，网师园中品种最丰富的也是红木家具，且多成堂整套，特别惹人注目。由于园林生活本身有着特定的内涵，是人们对理想环境的一种追求，故这些家具的实用功能和装饰效果也总是保持着高度的一致性。由此，人们从这里可以获取一种物质生活和精神生活高度统一的和谐之美。

在网师园的万卷堂大厅内，园林管理部门按照历史原貌，陈列了一堂红木仿明式家具，以营造历史感，并透过明式家具的艺术风貌向人们传递更多的传统文化信息。这一陈设的匠意无疑是经过深思熟虑的，也取得了良好的效果。一般来说，大厅平面广阔，立面高大，整体形象雄伟庄严，是园主典礼、宴请、聚友、议事的主要场所。因此，网师园大厅的陈设在手法上仍保持了左右完全对称的格局，突出大厅中央正面的天然几、供桌和方桌、太师椅，正面居中的匾额、堂对、楹联也都具有画龙点睛的作用。加上空间悬挂宫灯，壁面系挂云石镶嵌条屏，形体方正、工艺考究的红木仿明家具，使大厅的氛围更加祥和、静穆、庄重。

今天网师园各个建筑物内的家具，大多是历年来不断收集收藏的历代精品，如红木嵌粉彩瓷面方桌、红木仿竹纹棋桌、红木插肩榫小分案、红木嵌黄杨结子琴桌、红木嵌瘿木面扶手椅、红木绣墩、红木鼓式大圆台、红木嵌大理石五屏榻等，依旧根据传统的陈设规范，陈列在各厅堂馆榭内，不仅突显了这些建筑空间鲜明的个性和特色，而且通过整体的陈设设计，相互贯通、呼应，营造了居室生活的古典情调和气氛。我们不难想象，若没有这些家具作陈设，室外"山清水秀""奇花异木"，室内却"空空如也""一无所有"，那不免产生凄凉寂寞、衰败苦涩的感觉，令古典园林因缺乏生活气息而减色。至今，我们从网师园的家具和陈设中，看到的是物质生活的无比充实和舒适，文化生活的无限丰富和高雅。园中的家具和陈设对于昔日的主人和今日的旅游者，都是一种美的陶醉，美的升华。

（原载于《苏州园林》1995 年第 2 期）

太湖石特性之观照

文/寅是

　　太湖石是被湖水长年冲刷而成的，玲珑剔透，变幻多姿，被中国文人、艺术家精心审视和挑选后移置于园林之中，如三山五岳，百洞千壑，远近风物，咫尺千里，隐隐然有移天缩地之意，幽幽然得山水之真谛。太湖石是自然造化的抽象雕塑品，具有线条飞舞跌宕，块面虚实凹凸之美。然而，中国文人钟情于太湖石，主要还在于它蕴含更深的文化意味。

　　太湖石静穆、独立、坚固并具有永久性，具有隐逸的象征。它是坚硬的，但是，造型变化又是被柔顺的湖水塑造出来的。古人认为天地万物的"有"和"动"，最终都要归复于"虚"和"静"。人们在观赏太湖石的静态之时，便能感到水的虚无。太湖石有阳的朝向又有阴的存在，为此而产生的一呼一吸，正是物质有阴有阳的自然本性。"盈乎天地之间无非一阴一阳之理"（《朱子大全·易纲领》）。所以说，江南园林中几乎园园有太湖石，它不仅渲染园林山水气氛，而且凝集着园主的情与爱。

　　中国文人这种对太湖石的钟情，是把自己的生活法则同自然物华统一起来，也是他们处世的一种心态。中国人以柔为美，以秀为才，以清为高，以孤为奇，以淡为雅。只有这种境界的实现才能使人的心境保持平和。这不仅是文人们有意识的追求，而且是给自己的生活观念涂以色彩的一种激动之情，是将它转变成自己内在的一种创造。

　　中国古代文人对太湖石的运用可追溯到两千多年前的战国时代，晋唐以后，文人爱石、品石，已成为一种稳定的文化传统，并迅速在江南大地（太湖石主要产区）上发展起来。

　　对太湖石选择亦有一套审视品评的标准。郑板桥对此颇有研究，在《题画·石》中说：米元章论石，曰瘦、曰皱、曰漏、曰透，可谓尽石之妙矣。东坡又曰："石文而丑"。一"丑"字则石之千态万状皆从此出……

归纳起来，品评太湖石，基本上可用皱、瘦、漏、透、清、丑、顽、拙八字来概括。皱，指石身起伏不平，能看出有节奏的变化；瘦，指石的整体形象苗条多姿，风骨磊磊；漏，是指石身里边有孔穴上下相通，脉络连贯；透，指玲珑多孔穴，前后能透过光线。而清、丑、顽、拙则侧重于对石的整体气势的品评。清者，具有阴柔的秀丽之美；丑者，富有奇特的滑稽感；顽者，指有坚实浓厚的阳刚之美；拙者，富有质朴、痴阔之感。

历经沧桑保留下来的太湖石，其个性多经前人品评，均有较强的拟人风格。在我国文化史上，庄子无为浪漫、整日逍遥优游过着隐士生活，曾经是许多文人雅士仿效的对象。一些满腹经纶、修养很高的士人不愿为官，逃遁园林之中，而太湖石大量地被文人用作园林中的主要景致来观赏，反映了太湖石作为一种人格化的载体在中国文化中得到普遍的认可。

其实，中国文人的内心世界确实包含了一些太湖石中的皱、瘦、漏、透等的特性。这是历史因素长期沉淀在他们心灵中的烙印，是与文人的心灵沧桑、历史渊源分不开的。我们知道很多中国文人无论是在政治上、还是在仕途追求上往往挫折不断，壮志难酬，但是他们又不甘于这样的境遇，而当他们逃遁于自然中、园林中，自然天性就得到了满足。他们心灵深处的和谐，以及整个宇宙的和谐，这两者之间的和谐依然那样完美无损地存在，以之为基础的社会理想也因此而得以完善和延续。

太湖石中的人格因素使中国文人在历史发展中经常面临的一个巨大矛盾得以解决：一方面他们必须在超世出俗中保持自己的独立人格；另一方面，又要与周围保持充分和谐，才能维护和实现自己阶层的一切理想。只有当他们的心境保持平和，以"吾道""太和"为滋养，以园林中的太湖石等作为自己人格的象征，从此类自然之物的特性中感悟其与自己心灵的共鸣，才能"圣人达自然之性，畅万物之情……故心不乱而物性自得之也。"（《老子道德经》）也就是说，中国文人的悲剧基于人的内在生命意识的觉悟，一方面情操洁行使文人在现实功利中感到失落；另一方面，则是这些失落者向自然之"道"回归与逃遁，并通过移情于物而得到展开，保持自己的人格。

白居易说："水能性淡为吾友，竹解心虚即我师。何必悠悠人世上，劳心费目觅亲知。"又云："回头问双石，能伴老夫否？石虽不能言，许我为三友。"（《双石》）。历史上爱石如命的米芾，对着石穿好礼服拜于庭下呼石为石兄、石丈，成为千古佳话。现在苏州怡园还有拜石轩，就出自这一典故。

　　他们把人类灵魂的依托提高到这样的境地：尘世的思想与其说是被抛弃，还不如说被升华，从而达到心景两忘，物我俱化的超然境地……

　　江南园林中尊尊太湖石，不论是硕大伟岸，还是纤小精致，不论是供奉在厅堂的几案上，还是坐落在庭园的花丛竹影中，都以凝固的方式体现了一种寓情于景而情愈深的艺术效果，也是一种返璞归真的自然之美的高度概括。

　　这种永恒和谐的宇宙观，不仅建立在景物与审美感受相契合的基础上，而且深刻地根植于中国文人的人性之中。

（原载于《苏州园林》1995 年第 3 期）

《"二王"法帖》 风流千古

——记留园"二王"书条石

文/陈凤全

留园的书条石，内容丰富，镌刻精美，是不可多得的艺术珍品。这些书条石，有一部分是园记、诗词、题跋，但数量最多的，当推历代名家法帖真迹和旧拓本。

留园法帖，主要由《仁聚堂法帖》《一经堂藏帖》《宋贤六十五种法帖》《含晖堂法帖》《"二王"法帖》等所组成，目前计有三百七十多石。内容选自晋代钟、王至唐、宋、元、明、清南派帖学诸家，从中可以看到历代书法家继承和弘扬书法艺术的概况。而所有法帖之中，最为突出的是董刻《"二王"法帖》。

"二王"是指晋人王羲之、王献之父子二人，他俩的书法经后人摹勒于木石，作为学习书法艺术的范本，代代相传，称为"'二王'法帖"。王羲之草书浓纤折中，正书势巧形密，行书遒媚劲健，千变万化，纯出自然，在我国书法史上有继往开来之功，固有"书圣"之称。存世传本法帖有《兰亭集序》《乐毅论》《十七帖》《奉橘帖》《快雪时晴帖》等。王献之为羲之第七子，善正、行、草书，幼学父书，次习张芝，后改制度，遂自成一家，与父齐名。梁武帝《书评》云："王献之书，绝众超美，无人可拟。"唐张怀瓘《书断》论其行草书，以为"兴合如孤峰四绝，迥出天外，其峭峻不可量"。又谓："灵姿秀出……或大鹏搏风，长鲸喷浪……意逸乎笔，未见其止。"存世书迹有《鸭头丸帖》《洛神赋十三行》《中秋帖》《送梨帖》《地黄汤帖》等，最为脍炙人口。

留园"二王"帖收有《奉橘帖》《快雪时晴帖》《鸭头丸帖》《地黄汤

帖》《送梨帖》等著名法帖。法帖前以龙舒石刻右军大令像为卷引，人像线条流畅，风韵传神。米芾云："《右军》笔阵图前有自写真，今虽不复见，观此亦足以想其仿佛。"东里周子中云："心慕二公之人品则瞻之在

前，手追二公之墨妙则忽焉在后。"故并取而刻之以为卷引。《"二王"法帖》上卷第一帖为《破羌帖》（图 1），也称《王略帖》，此帖收自米芾宝晋斋旧帖。宝晋斋帖题云："晋右将军、会稽内史、金

图1　留园《"二王"法帖》　王羲之白描像《破羌帖》（部分）（苏州市园林档案馆藏）

紫光禄大夫，王羲之字逸少，书王略帖天下法书第一。"又云："笔法入神奇绝，帖与王仲修学士家稚恭帖同是神物，有开元印，怀充跋，故以冠诸帖首。"今留园"二王"帖也学米芾，以此帖为首。不同之处在于，留园"二王"帖只集"二王"法书，而历代名家题跋皆作省略，不入帖内，对于法帖的点评，悉放在释文之后，让学者自己去慢慢品尝。

留园"二王"帖今置于园林中部、闻木樨香轩爬山廊一带，这些书条石的刻制还有一段来历。明代嘉靖年间吴江松陵人董汉策精于摹拓，为当时的铁笔高手。一日与苏州著名文人彭年（字孔嘉，号隆池）谈论法帖，认为江阴汤世贤所镌木刻《"二王"帖》四卷稿本"摹勒固佳，惜其木本拓时燥湿难调，过燥则滋腻之态失，稍湿则浸蚀之痕透，是以抚卷者有遗恨焉。"欲以江阴汤氏本摹刻于石。彭年当即表示，如董氏能刻，一定为其书写释文，以便学者。董氏虽欣然有志，但工费浩繁，不能速办。岁月蹉跎，彭年先生已作古。嗣后又过了多年，彭年的侄儿彭履道与董氏相遇，董以曾与其伯父有旧盟请求彭履道，彭怅然兴怀，遂取以前的释文校订改正书写，以赎伯父生前之信约。

董刻《"二王"法帖》系从江阴汤氏本翻刻而来，不同之处在于汤氏本为木刻，而董刻则为石刻。汤氏《"二王"帖》刻于明嘉靖二十六年（1547），至今木刻早无存，就是其拓本亦难寻觅。董刻《"二王"法帖》始刻于明嘉靖四十年（1561）至万历十三年（1585），历时二十五年方始刻成，真可谓工费浩繁。内容收自江阴汤氏四卷稿本，经董摹勒，厘为六

卷。增入《兰亭》《黄庭》《曹娥》《画赞》《乐毅》《宣示》《洛神》七种为首卷，以备书家真草之全，释文三卷为当时名家彭履道所书，又增目录于前，以便观览。至清代嘉庆时，书条石虽为寒碧庄刘恕所有，其首卷亦轶，而《"二王"法帖》已残缺剥蚀十居二三。刘恕爱古，不遗余力，经努力补缀，得为全璧，遂分上、中、下三卷，计151帖。原帖大部分收自《淳化阁帖》，另有少量的《长沙帖》《薛氏帖》《宝晋斋旧帖》《赐书堂帖》《豫章帖》《淳熙续帖》等。刘因补缺又从《玉烟堂》《泼墨斋》《墨池堂》《余清斋》《戏鸿堂》《戏鱼堂》等帖中补入《廿八帖》《何如帖》《益州帖》《盐井帖》等十五帖。又从其先君亲手抄录的翰墨五册中，把所缺《积雪凝寒帖》《来禽帖》《毒热帖》《谢光禄帖》四帖补刻于释文之后，成为全璧。

刘氏以后，园为常州盛康所有，石刻亦属盛氏。抗日战争中，园为军队所占，其时花木枯萎，墙倾壁倒，石刻也遭受严重损坏。50年代留园虽经整修，古园丽色重新，但书条石之事，非朝夕就能补缀至臻，当时迫于时间人力，只能稍做整理，以便观览，没有进行系统有序的整理，在安置时也不够规范，排列稍有混乱，造成个别法帖前后衔接不通的现象。现经统计，留园《"二王"法帖》除上卷右军书57帖22石不缺外，中卷右军书50帖尚存42帖，存17石；下卷大令书44帖尚存36帖，存19石，释文三卷今也不全。累计留园《"二王"法帖》上、中、下三卷存58石，存帖135，目录存2石，释文存18石，共计存78石。

1995年暮春，留园职工在"东园一角"移植一株瓜子黄杨时，从其树下挖出一方法帖残石。石宽约30厘米，长约27厘米，厚约10厘米，石面左上方缺一小角，右下角斜断面缺损较大，经洗净后可以看出系董刻《"二王"法帖》残石——《朱处仁帖》和《盐井帖》。石刻虽残缺损泐，石面石花斑斑，并有长条利器划痕。但字迹大多可辨，《朱处仁帖》约缺9字，《盐井帖》约缺3字，可能是残缺剥蚀严重，为刘恕所弃，但和刘恕后来从《余清斋帖》所补二帖比较，法帖质量明显不同。残帖出自《淳化阁帖》（原释文注明），字体流畅，飘若游云，结体准确，线条细腻秀美圆润，章法达到了完美的结合，体现了飘俊飞扬、逸伦超群的魏晋风度。而所补《余清斋帖》和原帖相比，虽文字完整，但在神韵、线条、结构、章法上都稍欠佳，显然法帖因反复翻刻，已严重失真。字体和《淳化阁帖》相比，也明显有大小区分，个别字可以看出是漏落后再增补添上，这和王羲之信札中冲和飘逸、连绵不断的行草风格也相差甚远。残帖虽有损泐，但其书法艺术却肯定远胜刘恕所补之帖。

　　这方残帖背面，石面平整，又刻有数行草书，董氏以摹拓为业，为节省石材，两面皆用来镌刻法帖，情有可能，此法在历代坊间翻刻者中并非为董氏独创，由来已久。那么现存于留园的董刻《"二王"法帖》石刻背面是否皆有文章？那些石刻背面所镌刻的会不会就是董氏所增补的首卷七种法书呢？相信总有机会能搞清楚的。

（原载于《苏州园林》1997 年第 1 期、第 2 期）

云林画本世无双

——倪瓒《狮子林图》欣赏

文/董寿琪

　　狮子林是江南现存唯一的一座始建于元代（元至正二年，即 1342 年）的园林，和沧浪亭、拙政园、留园并称为苏州四大名园。狮子林既因景色幽奇而吸引四方游客，也以深厚的历史文化积淀而享誉天下。特别是初创时，由于画家的参与，不但为这座名园的发展奠定了基础，也对明清时期画家热衷于造园起了导引作用。

　　据《吴县志》记载，狮子林始建时，主持者天如禅师惟则好叠石，曾邀请"朱德润、赵善长、倪元镇、徐幼文共商叠成，而倪元镇为之图"。朱、赵、倪、徐四人均是当时有名的画家。朱为苏州人，赵、徐两人长期寄寓苏州。倪虽家在无锡，但常常来苏州探视友人。可见画家介入造园，在苏州地区是由来已久的事。关于四位画家参与狮子林叠石的方式和细节，因年代久远，史料阙如，迄今无从详考。但这些画家和狮子林的关系已成为园史的重要一页。尤其是倪瓒笔下的图画，艺术地再现了这座佛寺园林早期的淡静风貌，是苏州园林山水画中脍炙人口的一件名作，也是狮子林日后声名远播的重要因素。一幅名画和一座名园有如此紧密的关系，在苏州造园史上鲜有他例。由此可从另一个侧面，即个案范本的角度来体认绘画艺术和造园艺术的关系。其实为狮子林作图的画家甚多，最早有朱德润，其后有倪瓒、徐贲、赵元、文徵明、查士标等人。朱图早已不知下落。徐图即十二开的《狮子林图册》，后也入藏清宫，现藏台北"故宫博物院"。虽以同一题材作画，但其他诸家的作品都不及倪图的影响。究其原因，恐怕在于倪瓒的画品不但展示了一种难于企及的艺术个性，同时也标举了一种卓尔不群的人文精神。

倪瓒出身于江苏无锡梅里祇陀村一个富豪家庭，初名珽，字元镇，号云林，别号甚多。其生年学术界一般认为是元成宗大德五年（1301），但近年也有人提出1306年一说。卒年为明洪武七年（1374）。他身历元明两朝，但主要生活在元代，因此都把他视为元代画家，列入"元四家"之一。

他性好洁而迂僻，自称倪迂，懒瓒，终身不求仕进，自逸于尘氛之外，却潜心于艺术世界的创造，在绘画、书法、诗文等方面都有出色的成就，有《清閟阁全集》行世。

中国画从来强调画品和人品的统一和同构。他以道为富，清高绝俗，在人们心中树起一代高士的形象。明代江南人家以有无云林画来分雅俗。他的画绝非仅仅玩味笔墨技艺，而是他"羁縻忧愤"心境的袒露，也是他毁家纾难不幸遭际的写照。正如黑格尔所说的那样，艺术家的心灵是作品的内容核心。元画与宋画的区别在于更多地表现了画家的主体精神，倪瓒的画格代表了这种时尚，体现了元画的根本特征，所以受到普遍的青睐。他是中国绘画史上最负盛名的一位高蹈文人画家，其独特的审美格调，对明清画坛产生了极大的影响。明清时期，在山水画领域，画家对前代传统的取法主要集中在黄公望、倪瓒两家，但令人费解的是，尽管学倪者甚众，却没有一人能得其精髓。谢稚柳在分析这一现象时，指出倪瓒的画风在画史上实在是不可无一，不可有二的。这一看法和四百多年前的董其昌所见略同。董在评论元四家时，强调了倪瓒的不同凡俗，他说，黄公望、吴镇、王蒙"三家皆有纵横习气，独云林古淡天真，米痴后一人而已"。

倪瓒家道殷实，他早年精心构筑的清閟阁，除了饶有山石庭园之胜外，更以蓄积古籍文玩、法书名画而誉重艺林。中年时自动散产，放弃家业，以一叶扁舟浪游五湖三泖间。苏州是他的泊驻地之一。元末张士诚据吴称王，苏州是江南地区的中心，各路人物多汇聚于此，其中有不少人都是倪瓒的知交，如天如禅师、高启、徐贲、郑元祐、陈植、陈汝言等。对张士诚的笼络他完全不予理睬，但和苏州朋友，特别是文人墨客的交往始终没有中断。他能入选沧浪亭"五百名贤"，受到苏州人的尊崇，除了他是大画家这一因素外，主要还是因为他和苏州具有比较多的关系。这种关系既记录在他的诗文中，也反映在他的书画作品中。书法方面，在现有倪瓒真迹中，要数写给苏州诗人陈植的一通信札（又名《倪瓒诗草尺牍》）较为有名。此件作品在1995年4月30日香港佳士德春季拍卖会上，以332万港元落槌，是当时中国古代书法作品中尺牍类拍卖的最高价。在他创作的所有和苏州有关的绘画作品中，当以《狮子林图》（图1）最为著名。

图1 倪瓒《狮子林图》

《狮子林图》，长卷，纸本，水墨，横96厘米，纵29厘米。卷首题款："余与赵君善长以意商确作《狮子林图》，真得荆关遗意，非王蒙所梦见也。如海因公宜宝之。懒瓒记。癸丑十二月。"此图源于实景，从图上可以窥见狮子林当年的概况。寺门设在东南角。寺院前部为"一镜寒光定"的玉鉴池，四周围以石栏。院西北岗阜高隆，奇峰林立，即狮子林的大假山。水池、假山间，佛祠、僧榻、斋堂布置有序，萦回曲深。卧云室内一老僧钩帘跌坐，其右为指柏轩，左为问梅阁，后为禅房。问梅阁西经曲廊，可登假山，竹谷、禅窝在焉。狮子林初创时，高不十寻，广非百亩，无崇殿杰阁，规制特小，却以清幽取胜，"林有竹万个，竹下多怪石"的林壑之美吸引了众多的来客。特别是文人画家深为这方净土中的禅意和画境所打动，纷纷题咏作画，狮子林由此名声大噪。倪瓒也是爱其萧爽，才为之作画题诗。

倪瓒的山水，以水墨为主，布局简约，其多数作品在章法上取"一河两岸"式的平远之景，即近处作坡岸杂树，中景是一片空阔迷茫的水面，对岸远山迤逦。这类山水在取材上虽也以江南水乡实景为基础，但画家的旨趣并不在于真实地再现自然风光，而是着意于通过独特的剪裁，在不经意间用简练的笔墨勾勒出一个冷峻、空灵、明净的艺术空间，从而追寻并达到宋人视为"难画之意"的"萧条淡泊"的境界。他明确表示作画的目的是自娱，因而，他的作品历来被视为文人写意画的典范。

《狮子林图》在风格上和他体现本色面目的作品有一些不同之处。首先在结构上比较繁密丰满。以树木为例，《狮子林图》共有大小树20余棵，还画了大片的竹林，竹树交加，蓊郁茂密。他的其他作品一般都只是画几株，而且半是枯树。他较少画屋宇，偶然在疏林下作一茅亭。《狮子林图》却是屋宇成片，曲廊衔接，这种场面在他的笔下殊少出现。他的画面极少出现人物，《狮子林图》却破例画了一位老僧。对照徐贲的《狮子林图册》，参阅记载狮子林早期情况的文献资料，可知此图比较真实地反映了狮子林的早期风貌，是一件写实性很强的作品。

在师承上，他初宗董巨，后参荆关。元四家中，其他三家都步武董巨，唯有他对北宋山水南北两大流派持兼容并蓄的态度，从而拓宽了取法的渠道。他善用侧锋、干笔，在常规之外另辟蹊径，确乎高人一等，所创折带皴，堪称独步画坛，拓展了山水画的表现形式，是对中国画传统笔墨技法的一大贡献。

假山是狮子林的精华和象征，当然是画家表现的重点。此卷假山以叠糕皴为主，辅以卷云皴，多用中锋湿笔，和他常用的淡墨干擦的风格显得颇不相同。虽然笔墨不多，但把狮子林假山层叠交织，盘曲错杂，玲珑嵌空的生动形象刻画得惟妙惟肖。

倪瓒的画，景物大多比较单纯，除山石外，就是树木。董其昌说云林树法似营邱寒林，这是很高的评价，因为画史上一直称赞李成的枯树画得好。黄宾虹则认为倪的杂树最有法度。《狮子林图》在树的表现上特别倾心，梧桐、柳、梅、松、柏种类繁多，曲直偃仰；大混点、柏叶点、梧桐点、仰头点，兼施并用；近景、中景、远景，顾盼呼应；丛树、单株搭配得宜，枝叶扶疏，一派浑然天成。在一幅画上，表现那么多树，这对云林来说是绝无仅有的，所以，此图几成云林的树谱。问梅阁和指柏轩前的梅花、柏树不着花叶，仅以枯枝出之。了解狮子林园史的人或要生出疑窦，其实，这对倪瓒来说是很寻常的，正反映了他逸笔草草，不求形似的画学主张，也显示了这位迂翁孤标特立的秉性。屋前屋后丛竹缭绕，通过疏密、浓淡、虚实的对比，增加了景色的层次。

在构图上，画家以围栏和曲径作为横向的主线，起了贯通全卷脉络的作用。景物都循此轴线安排，前半部从寺门到水池，景物较少，显得疏空；后半部集中建筑和假山，比较密实，是全图的重心。这样在章法上有轻有重，开合自然，也使观赏者随着画卷的展开，出现可行、可观、可游的联想，并生发出渐入佳境的感觉。

《狮子林图》在美术史上是一件著录传称的名作。明末张丑，清初卞永誉、孙承泽、吴其贞、吴升在各自的论著中都对此图进行了较为具体的记载。但各家看法并不完全统一，或许所见并非一本。本文介绍的这一卷，迭经项子京、张则之、孙承泽等人收藏。乾隆时进入内府。弘历题引首"云林清闷"（图2）四字，前隔水题五古一首，在画本幅上又作了六次题跋。南巡时，又把画带到狮子林中，边欣赏，边题诗临摹。他对此画嗜爱之深，超过了赵孟頫的《鹊华秋色图》。返京后，他又在北京、承德两处仿建了两座狮子林，把江南造园艺术带到了北方，丰富了皇家园林的造园手法，促进了中国造园技艺的提高。

图2 乾隆为《狮子林图》题引首"云林清闷"及五古一首

此卷在民国时期从末代皇帝溥仪手中佚出后，流落在东北地区。1949年后，由长春市尚古斋赵献臣交出，先藏于东北博物馆，后又由文化部（文化和旅游部）统一上调归故宫博物院收藏。经现代学者研究，此卷是出自明人之手的摹本。此卷在数百年的流传过程中，一直受到书画鉴藏者的关注和青睐，除了倪瓒和狮子林的显赫声名外，临摹者的高超艺术手法也是重要因素。用今人的眼光来估量，此卷不但在美术史上有重要价值，而且对研究苏州园林艺术发展史来说，也是不可多得的宝贵资料。

（原载于《苏州园林》1999年第3期）

苏州盆景旧闻

文/王稼句

　　盆景，虽由人为，却宛若天然，使湖光山色、奇峰偃松毕陈于几席之间，较之造园置景，只是微缩而已，以示其"小中见大"的特殊之美。盆景由来已久，浙江余姚河姆渡新石器遗址出土一五叶纹陶片，就有植物载入器皿的图案。河北望都东汉墓壁画绘有一陶质卷沿圆盆，盆内栽六枝红花，置于方形条几上。这已是植物、盆盎、几架"三位一体"的盆栽了。唐章怀太子墓壁画上侍女手持盆栽，其中有假山和小树。阎立本绘《职贡图》有进贡山石的情景，行列中有一人手托浅盆，盆中有玲珑剔透的山石。这些都是盆景的历史记录。至于韩愈《盆池》诗所称"汲水埋盆作小池"，盆中植以莲藕，"一夜青蛙鸣到晓，恰如方口钓鱼时"，也就是如今说的荷花缸，只是将它埋在地里，宛如小池一般，不是真正意义上的盆景，难怪苏轼要说"汲水埋盆故自痴"了。

　　夏夜无事，读杂书，发现苏州盆景在唐代的文献记录。唐代的苏州，造园已广泛运用太湖石，白居易郡圃之外，寺院里也颇具嶙峋之胜，李绅《开元寺石》诗序曰："此寺多太湖石，有峰峦奇状者，顷年多游寓于此。及太和七年往来，皆不复到寺中，石大半亦无也。"李绅于此颇多感慨，多年未至开元寺，而寺中之石"大半亦无"矣，可见它们已流散民间，被造园者取去点缀庭院或堆叠假山了。园林是艺术化地缩小自然，盆景则是艺术化地缩小园林，取园林一角半边之景缩于盆盎之间，以供赏玩。因此盆景的发展与造园中湖石的运用，极有关系。诗人顾况是唐代苏州海盐（今浙江海盐）人，至德二年（757）于苏州刺史、江东采访史李希言榜下登进士第，从此宦游江南。他曾在苏州城里住过，据说就住在东晋顾辟疆的旧园中，朱长文《吴郡图经续记》有曰："辟疆园唐时犹在，顾况尝假以居，郡守赠诗云：'辟疆东晋日，竹树有名园。年代更多主，池塘复裔孙。'"顾况写过一首《苔藓山歌》，所谓苔藓山者，也即盆景小山，在石上贴以苔藓。歌曰："野人夜梦江南山，江南山深松桂闲。野人觉后长叹息，贴藓粘苔作山色。闭门无事任盈虚，终日欹眠观四如。一如白云飞出壁，二如飞雨岩前滴，三如腾虎欲咆哮，四如懒龙遭霹雳。嵚崎嵌空潭洞寒，小儿两手扶栏杆。"这是水石盆景制法之一，至今仍在沿用。再说，顾况是擅长绘画的，张彦远《历代名画记》、封演《封氏闻见记》都有载记。园林和盆景，都以有画意者为上。

至宋代，盆景的制作已很成熟，不但有讲求审美意象的树桩盆景，也有讲求审美意境的水石盆景。王十朋的《岩松记》，即为松树盆栽所作，而赵希鹄的《洞天清录》就有将奇石配景作为清供的说法。北宋末年的"花石纲"，给苏州留下许多湖石名峰。明人黄省曾《吴风录》记曰："自朱勔创以花石媚进建节钺，而太湖石一座得银碗千，役夫赐郎官金带，石封为盘固侯，垒为艮岳，至今吴中豪富竞以湖石筑峙奇峰阴洞，至诸贵占据名岛以凿，凿而嵌空妙绝，珍花异木，错映阑圃，虽闾阎下户亦饰小小盆岛为玩。"所谓盆岛，也就是盆景，这固然不是高门大族的雅好，他们的园亭首先要的是奇峰异石，而小户人家的玩意儿，便是盆岛了。

文震亨是文徵明的曾孙，也是一位大艺术家，他在高师巷买地筑香草垞，方池曲沼，鹤栖鹿砦，纤筱弱草，盎峰盆卉，为当时苏州园第之首选。他的《长物志》专有一节谈到盆玩，主张要追求画意，追求古朴之风，有曰："盆玩时尚以列几案间者为第一，列庭树中者次之，余持论则反是。最古者以天目松为第一，高不过二尺，短不过尺许，其本如臂，其针若簇，结为马远之欹斜诘曲，郭熙之露顶张拳，刘松年之偃亚层叠，盛子昭之拖拽轩翥等状，栽以佳器，槎牙可观。又有古梅，苍藓鳞皴，苔须垂满，含花吐叶，历久不败者，亦古。"此外，他还谈到盆盎的选择和摆放的位置，有曰："盆宜圆，不宜方，尤忌长狭。石以灵璧、英石、西山佐之，余亦不入品。斋中亦仅可置一两盆，不可多列，小者忌架于朱几，大者忌置于官砖，得旧石凳或古石莲磉为座，乃佳。"这些见解，都是颇有心得的经验之谈。

苏州盆景向以讲究画意，清朝西湖花隐陈淏子撰《花镜》，其中《种盆取景法》谈到当时苏州的盆景，有曰："近日吴下出一种，访云林山树画意，用长大白石盆或紫砂宜兴盆，将最小柏桧或枫榆，六月雪或虎刺、黄杨、梅桩等，择取十余株。细视其体态，参差高下，倚山靠石而栽之。

30

图1　锦松盆景"嘶风啸月"（朱子安作品）（苏州市园林档案馆藏）

或用昆山白石，或用广东英石，随意叠成山林佳景，置数盆于高轩书室之前，诚雅人清供也。"可见当时的苏州高手着意仿照倪云林画意来制作盆景。刘銮《五石瓠》有曰："今人以盆盎间树石为玩，长者屈而短之，大者削而约之，或肤寸而结果实，或咫尺而畜虫鱼，概称盆景，想亦始于平泉艮岳矣。元人谓之些子景。"丁鹤年《为平江韫上人赋些子景》云："尺树盆池曲槛前，老禅清兴拟林泉。气吞勃澥波盈掬，势压崆峒石一拳。仿佛烟霞生隙地，分明日月在壶天。旁人莫讶胸襟隘，毫发从来立大千。"丁鹤年的这首诗，道出了盆景艺术的真谛，在一个有限的空间里，创造以少胜多、以小见大的具有生命力的自然景观（图1）。

明清时期，随着苏州商品经济的发展，虎丘山塘一带的花市十分繁荣，其滥觞，黄省曾认为得追溯朱勔子孙，《吴风录》曰："而朱勔子孙居虎丘之麓，尚以种艺垒山为业，游于王公之门，俗呼为花园子，其贫者岁时担花鬻于吴城。"顾诒禄《虎丘山志》记了当时的两种名品，记盘松曰："绳约其枝，盘结作虬龙状，久之遂若天成。高有五六尺，低可二三尺。凡剔牙、罗松皆然。"又记盘桧曰："盘桧亦以人工盘结如松。每一本上，其枝屈曲作五六层者胜。"这是树桩盆景的佳品。沈朝初《忆江南》词，赞曰："苏州好，小树种山塘。半寸青松虬千古，一拳文石藓苔苍。盆里画潇湘。"

（原载于《苏州园林》1999年第4期）

一树苍宫出秦汉

文/左彬森

1985年，在上海举办的首届中国盆景评比展览会上，苏州的圆柏盆景"秦汉遗韵"荣获特等奖，成为我国盆景中获得最高奖项的作品，行内人士誉之为"国宝级盆景"。

稀世珍品

"秦汉遗韵"是一棵已有500余年树龄的圆柏，高不过1.8米，主干已成为一枯木桩，仅右侧表皮完好。整个树形三五枝枝干虬曲自如，树冠端庄洒脱，显得古朴苍劲，挺拔隽秀。1982年5月，"江苏盆景艺术展览"在南京玄武湖举行，这是省内第一次大型盆景展览。苏州选了一批顶尖作品参展。为了参展，苏州邀请了一批文化名家为盆景题名。著名书法家费新我看到这棵老而弥健、有顶天立地之态的圆柏，谓之有秦松汉柏之势，当即题写了"秦汉遗韵"的景名。与此同时，"云蒸霞蔚""巍然侣四皓"等既反映盆景特色，又耐人寻味的景名也应运而生。展览会上，苏州展室在陈列形式上，以红木家具、字画配置为主，尤其是对"秦汉遗韵"作了精心的装饰：背景是题写有"秦汉遗韵"四字的一幅大画轴，两侧配有一副轴联，由费新我题写："不向半天擎日月，却来片地撼风霜"；在联、画的衬托下，"秦汉遗韵"成为一幅名副其实的立体画，它那迷人的风姿体现得淋漓尽致，被权威人士赞誉为"江苏盆景之王"（图1）。

1985年9月，在上海虹口公园举办的首届中国盆景评比展览会上，各省市都派出了最强阵容前往参展，苏州也希望通过这次评比来确定"苏派盆景"在全国的地位。展览评出了两个特等奖——江苏的"秦汉遗韵"和

图1 圆柏盆景"秦汉遗韵"（朱子安作品）（苏州市园林档案馆藏）

福建的榕树"凤舞"，而在以后的历届全国盆景评比中再未设立特等奖了。如果将两件特等奖作品作不太合适的比较的话，"秦汉遗韵"如树中老寿星，洒脱飘逸，而"凤舞"树龄约50年，造型较规范，如此，老寿星的优势也就显而易见了。再有，中国盆景讲究桩、盆、架"二位一体"，"秦汉遗韵"用的是明代制作的大红袍莲花盆，石座是元末"苏州王"张士诚驸马府中的遗物"九狮磴"，从而使其成为一件古桩、古盆、古架三者融为一体的完美的盆景艺术品。从这一意义上来说，"秦汉遗韵"是中国绝无仅有的稀世珍宝。

大师杰作

"秦汉遗韵"在国内盆景界独领风骚，那么，它究竟是从何而来的？又是谁制作的？据笔者了解，此棵古桩原为20世纪40年代苏州金城银行老板的家中之物；20世纪50年代中期，老板去世，家中无人管理，即与其他盆景一并送给园林管理处。至于它的来历，应该是从苏州西郊的山间溪边挖来的野桩，再经过盆栽培养而成的。

笔者认为，"秦汉遗韵"的作者应该是著名盆景艺术大师朱子安。1956年，朱子安由时任园林管理处顾问的著名作家、园艺家，其艺术挚友周瘦鹃介绍到园林工作，专门负责盆景的栽培和养护，"秦汉遗韵"也归他管理。但当时的"秦汉遗韵"生长不良，形态颓萎，并没有引起人们的注意。多年来，朱子安一直精心养护和攀扎造型，不断注入艺术营养，终于使其焕发出独特的气韵；以后又配置了明代的大红袍莲花盆，使其成为苏州盆景中的佼佼者。值得一提的是，"秦汉遗韵"经历过两次灾难，但最终都化险为夷了。一次是1967年初，盆景作为"玩物丧志"的东西遭到了批判，激进的造反派砸毁了一批盆景佳作，如有"榆树王"之称的榆树盆景，所幸"秦汉遗韵"位置不起眼，且芳容尚未显露而免遭于难。又一次是同年七八月间，苏城发生了大规模的武斗，园林关闭，职工"避难"，朱子安为了这些盆景，与三子朱永源冒着危险，坚持上班，坚持在酷暑下每天为数以千计的盆景浇水，才使包括"秦汉遗韵"在内的一大批盆景艺术珍品幸存下来，最终成为苏州盆景的顶梁柱。因此，是朱子安这位苏州盆景的一代宗师造就、培养了"秦汉遗韵"这盆传世佳作。

翻盆复壮

"秦汉遗韵"现陈列在虎丘万景山庄内。在获得全国最高奖的时候，应该说是它正处于最佳状态之时，虽然有近 10 年未翻盆，仅采用"缺什么营养就补什么"的办法，就能保持良好的状态。但从 1994 年起，盆中树木逐渐出现了较为明显的长势衰弱迹象，翻盆工作摆上了议事日程。但是，因这是"国宝"，又是古桩，万一发生意外怎么办？管理人员感到压力太大；但翻盆势在必行。为此，主管部门多次组织专家、技术人员和有实践经验的同行召开座谈会，广泛听取意见建议，进行科学分析，确定翻盆方案。2000 年 3 月 21 日上午，一项特殊的盆景翻盆工作在万景山庄内有条不紊地进行着，在多位技师的操作下，"秦汉遗韵"从古盆中脱出来了，技术人员细细地观察根部，发现根系状态良好，无腐烂、萎缩现象，这表明"秦汉遗韵"生长正常，通过翻盆，有损艺术造型的不利因素也被排除，"秦汉遗韵"再一次获得美好的前景。

"秦汉遗韵"是一件有生命的文物，我们必须像对待国宝级的文物一样，把它保护好，管理好，使它焕发新的生命力，永展艺术风姿。

（原载于《苏州园林》2000 年第 1 期，有增删改动）

狮子林二题

文/陈中　吴友松

碑石上的《狮子林图》

苏州园林如诗似画，古代的文人多喜用诗画描绘园林，园林也多因其声名显赫的主人而闻名。但是因一幅画而闻名天下的，在苏州造园史上大约只有一例，那就是元末著名画家倪瓒（号云林）于洪武六年（1373）经过狮子林时所作的传世名作《狮子林图》。

《狮子林图》艺术地展现了这座佛寺园林早期的淡静风貌，是一幅名画，当时即被文人墨客所追慕。被清宫廷收藏后，世人难见。到20世纪30年代，因北京延光室从清宫借出拍照，此画遂为世人窥见真容。但学者们认为清宫藏品乃是临摹本，真品下落不明。为再现这段历史，让世人都能了解和欣赏此卷传世名作和当年狮子林的幽雅面貌，狮子林管理处一直在寻找此画的临摹本，1999年终于在苏州琴川书屋见到该图的珂罗版，翻拍后遂邀名师戈春南临摹碑刻一方，刊于园内廊壁上，历数百年沧桑的名画《狮子林图》回归主人的家园。

戈春南从小热爱刻石，1982年开始学习刻石，后师从号称"江南第一刀"的苏州碑刻艺术家时忠德。他爱好书法，虚心好学，勤于实践，勇于创新，数年之中，得刻石之精妙，擅长各种字体和书画的碑刻。《狮子林图》碑刻选用石灰石，横3.5米，宽0.3米，历时四个月而成。碑刻采用阴线细雕双勾的写意手法，线条平缓自如、细腻流畅、丝丝相连，刀法收放自如，再现了600多年前狮子林的面貌。碑刻中共有60个印章，20余棵树木，1500多字，图首中乾隆题"云林清閟"四字，字体饱满圆润，五首古诗小楷笔笔清晰。

倪瓒的《狮子林图》结构缜密，画中竹林茂密，屋宇成片，左边的屋宇中还静坐着一位老僧；后面则有层叠交织、玲珑嵌空的假山群。要以刀代笔，在石头上表现出该图的神韵，不仅要有深厚的艺术素养，还要有娴熟的石刻技巧。戈春南仔细揣摩后，终于创造性地以刻刀轻敲线雕的边缘，用石料崩出来的效果表现了假山不易刻画的褶皱。

要将倪瓒的绘画中那种高逸的画风和"逸笔草草""聊以写胸中逸气"的画境表现出来，十分不易。石刻右半部分的门廊和疏空的寥寥数树及左半部分屋宇、竹林、假山，层次分明，有轻有重。而疏密虚实相间的刀法，又使碑面空间延伸，层次增加，使搬上碑石的《狮子林图》神韵犹存。

狮子林暗道

狮子林以曲折盘旋的假山群著称于世，但园西部的暗道却鲜为人知。

狮子林暗道的始建，无史料记载，无从考证，推测应为民国初期狮子林扩充西部时所建。狮子林乃元朝至正二年（1342）建造，后历经寺院、私园，至民国为贝氏家族所有。该暗道位于问梅阁与暗香疏影楼之间走廊下方，主体工程用金山石堆砌而成，宽1.2米，高3米，直线走向，原有两个口，东面从假山进入，南面通花房，目前为了方便游人，又增加了北面通往展览厅的出口和一些照明设施，总长34.4米。关于暗道的始建功能，有几种说法：一种意见认为是当时社会动荡，其园主为防战乱和盗匪而修建的密道；另一种意见认为，当时的大户人家贝氏祭祀需要用大量的蜡烛，老太太为防止夏天高温蜡烛熔化而修了"冷藏库"；还有说两个功能兼而有之。抗日战争时期，暗道见证了一段悲壮历史。1941年国民党反动派为了达到妥协投降的目的，在第二次反共高潮"皖南事变"后，在狮子林开设"清乡培训班"，培养特务。1942年，日本侵略者和伪军将因"反清乡"在常熟被捕的80多位新四军干部关押在"特别监狱"狮子林中，进行严刑拷打和酷刑逼供，并在石舫船口将30多名坚贞不屈的共产党人杀害，清澈见底的荷池碧波，尽染成红。1954年贝氏后代将狮子林捐赠给政府，苏州市园林管理处接手管理，对狮子林进行了全面的整修，但暗道一直封闭，成为堆放垃圾的场所。

为了真正完全恢复狮子林原来的面貌，扩大开放面积，给游人更多的游玩空间，展现当年关押在狮子林中的革命志士与敌人展开不屈不挠的斗争的历史，狮子林管理处一直在筹集资金，进行暗道的开发。他们对暗道进行维修加固，对游人开放。世界文化遗产狮子林又增添一处展示旧时风貌的景观。

（原载于《苏州园林》2001 年第 2 期）

留园的红木七巧桌

文/濮安国

1998 年 10 月的一天，留园管理处主任给我打来电话，说有一位美国学者雷彼得先生，非常想了解陈设在揖峰轩的那套红木七巧桌的情况，是否能给予接待。第二天下午 3 点，我如约去了留园，就在揖峰轩和雷先生夫妇见了面。经介绍双方后，雷先生一下子向我提出了一连串的问题：这套七巧桌何年代制造，是否是苏州生产？为什么要镶大理石桌面？七巧桌有什么内涵？他介绍说他是世界智力玩具协会的，每年都要来中国进行考察。他又说，"中国古代智力游戏中最有名的是七巧板。在 19 世纪时，七巧板曾经风靡世界……尽管七巧板游戏很受欢迎，但是没有人知道七巧的来历，也没有发现比 19 世纪更早的七巧游戏。"他又继续问："七巧桌与七巧游戏是否有关系？"，"七巧桌是从七巧板演变来的吗？还是反过来？"等等。

我说我对古代智力游戏没有什么研究，知之甚少。关于"七巧""七巧桌"也仅略知一二。我告诉他，中国早在宋朝，就有钱塘（今杭州市）人吴自牧所著《梦粱录》中记载，旧时中国民间有风俗，妇女在农历七月初七夜间向织女乞求智巧，谓之"乞巧"。或取小蜘蛛以金银小盒盛之，次日早上观察网丝圆正，名曰"得巧"。另据《初学记》（卷四），南朝梁宗懔《荆楚岁时记》中也称："七月七日为牵牛织女聚会之夜。是夕，人家妇女结彩缕，穿七孔针，或以金银鍮石为针，陈几筵酒脯瓜果于庭中以乞巧。"和凝《宫词》还有所谓"阑珊星斗缀珠光，七夕宫嫔乞巧忙"。这些民间风俗或传说，都说的是古时"七夕"之夜民间广为流行的"乞巧"活动，即是一种乞求智巧的活动或游戏，可见这种智巧活动在中国最少已经有一千多年的历史了。至于七巧板和七巧桌是否一定与一千多年前的"乞巧"有直接的关系，那倒不一定，但与七月七日的"七"字应该是含义一致的。"乞"是"七"的谐音字，"七巧"与"乞巧"的渊源是相同的。其实在中国古代"七"字是一个充满智慧的数字，是聪明、谋略的象征，因为北斗七星在你迷失方向的黑夜可为你指路导航，故"七星"是智慧之星。三国时代的诸葛亮是最有智慧的人，七擒孟获，而不是六擒或

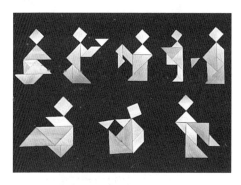

图1　民间智力游戏七巧板

八擒，七的着意是计谋和才智。还有《世说新语·文学》中有魏文帝曹丕尝令东阿王（曹丕的弟弟曹植）七步中作诗的记载，后来便以"七步"来形容才思敏捷。这些虽非游戏，却都可用以说明"七巧"的本质含义与其深远的历史思想内涵。所以，七巧板（图1）作为智力游戏玩具的真正意义也应该是由此而来的。

　　七巧板在19世纪广泛传播于世界各国，被西方人称为"唐图"，"东方的魔板"，是中华民族智慧的一种表现。英国的李约瑟博士在《中国科学技术史》一书中，曾对中国古代的七巧板做出高度评价，他认为七巧板与几何剖分、静态对策、变位镶嵌等有关，也与多少世纪以来，中国建筑师用在窗格子上的丰富几何图案有关。在这里，七巧板对外国科学家来说，或许更重要的是其科学性，而在中国人的脑海里，更重要的是一种想象力。它的出现，首先把我国古代民间传统的"智巧"活动或游戏推到了最高处，使其成为一种最具抽象性的智力和创造力的思维方法及其练习方式。

　　在这里，我们还能看到，是中国文人的造物意识，给这一民间的"智巧"习俗戴上了闪耀而神奇的光环。宋代黄长睿曾撰有《燕几图》，起初有六张几，是时人用来游戏的"骰子桌"，后来他又增添一几，将这套小几桌名为"七星"，可纵横排列，形成各种几何图形，以娱宾客。可见，"七星"的意义又与"智巧"巧妙地联系在一起。明代万历年间，常熟人戈汕又著《蝶几谱》，用的是13种三角形的几桌，错综复杂，更富变化。这些桌子虽未见实物流传下来，但都是中国古代文人智巧活动的反映。因此以后出现的七巧板和七巧桌均是在这些智巧活动和游戏的历史发展中创造的更加完美的、科学的形式。

在这里，留园的红木七巧桌（图2）恰为我们提供了清晰的启示。此桌的七个几何图形拼为两个同面积的正方形桌面，每边长各70厘米，桌高82.5厘米，分别安上一个桌面罩，罩面上又分别刻有棋局，一为围棋局，一为象棋局，拼在一起成为一个长桌。下棋被称为"智慧体操"，它的深奥大义正如清人施定庵所说："数叶天垣，理参河洛，阴阳之体用，奇正之经权，无不寓焉。"因此，需要有"心与天游，神与物会者"的智慧境界才能通达。民间朴素的"乞巧"活动与七巧桌的建构精神，使民族智慧在文人的造物活动中再一次得到了升华。

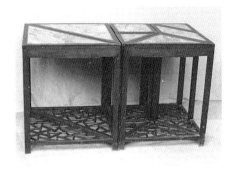

图2 留园红木七巧桌（苏州市园林档案馆藏）

留园的红木七巧桌制作于清代中晚期，采用大理石面装饰，展现了苏式家具较为讲究的工艺特征和装饰特色，加上桌子下部踏脚采用"冰绽纹"的构造，七巧桌显得格外精美、灵巧。此桌由一张小方桌、五张大小不同的三角桌和一张平行四边形桌组合而成，可聚可散，更可采用各种组合，使之千变万化，是中国古典家具中较早的组合式家具。从现代设计观念来看，无论是功能的价值、造型的创意，还是给人们带来的审美情趣以及科学合理的加工工艺，七巧桌至今仍堪称家具中的典范和楷模。七巧桌的传世实物并不多见，做法却大致相同，似乎都出自苏州工匠之手，也都反映了苏州匠师的聪明才智和卓越的技艺水平。

（原载于《苏州园林》2003年第3期，有增删改动）

清风洒兰雪　独立天地间

——兰雪堂和兰雪堂匾

文/钱怀林

在世人的心目中，兰花和白雪是那么的高雅圣洁，没有浓烈和艳丽，有的只是淡淡香味与静静白色。这般平淡的两物，却让文人雅士如痴如醉，追崇千年而至今，依然不息。拙政园崇祯年间"归田园居"园主王心一就是崇拜者之一，并将此两物题作园内主厅堂的堂名"兰雪堂"。

进入拙政园的第一座厅堂便是兰雪堂，堂南向枋上悬挂着一块匾，上有隶书"兰雪堂"三字，落款朱彝尊。朱彝尊是清代大家，那么流传至今的这块匾是他专门为兰雪堂题写的，还是后来集字而成的？说起来这里面还有一些故事。

明代崇祯八年（1635），兰雪堂在拙政园东部的"归田园居"中落成，堂居园的中央。从堂名与所居位置来看，此堂受到了园主人王心一的器重和偏爱。散发出幽幽香味的兰花原来生长于深山幽谷之中，被世人誉为"空谷佳人"，其香也被称作"天下第一香"。中国人爱兰，在于它的品质高洁。雪，也因其洁白而高尚。王心一是一位喜欢诗画的园主，明万历四十一年（1613）中进士，天启间被封起官御史，崇祯时为刑部右侍郎。崇祯四年（1631）他辞官归田买地建园。在官场上正直的他，也将此信仰实实在在地体现在了造园上。他借唐代大诗人李白"独立天地间，清风洒兰雪"句意，用兰、雪作为"归田园居"主建筑的堂名，意在抒情、明志。他著述的文集更是取名《兰雪堂集》。

康熙三十三年（1694），王心一的曾孙王遴汝请画家柳遇作《兰雪堂图》，并请朱彝尊在引首题字。朱彝尊，明清之际著名学者。清康熙十八年（1679），以布衣举博学鸿词科，授检讨，参与修撰明史，学问博洽，精于考证金石，长于古文诗词，为浙西词派的创始者。柳遇，由于地位不高，画史对他的记载很少，但乾隆年间的《国朝画征录》却称其画艺不亚于仇英。他作的《兰雪堂图》堪称一幅"精工之极，又有士气"的青绿园林山水佳作。如果说柳遇的画是锦，那么朱彝尊的字则是锦上添花。

王氏家族在不温不火中竟然将归田园居延续了二百多年，兰雪堂及《兰雪堂图》也因此受到荫庇恩泽。但光阴荏苒，道光甲辰年（1844），作为传家宝的《兰雪堂图》终于流出了王家，几经转辗，被苏州吴湖帆先生收藏。1937年，吴湖帆感于家乡之情，将这一艺术珍品捐献出来。

苏州平江区政协的董寿琪先生是位古书画的爱好者与鉴定者，在一次查阅中国各馆藏古书画目录时，他发现《兰雪堂图》藏在南京博物院，即将这一信息告诉了苏州市世界遗产保护办公室的同志，保护办意识到这是收集拙政园史料的一条极其珍贵的线索，当即就将信息转告了拙政园。拙政园十分重视，经与南京博物院书画部联系，很快就派人到南京博物院查看古图，并为其拍了反转片。

《兰雪堂图》终于又回到了它的诞生地，而且还发挥了意外作用。我们发现图引首朱彝尊题写的"兰雪堂图"隶书四字，端庄潇洒，极有古风。而当时兰雪堂上枋悬挂的匾是20世纪60年代请人书写的，无落款。拙政园领导当即决定将朱彝尊所书进行扫描，并立即重制了一块匾。

现在的这块匾（图1），清水银杏木底版，"兰雪堂"三字以煤屑喷洒而成，落款"朱彝尊"，钤朱白两印。原色原味，深沉发亮，经得起推敲，压得住阵脚。它虽无言，但只要了解了这块匾的来历，也就了解了世界文化遗产——拙政园东部、明代归田园居二百多年的历史……

图1　朱彝尊书兰雪堂匾①

有一次偶尔走进兰雪堂，悄入几步，忽闻一丝若有若无的香味，原来是屏门两边花几上摆放的兰花开了。听友人说，兰花就是要这样闻的，妙在一阵微风吹来的若有似无。

（原载于《苏州园林》2005年春，有增删改动）

① 苏州市园林和绿化管理局. 拙政园志［M］. 上海：文汇出版社，2012：105.

怡园董其昌联碑

文/张辰娴

在苏州诸多古典园林中，怡园建成较晚，但其集苏州园林之大成，根据园主顾文彬"朴而不华，雅而不俗，多堆湖石及石笋，多树花卉、果蔬、竹子"的要求，以精巧玲珑，充满山水画意为特色。

怡园向有"五多"之称，即湖石多、白皮松多、楹联多、小动物多和胜会多（诗会、曲会、画会、琴会等）。特别是因为顾文彬本身文化素养很高，工辞章、善音律、精书画，因此，怡园中洋溢着浓厚的中国传统文化气息。顾氏潜心收集来的书法碑帖集成《怡园法帖》，刻成书条石，安放在怡园廊墙上，具有极高的艺术价值和历史价值。（图1）

图1　怡园董其昌联碑

怡园入口庭园玉延亭中董其昌联碑是怡园众多名人书法中独特的一块石刻，联碑体量较大，高约140厘米，宽约60厘米，上下两联句并立，出句为"静坐参众妙"，下联是"清谭适我情"，用草书一气呵成，笔力雄健，流畅舒展。

董其昌，明代著名书画家、绘画理论家，书法初学颜真卿，后改学虞世南，又转学晋人钟繇、王羲之，博采众长，自称于率易中得秀色。他的书法以"生""拙"之气给晚明书坛带来一股清新之气。以至于收藏董其昌书法在一段时间里蔚成风气，刘郎先生在《苏园六记》引用了一首姑苏竹枝诗："外边开店内书房，茶具花盆小榻床。香盒炉瓶排竹几，单条半假董其昌。"董其昌的书法，即使是赝品，竟然也会受到人们追捧，可见其影响之大。

怡园董其昌联碑虽然只有寥寥 10 个字，其内容却很得体地表现了董其昌的书法艺术思想。董其昌对书法的心得和主张是一曰"字须熟后生"，即对书法掌握到一定熟练度后要有创新；二曰"以禅入书论"，要把握"禅思"，使心情宁静，将追求内心清新、恬淡，超脱凡俗的理想流露于笔端；三曰"对书法史的观照"，即善于总结前人经验，感受书法意韵之美；四曰"求率真之笔"，用笔虚灵变化，章法疏空简远，用墨浓淡相间。这种风格既表现了禅意，又反映了古代文人崇尚自然的率真之趣。

"静坐参众妙，清谭适我情"联中的"参"，指仔细研察，"妙"指深微的道理。不用眼看，而以"意"会去领悟自然真趣。"清谭"即"清谈"，亦称"清言"或"玄言"。借用魏晋时期士人崇尚清谈的典故，以及禅宗的说法讲道和辩论机锋，来比喻探讨哲理，发现、展示和欣赏世界的美好。

联书整体布局疏密有致，字与字之间似断还连，相互呼应，气韵连贯。全用草书，飘逸而不浮滑，运笔似风却字字力透纸背，笔墨秀润，意境悠远，显示了董其昌的书法艺术功力。联后有落款，并钤印两方。值得一提的是，这块联碑的刻工也颇为精良，是书法碑刻中的精品。

（原载于《苏州园林》2005 年夏）

园林长物

瑞云峰考

文/张振雄

　　"苏州园林甲天下"，在九处古典园林进入《世界遗产名录》后，苏州园林更是名扬世界。苏州园林之妙，在于含蓄而又精致，园中的山石耐人寻味，而立峰更是大自然的抽象派雕塑，被誉为无声的诗和立体的画。苏州的湖石峰，以清康熙、乾隆皇帝多次驻跸的织造署之瑞云峰最为著名。史称瑞云峰为江南三大名石之首①；民国元老李根源则将它和拙政园内文徵明手植的紫藤、西园寺所藏的"善继血经"，誉为"苏城三绝"。该石峰1957年就被列为江苏省文物保护单位，2013年升格为国家重点文物保护单位。

　　它由两大块太湖石叠置而成，上部为布满70多孔洞的石峰，下为巨厚的石盘底座（图1）。峰座相配，色泽一致，宛若天成。瑞云峰高5.12米，宽3.25米，厚1.30米。底座高1米多，总高为6.25米。形似巨掌，褶皱相叠，涡洞相套，玲珑剔透，曲折妍妙，且四面可赏，如夏云奔浪，若峰峦峭拔，集太湖石"皱、漏、透"之美姿。

　　"妍巧甲于天下"的瑞云峰并不像其他奇石那样归于名园，而是隐身于苏州第十中学校园内，其来龙去脉蜿蜒曲折，云遮雾障，众说纷纭，颇具传奇色彩，至今仍为人们津津乐道。

　　北宋崇宁四年（1105），苏州设立应奉局，朱勔奉命在江浙一带搜罗

---

　　①　明末清初戏曲家李渔曾有"言山石之美者，俱在透、漏、瘦三字"（《闲情偶寄》）的观点，童寯根据这一观点品评瑞云峰、玉玲珑、绉云峰三石为奇石中之佼佼者，并推崇瑞云峰为三大名石之首。另一说则将苏州留园冠云峰算上，称瑞云峰乃江南四大名石之首，除了杭州西湖绉云峰是产于广东英德的英石外，苏州十中瑞云峰、上海豫园玉玲珑和苏州留园冠云峰三石均为太湖石，据说该三大太湖石都是北宋花石纲的遗物。

奇花异石，以供宋徽宗赵佶建
园。当时朱勔在太湖西山岛东侧
小岛采得大、小谢姑两峰湖石，
大谢姑通过"花石纲"运往汴京
（今河南开封），置于御苑艮岳，
称"昭功神运石"，封为"盘固
侯"①。小谢姑因故未及起运，
留在太湖。

　　小谢姑石未及启运的原因，
明代人有两种说法。徐树丕认为
是"靖康乱，未进，弃诸河滨"，
但袁宏道和张岱都认为是石盘沉
入了湖底。或许该合并二说：因
石盘沉湖底耽误了运送时间，没
能和大谢姑一起启程，后"靖康

图1　瑞云峰老照片（苏州市园林档案馆藏）

乱"起，朱勔被杀，就流落当地了。这对苏州来说，却是幸事呀。

　　到了明代，小谢姑石为陈霁②所得。陈霁，时为苏州横金上堡人，弘
治八年（1495）进士，官至国子祭酒。横金，今苏州吴中区横泾镇，在洞
庭东山东北；上堡，因元代为防止湖匪在此筑堡垒而得名，原属横泾，现
为苏州吴中区渡村镇穗丰行政村管辖的自然村。陈家宅院后来发展成村
落，现为与上堡毗邻的陈宅自然村。陈霁将小谢姑石从洞庭西山运往横金
上堡，途中舟漏，小谢姑石和作为底座的石盘均沉水中。陈在小谢姑石四
周筑堤合围，用水车排掉堤中积水，耗时近月，花费人工千余，才将石峰
打捞出来，但石盘始终没法捞出。《横金志·第宅园林》载有陈霁宅园，
谓："陈祭酒霁宅在水东上堡村"。其住宅极其富丽堂皇，据记载有房屋五
千余间，厅堂可与宫殿媲美，花园广可百亩，堂前有峰石五座，其最巨者
即小谢姑石，高三丈余，层灵叠秀，挺拔云际，极其巍峨。

　　陈霁儿子尚有成就，但其后陈家日渐衰落。明嘉靖年间，小谢姑石被
董份购得③。董份，浙江湖州望族，乌程（今浙江湖州南浔）人，嘉靖进

---

　　① 清代金友理《太湖备考》："相传朱勔采石时，二山一空。其主峰即艮岳之昭功神运石，
封为盘固侯者也。"
　　② 明代杨循吉《吴邑志》载有此人，清末民初的《吴县志》《横金志》有其传。
　　③ 清代潘永因《续书堂明稗类钞》引《泾林续记》："后裔式微，转售董浔阳。"

士，官至吏部尚书，兼翰林学士，家境富有，甲第如云。董份费了九牛二虎之力才将小谢姑石装到了船上，谁料途中也是船破石沉。仿照当初陈霁筑堤之法打捞石峰，花费千人之力，架木悬索，打捞上来的竟然是以前陈霁所沉石盘。再招募善泅者下水底摸索，终于在一里外找到瑞云峰。至此，石峰和底座始为完璧，且距陈霁上次沉石恰好六十年，大家都认为很是神异。董份为减少摩擦力，搬运时在石头底下铺了一万多斤葱，遂将石头运回浙江湖州南浔。① 但直至董份去世的二十余年中，石峰始终置而未竖。②

徐泰时，明万历八年（1580）进士，官至太仆寺少卿。徐氏为董份女婿，董份知道女婿爱石，遂以小谢姑石峰相赠。③ 因峰石巨大而沉重，运送途中损坏了不少桥梁，终于运达苏州阊门外下塘徐氏家园④。徐泰时生前，小谢姑等五石峰一直高卧深林茂草中。明万历二十一年（1593），徐泰时罢官归苏，"一切不问户外，益治园圃"，后人将徐泰时所造花园称之为东园（今留园）。徐泰时去世后，其子徐清之花费"三百金"终于将石峰竖立起来。⑤ 传说此石到了东园以后，黑夜"有光烛空"，宛若祥云，始有"瑞云"之名。

后徐氏东园逐渐衰落，遂"改为民居"。园中除瑞云峰岿然独存外，其他土山花卓已是面目全非⑥。明末清初，宅园荒废，曾一度作为踹布作坊。

清乾隆四十四年（1779），皇帝南巡，瑞云峰被移入织造府行宫西花园水池内。瑞云峰正面朝北，对着皇帝的寝宫。花园水池周围，如众星捧

---

① 明代徐树丕《识小录》："其后归之湖州董宗伯份，异石至舟，或教以捣葱叶覆地，地滑省人力，几用葱万余斤，南浔数日内葱为绝种。载至前坏舟处，石无故自沉。乃从湖心四面筑堤，如问成沉石时筑岸成堤，架木悬索，役作千人百计之，乃前所沉石盘，非峰也。更募善泅者摸索水底，得之一里之外，龙津合浦，始为完璧，咸怪异以为神。计问成公沉石时恰甲子一周。"

② 明代徐树丕《识小录》："会宗伯罢官，遂讫宗伯之世，置而未竖者二十余年。"明代王世贞《古今名园墅编序》："独南浔董尚书第后一园可游……所移陈氏洞庭峰石三四，为天下冠，而皆卧之苔藓中。"

③ 童寯《江南园林志》："阊门下塘徐氏，富堪敌国，与董联姻，董以此石赠嫁。"《直塘里志》："董殁，子孙相凋谢，徐太仆舟时，宗伯婿也，载归阊门，未几而太仆下世。"宋淳熙年间，徐氏落籍常熟直塘里（后归太仓），故称直塘徐氏，明代永乐年间才迁居虎丘彩云里。

④ 明代徐树丕《识小录》："家同卿讳泰来，宗伯婿也。载以归吴之下塘，所坏桥梁不知凡几。未几同卿捐馆，五峰高卧深林茂草中。"

⑤ 明代张岱《花石纲遗石》："再传至清之，以三百金竖之。"

⑥ 清代范来宗《寒碧庄记》："东园改为民居，比屋鳞次，湖石一峰，岿然独存，余则土山花卓，不可复识矣。"

月般地堆叠着形态各异的湖石小品，有说是"十二生肖"，有说是"十八种飞禽走兽"，笔者在池边虽没见到上述全部，但像猎鹰、狗熊、猴子的几块湖石，确是惟妙惟肖，栩栩如生，为江南园林中所少见。

清咸丰十年（1860），织造署毁于兵燹。清同治十年（1871），曾国藩等人主持重建织造署。辛亥革命后，织造署建筑再次遭到破坏。虽经多次劫难，但瑞云峰仍孑然独立。1928年，王季玉主持的振华女校迁入原织造署。20世纪60年代，原织造署大门前的一对石狮因遭红卫兵烈火焚烧、冷水浇泼而严重受损，但瑞云峰竟然奇迹般地又逃过一劫。1982年，原织造署西花园水池修缮一新，周围假山得到加固；1998年又加固了峰石基础。今天，瑞云峰仍静静地伫立于百年名校——苏州第十中学西花园水池内，在周围湖石假山和花木陪衬下，更显得卓然独立、妍巧秀丽、苍润嶙峋。

瑞云峰的来龙去脉中还有几个问题需要澄清：

第一，瑞云峰是否和王鏊有关系？

这个问题有多种说法：有的文章认为瑞云峰在董份之前曾为王鏊所有，有的说徐泰时得之王鏊别墅或文恪公祠，有的说瑞云峰从王鏊到董份最后辗转到徐泰时手中，有的干脆就说织造府原为王鏊旧宅。但事实是瑞云峰和王鏊无关。

首先，看王、董、徐三人的生卒年代。王鏊（1450—1524），董份（1510—1595），徐泰时（1540—1598）。从中可看出，王鏊死后16年，徐才出生，因此徐绝不可能从王鏊手里直接得到瑞云峰；而王鏊去世时，董份才14岁，让他到苏州来向王鏊购石并且运石回湖州，也是不可能的。

其次，《识小录》作者徐树丕是徐氏族中人，称徐泰时为远房祖父，陈霁则是他祖母的祖父，徐树丕是从祖母那儿听来陈家的历史，可信度较高。而《明太仆寺少卿暨浦徐公暨元配董宜人行状》作者范允临（范长白，范仲淹17代孙），是徐泰时的女婿，娶的又正是董份的外孙女，十四五岁时，父母先后亡故，就到徐泰时家生活；徐泰时亡故后，又抚养徐泰时儿子徐清之。故"悉徐氏之阀，谙徐氏之履"（《明太仆寺少卿暨浦徐公暨元配董宜人行状》）。正因为范住在徐家，才能告诉袁宏道瑞云峰"每夜有光烛空然"。袁宏道在苏州担任吴县县令的时间是万历二十三至万历二十五年（1595—1597），在苏期间写了很多游记，记述瑞云峰历史的《园亭纪略》就写于此时。袁宏道与徐泰时、范允临友善，常常应邀到院内做客，"谈笑移日"，当然见过瑞云峰。袁离开苏州的第二年（万历二十六年），徐泰时才亡故。因此徐、袁二人的记述应该是言之有据的，但他们在叙述瑞云峰的辗转经历时，都没有提到在苏州享有盛名的王鏊。明代文学家张岱来过苏州，有多篇文章记述苏州，但他在《花石纲遗石》中也没有提及王鏊。明正德四年（1509）王鏊辞官归里后，和祝允明、文徵明、唐寅、吴宽等人交往密切，他们有许多诗文描述王鏊的别墅和花园，若王鏊有瑞云峰，王鏊和这些苏州文人会对此缄口不语吗？笔者目前所查阅到的资料中，还没看到明代诗文中有王鏊拥有瑞云峰的记载。倒是和董份差不多同时的太仓人王世贞（1526—1590），曾在董家园林看到"所移陈氏洞庭峰石……卧之苔藓中"。明代王同轨的《耳谈》有董份得到及运送"山石"的记述，但他们都没提及王鏊。当年曾与王昶、钱大昕等合称"吴中七子"的曹仁虎，在其《浔溪竹枝词》中也有董份曾拥有瑞云峰的记述："瑞云峰势最玲珑，磐石曾传出水中。夜半宝光何处去，沁园无主草青葱。"曹为嘉定人，乾隆二十六年（1761）进士，后为侍讲学士，卒于乾隆五十一年（1786）。（周庆云《南浔志》）

在笔者查阅到的明清时期谈及瑞云峰的文章中，唯有明末清初姜绍书的《韵石斋笔谈·瑞云峰》说徐泰时得石于王鏊别墅，此书还说徐泰时从王鏊别墅得石后用船装运，在太湖中遇狂风巨浪，船破石沉，结果却意外地先捞起前人沉掉的底座，再捞到瑞云峰。王鏊别墅在现在的学士街，与徐泰时的东园相距不远，没必要绕道太湖去经历风浪呀！因为他对瑞云峰的了解，远不及亲眼见到瑞云峰的徐、袁、王。情况不明，就容易张冠李戴了。

再次，从未见到王鏊别墅内有瑞云峰的记载，也没有见到说织造府是王鏊旧宅（或别墅）的史料。王鏊史称"穷阁老"，但封建社会"三年清知府，十万雪花银"，曾任户部尚书、文渊阁大学士的他在苏州确实有很多住宅，当然还有祠堂，但史料上有记载的都在城西和东山等地。目前有资料证明的是：怡老园，在今学士街 389 号，现平江中学校园内，是正德七年（1512）其子王延喆为刚告老回乡的父亲建造的别墅，因位于城西之西城桥下，当时也称西园，但王鏊"嫌其宏丽，不乐居之"；于是在其旁另建燕喜堂，在学士街的横向小巷——天官坊 14 号，王鏊"后卒老于斯"；此前十来年，王鏊父亲在城西建造住宅，王鏊写信要求"勿令高大华侈"（王季烈《莫厘王氏家谱》），但此宅现在无法考证地点，不知是否就是上述两处的位置；现王鏊纪念馆，即惠和堂，在东山镇后山陆巷村；东山阁老厅，在东山镇前山王衙前，厅后有真适园（在唐股村）；东山陆巷文恪公祠（当地称王家祠堂），在惠和堂旁，面宽三间，天井也不大，很难置放瑞云峰；王鏊祠堂在景德路，王延喆建造，现为中国苏绣艺术博物馆。这些都不是在十全街的织造署，比较靠近织造署的王家旧宅是怀厚堂，但该宅建于清代。其大门在十全街，旧门牌153号，现怀厚里，振华女校校长王季玉曾在此生活过。另据王鏊自己主持编写的《姑苏志·第宅》记载，在带城桥东有岁寒堂，原为元代少保故宅，后被明都丞徐本中所获。而织造署是顺治三年（1646）以明嘉定伯周奎住房改建而成的。[①]周奎，乃明崇祯帝周皇后之父。"崇祯三年，封嘉定伯。"[②] 清代的织造署和岁寒堂都在带城桥东，不管二者是否就是一地，都可见织造署不是王鏊的住宅。而且，王鏊多次反对其父其子将住宅建得过分奢华，当然不会将如此著名的原该宋朝皇帝享用的瑞云峰安置家中了。

第二，瑞云峰从湖州运到了苏州的东园，还是西园？

徐泰时将瑞云峰从湖州运到苏州东园的情况，明清时期的许多诗文写得很清楚，但仍有人认为瑞云峰到过西园。根据目前看到的资料，其源当是吴庄的诗和民国《吴县志》的诗注。

吴庄是清代洞庭东山人，曾参与重修乾隆《苏州府志》。他描述瑞云峰的诗说："闻说凌波大谢姑，妆成艮岳一峰孤。瑞云飞入西园去，谁写浔阳载石图。"这儿的浔阳即指董份。因苏州西园寺非常有名，所以诗里的西园极易引起歧义，民国《吴县志》中吴庄诗的注解，离开诗的环境望文生义，错误解释为现今作为寺庙的西园："明季董尚书份购归南浔，其婿徐某乞之移置阊门外西园，名曰瑞云峰。"[③] 最近十多年却有少数文章沿用了此注解，譬如《张岱散文选集·花石纲遗石》（百花文艺出版社）的注解就是这样。

徐泰时从湖州运回瑞云峰和建东园时，苏州尚无西园。直到明崇祯年间，其子徐清之（徐溶）才建西园（魏家瓒《苏州古典园林史》），不久即舍宅为寺。此时瑞云峰早已在东园了。那时候的人是分得很清楚的，如曾拥有过艺圃的明崇祯进士姜埰，他的《己亥秋日游徐氏东园》诗分别描

① 康熙年间孙佩的《苏州织造局志》记载："总织局在带城桥东，顺治三年遣工部侍郎陈有明、满洲官尚志督理织造……以明嘉定伯住房改建。"陈有明《建总织局记》："以前朝周戚畹遗宅基题，得兴工修改，得堂舍百有余间。"

② 《明史·卷三百》："周奎，苏州人，庄烈帝周皇后父也。崇祯三年，封嘉定伯，赐第于苏州之葑门。"

③ 民国《吴县志》："《太湖备考》引吴庄诗注朱勔花石纲采大谢姑山顶峰入汴，置御苑艮岳。明季董尚书份购归南浔，其婿徐某乞之，移置阊门外西园，名曰瑞云峰。今园废而石犹存。"

写了东园和西园景色："徐氏园林在……万古瑞云峰。……西园花更好，香帔起南宗。"就很清楚地说明瑞云峰在东园。

其实吴庄诗中的"西园"就是织造署里的西花园，因受字数的限制，在诗词里将西花园简称为西园很正常。民国时期，振华女校办在织造署里，学生的许多诗文都把西花园称为西园。如张一麐题写刊名的《新声》，有卓佩蘅的《西园小石亭记》。校刊第一卷第三号的《振华季刊》上有唐才英的《西园一夕谈》。校刊上还有陈克让的《别矣西园》和华宜的《西园之羊》等。在《西园话旧》的照片上，女学生的背景就是瑞云峰和湖石假山。

第三，瑞云峰当年在留园的什么位置？

留园的土垄有三：池塘北，高约4米，上有可亭；池塘西，高约5米，有闻木樨香轩；西部土山，高约7米。闻木樨香轩建于明代，因而当时池塘西不会再放置瑞云峰。可亭是清代所建，但池塘北土垄面积甚小，若有瑞云峰，无法"多古木"了。而西部土山地势最高，占地甚广，瑞云峰置此，较符合袁宏道在《园亭纪略》中"堂侧有垄甚高，多古木，垄上有太湖石一座，名瑞云峰"的描述。留园编写的《留园志》（打印稿）也说，西部土山"在今留园西部，以土为主，土石相间"，"明代徐氏建'东园'时，山上立有瑞云一峰，并多林。至刘氏时，山上多桃花，又名桃花墩。现今土山南北长60米，东西宽24米，高约7米。山上筑有至乐、舒啸二亭。山势北陡南缓，南坡下溪流清泉，绕山脚朝西南而去。"

第四，现今留园内的瑞云峰是怎么一回事情？

清乾隆四十四年（1779），瑞云峰移至织造署。为了补缺，留园移入了一块上品太湖石替代，仍称瑞云峰。据传：盛宣怀以留园三峰名为三个孙女起名，后瑞云小姐不幸夭折。原来新瑞云峰非一整体，峰头是后人添加上去的，添加的头当然不甚牢固。盛宣怀得知后，一气之下命人将后加的峰头敲掉。于是，这方湖石就被搬到了新瑞云峰底座旁。该撂下的湖石略呈方形，长宽仅一尺许。

第五，瑞云峰究竟沉没和打捞了几次？

前述朱勔获石后石盘沉湖底，未打捞上来。陈霁在将小谢姑石从洞庭西山运往上堡途中，小谢姑石和底座石盘均沉水中，此前陈应该打捞过石盘。陈打捞起了石峰，但石盘始终没法捞出。董份运送小谢姑石途中，再次船破石沉。董打捞石峰时，将瑞云峰和前所沉石盘一并打捞上来。至此，石峰和底座始为完璧。但有的文章认为徐泰时运石途中与董份有同样的遭遇，是将董份的事情加到其女婿徐泰时身上了。

第六，瑞云峰的原貌如何？

根据徐树丕《识小录》记述，瑞云峰初到上堡陈家时，上有"臣朱勔进"四字，但后来再也没见有人提及。因瑞云峰现在西花园水池中央，笔者没法上去仔细察看。问了苏州十中的校领导，回答是现在肯定没有。

徐树丕还说，在陈家时，有算命先生说瑞云峰形似火，对拥有者不吉利。于是，被断去了六七尺。① 很可惜呀！虽断去上部，破了火形，但曾经拥有瑞云峰的陈、董、徐三家，两三代后还是都衰落了。他们对瑞云峰是又爱又怕，千方百计运回家中，却心存疑虑不敢竖立起来。最后，徐清之花费"三百金"，终于竖起了瑞云峰。

第七，瑞云峰的娘家——谢姑山在哪儿？

谢姑山是海拔4.5米的石灰岩湖岛，属于西山镇元山村。原在元山村以南、下堡村以东的太湖湖湾中，与洞庭东山遥遥相对。1969年湖湾被围垦后，小岛成了西山镇战备圩内的小丘。民国《吴县志》和20世纪50年代的"太湖全图"上都标有该小岛，最近出版的《西山地质图》上也能看到它。

笔者和《西山镇志》邹主编两次去西山战备圩现场踏勘。大谢姑山相对高度六七米，其西北端几块巨大的石灰石形似耸起的公鸡鸡冠，在圩区内显得特别高兀，当地人称为鸡冠山。大谢姑山宽约150米，从鸡冠山向东南延伸200多米，穿越大堤后伸入太湖中。村民介绍，1969年小岛成陆后，生产队曾在谢姑山上建立临时食堂，后又在其上开山取石，我们现在还能看到大片清晰的凿痕。现在谢姑山山坡及周围农田是生长着枇杷、桃树的果园，还有元山村农户在这儿饲养猪羊。谢姑山西北约500米处的小高地就是小谢姑山，南北走向，长约150米，宽约100米，呈中间微微隆起的馒头状，山上覆盖着泥土，生长着油菜，偶见青石露出地表。若无村民指点，根本看不出山的形态。《太湖备考》说朱勔采石后，已经"二山一空"确是事实。站在太湖湖堤上眺望谢姑山，我们已很难想象当初"有若两女娟好相对立者"之美好景象了。

（原载于《苏州园林》2005年冬，有增删改动）

---

① 明代徐树丕《识小录》："其最巨者曰瑞云……青鸟家或言类火形，不利宅主，遂断去六七尺。"

虎丘绍隆塔院碑

文/武佳

　　"红日隐檐底，青山藏寺中"，虎丘山自建佛寺后高僧辈出，文人雅士慕名而至。东南大丛林号为"五山十刹"者，虎丘遂居其一。虎丘山的佛教文化源远流长，早在东晋，司徒王珣、司空王珉就舍宅为寺。高僧竺道生、憨憨尊者都曾在虎丘山弘扬佛法，还留下不少动人的传说故事，如"生公讲台""点头石""憨憨泉"等。在南朝梁陈时代（502—589），虎丘山上已建有佛塔。北宋熙宁七年（1074），虎丘山上有"应梦观音殿"。北宋末年及南宋时期，北方战乱，人口大量南迁，促进了江南经济和佛教文化的兴旺繁荣。此时的虎丘变得极为兴盛。南宋绍兴初（约1131），高僧绍隆法师到虎丘讲经，并寓住虎丘，当时众僧云集，遂形成禅宗（临济宗）一派——"虎丘派"，名声一时誉重寺宇内外，那时日本使者来到中国必至虎丘拜谒。

　　绍隆，生于1077年，和州含山（今安徽）人，9岁入佛慧院，15岁受具足戒，20岁开始，精研律藏，后又开创了"虎丘派"。"虎丘派"乃为禅宗"临济宗"的支脉。"临济宗"在佛教界的影响非常大，为禅宗五个主要流派（沩仰、临济、曹洞、云门、法眼）之一，由唐河北临济院义玄禅师创立，故名，其风格特点为单刀直入，机锋峻烈，使人忽然省悟。在北宋楚园后，"临济宗"形成"黄龙""杨岐"二派，"杨岐"下又发展有"虎丘派"和"大慧派"。在十二至十三世纪间"虎丘派"传入日本，并在日本佛教界引起轰动，日本镰仓时代禅宗二十四派中，有二十派出于杨岐法系。"虎丘派"为什么会在日本引起轰动？因为佛教传入日本后，将禅学的意境融入日本茶道里，正如日本的茶道大师珠光禅师（一休宗纯的高徒）强调的"茶道的根本在于清心，这也是禅道的中心"，但真正写出"茶禅一味"这四字真诀的，是我国禅门巨匠圆悟禅师，他是虎丘绍隆法师的师傅，在绍隆离开圆悟禅师去别处当主持的时候，大师将这四个字赠予了弟子，绍隆开创了"虎丘派禅法"后，弘扬一方，名重全国，轰动日本，尔后"茶禅一味"四字真迹也由日本留学僧徒携往日本，这幅字现在已成为日本茶道界的宝物，代代相传，堪称"国宝"。

绍隆于绍兴六年（1136）圆寂于虎丘，"传世六十年，坐四十五夏"。绍隆法师圆寂后，佛寺建舍利塔于虎丘之东山庙西松径后，塔前竖一石牌坊，题额为"临济正传第十二世隆禅师塔"，俗称"隆祖塔"。据《五灯会元》卷第十九《虎丘绍隆禅师》记载：绍隆为圆悟克勤嗣法，临济宗传人。现在来到原"隆祖塔"的旧址，唯一遗存的就是当初的甬道，北侧挂有"天下济宗祖庭"匾额的亭子为1982年新建，周围遍植柏树，环境清幽，不时有日本佛教界信徒前往拜谒。

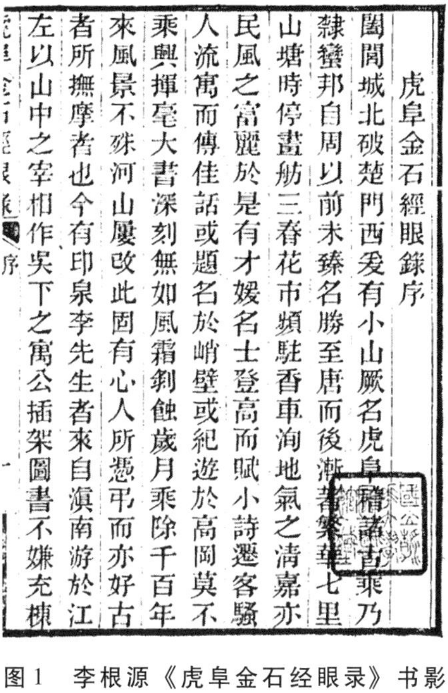

据记载，李根源编写的《虎阜金石经眼录》（图1）记录："隆祖塔院坊，在短簿祠西；临济正传第十二世隆禅师塔，绍隆为有宋，虎丘高僧坐化于绍兴六年五月初八日，司农少卿徐林撰铭此塔碣，无年月权次于此，志载塔铭经赵孟頫重书余至塔之四周，访求数次均无获。"从李老先生的只字片语中我们可以体会到，老先生未见此碑的遗憾，溢于言表。虎丘山的数代管理者也都在寻找这块赵孟頫书写的《临济正传虎丘隆禅师碑》，可是苦苦寻觅几十年，都未见其踪影。最近，结合各方面的信息，及通过互联网查询，终于查询到此碑的下落：拓片藏于中国国家图书馆，每张拓片的尺寸为31厘米×40厘米，总计22张，宋徐林撰，元赵孟頫书，元至大三年（1310）一月十六日建，印记为"华文学校图书馆藏"。据每张拓片的尺寸，可以推算出这组碑拓的尺寸约8米长，0.31米宽。整块碑总计1 000多字，介绍了绍隆法师的生平及临济宗虎丘派的影响，它既是

图1　李根源《虎阜金石经眼录》书影（选）

佛教临济宗的重要历史见证，也是书法界不可多得的传世精品，它的深远影响使这块碑的价值倍增。

随着岁月流逝，虎丘山现存的佛教文化景点已所剩无几。尚存景点仅有云岩寺塔、头山门、断梁殿、大殿（原来的天王殿）、五十三参、石观音殿遗址。最为遗憾的是云岩禅寺这一名刹古寺，至今还有很多景点尚未得以恢复建造。据史书记载，虎丘山的兴盛非同一般，康熙、乾隆皇帝都曾先后六次巡幸江南至虎丘，那时虎丘山上的殿宇寺庙由北向西连绵耸峙，山周围的庙宇建筑林林总总，有五千零八十间之多，堪称东南一大名名刹胜地，胜闻天下。虎丘的每一段历史、每一段文化都值得我们去珍藏、去记忆，因为它有道不完的价值，品不尽的人文。

寻找到的元代书法家赵孟頫书写的《临济正传虎丘隆禅师碑》拓本（图2），对于虎丘景区恢复绍隆塔院提供了重要的参考资料。它让我们了解了临济宗，知道了绍隆法师，知道了日本茶道里的中国禅学，记住了虎丘佛教文化的兴盛，它让我们有了太多回忆，它也是书法界的瑰宝！

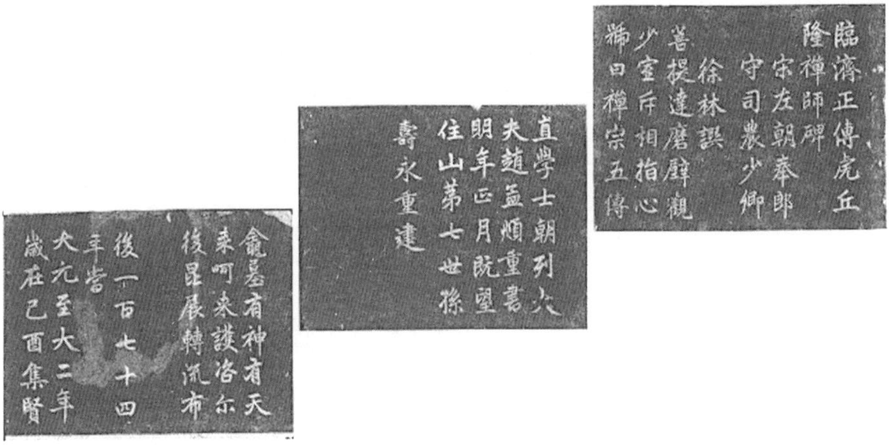

图2　赵孟頫行楷书法拓本《临济正传虎丘隆禅师碑》（局部）

（原载于《苏州园林》2007年秋、冬）

网师园里的黄道周《刘招》书法石刻

文/徐明

在诸多苏州古典园林中，网师园是我的最爱。她虽深居窄巷之内，地不过数亩，但布局紧凑，精巧别致，是造园家推崇的小园典范，驰誉中外。可惜多数游人因为时间有限，往往专注于照相留影，而错过不少细节之处。其中，《刘招》书条石就颇值得注目品赏。

《刘招》书条石毗邻看松读画轩前的古柏，位于竹外一枝轩（图1）西侧游廊的东墙之上，共有四块书条石组成，凡75行，包括1046个质朴古雅的小楷字。其书条石文的撰者和书者就是明季大名鼎鼎的儒学大师和书法大家——黄道周。

黄道周，生于明神宗万历十三年（1585），福建漳浦人，字幼玄、细遵等，号石斋，后世尊称为"石斋先生"，一生著述宏富，生前即名重于时，

图1　20世纪50年代网师园竹外一枝轩全景
（苏州市园林档案馆藏）

挚友徐霞客称赞他为："字画为馆阁第一，文章为国朝第一，人品为海内第一，其学问直接周、孔，为古今第一。"黄道周为人刚正不阿，为官时因直言敢谏而屡遭贬谪，有一次竟当面顶撞崇祯皇帝，乃至入狱，备受拷问。但到了明清易代之际，又受命于危难，自请募师，北上抗清，兵败后

被俘。后人有记载，当时清廷派洪承畴劝降，黄道周即写下一副对联："史笔流芳，虽未成功终可法；洪恩浩荡，不能报国反成仇。"将史可法与洪承畴对比，让洪承畴又羞又愧。尽管洪承畴上疏请求免道周死刑，但清廷不准。黄道周殉节于唐王隆武二年——清顺治三年（1646）。临刑前，他咬破指头，血书遗家人："纲常万古，节义千秋；天地知我，家人无忧。"死后，人们还从他衣袍的内衬上发现血书"大明孤臣黄道周"七个大字。其凛然的风节让百年之后的乾隆皇帝也十分敬重，曾下谕称其"不愧一代完人"，赐谥号忠端，而把当年叛明降清的洪承畴等人，列为贰臣。

黄道周工书善画，被视为明代最有创造性的书法家之一。在明末书坛，与王铎、倪元璐齐名，他的行草书因"豪迈不羁的阳刚之美"而最负盛名，个性鲜明的小楷也令人叫绝。其小楷风格，结体别致，打破传统书法四平八稳的结字方法，在字的搭配上拓宽横向，缩短纵向，似其行草书的基本骨架，给后代极大的影响，如当代书法名家沙孟海、来楚生、潘天寿等人。

说来黄道周与我们苏州也有缘分。他曾多次途经苏州，先后拜访情谊笃厚的文震孟和陈仁锡等人，并于崇祯五年（1632）同徐霞客泛舟洞庭太湖，夜宿楞伽山（上方山），此后独游，饱览吴中山水，留下了多篇有关记游灵岩山、天平山、天池山、花山、寒山和玄墓山等处的诗作。

《刘招》一文收录在清道光年间陈寿祺所编《黄漳浦集》（又名《明漳浦黄忠端公全集》）第三十六卷，其语义古奥，用词生僻，是一篇拟骚体文章。由于《黄漳浦集》收黄道周诗文时都略去署款，所以它的《刘招》不见署款。为此，学者们一直在探究《刘招》的写作目的和时间，但只能从黄道周的师友诗文集中的相关材料间接推知。漳州师范学院中文系陈良武教授认为：《刘招》实为"招刘"之倒文，此"刘"即刘履丁。刘履丁，字渔仲，黄道周的同乡和高弟，"字画篆刻皆极其妙"，诗亦自成一家，为人磊落，不拘礼法，言行颇异于时人。黄道周在书信中称其为"刘鱼公"。当时刘履丁久游于吴下，结交了包括钱谦益、文震亨在内的吴地文人。黄道周立身端正，严于礼法，担心刘履丁流连忘返，意志消磨于江南温柔之乡，希望他以礼持身，在国家多事之秋，复归正道，以天下为己任。

笔者曾专门请教国内黄道周研究领域的著名专家——厦门大学历史系侯真平教授（其所写的《黄道周纪年著述书画考》被公认是近年来黄道周研究的里程碑式的著作）。侯教授认为网师园的《刘招》刻石确为黄道周手书，是很可靠的版本之一。网师园里的《刘招》书条石上不仅最后有明确的署款——"乙亥（按：崇祯八年，即1635年）秋九月道周书"，而且署款之前还有跋语——"右刘招为刘鱼公作也。鱼公既远出，久而不归，念其才行之美，室人怀思，因作是篇云。"因此，网师园里的《刘招》书条石无疑为研究黄道周创作《刘招》一文的主旨提供了直接论据。

那么，《刘招》书条石又是何时出现在网师园里的呢？可惜目前还没有直接的史料文献可资参考，但答案也许就在书条石之上。如果比勘清道光版《黄漳浦集》和网师园书条石刻两个版本的《刘招》正文，可以发现两者在文字上略有几处差异，其中最明显一处是《黄漳浦集》中出现的"北方寇虏"在网师园里的《刘招》书条石表现为"北方寇〔　〕"。书条石刻中"虏"字的缺如和留空，实为古代避讳制度的痕迹。避讳是中国古代特有的习俗，起于周代，成于秦汉，盛于唐宋，明清为甚。清代避讳制度始于康熙年间，凡遇帝王名讳，必须改字、空字、缺笔或墨圈避之。此外，由于清王朝是北方少数民族政权入关，定鼎中原，曾被中原"华夏"视为"胡虏夷狄"等。因此，清初即避"胡、虏、夷、狄"四字，其中"夷、狄"逐渐不避（因儒家经典中关于"夷夏之防"的论述很多），然而"胡、虏"二字，在乾嘉时期严避，道光以后渐宽。

我们不妨再回顾一下网师园的园史。网师园的前身传为南宋史正志万卷堂故址，网师园之名创始于清乾隆中叶的光禄寺少卿宋宗元（字光少，又字鲁儒，号悫庭），其始建年代未见明确记载，据北京建筑工程学院建筑系曹汛教授著文考证，当在清乾隆二十二年（1757）之前。宋氏网师园历时四十余年，只传一代，即为瞿兆骙（字乘六，号远村）所购，加以整治增修，后传于其四子瞿中灏（字亦陶）。瞿氏父子继有网师园始于乾隆末年，跨越整个嘉庆年间而至于道光中。瞿氏以后又递传数姓，中间一度还曾做过长洲县衙。二百年来网师园至少七次易主，直至20世纪50年代，最后一代园主何澄（字亚农）的子女将此园献给国家，受到精心保护。

因此可以推知，网师园里的《刘招》书条石当刻于乾嘉年间，是网师园造园初期遗留至今的历史文物，至于系宋氏抑或瞿氏延请名匠高手勒石所为，只能姑存待考。

中国历代对书法家的品评，都有一个道德标准。苏东坡曾说过："古人论书，兼论其生平，苟非其人，虽工而不贵也。"这个道德标准也是书法作品欣赏评价中的重要因素，如果对人品有非议，那么其书写得再好也只能等而下之了。反之，由于人品高尚，其书法作品之地位便会更受推崇。黄道周《刘招》的墨迹真笔固然早已湮没于历史变迁之中。但是，《刘招》书条石却仍能让后人领略到石斋先生人品与书风的统一。甚为遗憾的是，在既往介绍苏州园林的相关书籍资料中，对其竟无一字介绍。黄道周的小楷作品存世不多，而有关《刘招》的墨迹留存目前发现仅此而已，所以，网师园里的《刘招》书条石（图2）更显弥足珍贵了。

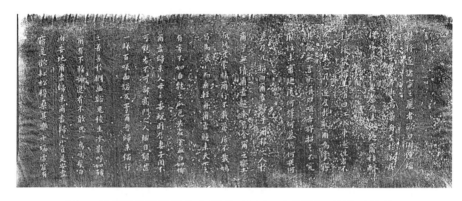

图2　网师园黄道周所书《刘招》书条石（苏州市园林档案馆藏）

当您在网师园里，经过这四块似乎并不显眼的书条石时，或许可以驻足停留，品赏片刻——上面承载着我们的历史和文化。

附：网师园《刘招》书条石文（特别感谢侯真平和鲍晓两位老师的校点，为便于对照识读，附文保留繁体字）

劉　　　招

楚將逐諸宗之麗者欲曰："儌儻燼我。"族子景差與焉，薰舟至於澉尾，將屆吳會。於是屈原未死，乃齎桂醑，墦瓊漿，謂巫涓曰："江水東逝，往者不反，彼美之泛泛，遂及於亂，爾為掌寤，其能無言？"

巫涓曰："唯，吾將招之，不究厥性未審，乃度何釋何慕？戀何畏何慕？"乃泛招曰："爾盍歸乎？爾邦之人，於爾乎無猜？爾盍歸來？曷舍爾之樂土，而就彼蒙昧？爾行不載鳶，居不載鳩，曷為漾漾而乘輕舟？爾盍歸來？天下之有家，不如吾鮑之瓜，色失在塗，血白如椰。爾盍歸來？父母之委蛻，則有妻子，因不可懟，劣不可鄙。高門之人，瞤目鋸齒，一睇百笑，面諾反詈。爾盍歸來？獨行之苦，苦於捫幽溪鬼，棱生冰影，呼如稀前，有不敢虢退，有不敢思一鳥銜髮，白肉委地。爾盍歸來？爾盍歸來？貧是安，盍窮是歡。耘松樆桑，其樂千端。虎窟有肉，莫之敢取。驪珠在海，褰裳去之。爾何為乎舍爾室子，自稱逆旅？爾盍歸來？逆旅之賤，賤於浣裄廁隧，塞竇潷，承糠蒙鞪，鼻口易治，絺冬纊夏。爾盍歸來？爾凤好之乖外，而況於殊輦，目生植柴，頸延連巐，或十擬而一對，猶未得其類。爾盍歸來？爾曷不選聞汰色，食簡苟活，城齒重關，樹舌不拔？爾曷自奔逸，批耳嚙膝，汗血及踵，漉水莫食？爾盍歸來？爾曷昆弟之踈，而僮僕之親，誰守誰居，廓落忏忼，相彼僮僕，乃利乃貫，裕則多患，約則多怨。爾曷自乘蘲，揭足與濟，惡疧而就屬。爾盍歸來，春秋之不可淹，數從之松顙，南去髳羌，於今而不懖，將及於黃土。爾盍歸來，少居性親，它人異心，田甫莠驕，交多肌消。爾盍歸來？遠方之人不可與謀。”

屈原聞之，歎曰：“是其辭，摯而不曠，吾不能复用巫涓也。”乃重招曰：

“爾盍歸來？東方不可以游，震澤之天吳，摩牙欲嚙我猳；西方不可以游，峨岷之虎兒，摩牙欲囓我猳。爾盍歸來？天上不可以游，天上九關，一關九旭，狻猊十丈，鉤爪電手，啖金沒鼻，嗜火如酒。爾盍歸來？地下不可游，地下之昏眛，層淵重湫，蛆蚓之爭，哄如奔牛，鬼窮骨酸，常啼啾啾。南方不可以游，南方之熱，熱而愈下。北方不可以游；北方寇［　］，拆骨如蔗，剖婦槊孺，斫彼娃姝，以鬥纖婹。爾盍歸來？四野之清皐，無如我鄉，駕鼠儔鷗，變為鶀皇，鯱鯊鮫鮨，佩蘭以芳，錦竹文屛，遠郊連坰，導為修徑，重罘複格，網紫襡翠，以造娟室，岑淵所迴，冬秋無風，因埠窫窳，別階西東，賓從誦言，奄串德義，皆熏赫之汏。而真素之貴，鉅生鴻儒，簧游磬騫，動与皓月，摩肩行輿，炯星交連，靜躁修倩，各其所會，督光濯足而起重陰，呂望晞髮以跂東海，信尊衆于之非靡，或獨唱以何悔？伏臘歲時，餞霜賓曦，醬鶊炮雛，爛鴰粉魚，象箸兕觥，晶盤紫榆，雕鐘鏤鼎，冢文壁書，起而行之，親友相勝，窈窕卻步，少長遞進，接衡泌之孔嘉，去伐檀之太甚。信人生之有命，雖讒慝之何禁；欲布名乎天下，恐不如塊處之為審。”

亂曰：“爾盍歸來？喬木無陰，尚可息些；竹實傾筐，尚可食些。不謂爾鳳，尚有翼些；不謂爾麟，爾脛未拆些；題爾毛羽，胡不懌些？四方多艱，翳白日些。我躬不閱，薾愁疾些；未可以出，遠無極些。爾盍歸來？涕沾臆些。微子之故，我不能食些。”

右劉招為劉魚公作也。魚公既遠出，久而不歸，念其才行之美，室人懷思，因作是篇云。

乙亥秋九月道周書

（原載于《蘇州園林》2012年第3期）

咫尺千里　缩龙成寸

——苏州盆景和万景山庄

文/谈秋毅

　　盆景，是小型的园林景观，它在有限的盆盎中，以"咫尺千里，缩龙成寸"的艺术手法，藏参天复地之意于盈握间，达到所谓的"一峰则太华千寻，一勺则江湖万里"的意境。尤其在园林中陈设于厅堂轩屋内，点缀在假山水面间，是园林景观中不可或缺的元素，也是园林艺术中不可分割的部分。毫不夸张地说，盆景，是园林艺术中的璀璨瑰宝（图1、图2）。

图1　万景山庄盆景"玉龙探云"　　　　图2　万景山庄盆景"苍干嶙峋"
（苏州市园林档案馆藏）　　　　　　　（苏州市园林档案馆藏）

　　苏州盆景的形成和发展得益于太湖山水自然优美的环境、古典园林的造园手法、吴门画派的艺术境界，是苏州非物质文化遗产中的佼佼者。追溯苏州盆景的历史渊源，按照目前国内盆景起源说的几个代表观点，盆栽的起源可上溯到新石器时代。1977年在我国浙江余姚河姆渡新时期遗址，在距今约7000年的第四文化层中，出土了两块刻画有盆栽图案的陶器残片。一块是五叶纹陶块，图案保存完整：在一短足的长方花盆内种植着一株万年青，共五叶，一叶居中挺拔向上，另四叶对称分列两侧；另一块为三叶纹陶片，也刻画着一盆万年青，画面植株生机盎然、富于动感。据陈俊愉教授考证，浙江余姚是万年青原产地。可认为，盆栽在那个时期就产生了。而盆栽是盆景的最原始、最简单的表现形式，是盆景的雏形。

盆栽发展到了汉代开始出现了缶景形式，注重器皿的配置，河北省望都东汉考古发现可为佐证。唐代盆景已经多样化，创作手法有单干、多干；有树桩盆景还有山水盆景等形式。阎立本绘制的《职贡图》中，即有以山水盆景进贡的形象。同时，诗文中也出现了赞咏盆景的诗四十多首。宋代盆景发展趋向成熟：扬州瘦西湖陈列了宋代花石纲遗物；故宫博物院收藏的宋人绘画《十八学士图》，有二轴绘有苍劲古朴、姿态优美、虬枝露根的树桩盆景，形态与现代盆景已经非常接近。

苏州盆景有确切考证的是从宋朝开始。南宋苏州田园诗人范成大以山石制作盆景并题景名。到了元代，苏州高僧韫上人创作的"些子景"受到盆景玩家的喜爱，文人相继地以诗、文、画来表述。"些子景"也就是现代的小盆景及微型盆景。

明代，随着苏州地方经济的快速发展，富豪官绅争相置地造园。盆景，作为园林艺术的一个重要部分，庭院、厅堂、几案都陈列着盆景。盆景，作为专用名词第一次出现在王鏊编著的《姑苏志》中，盆景与园林的关系从"明四家"之一的仇英《金谷园》图中体现出来。当时苏州盆景的盛行在黄省曾著的《吴风录》有记载："至今吴中富豪竞以湖石筑峙奇峰阴洞，至诸贵占据名岛以凿，凿而嵌空为妙绝，珍花异木，错映阑圃，虽间阁下户，亦饰小小盆岛为玩。"

苏州盆景发展到明代出现了理论专著。文震亨的《长物志》中专列"盆玩"篇，比较详细地论述了盆景的制作、赏析以及盆的配置，提出了不少对盆景创作赏析的经验和见解："盆玩，时尚以列几案间者为第一，列庭榭中者次之，余持论则反是。最古者以天目松为第一，高不过二尺，短不过尺许，其本如臂，其针如簇，结为马远之倚斜诘曲，郭熙之露顶张拳，刘松年之偃亚层叠，盛子昭之拖拽轩翥等状，栽以佳器，槎牙可观。"这些论述既列出了桩景品评的标准，又点明了盆景的创作离不开古人的画意境界，从单纯的盆栽上升到了有理论、有标准的艺术高度。

清代苏州盆景已经从单一的创作观赏、陈列，发展到运往外地进行交易。李斗所著的《扬州画舫录》里，记载了苏州的离幻和尚擅长制作盆景，每去扬州"好盆景载数艘以随"，"一盆值百金"。

说来有趣，乾隆年间徐扬绘制的《盛世滋生图》中苏州山塘街一段也出现了当时盆景售卖的场面：山塘河中过往的船只上满载着盆景花木，街上店肆的门面前高挂着"各种花卉　四季盆景"的店招。这说明盆景的制作和交易在当时已经产业化。

清代苏州盆景制作出现不少的高手，其中为清光绪年间的盆景专家胡炳章最善于制作老桩盆景，曾将山中老而不枯的梅桩，截去根部的一段，移入盆内，用刀凿雕琢树身，做成枯干形状，点缀苔藓，苍老古朴，并删去大部分枝条，仅留疏枝数根，任其自然生长，不加束缚。这便是利用自然界的多年老桩来进行盆景制作。

清乾嘉年间苏州人沈三白在他的《浮生六记》中对盆景的制作手法和要求，做了详细的描述："若新栽花木，不妨歪斜取势，听其叶侧，一年后枝叶自能向上，如树树直栽，即难取势矣。""至剪裁盆树，先取根露鸡爪者，左右剪成三节，然后起枝。一枝一节，七枝到顶，或九枝到顶。枝忌对节如肩臂，节忌臃肿如鹤膝。须盘旋出枝，不可光留左右，以避赤胸露背之病；又不可前后直出，有名"双起""三起"者，一根而起两三树也。如根无爪形，便成插树，故不取。"可以说沈三白的这段论述奠定了近代苏州盆景的理论基础。

明清时期是苏州盆景发展的一个重要时期，在这段时间内，盆景的理论以及相关技艺方面的专著相继问世，对盆景的用材、制作手法有了系统的论述。盆景的种植养护得到了普及，盆景创作技艺趋向成熟，表现形式更加多样，除山水盆景、树桩盆景、水旱盆景外，还出现了瀑布盆景及枯艺盆景。盆景的创作手法逐步形成了固定模式"六台三托一顶"：将树干盘成6个弯，在每个弯的部位留一侧枝，左、右、背三个方向各3枝，扎成9个圆形枝片，左右对称的6片即"六台"，背面的3片即"三托"，然后在树顶扎成一个大枝片，即"一顶"，参差有趣，层次分明。陈放时一般都两盆对称，意为"十全十美"。这种形式一直延续到近代苏州盆景的制作中。

民国时期，苏州盆景界以周瘦鹃为代表人物，20世纪30年代，周瘦鹃以园艺家、盆景家的身份四次参加了在上海举办的"中西莳花会"，并夺得了大赛三连冠。

周瘦鹃是苏州现代盆景的奠基人物，除了创作大量的盆景外，还撰写了许多相关的文章，如《花木丛中》《拈花集》等。1957年出版的《盆栽趣味》是 1949 年以来我国最早介绍盆景历史和制作方法的专著。周瘦鹃制作盆景反对矫揉造作，力求自然；他在吸取明、清苏州盆景艺术精华的基础上，对苏派的传统技法进行了改革和创新；他在具体的创作实践中突破了苏州盆景"六台三托一顶"的模式，重视师法自然，讲究诗情画意。他采用"以剪为主，以扎为辅"以及"粗扎细剪"的方法制作树桩盆景；又多以历史名画为蓝本，取其意境，如沈石田的《鹤听琴图》、唐伯虎的《蕉石图》《饮马图》等，使苏派盆景不仅面目焕然一新，还因其清秀古雅的艺术特色独树一帜。

苏州盆景在 1949 后发展迅猛。1961 年，中国农业科学院成立香花、盆景组，并在苏州拙政园举行了规模较大的盆景展览，展出江苏、上海两地盆景的精品，在国内产生了很大的影响。1963 年 8 月在人民路慕园内建造了苏州第一家国有体制的盆景园，汇聚了当时苏州盆景的精品。1971 年苏州留园的"又一村"开辟为盆景园，苏州盆景由此成为园林艺术的一个重要展示部分。

现代苏州盆景的发展还有个重要人物——朱子安。目前苏州盆景的创作技法和理念基本是承继朱子安的风格，他将周瘦鹃的制作手法"以剪为主、以扎为辅"和"粗扎细剪"的理念应用于实践之中，创作了大量的有着明显苏州特色的盆景。他改变传统取材方法，直接到深山野林中挖取粗壮树桩作为盆景毛坯，采用了"二弯半"的枝片处理手法，缩短了盆景成型的年限；形成了独特、明显的现代苏州盆景特点。苏州盆景被称为苏派盆景，与上海的海派、扬州的扬派、广东的岭南派、四川的川派并列为全国盆景五大流派。

1982 年 5 月在南京举办了首届"江苏省盆景艺术展"，苏州参展的盆景作品一举获得了 10 个最佳奖、12 个优秀奖，苏州盆景征服了国内盆景同行和爱好者。同年 10 月，在风景优美、积淀着数千年历史文化的虎丘东南麓，以千年古塔为背景，占地 24 亩（16 000 平方米）的苏州盆景园——万景山庄（图 3）建成并对外开放。园内分树桩盆景和山水盆景二个展区，集中陈列苏派盆景风格明显的精品盆景数百盆，是苏州盆景集中对外宣传的窗口，也是全国盆景爱好者交流的平台。万景山庄开园 30 年来，作品参加了全国各层次的评比展和邀请展，获得奖项无数。2001 年 5 月在虎丘举办了第五届"中国盆景艺术评比展览"，展示了世纪之交我国盆景艺术发展状况和趋势，是一次全国盆景界互相交流观摩、切磋技艺的盛会。来自全国 20 个省、自治区、直辖市的 75 个城市参加了这次盆景评比展览。虎丘万景山庄也因此而被国内同行视为盆景"圣地"。

图3　万景山庄

　　为了传承传统技艺，展示苏州盆景的历史文化，"苏州盆景历史文化陈列馆"于2011年11月正式开馆。陈列馆坐落在万景山庄北部，馆内设序馆、历史馆、技艺馆、古盆馆、大师馆五个区，以图文的形式全面介绍了苏州盆景的起源、沿革、特点、器皿、名家等方面的内容。

　　苏州盆景经过了数百年的历史积淀、吴文化的熏陶、技艺的改进，形成了"古朴典雅、诗情画意、精细灵巧"的风格特点。为了保护和传承这一传统技艺，国务院于2011年5月将"苏州盆景造型技艺"纳入第三批国家级非物质文化遗产名录。2013年9月召开第七届世界盆景友好联盟大会，苏州虎丘万景山庄被列为大会的五个交流中心之一。

　　苏州盆景是吴文化和苏州古典园林艺术的精华，是文化遗产中的艺术瑰宝。一代代盆景专业人士共同努力，在新时期社会各界的关注支持下，期待着它能够放出更为璀璨的光彩。

（原载于《苏州园林》2013年第1期）

范成大《四时田园杂兴》诗碑

文/程洪福

范成大，字至能，号石湖居士，南宋著名田园诗人，与杨万里、陆游、尤袤并称"南宋四大家"。晚年归隐石湖，建石湖别墅，作《四时田园杂兴》诗六十首，反映石湖周边农耕生活、风土人情、山水田园风光和民间疾苦，周伯琦评其"不惟词语脍炙人口，而笔墨标韵，步骤苏黄"。石湖景区范成大祠堂（图1）内保存的明刻范成大手书7块田园诗碑，虽经历浩劫仍保存较好，颇具传奇色彩。

图1　范成大祠堂

《四时田园杂兴》诗分为春日、晚春、夏日、秋日、冬日田园杂兴五部分。春日田园杂兴描写农民养蚕、春耕、捕鱼、清明踏青、行春等农事及民俗活动，其中行春为当时的一种民俗活动，九孔行春桥的名称可能源于行春民俗。从"骑吹东来里巷喧，行春车马闹如烟"诗句可以联想当时的盛况。晚春田园杂兴描写油菜、牡丹、楝子花开，荷叶生长，商人吆喝卖茶，孩童戏舟等场景。夏日田园杂兴描写梅子成熟、荷花盛开、农妇织布、儿童卖瓜、官府收租等场景。秋日田园杂兴描写收割稻谷、石湖赏月、赏菊等场景。"中秋全景属潜夫，棹入空明看太湖。身外水天银一色，城中有此月明无？"诗句表明至少在南宋时期就有中秋至石湖赏月的民俗活动。冬日田园杂兴描写石湖雪景，富人食肉无味、穷人挨饿等场景。

这些田园诗不仅描写了石湖周边春夏秋冬四时美景，也记录了大量的农事活动、风土人情和普通百姓的生活状况，风格清新明快，富有韵味，具有民歌特色。钱锺书先生认为，范成大田园诗是中国古代田园诗的集大成者。

范成大的诗文及书法在宋代就有较大影响，他曾将田园诗夏日杂兴部分寄给同年的抚州使君和仲分享。和仲唱和甚妙，而且希望一览范成大《四时田园杂兴》诗的全部。淳熙十三年（1186），范成大手书田园诗以寄之，使君和仲刻于临川府学。由于范成大子嗣凋零，石湖别墅逐渐荒芜。及至三百多年后的明正德年间（1506—1521），石湖本地居民卢纲、卢雍、卢襄父子在茶磨山房旁建祠堂纪念范成大。卢雍一直希望寻觅到范成大墨迹，恰巧此时一位浙江客人携带范成大田园诗手卷来苏，经反复鉴定，确认为范成大真迹。令人称奇的是，在田园诗卷末有"卢氏家藏"字样，卢雍遂以重金购买。王鏊曾感叹道："独念兹卷始藏卢氏，复数百年，兵火乱离，几经变故而以归焉，复归之卢氏，其不有数乎！岂文穆冥冥之中来歆庙祀，鉴侍御之诚，特以其家故物完璧归之乎？"这一奇事被传为佳话。王鏊、文徵明等名家都曾在田园诗卷后题识。卢雍更是亲自钩摹田园诗及名家题识刻于8块青石碑上，嵌于祠堂享堂墙壁，以供后人参观。后来，卢襄寻得范成大行书《蝶恋花》词一首，与田园诗并列嵌于墙壁。至清代，范成大道德文章更加受到统治阶级的重视，乾隆皇帝南巡均至石湖，多次赋诗表彰其历史功绩。历代乡贤和在苏任职官员均对范成大祠堂进行修缮和保护。文人雅士游历石湖拜谒范成大祠堂时，均对田园诗碑拓片，以馈赠同道好友。

"文革"期间，范成大祠堂被严重破坏，田园诗碑侥幸得以保留7块，但刻有王鏊、文徵明题识的第八块青石碑不知去向。1984年，市园林局重修范成大祠堂，7块田园诗碑从"寿栎堂"北侧山墙起首依次嵌于墙壁。

2005年，苏州博物馆原馆长张英霖先生向南京博物院征得范成大《蝶恋花》词，园林局邀请著名书法家崔护先生补书，并由苏州碑刻专家戈春男先生刻于青石碑上，与田园诗碑并列，历史景观得以恢复和重现。

近年来，石湖景区管理部门不断加强景区内风景名胜资源的保护、挖掘和宣传，景区知名度和美誉度不断提高。众多游客和专家学者慕名前往范成大祠堂，瞻仰先贤，田园杂兴诗碑（图2）成为研究范成大文学思想、书法风格、宋代社会生活、明代碑刻等方面的重要素材。轻声吟诵田园诗，似乎能体会到石湖春夏秋冬四季美景以及范成大虽归隐田园，但心系百姓疾苦的胸襟和情怀。

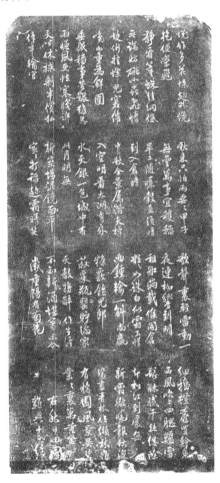

图2　田园杂兴诗碑（选）

（原载于《苏州园林》2013年第4期）

灯火阑珊

文/严蕴悦

作者按：园林中其他场所如厅堂、走廊、庭院等选用灯具所需虑及的方面要多得多，比如它们的尺寸、款式、亮度等。这些灯具除了要满足夜间照明的需求，还要体现出园林主人超凡的审美和脱俗的气度。

如果说，书灯体现出的是园林主人在自我世界中的个人情趣，那么其他这些灯具就在某种程度上代表了园林所处时代整个文人士大夫的集体审美眼光。

我们所见到的园林，大多建成于明清两代。这段时期的灯具作为小型家具的一种，以木构卯榫为主，因此，凡适用于家具制作的硬木如榉木、酸枝、紫檀、黄花梨等，都可以用来做灯具。但是古人的选材并不局限于此。《长物志》中提道："灯，闽中珠灯第一，玳瑁、琥珀、鱼魭次之。"位列前四的居然都不是木质材料。玳瑁、琥珀之类都是名贵的"半宝石"，制成的小型摆件都动辄价值连城，何况体积较大的灯盏。

这里所提到的四种材质的灯具，于今仍可在生活中见到的，大约只数"珠灯"了。珠灯，顾名思义，乃是缀珠而成的灯具。《镜花缘》有这样的描写："不多时有几个宫人手执珠灯走来……"清代钱泳在《履园丛话》中也提到这件事物："康熙初，有阳山朱鸣虞者，富甲三吴……曾于元宵挂珠灯数十盏于门。"可见珠灯当时属奢侈品，富贵之家对其还是趋之若鹜的。在浙江金华东阳卢宅肃雍堂现存一盏珠灯，全称为"宝盖索络联三聚七彩穗羊角灯"，制作于1918年，高4.05米，直径2.10米，重127.5千克，用40万颗玻璃彩珠穿就。我们或许可以从这盏珠灯一窥当时苏州园林逢年过节时挂灯的盛况。

但是，作为日常用度，这样的排场还是太过奢华了。文震亨所列举的灯具中，还提到"料丝出滇中者最胜"。这种料丝灯，在园林中或许更为普及。《红楼梦》元宵节贾母宴花厅一回里，就提到料丝灯。何为料丝？明代藏书家郎瑛所辑《七修类稿·事物五·料丝》："用玛瑙、紫石英诸药捣为屑，煮腐如粉，然必市北方天花菜点之方凝。而后缫之为丝，织如绢状，上绘人物山水，极晶莹可爱，价亦珍贵。盖以煮料成丝，故谓之料丝。"这种材质透光而不透风，又可以作画于其上，自然成为做灯之首选。因此园林中的灯具，多以红木材质为框架，而以料丝彩绘为灯罩。即便今日料丝技术几乎失传，我们的苏派宫灯仍以玻璃片覆绢面彩绘代替，与料丝灯一脉相承，异曲同工。

关于灯的样式，文氏也有观点："灯样以四方如屏，中穿花鸟，清雅如画者为佳……他如蒸笼圈、水精球、双层、三层者，俱恶俗。"的确，游人若到园林随意观赏，必定以四面宫灯最为常见。偶有个例，比如拙政园"与谁同坐轩"的扇形宫灯、网师园走廊转角处的壁灯等，也都是在此基础上，因地制宜变化出来的。

至此我们可以得出园林主人们在挑选灯具时的若干关键词：料丝、彩绘、四方、清雅。

按照这样的标准，留园五峰仙馆正厅中堂悬挂的四盏宫灯堪称个中精品。这几盏宫灯沿袭了明式宫灯的"四方如屏"，但是上下都增加了围子，灯身四棱外增设一道细柱，用这样的演化手法使一只传统的单层宫灯在视觉上变成了三层叠加的复杂结构；再加上通身的镂雕，使得宫灯远远望去，宛似琼楼叠嶂，富丽堂皇。虽然清后期的工艺品往往因为浮夸的装饰而为人诟病，但是五峰仙馆这几盏宫灯深得明代灯具的精髓：整体简明大方，只在细节上追求极致工丽；并且因为五峰仙馆的建筑体量宏大，所以宫灯挂设其中非但不觉繁复，反而相得益彰。

五峰仙馆的大型宫灯是园林灯具中的精品之一，但园林主人对灯具的追求并没有止步于此。在《长物志》"灯"条的结尾，文震亨说了这么一句："曾见元时布灯，最奇，亦非时尚也。"园林主人在挑选书灯时古为今用的尚古倾向，在选择其他场所灯具的时候完全消失了，取而代之的是追求时尚。

诚然，作为当时社会的上层名流，园林主人们有机会接触最前沿的时尚信息，并且非常愿意成为时尚的体验者和引导者。所以当"电"这种新生事物出现的时候，他们就迫不及待地在家中使用了。

在一些老照片上可以看到，20世纪初的留园，许多房间已经用上了电灯，其中不乏款式新颖的玻璃荷叶灯（图1）。

图1 1920年代留园林泉耆硕之馆内的荷叶玻璃罩电灯（苏州市园林档案馆藏）

1921年4月3日《申报》第七页《地方通信》中，有这样一条简讯，"华洋义赈之游艺会：华洋义赈苏州分会于旧历二月二十三至四五三日，假座留园特开游艺大会……有弹词、幻术……五色电灯……颇有可观，券价一元，诚热心慈善之美举也。"

图2 网师园壁灯
（苏州市园林档案馆藏）

这一番描述，已经远远超出我们以往对园林的了解了，分明是一派现代游乐园里霓虹闪烁的景象！这一举措，无论雅俗，都是园林灯具史上的一个标点。

园林，就是这样以它海纳百川的胸襟将今古雅俗兼容并包。在新时代来临的时候，我们就应该与时俱进地使用符合时代、又适宜园林的灯具。我们在网师园的夜花园中可以看到，新型景观灯具（图2）营造出古人们所未见的瑰丽景象，它们用光把亭台楼阁的轮廓在苍茫夜色中勾勒了出来。这是一项有意义的举措，所以我们不能浅尝辄止，而要更深一步地思考，如何秉承古代园林主人的审美意趣，让灯光融入园林意境，甚至表达园林意境。

好的灯具与光线，不仅仅可以起到照明和装饰作用，更可以成为游人心中的一点光，引领叩访的后人们走进当年那座风雅的庭园里。

（原载于《苏州园林》2014 年第 1 期）

问梅听香狮子林

文/张婕

2014甲午马年，吴中名园狮子林也以672岁高龄迎来了本命之年。有着"禅意园林""假山王国"美誉的狮子林，始建于元代至正二年（1342），时年恰逢壬午马年，为请当时著名的高僧天如惟则禅师来苏州讲经说法、传道解惑，他的弟子们竞相出资，在宋代废园的基础上，建立了狮子林，初为禅宗寺庙。古园历经寺庙和私家园林的变迁，阅尽世间沧桑，至今洞壑幽深，峰峦奇秀，亭榭精美，花木多姿。涵禅蕴俗的狮子林古意悠悠，令人感慨流连。

图1　狮子林的"迎春梅花展"（任栖瑶 摄）

每年新春，狮子林的"迎春梅花展"（图1）都会盛装迎宾。厅堂里、庭院中，装点着百余盆梅桩，花蕾满枝，寒香扑鼻，古老的园林因此而春意浓浓，生机勃勃。狮子林的梅，是特色，更是传统，她伴园而生，历史悠长；她蕴含禅意，颇带机锋；她寄托文人雅趣，彰显志士风骨。在狮子林，梅花文化有着不同于其他古典园林的独特之处。

建园之初，就有一株名叫

"卧龙"的古梅，当时已近200年树龄，与一株名为"腾蛟"的柏树"结为蛟虬"，堪称奇观。天如惟则禅师在他的《狮子林即景十四首》中，有一首专写卧龙梅。"林下禅关尽日开，放人来看卧龙梅；山童莫厌门庭闹，不是爱闲人不来。"又有一首写道："斜梅势压石栏杆，花似垂头照影看"，足见卧龙梅气势不凡，古树繁花，盛极一时。从元代大画家倪瓒著名的《狮子林图》中，也可一窥卧龙古梅风采。倪高士逸笔草草，勾勒出卧龙梅遒劲苍古的气势，与狮林古寺共峥嵘。卧龙古梅虽已随历史湮灭，但它卓尔不群的风姿，仍通过诗文园记和狮子林图画得以保留，供人怀古咏叹。

禅意园林中的机锋斗趣，也在"梅"上体现。在那株"卧龙梅"后，就是"问梅阁"。"问梅"二字，出自禅宗公案"马祖问梅"的故事。唐代法常禅师是马祖道一禅师的弟子，"容貌清俊，性度刚敏"，具有超人的记忆力，初参马祖道一时，听其言"即心即佛"，当即大悟，便到浙江大梅山住山隐修。马祖为了解其领悟程度派手下的僧人前往勘验，那僧对法常说："马祖大师近来佛法有变，又说非心非佛。"法常说："他说他的非心非佛，我只管即心即佛。"法常打破偶像观念的束缚，识心达本，心不附物，所以马祖禅师知道后赞许地对众弟子说："大众，梅子熟了。"后来法常禅师便被称为"大梅禅师"。

如今的问梅阁坐落在狮子林西部土山上，周边种植一小片红梅、绿梅，林中铺地也以梅花点缀。重檐巍峨的问梅阁中，悬挂"绮窗春讯"匾额，取自唐代王维《杂诗》"来日绮窗前，寒梅着花未"诗意。阁内的桌椅都以梅花造型，桌下有精美的梅花雕刻，窗纹、地面都有梅花图案，八扇屏风上的书画也以梅为主题，可谓做足了梅花的韵致和文章，也体现了文人士大夫的审美情趣。既有禅宗意蕴，又有文人园林的特点，这正是狮子林不同于其他苏州古典园林的绝妙之处。

以文人心态赏梅，还体现在狮子林多处立意造景、馆阁题名上，小方厅东侧空窗与窗外的素心蜡梅，俨然立体图画，构成了一幅"寒梅图"，与西侧空窗的"竹石图"两相对应，令小方厅气韵生动，充满生机。暗香疏影楼、双香仙馆，都以梅花为题。从暗香疏影楼上可以俯瞰园中景观，三五株梅花与蜡梅，疏影横斜，映入眼帘，正是冬日里别致的景色。双香仙馆名为馆，其实是一座小巧的廊亭，馆旁有梅，馆前有荷，梅花和荷花一个在冬日里暗香浮动，一个在夏天香远益清，让人心醉神驰。狮子林南部长廊里还有一方刻有文天祥《梅花诗》的石碑："静虚群动息，身雅一身清；春色凭谁记，梅花插座瓶。"借梅咏怀，突出了一个"静"字，以瓶梅的清雅类比了心情的淡定，体现了文天祥正气凛然的高尚情操。

园因梅而著名，梅倚园而生辉。狮子林因此保持了栽植梅花的传统，并将梅桩盆景培育成狮子林的特色花卉。自 1988 年举办了首届"百花齐放迎龙年"主题的迎春时令花展以来，每逢春节必有梅花（梅桩）展，以传承、发扬狮子林的梅花文化。苏州独创的梅花桩景，是将梅树截去树冠，劈成两半，使每一半都带有根和枝叶，上面再嫁接骨里红、宫粉、朱砂、绿萼、玉蝶等梅花枝条而成。狮子林花房里，精心养护着盆栽梅桩200 余盆，有劈梅、游龙梅、曲十式梅花、垂直式梅花、直干式梅花等，管理处工作人员还不断引进和更新梅树，并培育了大量梅桩盆景，在全国梅展上曾屡获大奖。2014 年在昆明举办的第十四届中国梅花蜡梅展上，狮子林送展的梅桩"暗香浮动""凌寒留香"再次夺得梅花桩景的金奖。"老树着花无丑枝"，梅桩盆景根干古朴嶙峋，树冠繁花似锦，古树、鲜花相映成趣，这道奇丽的景观成为狮子林新春为广大游客奉献的"大餐"。

燕誉堂西侧的天井里，一株金灿灿的素心蜡梅在冬日迎时绽放，映衬在窗框中，宛如一幅生动的梅花图。举头东望，砖额上的"听香"二字动人心弦。这是通感的表达，内在心灵获得贯通，感官也就随之贯通。来狮子林赏梅，可思古参禅，可悦目咏怀，能够获得心灵上的静修和感官上的无限的愉悦。

梅破知春近，赏梅狮子林。

（原载于《苏州园林》2014 年第 2 期）

信步庭院看书展

——书法与苏州园林

文/邱文颖

对于中国传统文人而言，诗、书、画是他们生命的一部分，是他们寄情娱情的最佳载体。苏州文人山水园本身就是一个书画的载体，因此书画是园中传情达意的一种重要方式，尤其是书法，成为苏州园林中的一道独特风景。我们徜徉在移步换景的亭台楼阁间，仿佛就在欣赏一场最具情境感的书法展览。

一、园林无处不书法

园林中，随处可见各种形式的书法，它们或高悬于门楣，或环抱于廊柱，或镶嵌于粉壁，或镌刻在崖石，散发出浓浓的艺术和人文气息。常见的种类有室内悬挂的卷轴、匾额、楹联、品题性石刻、砖刻和书条石；可见的字体真、草、篆、隶、行俱全。

（一）品题

苏州园林中的匾对题刻，大多出自名家之手，折射出巨大的艺术魅力，使苏州园林浸润着浓浓的书卷气息。

1. 匾额

题名装置起来成为匾额，大多挂在建筑明间后部上方或门之梁枋处，多为横长方形（图1）。原来横为匾，竖为额，现已不加严格区分。重要厅堂则多为大幅书画中堂，两边配以对联，这种布置为明清苏州园林乃至明人居室最典型的书画装饰之一，在其他的建筑形式中也可以见到。

图 1 留园五峰仙馆匾额（茹军 摄）

2. 对联、楹联

对联是苏州园林书法的大宗。置于中堂两侧，称为堂联；又可置于居室洞窗之左右，与窗外蕉竹等自然之景映照生发。楹联又称抱柱联，悬挂于门廊或室内两侧柱上。传统建筑的梁柱式结构为楹联装饰提供了便利。书画布置讲究对称，对联与立轴条幅多两两或两面相对成偶数，反映了中华民族无处不在的对称均衡的审美意识与原则，体现了特有的哲学观念与思维方式。

3. 砖刻

砖额（图2、图3）多嵌在园林门楼或侧边洞门之上，或含寓意，或做引景，常用四字分刻两首或刻在正反门楣上，内容如"延爽""岩扉""松径"等。以建筑形式的不同，又有亭额、轩额、洞门额、牌坊额等。牌坊额往往位于园林空间的最前端，标明位置，引领景点，如沧浪亭"沧浪胜迹"牌坊。

图 2 艺圃浴鸥庭院砖额（徐婷婷 摄）

图 3 留园古木交柯砖额

4. 石刻

园林室外壁廊间偶尔有碑亭，内容多为纪念性的书法遗迹，如沧浪亭御书亭、怡园董其昌诗碑亭、狮子林文天祥诗碑等。苏州园林中还有少量的摩崖刻石，如留园的"一梯云""冠云峰"，沧浪亭的"流玉"，怡园的"东安中峰"等。伫立其前，虽不是崇山峻岭、层峦叠嶂，亦使人有咫尺千里之想。而在一些自然风景园林中摩崖石刻较多，如虎丘山。

5. 室内悬挂的书法作品

因为历史的沿革，室内悬挂的书法作品已不能恢复原貌。现在的多为清代或近现代的书法家作品，但在内容、幅式上还是力求与室内的陈设、主题等相符，使得室内整体更显雅致。

（二）墨宝

古代文人不仅自己对书画颇有造诣，有经济实力的往往还酷好收藏，如宋代书画家米芾有珍藏晋代名人法帖的"宝晋斋"、元代倪云林"清闷阁"、文徵明"停云馆"、怡园顾文彬祖孙"过云楼"等。明清以来的汇刻集帖之风更是大盛于世。园林的主人多为文人，当然堪称其中的代表。他们往往将这些墨宝镌刻下来，置于园中，增添书香雅韵。常见的形式就是书条石。

苏州园林中或多或少都有书条石，凝聚了自晋至清的众多名家书法，尽展真、草、篆、隶、行各书体之美。漫步其间，仿佛徜徉在悠悠的书法历史长廊。如沧浪亭有碑刻700余方，虎丘有250余方。其中以留园、怡园、狮子林的最为丰富与著名。

留园以《淳化阁帖》为多，后来又补入《玉烟堂》《戏鱼堂》等帖。园子四个景区以700多米长的长廊相连，长廊嵌着历代名家石刻370多块，汇聚唐褚遂良书《诗经》、明文徵明书《兰亭诗》、董其昌书《洛神赋》等著名作品。

怡园在当时有"五多"，其中之一就是书条石多，号称"怡园法帖"，（其余为楹联多、湖石多、白皮松多、小动物多）。从东部庭院，过四时潇洒亭向西至山水区的长廊，以及园西南角回廊的壁间，共有王羲之、怀素、米芾等名家石刻101块。

狮子林"古五松园"西南廊壁两面嵌置《听雨楼藏帖》（图4）书条石67块。

拙政园现存书条石32块，包括沈德潜《复园记》，孙过庭草书《书谱》，文徵明《王氏拙政园记》，张履谦撰、俞粟庐书《补园记》等。

图4　狮子林《听雨楼藏帖》拓片（苏州市园林档案馆藏）

二、园林书法的生态之美

园林中的亭台楼阁，"偌大景致、若干亭榭，无字标题，也觉寥落无趣。任有花柳山水，也断不能生色"，《红楼梦》十七回中贾政一语充分道出了书法在园林中的重要作用。书法借如诗如画的园景恰到好处地呈现，主要起到点睛的作用，因此力求与环境的和谐，以其艺术之美增添园林的情韵。

一是用色融于环境。传统书法为白纸黑字。苏州园林地处粉墙黛瓦的江南，园主追慕淡然超逸的生活，园林营构也以黑白色为基调，整体的格调清新淡雅，体现出文人们受释道思想影响的审美趣味。园内书法除传统用色外则要丰富得多，刻字内通常嵌朱、青、绿、黄等色，或淡雅庄重或辉煌灿烂，但无论何种，都不显得突兀，而是与典雅的室内环境与建筑风格及绿树碧水的自然环境和谐一致。如背屏，为数条木板并成一面，整壁刻字者。曲园春在堂，左右上方之联匾皆为白底黑字，整个中壁皆木刻成黄底绿字，甚为清雅悦目。

二是用意拓展环境。书法本是文人书斋中事，美文书札、赋诗酬唱，可谓无事不可书。苏州园林是"凝固的诗""立体的画"，将书法置于一个诗情画意的立体场中呈现，使其掩映于蓝天白云之下、桃红柳绿之中，无疑更与环境两相得宜、生发新境。书法可以点题抒情志。中国园林从唐代司空图"休休亭"开始初露主题端倪，到宋代即出现大量的主题园，现存的苏州园林都是主题园，从园名、各处的题额都可以看出园林主人的情志。如"拙政园"灌园鬻蔬即"拙者之为政"也，三个古朴的隶书汉字表达出王献臣遭贬后索性以种花莳草为正事，简远淡泊、颐养心志的追求。主厅堂行楷"远香堂"表达出园主追慕荷花香远益清、出淤泥而不染的品格。书法可以补壁破单调。园林中的长廊悠悠，独留粉墙未免单调，嵌上一方方书条石后即很巧妙地弥补了此种不足，又可以使这些刻石免受日晒雨淋的侵蚀，一举两得。书法可以点景扩意境。人们漫步园内，移步换景的景致赖书法的点缀，激发思维、丰富意蕴，扩展了无限意境。如拙政园中部水中小岛土山顶的雪香云蔚亭内悬一匾额，上有明代倪元璐撰书"山花野鸟之间"。站在亭子里四望，假山上遍植梅花、箬竹等花木，整个中部花园的山光水色尽收眼底，春花烂漫、柳叶如裁，鸟鸣清幽，此景加上此书点拨，自然使人产生遥思，恍然置身于深山林壑中，尽享郊野之趣。

三、园林书法的人文之美

书法是以汉字为表现对象的独特艺术。中国文字兼具音形义三美。唐代张怀瓘说："仰观奎星圆曲之势，俯察龟文鸟迹之象，博采众美，合而为字，是曰古文。"（《书断》）这种文字从诞生伊始就具有了艺术性，鲁迅也说，汉字有三美，"意美以感心，一也；音美以感耳，二也；形美以感目，三也。"（《汉文学史纲要》）

（一）音义之美

中国的书法往往与文学密不可分，墨色与文采齐飞，艺术与意蕴并美。苏州园林中的品题或摹景贴切，或凝练诗词，或化用典故，在有限的字句中蕴藉丰富，令人玩味再三，深解其中内涵，加之七分的想象，于是有限的园景便化作了无限悠远的意境。

"四壁荷花三面柳，半潭秋水一房山"是拙政园荷风四面亭的楹联，联含一三四等序数，一房、半潭、三面、四壁；描绘了四季之景："一房山"指树叶落尽、山形倒映池中的冬景，"半潭秋水"指秋景，"三面柳"指春景，"四壁荷花"乃夏景。14个字不仅贴切地描绘了亭子四周的景物，而且还让景物流动起来，拓展到一年四季的变化，真是"言有尽而景无穷"。

网师园看松读画轩的抱柱联极有意思，"风风雨雨暖暖寒寒处处寻寻觅觅，莺莺燕燕花花叶叶卿卿暮暮朝朝"，是回环联，正读倒读都可以。联文把形、色、声、情集于一体。风吹落叶，雨打芭蕉，春暖冬寒，到处寻幽探芳；莺莺娇软，燕子轻盈，红花绿叶，男欢女爱，一片明媚秀丽的风光。（《苏州园林匾额楹联鉴赏》）写出了轩前明媚秀丽的风光。联中词语来自人们熟悉的诗文，如李清照《声声慢》、元稹《会真记》等。音韵柔和回环，让人再三涵泳回味中国文字的无穷妙处，心生情愫。

"清风明月本无价，近水远山皆有情"是沧浪亭石柱上的一副对联，为清代梁章钜集欧阳修、苏舜钦诗句。上联出自欧阳修长诗《沧浪亭》，合苏舜钦以四万青钱买园之事。苏轼《前赤壁赋》"惟江上之清风,与山间之明月,耳得之而为声,目遇之而成色,取之无禁,用之不竭,是造物者之无尽藏也。"下联出自苏舜钦《过苏州》。此联既概写了沧浪亭虽近闹市,有若村郭的自然景色,又与园主关系密切。整副对联对仗工整,浑然天成。清风明月、近水远山,风月无边、山水有情,景美、诗美、人格美。

网师园濯缨水阁内悬挂着一副极短的对联"曾三颜四,禹寸陶分",郑板桥撰书。对联言简义丰,引自四位历史人物。《论语·学而》载孔子弟子曾参"吾日三省吾身:为人谋而不忠乎?与朋友交而不信乎?传不习乎?"《论语·颜渊》"子曰:非礼勿视、非礼勿听、非礼勿言、非礼勿动。颜渊曰:回虽不敏,请事斯语矣。"《晋书·陶侃传》"常语人曰:大禹圣者,乃惜寸阴;至于众人,当惜分阴。岂可逸游荒醉,……是自弃也。"要常省己身、珍惜光阴,既是自我勉励,也是劝诫游者,发人深省。

网师园琴室沈三白对联:"山前倚杖看云起,松下横琴待鹤归"。飞升的白云、翩翩的仙鹤、倚杖翘首的逸士,一幅空灵简淡的理想画面,是作者的审美情思熔铸在了审美对象的审美特征中而成的景,风神超迈的意境顿出。

(二)形制之美

园林中的书法真、草、篆、隶、行都有,各种书体自有其审美特色。篆书古意盎然,隶书古朴大方,楷书整齐庄重,行书流动俊美,草书灵活率意。除了书条石上的法帖书体完备,让我们可以从艺术本身去领略不同的书体风采外,各种品题在字体上的选用也充分考虑了其场合同书体所传达出的美。如厅堂这些比较肃穆正式的建筑内,匾额通常用楷书和行书。如沧浪亭"明道堂"、网师园"清能早达"、拙政园"远香堂"。亭子长廊这些明快的建筑所用书体比较灵活,以轻快的行书为多。抱柱楹联以行、隶、篆为主。篆书线条优美、古意犹存,但不太容易辨识,因此往往用在砖额、摩崖石刻上,如沧浪亭"流玉"、环秀山庄"飞雪",倒也与流动的水泉相应,增添了几分飞动飘逸。草书省简难认,但又最易抒发书写者的性灵,因此一直深受书家的喜爱,不过放在品题上就不太合适,故少见,在室内悬挂的作品中有。不同的书体之美、同一书体的出自不同书家的风格之美都丰富着人们的视觉,亦有移步换景之妙。若所有品题楹联均用一种书体呈现,那真是大煞风景,有莫若无了。

除了这些书法字体本身的姿态之美外,其装帧的形式也多姿多彩,尤其是室外的书法，突破了常规的幅式而别出心裁，令人赏心悦目。如蕉叶形、书卷形、折扇形，都透出一股文气。

（三）生活之美

书法是古人的一种日常书写，随着其艺术性的明确与不断发展，为文人的生活增添了许多情趣。透过园林书法，我们可以一窥他们昔日精雅的书香生活和诗意的生命状态，甚至是吴地的社会风尚。

苏州园林是那些失意的官宦、隐逸的吴中名士或者富有学养的富商"大隐隐于市"的憩息绿洲。他们园门一闭，在隔绝尘寰的小小天地中风雅生活。雅集聚会、饮酒品茗、赏花吟诗、品鉴书画，书法不仅是审美的对象，更是这些场景的实录者，它们穿越历史的时空，将这些园居生活的情趣悄悄地向今人传达着。看一下书条石上的内容，有历代名家法帖旧拓、名人卷册书札真迹、文人间往来雅集的诗作酬唱、园记等，十分丰富。

以怡园书条石为例，一窥其中记录的生活之美。一是娱情翰墨。吴地文风醇厚，文采风流，尤其明朝、清朝状元辈出、进士迭涌，文学艺术彬彬繁盛。挥毫泼墨、鉴赏书画是文人生活中的一大雅事。无论是显宦还是在野文人，但凡有些家产都会尽己所能去收集一些名帖字画，在临写、展玩中娱情翰墨，这已成为吴地文人生活中不可或缺的内容。"明中期以来，'闲雅'的生活形态形成，书画的品评乃其中的一个环节。这种关联性是值得注意的：字画之类艺术的创作与品赏本来就是中国士人的重要传统，但是在此它们被整合到其他的赏玩活动脉络中，而且着落在日常生活情境中，发展成一种美学式的生活形态，而且这种生活形态成为一种普遍流行的社会文化。"（王鸿泰《明清士人的生活经营与雅俗的辩证》）怡园书条石中的大部分内容都出自顾氏家藏。真迹墨本旧拓自是珍视，平日里也不轻易示人，偶尔摩挲品鉴，不亦乐乎。将其中的精品摹刻上墙，园主在日常生活中闲庭信步或朋友雅集徜徉于山水廊间细细观摩，探讨欣赏，又是件怎样随时随性的乐事？书条石是文人士子娱情翰墨在时空上的一种延伸与扩大。二是诗文吟咏。园林的主人多具有很高的文学艺术修养，文质彬彬，诗意栖居、雅集酬唱，都离不开吟诗作文。将这些内容录下摹刻上石，也不失为他们风雅生活的实录，充满了文学气息。弘治初年（1488），许国用得到倪瓒《江南春》手迹，引起吴中文人争相唱和。文徵明、唐寅和诗的书条石呈现的就是这件事。前面文徵明的和诗当作于此时。而后面再和的缘由，文徵明在跋中说道：忆起当时和诸公一起唱和，苦于韵险，而石田先生（沈周）当时已八十有余，却四和之，才情不衰，令大家惊叹，一晃先生去世二十年，而他自己也老了，正好展诵先生遗作，有感两和之，"非敢争能于先生，亦聊以致死生存殁之感尔"。一段文字，不仅充满了文徵明对老师的尊敬与追忆，也充满了对世事光阴的感慨，又将一桩文人间的韵事留于世人。后面唐寅一首《江南行》"人命促，光阴急，泪痕渍酒青衫湿。少年已去追不及，仰看乌没天凝碧。铸鼎铭钟封爵邑，功名让与英雄立。浮生聚散是浮萍，何须日夜苦蝇营。"同样，是晚年对人生光阴的一番感慨。明代聂大年是江南才子，书画名家，书法兼欧阳询、李邕、赵孟頫之长，又自成一格，流畅俊爽，别具神韵，有清淡之趣，吴越文人极爱珍藏他的诗文书画，现存世书作极少。怡园书条石上是他的诗作书札，看其一则诗作："今日得名酒，薄言自斟酌。吾生如寄耳，微官乃见缚。无计等粱肉，有肠但藜藿。家人具笋脯，娣孺相酬酢。取醉岂偶然，尽觞聊兀若。泛观宇宙间，孰悟孰与觉。功名一土苴，文字付糟粕。有酒固可喜，无酒亦不恶。昨日良足悲，今日且可乐。陶令归去来，余生任冥漠。"放任性情、洒脱自得、仰笑宇宙间的隐士情怀不仅是大年的写照，也是园林主人心底的一抹情怀。清代潘家是苏州的望族，潘奕隽诗跋俱佳，与当时的各个园林主人交往密切，留下了不少关于记游的诗词文赋，《道光戊子三月十七日游吾与庵作》是他八十九岁高龄时所写。吾与庵当时位于天平山与灵岩山之间的观音山下，乃一胜地。潘奕隽凤与吾与庵心诚禅师交好，其《三松堂续集》卷末有《吾与庵心诚禅师出示莲池大师诗幅》。这篇游记写到心诚禅师开凿放生池，得一泉水，请为之命名，曰"天眼"并赋诗一首的韵事，笔意轻快、游兴盎然。

四、园林书法折射出的吴地文化

一是吴门书家各领风骚。明代中期崛起的"吴门书派"，成为明代书坛的中流砥柱。前有徐有贞、沈周、李应祯、吴宽、王鏊等人为先导；至祝枝山、文徵明达到高潮，他们与陈淳、王宠一起被称为"吴中四名家"；祝枝山和文徵明的后辈及学生彬彬繁盛，绵延后续。除此以外，还有唐寅、王守仁、丰坊、王问等，共同构成了吴地及其周边地区欣欣向荣的书法创作局面。而明清两代苏州状元、进士辈出，这一群体的书迹也很有特色，苏州博物馆曾举办过"清代苏州府属状元书箑（扇面）展"。苏州园林中这些书家状元的书法尤多，充分体现出地域特色。如怡园、留园都有状元石韫玉书法的刻石，拙政园鸳鸯厅有陆润庠、洪钧的题匾，几乎每个园内都能见到文徵明、唐寅等的墨宝（图5）。

图 5 拙政园海棠春坞砖额

二是收藏赏鉴蔚然成风。收藏赏鉴艺术似乎也是古时文人标明身份的一种重要手段。从流传下的不少雅集画轴中可见大家聚在一起欣赏古器、品评书画的场景。从明代起，苏州藏帖刻帖便成为风尚，越来越多的文人、书画家参与其中，沈周、文徵明父子、祝允明、唐寅等都是收藏家。他们擅长书法、精于鉴别，刻帖质量上乘，如文徵明父子《停云馆帖》、章藻《墨池堂选帖》。如怡园内的书条石基本是以《过云楼藏帖》为底本，留园内的也多出自昔日园主的珍藏。

三是镌刻工艺高手迭出。明代的苏州创造了碑刻文化的鼎盛期，书法碑刻制作是苏州碑刻的典型特色。园林书法，尤其是书条石多以镂刻保存展示，故而苏州园林又称得上是古代刻字书法的展览馆，其精湛技艺与素朴风格，在增添园林美的同时，亦可为当代刻字艺术家们所取法。这些书法镌刻，不论篆隶楷行草，皆能曲尽其妙，显示了苏州刻工高超的雕刻技艺，集中体现了工艺性的装饰之美。苏州钩摹镌刻高手辈出，如章文（简甫）、章藻、章懋德、章错、章田、吴鼒、吴应祈和吴士瑞父子、袁治等，文徵明、文彭、文嘉父子均是钩帖高手，无锡华夏《真赏斋帖》就请文徵明钩摹、章文刻石，邢侗《来禽馆帖》出自吴应祈父子之手。这种风尚一直到清代不绝，周边城市甚至更远地方的大户人家都以能请到"刀笔精良"的苏州刻工为荣。比如怡园书条石中留下名姓的刻工有吴应祈、吴 虪、渔洋谢氏、万文韶、伏灵芝。万文韶和伏灵芝都是唐代善刻碑者，万 文韶尤其善刻褚遂良书法；伏灵芝刻李邕《唐少林寺戒坛铭有序》，也有 学者认为伏灵芝是李邕的托名。另外三人都是苏州的刻帖高手，笔触细 腻、精细入微，精彩地展现了书家风貌。

昔日的园林主人将书法真正融入自己的生活，成为展现其风雅生活情 趣的重要形式，使得书法在园林中的魅力历久弥显，而园林因书法亦更增 情调。信步于苏州园林，怎可错过了这一场场书法盛宴？

（原载于《苏州园林》2016 年第 2 期）

拙政园漆艺陈设琐谈

文/薛巨石

在苏州古典园林中，室内陈设是组成园林整体不可或缺的元素，被称为"屋肚肠"，尤其受到重视。在这些陈设中，除了家具，还有很多其他品类，包括各种摆件和装饰。它们都具有一个共同特点，即品位高雅、工艺精湛，突出反映了苏州园林文风沛然的书卷气息，以及风土清嘉、艺术荟萃的苏州地方特色。

在丰富的文化艺术积累中，雕漆工艺无疑是颇有成就的一类。所谓雕漆，现代称为"刻漆"，就是在推光的漆器面上雕刻纹样，再填上色漆或油色，但仍显出阴刻花样，整体线条显得明确有力，具有木刻印版的特殊效果，使天然漆的优良特性与古老精湛的雕刻技艺完美地融合在一起，并镶嵌各种螺钿、金银丝（片）等。雕漆制品造型浑厚大方，色彩沉稳，文饰精细，具有极高的艺术价值，尽管在园林陈设中不占主导地位，但不乏精品和珍品。

雕漆为漆器制作工艺之一，相传创始于唐代，传世品中最早的制作于宋代。20世纪50年代虎丘云岩寺塔内出土文物中就有一件，该文物刻画细致繁茂，十分精美。清代雕漆制作更趋精致，运刀如笔，锋棱清楚有力。苏州雕漆盛行于乾隆至咸丰年间。当时全国漆器生产分为两大流派，雕漆以苏州、北京为中心，画漆以福建、广东为中心。而这两大流派也并非泾渭分明，而是互相借鉴，彼此促进。在乾隆时苏州画家徐扬所作《盛世滋生图》上，可以清晰地辨出六家生产漆器的店面。

虽然漆艺在拙政园的陈设中寥寥无几，但它们在漆艺制品中具有很高的艺术地位。

拙政园西花园补园内，原有一架大型多折叠雕漆屏风，共12扇，高

图1　《园林仕女图》屏风局部

2.48米，每扇宽度0.42米，展开时总宽度可达5米，通体以漆艺的黑漆为底，正面饰软螺钿镶嵌的整幅《园林仕女图》（图1），背面为刻漆十二幅山水条屏。这件作品体量之巨大、制作之精细、画面之恢宏、镶嵌之奇妙，堪称国宝。正面的《园林仕女图》是工笔描绘"大观园"式的图景，园林宏大，用楼榭、廊庑、院墙、水面分隔成多个空间，有众多仕女活动其中，除展现了以贵妇人为中心的礼仪活动外，还展现了游骑、对弈、投壶、斗草、踢球、泛舟、吟诗、作画、抚琴、读书、做女红、戏鹦鹉、荡秋千、赏歌舞等封建时代上层女子在园林中的行乐场面。除了传统漆艺，在建筑、人物、花木、鸟兽、器用上，都用螺钿片、金片髹饰，精巧异常。背面的刻漆山水条屏上部饰博古、文玩、花卉，下部饰花篮、飞鸟、鱼虫。中部主体部分为有题名的山水图画，分别为洛阳潮声、凤麓春晓、星湖夏芳、清源鼎峙、紫云双塔、笋江月色、三洲芳草、金鸡晓渡、紫帽凌云、罗裳积翠和古戍重镇，描绘的是福建泉州的景物。据专家学者反复研究考证，这幅大型屏风为国内现存唯一的明代漆艺传世作品。清光绪年间（1871—1908）为张履谦收藏于拙政园西花园的补园，1952年，张家后人张逸侪在将补园捐献给国家时一并捐出，曾安放在园内展出，后由苏南文物管理委员会入藏，1958年归南京博物馆，评定为国家一级文物。

拙政园东花园兰雪堂现有一架漆雕隔屏《拙政园全景图》（图2）。兰雪堂为进入拙政园后的第一座建筑，面阔三间，为20世纪50年代末按归田园居堂构名复建。其时正间中部有六扇屏门分隔，上刻"廿四孝图"，惜于1966年"文革"初期时被认作"四旧"拆除。1972年，苏州籍画家许十明通过粗细结合的写生考察，耗时近两个月，创作了一幅《拙政园全景图》，由苏州漆雕厂采用传统漆雕工艺，制作成一架大型漆雕隔屏，以立体画的形式，描画出亭台、楼阁、山石、水池、树木、花街铺地等园林全景。画面景致曲折幽深，淋漓尽致地表现了拙政园"虽由人作，宛自天开"的艺术境界，从画面的立意、布局、空间、景观上都表现出高超的水平。

图 2　《拙政园全景图》

在绘画手法上，这一作品构思新颖，虚实相间，既有写生技法，也有抽象处理，笔法变化繁多，尽情表达了拙政园山水萦绕、厅榭精美、树木繁茂的明代园林风范。

在漆艺制作上，该作品漆质浑厚，色彩鲜明。漆的自然光泽恰到好处，不仅表面光亮如镜，而且质感好，光泽细腻。不加工艺装饰地溜涂、变涂，使用的色彩种类繁多，色彩运用巧妙，以朱红、黄绿蓝黑为主。髹漆技巧妙，匀漆好，色彩和谐。雕刻工艺则按照画面要求，深浅适度，镶嵌进去的色粉、粒片、丝、条，使浮雕产生丰富的层次，富有立体感、真实感。制作艺人运用传统雕刻技艺，制作过程从原木到麻布（瓦灰为防水），到底漆、表漆，铲、雕上色的系列工艺流程，将园林、雕漆、版画三种艺术完美融为一体，整件作品端庄、凝重，给人以无穷美感。其边框由当时的园林修建队红木技工王金宽师傅制作，由红木制成的线脚仿照明式家具，简雅流畅，层次分明，和漆雕画配在一起，浑然天成。游客进入园中，第一眼看到的就是这幅图画，起到了一个先声夺人、引人入胜的作用。

全景图的背面系已故残粒园主人、苏州国画院原院长、笔者恩师吴𢁾木所作写意墨竹，画面疏密有致，一气呵成，似有山雨欲来之气。工艺师们在处理漆雕时避免与前面全景图冲突，改用贴金处理方法，在打好的金胶上面贴上金箔。制作完毕后更显富丽堂皇之感，但又不失文人画的典雅，与正面全景图可谓相得益彰，是现代漆器与古代漆雕相结合的产物。

在拙政园中部原李经羲宅的第三进墙上，现挂有六幅镶嵌精妙花卉的漆艺挂屏：画面分别由琴棋书画、海棠、鼎炉、荷花、水仙、梅菊、花瓶、佛手、如意、嚼杯组成，分别命名为"书画生春""老圃秋堂""小栏清韵""琴棋慧心""玉堂清品""雪意仙影"。寓意为四季平安、事事如意、幸福和谐、喜庆吉祥、蓬壶集庆、平安长寿、万象更新。其漆质浑朴厚重，色彩鲜明，工艺技巧求精，装饰手法多样。将人们追求和向往的美好愿望化成了具有确切寄寓的图案，工艺上采用锡箔片、金银、螺钿、骨、石（玛瑙、寿山、青田）等原料作为镶嵌漆器的花纹，贴在漆器上，接着髹涂上涂漆，然后磨显花纹。镶嵌方法有嵌银平文、嵌银缤彩、嵌银腐蚀、嵌银杖花等。从设计到造型、脱模、表布、乱灰、打磨、凹凸面装饰、贴箔、髹漆、推光等，共经历近十道工序，具有浮雕清新，美观简洁的艺术效果。

这些韵致隽永、雅趣天成的漆艺陈设，为苏州园林增添了许多的艺术魅力。中国漆器专家乔十光曾说过：它是地地道道、不折不扣的艺术作品。在游览苏州园林时，观赏这些漆艺陈设，必会让游人得到更多的艺术享受。

（原载于《苏州园林》2016 年第 3 期，有增删改动）

读匾·品联·聆韵
——虎丘一榭园匾额楹联浅赏

文/沈亮

　　一榭园是位于山塘街的一处历史园林，曾先后为清代儒医薛雪和学者孙星衍别业，后被湮没。现易地重建于虎丘风景区东北侧，是2013年苏州市人民政府虎丘景区环境综合整治工程的先期启动项目，2014年建成，在国庆节正式对外开放。新建的一榭园全园面积2.84公顷，整体布局坐东朝西，平面大致呈矩形，东西开阔，南、东两侧以河道围绕，面山临水，园内水系与虎丘环山河沟通，与虎丘后山的山林野趣、幽雅自然的景色融为一体，重现了"塔影山光""云水荷花"等旧时风景，成为一个新的游览佳处（图1）。

图1　一榭园景色（茹军 摄）

在古典园林中，建筑物的匾联在景观中起到画龙点睛的作用。曹雪芹曾在《红楼梦》里借用贾政之口表达他对园林匾额、联对的理解：一是"若不亲见其景，亦难悬拟"，二是如果题得不好，"反使花柳园亭因而减色，转没意思"，三是"偌大景致，若干亭榭，无字标题，也觉寥落无趣，任有花柳山水，也断不能生色"。这对园林联额的写景、抒情、生发提出了要求。一榭园的题点既继承了苏州古典园林一脉相承的文化脉络，起到了情景交融，画龙点睛的作用，在行文造句上还与时俱进，体现出新时代的创意特色。

漫步一榭园，除了安享波光山色以外，品味匾额楹联的文韵书法也成为一种醉人的艺术享受。在园林仿若自然的山水景观之中，一处处的品题与园林景观有机组成了一种你中有我、我中有你的亲密关系，因韵而显灵性，体现出人文与景观、人与自然环境的和谐。

一、文与史合

一榭园以水为主，大片的水面横亘园中，波光潋滟，园的东北角岸边有一座轻巧的水榭，水榭南北通透，清风徐来，榭内隔以落地飞罩，四周围以美人靠。入榭门楣上题额"清风一榭"，由上海郏永明书写，它既直接、简约地写了"一榭"，又很得体地交代了一榭园园名的来历。两侧抱柱联则为其做了进一步解读："一榭藏塔园，流憩成趣；百花重池岸，骋怀赏心"，为苏州书家吴溱撰文并书写。匾联分别重复嵌入"一榭"两字，突出了园名的主题。一榭临流，远眺千年古塔，四周百花围绕，隽永深长。与清代诗人咏一榭园的诗句"清风一榭隔尘氛，槛外荷花漾水云"一脉相承，历史和现实，园景和意境，通过匾联完整地诠释出来。

一榭园的堂构品题也同样沿承了历史的脉络，以精湛的文句和墨宝重现了文脉。一榭园的主厅名字沿用清代一榭园内授书堂旧名，以纪念孙星衍当年讲学情况。堂建于庭院西南角，坐南朝北，依山临壑，面积虽然不大，却器宇轩昂，堂内正中悬挂的"授书堂"三字匾额由苏州林再成以行书书写，工整端稳。堂内有抱柱楹联，由苏州民间文学家潘君明先生撰文，联句为："绛帐施教，问字金笺，先生善喻明后学；焚香开卷，谈经玉版，后学真诚拜先生。"联文浅显易懂，不搞繁复的典故，但又简洁清雅，上联中的"金笺"对下联的"玉版"，泛指印制精美的典籍。作为乾嘉学派的重要学者，孙星衍先后主持、主讲了江浙多地书院，联句上下两次以先生和后学对偶，因其对仗工稳，而且非常耐人咀嚼，反而不显得烦琐。此联由上海张遴骏先生以篆体书写，篆体书法凝练稳健，体现出一种庄重感，与匾额互为映照，相得益彰，也使这座厅堂显得厚重。

授书堂旁有宝顺斋，是一榭园进门后的主要厅堂之一，也是沿用了历史旧名。史载武则天为其母杨氏立巨碑《顺陵碑》，由武三思撰文，睿宗李旦敕书写碑，全篇所用武则天所创新字16个，孙星衍曾得其一幅拓片，视如珍宝。相传宋代米芾曾收藏了谢安、王羲之、王献之三位晋代名流书法，将自己的书斋起名为"宝晋斋"，于是孙星衍模仿前人，改动一个字，把自己的书斋起名为"宝顺斋"，与"宝晋"相类。现斋匾为苏州吴湀以行书书写，吴湀先生平日的作品以中、小楷为多，很少擘窠大字，但在这里却以浓墨挥就，笔力遒健，显示了强劲的书法功力。

二、文以景彰

按照传统的诗学观，一切景语都是情语，所以一切写景的匾对其实也都是在抒情。一榭园景观简约疏朗，水系有分有合，中间湖泊宽广，周围间以小溪汀步。从入园开始，一处处的品题就应景而生，步步紧扣，如同美妙的导游词，令人流连忘返。从西部宝顺斋进内，其东面有水榭，面对河池，作为过渡景点，悬挂凌在纯书写的匾额"红尘不到"，寓意从此处开始，就是一个别有洞天般的天地，引人入胜，如进桃源深处。

壶天小阁是一榭园东部的主体建筑之一，这座两层小楼掩映在花木中。其堂构名也是沿用了清代旧名，由苏州汪鸣峰书写匾额，并题有跋文。古人常喜爱用芥子须弥、壶中天地来形容自己的精神世界和生活的小世界，这座小楼就是这种情调的生动写照。底层内抱柱对联联文为："壶天日月听松雨；洞水花萝煮菊茶。"由柯展篆撰文，上海周建谷书写。朗读联文，听松风、沐春雨、赏秋菊、品新茶，高雅的生活情趣令人陶醉。

二层楼上有两匾两联，前半室悬常州叶鹏飞书写匾额，"岱岳一佐"，岱岳是对名山大川的赞誉，但虎丘历来有"三绝"之说，足以与天下名山相媲美，此处比喻虎丘。"一佐"暗指右前方的千年虎丘塔，为名山增添了名声。两旁抱柱联"塔影藏园，几人同登福地；溪声漱玉，千载共享清音。"由柯继承撰文，上海姚杰书写。该联描写了古塔与园林的相互映衬的关系，体现了登高坐楼，远看山光古塔，近听潺潺流水的舒畅心情。在这里，园外的千年风光与园内景色浑然一体，景联合一，山影泉声，实乃洞天福地！后部横桁悬匾额为"澄怀观道"，两侧悬陆润庠旧联："无多风雨闲敲句；小有壶觞可对花。"突出的意境是"清净"二字，面对美景，心无杂念，更可以明白许多人生的道理。联语中的"风雨"，不仅是指自然界的风雨，还包含人生道路上的风雨，经历了风雨，锤炼出好诗，对酒赏花，方能一笑抒怀。这种文景合一的佳趣，令人击节！

壶天小阁东面有小轩，以宋代虎丘景点东轩命名，室内高悬"佳致"二字匾额（图2），由新加坡丘程光书写。"佳致"语出苏轼《虎丘》诗，"东轩有佳致，云水丽千顷。"苏东坡与虎丘有着不解之缘，千百年来，据苏东坡之意转写的"到苏州不游虎丘乃憾事也"成了宣传虎丘最好佳句。两侧楹联为："红蓼黄芦宜入画；风清月白可裁诗。"东轩建筑轻巧，虽然从原先的山上复建到了山下，但近水远山，花木扶疏，依旧云水千顷，此额此联，可谓天衣无缝。

图2　一榭园佳致堂

除了主体建筑外，一榭园在各个景点都应景制作了大量的联额，如翼角翚飞的小亭由上海张忆鸣书亭匾"翼然亭"，文、景浑然一体；方秀亭位于水中央，抱柱对联为"养目三春细雨，怡神四面荷风"。读联犹如感受到细雨欲湿、微风含香的惬意；宝顺斋苏州徐云鹤撰并书的联句"卷帘明月多情，且看花索句；移枕幽人无事，犹载酒寻春"等，文景合一，耐人咀嚼。其他还包括摩崖石刻在内，林林总总共有数十处佳题。

一榭园的匾额楹联继承和发扬了苏州园林书、文一体的文化特色，朗朗上口，书体规整雅致，景以文传，文以书美，匾额楹联为一榭园的秀美身姿添上了浓重的文化色彩。在这种从书境到语境再到园林意境的综合审美体验过程中，书法作品对诗文内涵的表现具有形象直观的特点。书写者除了本市书法名家徐云鹤、吴濲、吴正贵、陈方弘、凌在纯、汪鸣峰、林再成、汝悦来、马一超等人外，还有上海郑永明、李文骏、张遴骏、周建谷、高申杰、姚杰、张忆鸣，新加坡丘程光，常州叶鹏飞，广州梁礼堂，湖州金翔，东莞徐祯良，广西黄智安，岳阳柳朝霞，莱芜谷伟等文人雅士。各位大家充分发挥了自己的艺术风格，精心推敲，呕心沥血，对各类书体的运用因地制宜，因景制宜。厅堂馆斋等建筑字体以端庄典雅的行书为主，亭榭廊阁等则更多表现景物意境，灵活运用篆、隶、草书等书体，顾盼生姿，为园林景观起到了锦上添花的作用。如授书堂因其厚重，联句采用篆书书体；翼然亭因其轻灵，匾额采用行书书体；廊桥便于驻足静观，以篆书题写"六桥春晓"，让游人为了辨识稍做停留。而为了更好地融入景观，不使文化内涵和景观脱节，其他更多采用了楷书书写，又因各位书家的特点，各有形式和风格上的不同，琳琅满目，蔚为大观。此外，一榭园的匾额楹联制作技艺，很好传承了传统"苏作"的制匾技艺，从选材、拼对、雕刻、髹饰到最后的上漆、定型，包括配套挂件等，均古朴典雅，它们本身就是优美的工艺作品。可以说，一榭园联额的"高情逸思"，为当代复建新建古典园林提供了一个成功的样本，值得玩味和欣赏。

（原载于《苏州园林》2017 年第 1 期，有增删改动）

苏州园林文化研究

造园艺术

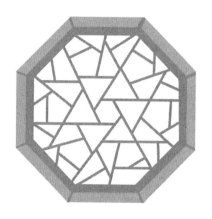

假山

文/汪星伯

编者按：这篇《假山》专论，是我处原园艺科汪星伯老先生在早期指导造山叠石工作中实践经验的总结。曾赠予各地高等院校和园林部门的兄弟单位。近两年来，各地来苏州参观，需要此文的同人很多，现将原文刊出。

假山，是从真山来的，也就是指人工堆起来的山。人们在最初的时候并不懂得人工堆山，只是在劳动生产时，由于开掘沟渠、疏通河道，挖出大量泥土堆积起来，形成高阜，类似丘陵，慢慢地出现了高低凹凸，生长出草木，很像一座真山，这样才逐渐发现了用人工堆山的方法。这一方法在我国究竟从何时开始？不太清楚，但孔子曾有"为山九仞，功亏一篑"的说法，可见早在三千年前，我国劳动人民就经常人工堆山。不过那时堆山的意图究竟是什么，没有明确的记载。从我们发现的历史资料来看，可能先是统治阶级建造陵墓，后来才变为建造园林，据《史记》记载："阖闾墓，在吴县阊门外以十万人治冢，取土临湖，葬经三日，白虎踞其上，故名虎丘山"，那么春秋时作为吴王墓的虎丘，就是人工堆起来的。到汉代，《汉官·典职》上说"宫内苑，聚土为山，十里九坂"，可以说这是统治阶级堆山建筑园林的开始。在同一时期，汉景帝的兄弟梁孝王筑兔园，"园中有百灵山，山有肤寸石，落猿岩，栖龙岫"。又茂陵富人袁广汉于北部山下筑园"东西四里、南北五里，激流水注其内，构石为山，高十余丈，连延数里"，这时又从聚土为山发展为叠石为山了。从此以后叠石为山的技巧越来越进步，应用在园林越来越普遍，因而在人们的思想上造成一种观念，好像所谓假山是专指叠石为山，其实不论是土山，还是石山，

造园艺术

只要它是人工堆成的，都是假山，由聚土到叠石是逐步发展而成的。

真山，有多种多样的形态，大体上也可以归纳为土山、石山和土石混合的山三类，而且代表着各个地区不同的风格，它包含着千奇百怪的景物，人们在懂得用人工堆山之后，进一步来模仿真山，找出真山的某些特点，或者个别景物的规律，通过提炼加工，使它再现于园林，这样就产生了各种手法和各种风格，从模仿自然进而改造自然，创造出新的环境，于是我国园林中的假山，就成为具有高度艺术性的建筑科目之一。

假山，既然是真山的艺术再现，那么，它和绘画山水就非常相似，因此有人认为有名的假山，大多出于画家之手，其实创作山水画，是用线条、色彩在纸上表现出来，而堆置假山则是用土石等实物在一定地段的空间里创造丘壑，一是平面，一是立体，一是脑力劳动，一是体力劳动，在意境上虽然相似，但在技术上是截然不同的。特别是山石的重量每一块有千百斤，而且形态不一，不可能随意处置或轻易改变，必须由经验丰富、技术熟练的假山工主持操作，才能得心应手。

全国各地园林非常多，就以苏州一地而论，大小园林不下数百处，每处都有假山，如果连一丘一壑的庭院一起算上，数量更多，其中有些当然堆得并不好，但绝大多数很可观，这些作品的创作不一定全有画家参与。清初李渔在他所著《闲情偶寄》里，提到掇山时曾说"尽有丘壑填胸、烟云绕笔之韵士，命之画水题山，顷刻千岩万壑，及倩磊斋头片石，其技立穷，似向盲人问道者。故从来叠山名手，俱非能诗善绘之人，见其随举一石，颠倒置之，无不苍古成文，迂回入画"，可见假山工的经验和技术还是占主要地位的，即使没有画家，照样堆得很好，而画家离了假山工，却毫无办法，当然画家的参与，对于提高艺术水平，能够起很大的作用，但是如果把它完全归功于画家，是不切合实际的。

关于假山的堆叠方法，由于技工多数缺少文化，不能将自己的经验记录下来，而文人、画家又缺乏实践经验，因此历代以来很少专门著述，文人笔记里偶尔谈到，大多根据个人的看法，提出一些原则性的理论，其中也有不少精辟的见解，但缺乏实际经验，比较空洞，这是一个很大的缺点。唯有明代的计成在他所著的《园冶》中，列入《掇山》一章写得比较具体，但文字简奥，有法无式，使人很难理解。不过他本人虽然是一个知识分子，所著《园冶》却是从实际工作中总结出来的经验，因此有许多方法，到今天还是值得我们参考。相信今后劳动人民知识化，知识分子劳动化，消灭了体力劳动与脑力劳动的距离，假山的技巧还将有巨大的发展。

重土第一

清初李渔在他所写的《闲情偶寄》里有一章谈到山石，他主张大山用土，小山用石的原则。他说"用以土代石之法，既减人工，又省物力，且有天然委曲之妙，混假山于真山之中，使人不能辨者，其法莫妙于此。"

"累高广之山全用碎石，则如百衲僧衣，求一无缝处而不得，此其所以不耐观也。以土间之，则可泯然无迹，且便于种树，树根盘固与石比坚，且树大叶繁浑然一色，不辨其为谁石谁土。……

"此法不论石多石少，亦不必定求土石相半，土多则是土山带石，石多则是石山带土，土石二物原不相离，石山离土则草木不生，是童山矣。……

"小山亦不可无土，但以石作主，而土附之。……土之不可胜石者，以石可壁立，而土则易崩，必仗石为藩篱故也。外石内土，此从来不易之法。"

本来假山是从土山开始，逐步发展到石山的，园林中的假山，则是模仿真山，创造风景，而真山之所以值得模仿，正是由于它具有林泉丘壑之美，能使人身心愉快。如果全部用石叠成，不生草木，即使堆得嵯岈屈曲，终觉有骨无肉，干枯乏味，有何情趣？况且叠石有一定的局限性，不可能过高过大，因此占地面积越大，石山越不相宜，所以大山用土的原则，在今天尤其值得重视。

小山用石，可以充分发挥堆叠的技巧使它变化多端，耐人寻味，而且在小面积的范围内，也不宜于聚土为山，这对庭院中点缀小景来说，最为适宜，所以也是一个很好的原则。

当然，这两个原则，都不是绝对的，所以他在谈到大山用土时，也提到用石，在提到小山用石时也提到用土，不过一是以土为主，一是以石为主。总的精神是土石不能相离，主要便于绿化，他又指出土石的关系，说土山的缺点是容易崩坏，用石围在外面可以防止土的流失，这些见解对我们说来都是很好的启发。

此外，又有"土包石，石包土"的说法，所谓"石包土"就是"外石内土"，这是历来造园叠山普遍应用的方法，在苏州园林中到处可以找到例证，不过这里应该说明有先堆土后叠石和先叠石后填土的分别，也就是上面所说"土多则是土山带石，石多则是石山带土"。所谓"土包石"

则是将石埋在土内，露出峰头，仿佛天然土山中露出石骨一样，此法流行于日本庭园，在苏州很少见，不过在大面积园林中，创造大规模的土山也有采用此法的必要，这里边包含着"大山用土、小山用石"的意思。

选石第二

自从叠石为山的技巧发展以后，造园者逐渐偏重石山，于是到处采访佳石，以为叠山之用，而石的品类，也就随着叠山的需要逐渐增多。起初并不限于某一品类，也不限于某一产地，其目的只是用于叠山，后来又慢慢转移到峰石，品类和产地因而为人所重视。据前人记载，最早是汉代的袁广汉"于北邙山下筑园……构石为山"，稍后又有茹皓"采掘北邙及南山佳石，徙竹汝颍，罗莳其间"，这时还是以叠山为主。唐时"白乐天罢杭州，得天竺石一，苏州得太湖石五，置于里第池上。"又"德裕平泉庄，天下奇珍，靡不毕致，日观、震泽、巫岭、罗浮、桂水、严湍、庐阜、漏潭之石在焉"（《会昌一品集》）。这时士大夫的爱好已经集中于奇峰怪石，把它们罗列在轩前池上，作为一种珍玩，同叠石为山有所区别了。宋朝米芾，爱石成癖，见佳石则拜，称为米颠，所爱的也是峰石。宋徽宗造艮岳，命朱勔在苏州采太湖石，大量运到汴京，有宣和石谱，收录了六十五石，也是指的峰石。后来又有杜绾石谱，所收多至一百一十六种。明万历时，林有麟《素园石谱》，所收也有百余种，由于爱好不同要求各异，品类越来越繁，而峰石和叠山用石之间，大多不加分析，这样选石就缺乏了一定的标准。

白居易在《长庆集》里说过"石有族，太湖为甲，罗浮、天竺次焉"，由此太湖石名重一时，到朱勔采运花石纲以后，人们把太湖石称为花石，视为珍品。

太湖石之所以可贵，是因为它形态玲珑、色泽青润而且体积高大，为他处所不及。至于对峰石的评价历来通常用瘦、皱、透、漏四字作为标准瘦是挺拔露骨，无臃肿之态；皱是筋脉显著有纹理，多凹凸，不平板；透是多空窍，四面玲珑；漏是有大孔，能穿通上下左右。这最初不过是士大夫阶层根据自己的审美观念，提出的选石标准，后来石工就拿它作为采石的标准，慢慢地又被贩卖峰石的商人用来作为讨价的标准，同时又作为官僚地主、资产阶级之间相互争奇斗胜的标准。原来多用整块峰石，因为太湖石产量不多难于访求，为了满足个人的欲望，不得不设法用几块较小的湖石拼成峰石，也要求具备这四个字的条件，因而这一标准又转变为假山工叠石技巧的标准，进一步从叠峰石发展到叠山。于是用花石叠山形成了一种风气。久而久之，甚至把假山石与太湖石混为一谈，以为假山石即太湖石，假使堆假山而不用太湖石，便好像是个很大的缺陷。这种观念影响之大几乎波及全国，而选石的范围便不知不觉地集中于太湖石。

明代计成在《园冶》里特列《选石》一章，具有独到的见解。他认为选石首先应该注意产地的远近，因为石质笨重，运输不方便，主张就近取材，节省人工盘驳的费用。其次要注意石质，取其坚实耐久，不易损裂。只要纹理古拙，哪怕粗笨一点，也是很好材料。劝人不要一味追求玲珑奇巧，迷信太湖石。他说：

"夫识石之来由，询山之远近，石无山价，费只人工，跋蹑搜巅，崎岖究路，便宜出水，虽遥千里何妨，日计在人，就近一肩可矣。……

"须先选质，无纹俟后，依皴合掇，多纹恐损。……

"取巧不但玲珑，只宜单点，求坚还从古拙，堪用层堆……古胜太湖，好事只知花石；时遵图画，匪人焉识黄山。……

"块虽顽夯，峻更嶙峋，是石堪堆，便山可采"。

从上面的文字里可看出，他为人们选石指出了一个方向，为了更明确一些，他把自己使用过的各种山石逐一记录下来，详细介绍他们的产地、形态、色泽、性质，计十余种。摘录如下：

1. 太湖石

苏州府所属洞庭山，石产水涯，唯消夏湾者为最，性坚而润，有嵌空穿眼宛转险怪势，一种色白，一种色青而黑，一种微黑青，其质文理纵横，笼络起隐，于面遍多坳坎……此石最高大为贵，唯宜植立轩堂前，或点乔松奇卉下，装治假山，罗列园林广榭中，颇多伟观也，自古至今，采之已久，今尚鲜矣。

2. 昆山石

昆山县马鞍山，石产土中，为赤土积渍，既出土，倍费挑剔洗涤，其色洁白……宜点盆景，不成大用也。

3. 宜兴石

宜兴县张公洞善卷寺一带山产石，便于竹林出水，有性坚穿眼险怪如太湖者，有一种黑色质粗而黄者，有色白而质嫩者，掇山不可悬，恐不坚也。

4. 龙潭石

龙潭金陵下七十余里，沿大江地名七星观，至山口仓头一带，皆产石数种，有露土者，有半埋者，一种色青质坚，透漏文理如太湖者，一种色微青性坚，稍觉顽夯，可用起脚压泛，一种色文古拙，无漏，宜单点，一种色青如核桃纹多皴法者，掇能合皴如画为妙。

5. 青龙山石

金陵青龙山石，大圈大孔者，全用匠作凿取做成峰石，只一面势者，自来俗人……俨如刀山剑树者斯也，或点竹树下，不可高掇。

6. 灵璧石

宿州灵璧县地名磬山，石产土中，岁久穴深数丈，其质为赤泥渍满，土人多以铁亦遍刮，凡三次既露石色，即以铁丝帚或竹帚兼磁末刷治清润，扣之铿然有声……可以顿置几案，亦可以掇小景。

7. 岘山石

镇江府城南大岘山一带皆产石，小者全质，大者镌取相连处，奇怪万状，色黄清润而坚，扣之有声，有色灰褐者，石多穿眼相通，可掇假山。

8. 宣石

宣石产于宁国县所属，其色洁白，多于赤土积渍，须用刷洗才见其质，或梅雨天瓦沟下水克尽土色，唯斯石应旧，愈旧愈白，俨如雪山也，一种名马牙宣，可置几案。

9. 湖口石

江州湖口石有数种，或产水际，一种色青混然成峰峦岩壑，或类诸物，一种扁薄嵌空，穿眼通透，几若木板，以利刀剜刻之状，石理如刷丝，色亦微润，扣之有声。

10. 英石

英州含光、真阳县之间，石产溪水中数种，一微青色，有通白脉笼络，一微灰黑，一浅绿。有峰、峦、嵌空，穿眼宛转相通。其质稍润，扣之微有声，可置几案，亦可点盆，亦可掇小景。

11. 散兵石

散兵者，汉张子房楚歌散兵处也，故名，其地在巢湖之南，其石若大若小，形状百类，浮露于山，其质坚，其色青黑，有如太湖者，有古拙皴纹者。

12. 黄石

黄石，是处皆产，其质坚不入斧凿，其文古拙，如常州黄山、苏州尧峰山、镇江圌山，沿大江直至采石之上皆产，俗人只知顽夯，而不知其妙也。

13. 锦川石

斯石宜旧，有五色者，有纯绿色，纹如画松皮，高丈余，阔盈尺者贵，丈内者多，近宜兴有石如锦川，其纹眼嵌石子，色亦不佳，旧者纹眼嵌空，色质青润，可以花间树下，插立可观，如理假山，犹类劈峰。

以上共十三种，其中适宜叠山的，计有太湖石、龙潭石、岘山石、宣石、散兵石、黄石等六种，他所最称许的是黄石，因为产地多容易寻求，便于就近采取，而且质坚纹古，可以堆叠高山峻岭，所以他在结论中又再三致意说："欲询出石之所，到地有山，似当有石，虽不得巧妙者，随其顽夯，但有文理可也。"

计成一生的活动地区，大多在大江南北一带，所以他列举的产石之区多数在江苏、安徽境内，这和他就近取材的主张是一致的。

苏州近年来修正园林名胜时，曾根据这个原则在虎丘做了一次试验，现在真娘墓亭子下面的山崖和剑池"风壑云泉"的上段，以及可中亭、第三泉等处，都是采用虎丘本山所产的顽石，效果很好，获得初步成功。1959 年在协助徐州建设云龙公园时，又介绍这一经验，建议徐州在郊外山上找到一种山石，色泽青黑，有筋脉整眼，扣之有声，很像太湖石，就用它来堆叠假山，效果也不差。由此可以推论，全国各地随处都有可能发现堆叠假山的好石材。河北省大小房山所产的房山石早已驰名，并不亚于太湖石，西南各省佳石必然更多，计成这一理论是值得推广的。

分类第三

在园林中堆土叠石，设置假山，是为了创造景物，而景物的构成，不外乎林泉丘壑，于是就产生了各种不同的结构。兹分别论述如下。

1. 大山

大山，是相对于小山而言的，它没有一定的尺度，首先必须根据占地面积的大小和周围的形势来决定；但它绝不是"厅前一壁，楼面三峰而已"，而是具有"重岩复岭""深蹊洞壑""高林巨树""悬葛垂萝"的胜境，这在大规模的园林中非常必要，而这类山必然以土为主。

计成在《园冶》《掇山》一章里说："未山先麓，自然地势之嶙嶒，构土成冈，不在石形之巧拙……欲知堆土之奥妙，还拟理石之精微，山林意味深求，花木情缘易逗。"

张涟说："初立土山，树石未添，岩壑已具，随皴随改，烟云渲染，补入无痕。"

上面的说法，是在土山堆成以后，再在一定地段叠石布置岩壑，与小型园林以石山为主的方法不同。

这类规模较大的山在苏州实例还很少，拙政园远香堂北面、沧浪亭中部和留园别有洞天的土山，只能作为一种小型土山来参考。

2. 小山

设置小山的多数属于小型园林，小山位置大多与建筑物相联系，或与水池紧密结合，在住宅庭院中，亦可点作小景，即《园冶·掇山》里所载，厅山、楼山、阁山、书房山、内室山、池山、峭壁山之类。池山应用较广，是小型园林中的骨干，所谓"池上理山，园中第一胜也，若大若小，更有妙境"，这在苏州各园中，到处可见。

峭壁山，"靠壁理也，借以粉壁为纸，以石为绘也"，多数设在厅轩斋馆的前面，如苏州留园的五峰仙馆，网师园的小山丛桂轩、殿春簃等处皆是。

3. 峰

峰石有二种：一是独块的，下面有座，设立在池上或庭院中，也有设在高处的，如苏州第十中学的瑞云峰、留园的冠云峰、狮子林的狮子峰等皆是；另一是由几块纹理相似的峰石拼掇而成，如网师园小山丛桂轩前面和五峰书屋前后的峰石都是，还有数十块峰石叠成高峰的，如拙政园东园的缀云峰。

峰石又有独置、散置、群置的区别。所谓独置，就是孤峰特立，别无倚傍，如苏州第十中学的瑞云峰、留园明瑟楼下的一梯云等。所谓散置，就是分散处理，随意点缀，如怡园的桥头、树下、屋角、路旁随处有一峰兀立。所谓群置，就是集中一地，罗列如林，如狮子林卧云室周围、怡园岁寒草庐前后的峰石等都是。

4. 峦

峦，是山头结顶处的峰石，多半在高峻之处，大山最须注意，重山复岭，连岗叠嶂，全在结顶得势，高低层次，前后呼应，远看如真山一般。小山以石为主，峦山之中亦有高低层次，其主峰也叫峦头，拙政园远香堂南面假山略似。

5. 悬岩

岩，是山崖突出部分，上伸下缩，三面脱空，大山用于山边路侧，或临水处，取其有险峻之意，小山多半靠壁为之。

6. 洞

洞如石屋，多在岩下或山岙处，宛转上下，穿通山腹，上面亦可堆土植树或作台，或置亭建屋，可适当处理。

7. 壑

壑，山间低坳处，又同谷，在两山之间，环秀山庄大壑，耦园邃谷即是。

8. 削壁

直立如斧劈，陡峭挺拔，略似岩而不突出，多用于山谷间，虎丘风壑云泉上部，第三泉南面半壁皆是。

9. 溪

无水曰谷，有水曰溪，又同涧，深则为涧，浅则为溪。

10. 水口

水口有二种，一是源头，一是出路，源头大多在山下，须与山势相呼应，如在上游；出路去山稍远，如在下游。

11. 驳岸

驳岸用于池边，其作用有三：一是在池上理山，使山麓伸入水面，更显山势高耸，形成高深对比；二可防止岸边土崩；三是用山石驳岸，使岸边垂直，切除坡脚，可以扩大水面。小园为宜，大水面没有必要。

12. 花坛

花坛多用于庭院中，与峰石相配合，如留园冠云峰下，网师园小山丛桂轩前、怡园锄月轩前及岁寒草庐前后皆是，或在山麓用以点缀花木，如拙政园远香堂东侧山下，环秀山庄小轩东北角皆是。

堆叠第四

堆土叠山，是一种具体处理手法。堆土，虽然不一定要有专门技巧，做起来却并不简单，因为聚土为山，是在大面积的园林中进行的，它将成为全园的主要构成部分，关系着一座园的成败。所以，在未堆以前必须有全局的打算，先具大概的轮廓，所谓"胸有丘壑，意在笔先。"当然，规模的大小，形势的高低，需要因地制宜，不可能有一定的程式。不过，其中也有几种重要的原理，不可不知。

李渔在《闲情偶寄》里，论及叠山有一段话说：

"山之小者易工，大者难好，予邀游一生，遍览名园，从未见有盈亩累丈之山，能无补缀穿凿之痕，遥望与真山无异者。""犹之文章一道，结构全体难，敷陈零段易。唐宋诸大家之文，全以气魄胜人，不必句栉字比，一望而知为名作，以其先有成局，而后修饰词华，故粗览细观同一致也。若夫间架未立，才自笔生，由前幅而生中幅，由中幅而生后幅，是谓以文作文，亦是水到渠成之妙境，然但可近视，不耐远观。……书画之理亦然。"他以作文和绘画来比喻叠山，十分重视布局设计，主张从大处着眼，注意气魄，反对盲目施工，做到哪里算哪里，专门在细节上下功夫，这是非常扼要的见解。

山的体势不一，有一峰独峙，有两山对立，有平岗远屿，有高山峻岭，或群山环抱，或岗阜连绵，或筑室所依，或隔水相望，必须主次分明，疏密得体，开合互用，顾盼有情，这就是布局的要领。至于具体位置，应当根据主题思想和总体规划来考虑，大体主山的位置要与重点建筑群相结合，或作对景，或作背景。也有以山为骨干的，山形必然高大，山势必然集中。如果以水为主的，山就必然分散在四周，土山如此，石山也是一样。

堆土为山，必须首先考虑山顶的高度和宽度，然后再确定根脚范围的大小，要有一定的比例，否则对山的占地面积，必然心中无数。顶部需要安置建筑物的，应将建筑物的占地范围和高度，一并计算在内，它的比例关系，最好以坡度为标准。大体上，山的坡度，最小不宜小于15度，最大不宜大于45度。在个别情况下，也可以略有出入。形式大小，在于因地制宜，叠石为山，不在此例。

叠石，是专业工人的特种技术，他的劳动对象是石块，但又不同于石工，他的劳动成品是造型，但又不同于雕塑，因此，他的操作方法，有详细介绍的必要。

1. 相石

相石是叠山的第一道工序，也是主要的环节。石的品种繁多，形态、色泽、脉络、纹理各有不同，大小也不一致，还有坚脆的区别。在选定某一种山石以后，首先必须熟悉每一块山石的上述特征，预计它的用途，哪些可以做脚，哪些可以结顶，哪一面应该向外向上做面，哪一面只能向里向下做底，哪些石块皱纹相类，可以拼掇在一起，哪些石块质坚，可以载重，哪些石块质脆，不能大用。这样，才能做到心中有数，在叠石时，根据需要，随意取用，不至临渴掘井，手忙脚乱。

2. 估重

石块的大小既有不同，重量因之也有差异，取用时扛抬需用人力，因此对每一块的重量，必须根据传统的经验，作正确的估计，例如二人肩、四人肩、六人肩之类，以便合理使用劳动力。更大的需用起重设备，两吨的、三吨的、五吨的……也要充分估计。这对高空作业或地下作业，尤为重要。

3. 奠基

叠山也和造屋一样，需要先打基脚，首先按照预定范围，开沟打桩，基脚的面积和深浅，根据山形的大小和轻重来决定，通常采用木桩，木材紧张时亦可用毛条石代替。近年来多数改用三合土水泥灌浆的方法，根据实践经验，水泥灌浆只适用于直立的独块峰石，叠山还是不甚相宜，因为会妨害树根的发育，使之不能深入土层，而且山边石缝不易生长草木，难于绿化。石桩虽能经久，但缺乏韧性，硬碰硬容易滑脱走动；木桩较易腐朽，但深埋土内亦可经历数百年，它的好处是涩而不滑。现在多采取木桩和石桩混合运用的方法，中间用石桩铺满，四边用木桩夹紧，称为梅花桩，这样做可以节约部分木材，同时又能弥补石桩的缺陷。

基脚完成以后，用大块顽石满盖桩头，取其坚牢稳固，不必考虑形态纹理，但必须参差错落，有凹有凸，避免整齐一律。

4. 立峰

立峰必先立座，座石的纹理色泽要与峰石相类，旧峰石多数配有原座，上凿笋眼，亦有失座者，可用块石拼成，中间留一洼处作槽，代替笋眼。

峰石的形体上大下小，多数直立，独块的峰石必须掌握重心，施工时先立脚手架将峰石吊起，使其悬空垂直，详细审视它的中线，随时矫正，然后徐徐落下，投入座石笋眼，用小石片刹垫，使其端正稳固（图1）。

用几块拼掇成峰的，须知等分平衡法，先确定重心地位，然后从下向上层层堆叠，要求压力集中一点，重量左右平衡。造型与独块峰一样，仍须保持上大下小，有飞舞之态（图2）。

上述峰石，是指太湖石而言，其他凡具有孔窍脉络，形似湖石者，亦可适用。

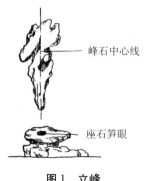

图1　立峰

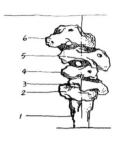

图2　座石

5. 压叠

凡作悬岩，起脚小，渐上渐大，向外突出，其法必须用大石压在长石后半，使前半突出部分能吃重量，如此层层压叠，既成危崖。山洞及水边飞石亦用此法（图3、图4）。

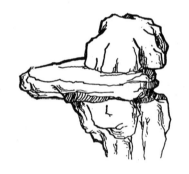

图3　压叠（一）

图4　压叠（二）

6. 洞

《园冶》说："理洞法，起脚如造屋，立几柱着实，掇玲珑如窗门透亮，及理上见前理岩法，合凑收顶，加条石替之，斯千古不朽也。……上或堆土植树或作台，或置亭屋，合宜可也。"

这是从实践中总结出来的经验，所谓立柱，就是用石块叠成圆柱，这个圆柱也是上大下小，和作悬岩相同，几个圆柱合在一起，上面即可收顶，再在顶部加上条石作为屋面，圆柱与圆柱之间用石块封闭，如同隔墙，留出一方或两方作为洞口（图5、图6），也可适当留一些透光的窗洞，柱脚也须打桩，保证坚固。如果几个洞互相通连，就需要多留几个洞口，以便出入。在平面布置上，柱就是点，墙就是线，洞就是面。

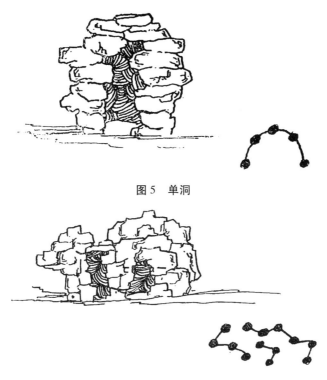

图 5　单洞

图 6　双洞

　　用湖石叠山洞者，亦可用钩带法，收顶不加条石，即用大块湖石合龙，如造环桥法（图7）。

图 7　造环桥法

　　7. 刹垫

　　刹垫，是用小石片填在石缝空隙处。它有两种作用，一是在安放石块时，矫正姿态，并使其稳固。因为，每一石块的纹片脉络，斜正倒顺，一定要根据使用时的需要来决定，不受石块形体的限制，所以刹垫是一种重要手段。另一是在垫石工序初步完成以后，石块与石块之间，留有许多隙缝，显得粗糙，必须有计划有区别地进行刹垫，例如，湖石小块拼成大块，黄石隙缝太大，需要填补，等等，这是一种艺术加工。凡刹垫，石片越少越好，一是支点准确，一是隙缝紧密自然，这就考验操作技术的高低。

8. 拓缝

拓缝，是用一种黏性物质，把石块与石块之间的隙缝，在刹垫石片以后加以封固，使其胶合在一起，发挥坚牢耐久的作用。相传最早的方法是用糯米汁和石灰，此物系浆状极不易干，用它浇灌基础部分，确能经久不坏，若用它拓缝，似不相宜。在苏州近年来拆卸旧园假山时，尚未发现这种方法。比较普遍的是用桐油和纸筋、石灰，此法胶黏性强，亦能耐久，但缺点还是不易干燥，而且捶打费工。后来也有用水和纸筋、石灰的，此法硬化期较短，但耐久性差，且不牢固。以上两种方法，在拓缝完毕后，通常都用盐卤铁屑拌和，涂刷缝口，防止雨雪侵蚀，铁屑容易生锈，能与石色调和，类似纹理，比较美观。现在多数用水泥黄沙拓缝，此法硬化最快，坚牢耐久，但干后色白死板，缺乏生意，是最大缺点；也可以加刷少量盐卤铁屑，但用于湖石缝口尚好，用于黄石缝口仍觉呆板。另一方法是在水泥中略加青煤，减少它的白色，如果成分配合适当，是比较符合要求的。

艺术处理第五

假山的好坏，除了堆叠技术以外，艺术要求也是重点。计成说："夫理假山，必欲求好，要人说好，片山块石，似有野致。"所谓野致，就是大自然的趣味，也就是说要像真山。所以他又说："有真为假，做假成真，稍动天机，全叨人力。"即既要真实又要提炼，是真山的艺术再现。那么，如何来进行艺术处理，就成为值得研究的问题了。当然，名山胜景，变化多端，画意诗情，巧思无尽，这里不可能作具体的说明，只能就浅而易晓、切实可行的几点略加论述，以供参考。

1. 三远

学习山水画的，首先注意三远，即高远、深远和平远，因为在一张小小的纸上，要表现壮丽山河，所谓有咫尺千里之致，就非要懂得三远的画法不可。在园林中堆置假山，由于受到占地面积的限制，所以和绘画一样，在手法上也必须注意三远。

一是高远：前低后高，山头作之字形（图8）。

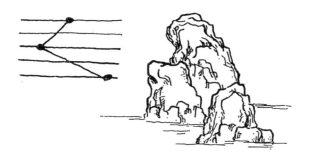

图 8　高远

二是深远：两山并峙，犬牙交错（图9）。

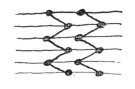

图 9　深远

三是平远：平岗小阜，错落蜿蜒（图 10）。

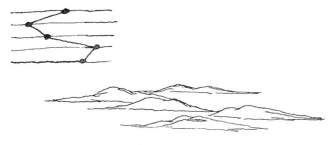

图 10　平远

　　这里所谓三远，是从一定的角度去观察的效果，不是面面俱到，所以在具体施工时，创作者还须根据实际需要，灵活运用。

　　2. 十要

　　一是要有宾主：在一座园林中，只能有一座主山，作为骨干，其余的都是宾，它们的体积和高度决不能超过主山。一座山只能有一个主峰，其他的峰也不能超过主峰，高低大小都不能一律，也不能对称。

　　二是要有层次：层次有二，一是前后层次，用来表现深远；一是上下层次，用来表现高峻。群山要有层次，一山的本身也要有层次，体积和范

111

造园艺术

围越大，层次越多，树立一块以上的峰石也是一样。

三是要有起伏：山势既有高低，山形就有起伏。一座山从山麓到山顶，绝不是直线上升，而是波浪式地由低而高。这是本身的小起伏。山与山之间，有宾有主，有支有脉，这是全局的大起伏。

四是要有曲折：起脚必须弯环曲折，有山回路转之势，以便处处设景，又须与层次起伏相结合，才能具有不同的丘壑。

五是要有凹凸：凹凸主要适用于石山，凡叠石，不论岗峦、岩洞、溪涧、池岸，都必须有凹有凸，才能显出峥嵘突兀之势，但要避免规则化，以致失去自然之趣。凹凸又等于画家的线条和皴法，不论是湖石的瘦皱透漏，还是黄石的苍劲古拙，画家都要依靠线条皴法来表现，而叠石则全在于凹凸得宜。

六是要有顾盼：顾盼有二义，一是宾主之间，峰峦的向背俯仰，必须互相照应，气脉相通；一是层次之间，必须彼此让避，前不掩后，高不掩低。

七是要有呼应：堂前屋后，池北池南，或左或右，或大或小，此呼彼应布置随宜。

八是要有疏密：疏密，就是集中与分散，在一个园林中，不论是群山或是小景，都应该有疏有密，过于集中，如狮子林，或过于分散，如网师园，都不适当。

九是要有轻重：叠山用石，须有适当的数量，过多则臃肿不灵，显得笨重，过少则单薄寡味，又嫌太轻。近年来有不少技工，用石务求其多，修一旧园，不问其原来手法如何，山石是否缺少，首先要求大量购石，动辄数十吨、上百吨，若是创新数量更大，其结果不但使旧园风格破坏无遗，而且会使人感到好像泰山压顶，喘息为难，这就是太重；也有一些场合，一面取势，形同片石，或者零落散漫，似未完成，这是太轻，二者都必须避免。

实则当轻则轻，当重则重，这乃是一个重要原则，例如座石主山，上有屋木，其势宜重；悬崖飞石，下临深渊，其势宜轻，反之即不适当。此外，轻与重之间还须相互调协，不宜过于悬殊。

十是要有虚实：四面环山，中有余地，则四山为实，中地为虚。重山之间必有层次，层次之间必有距离，则山体为实，距离为虚。一山之中有岗峦洞壑，则岗峦为实，洞壑为虚。靠壁为山，以壁为纸，以石为绘，则有石处为实，无石处为虚。局境不论大小，必须虚实互用，方为得体。

3. 二宜

一是造型宜有朴素自然之趣，不宜矫揉造作，故意弄巧，如叠成"十二生肖""虎豹狮象""骆驼峰""牛吃蟹"等，未免流于恶俗，失去创造风景的本意。

二是手法宜简洁明了，不宜过于烦琐或拖泥带水，交代不清。要做到这一点全在事先的充分考虑和熟练的技术经验。前人记述张涟的叠石方法说："每创手之日，乱石如林，或卧或立，涟踌躇四顾，主峰客脊，大岩小硞，皆默识于心，及役夫受命"，"当其土山初立，顽石方驱，寻丈之间，多见其落落难合，而忽然以数石点缀，则全体飞动，若相唱和"。这段文字倒是非常生动的说明。

4. 四不可

第一，石不可杂。石的品类众多，色泽纹理各具特征，如湖石与黄石，就截然不同，从而堆叠手法也不可能一样。湖石玲珑婉转，以瘦皱透漏为美，所以在堆叠方法上，必须用色泽相近、形态相类、脉络孔眼可以相通的石块，拼掇成一个整体，要求能够天衣无缝，生动自然。黄石纹理古拙以苍老端重为美，所以在堆叠方法上，必须注意两种纹和两个面，即横纹和直纹，平面和立面，凡平面以横纹为主，凡立面以直纹为主，交错使用，棱角分明。如果以山水画的皴法来比喻，湖石是卷云皴或麻皮解索皴，类似宋郭熙、元王蒙的笔法，体近乎圆，黄石则是斧劈皴或折带皴，类似宋马远、元倪瓒的笔法，体近乎方。一圆一方绝不相同，因此两种石质决不可混杂使用。古人也偶有两石同用之时，大体都是以黄石做基脚，然后用湖石叠山，绝无掺杂互用之例，现在苏州各园中所见两石混用的假山，多数是后来修改，破坏了这一规律，不可为训。

这里虽然仅列举湖石与黄石两种，亦可适用于其他石类，凡性质不同的都不可混杂使用，以免降低艺术趣味，影响风格。

第二，纹不可乱。同一品种的石纹，有粗细横直、疏密隐显的不同，必须取相同或近似之纹放在一处，使其互相协调，当顺则顺，当逆则逆，要与石性相一致，不可颠倒杂乱。

第三，块不可匀。叠石时选择石块必须有大有小，有高有低，交错使用，方显生动自然，不可匀称，以免呆板。

第四，缝不可多。石以大块为主，小块为辅，大块多则缝少，小块多则缝多。手法务求简练，简练则刹垫石片少，石片少则缝亦少，切不可粗糙烦琐，多垫石片，石片多则缝亦多。

5. 六忌

一忌如香炉蜡烛。三峰并列在一条线上，中间低两边高，形同神案面前的香炉、蜡烛台。

二忌如笔架花瓶。一峰居中直立，左右排列二峰，形同笔架；上小下大，颈细腹粗，形同花瓶。

三忌如刀山剑树。排列成行，形如锯齿，顶尖缝直，谓之刀山剑树。

四忌如铜墙铁壁。缝多口平，满拓灰浆，呆板无味，寸草不生，直是铜墙铁壁。

五忌如城郭堡垒。顽石一堆，整齐划一，既无曲折，又少层次，形似城郭堡垒。

六忌如鼠穴蚁蛭。叠床架屋，奇形怪状，大洞小眼，百孔千疮，谓之鼠穴蚁蛭。

（原载于《苏州园林》1980 年第 1 期）

造园古籍中植物造景览要

文/徐德嘉

我国古园林、古庭园的艺术成就是举世公认的，引起造园界历久不衰的研究兴趣，诸如规划、建筑、叠山、理水、历史沿革、空间艺术、美学欣赏等均有研究专著或专文刊世，唯对植物造景则论述不多。然纵览有关历史文献，植物造景可谓源远流长，古人对此寄予浓厚的情趣。《诗经》中记述的 126 种植物，适合园林应用的就有 50 余种，"四书五经"中的《论语》《书经》等古籍，也有不少关于植物应用的记述，足证人们从冬穴夏巢的原始状态向农耕社会进展中，已懂得将植物用于改善生活、改善居住环境，这从"苑、园、圃"等文字训诂中也可得到佐证。再从秦之阿房宫，汉之上林苑、长乐宫、未央宫、北宫等的记载看，它们都规模宏大，建筑物散落在林木繁茂的自然山林之中。私人园林如汉代袁广汉园，也是东西四里，南北五里规模宏广，非用植物联系点缀不可。就连简朴淡雅的白居易匡庐草堂，也"有古松、老杉……松下多灌丛，萝茑叶蔓，骈织承翳，日月光不到地"。

为便于叙述，爰从以下几点说明之。

一、植物材料之评价及选用

古人与大自然之须臾不可离，对草木尤觉情深，试看"桃之夭夭，灼灼其华，之子于归，宜其室家"（《诗经·周南》），将桃树与美好的婚姻相联系；"蔽芾甘棠，勿剪勿伐"（《诗经·召南》），古人把召公之德行与茂盛的杜梨相比拟，爱其树而不砍；孟子把乔木比作世臣，"故国者，非谓有乔木之谓也，有世臣之谓也"（《孟子·梁惠王》），如此种种，表达了古人对自然植物之深厚感情，升华而成为审美的思想先导，并进而发展成儒家的比德观念，成为传统自然美学的基础。另一方面，限于当时的科学水平，人们对植物的感情流露，会走到另一个极端，产生迷信思想，从爱护树木变为敬畏树木，将其看作神明，于是便有"神木""社木"之出现，如在《论语·八佾》中，"哀公问社于宰我，宰我对曰：'夏后氏以松，殷人以柏，周人以栗'"。于是松、柏、栗便成了夏后、殷、周之社稷之灵，成了"社木"，标志了当时的精神。今人之国花、市树或即肇始于此。

在这种思想支配下，园中所用的植物标准，首先便得服从这一思想属性。例如，"松柏为百木之长，松，犹公也"（《字说》），故《诗经·卫风》中"淇水浼浼，桧楫松舟"便是以松作舟，桧柏做楫，载着卫君的女儿回到母亲的身边，这是感情的流露和寄托，而荀子说的"至于松柏，经隆冬而不凋，蒙霜雪而不变"，以及《论语·子罕》所说"岁寒，然后知松柏之后凋也"，则表述了松柏的坚强，寄托了人类的精神。与此类同，以树木比德的很多，诸如，誉竹有四大美德——"贤、德、贞、直"（白居易《养竹记》）；竹又代表孝道，丁固的"泣竹生笋"（《笋谱》）、"孟宗哭竹奉亲"（《楚国先贤传》），都是传诵百世的佳话。又如《汉书·王吉传》载："吉少时学问居长安，东家有大枣树，垂吉庭中，吉妇取枣以啖吉，吉后知之，乃去妇，东家闻而欲伐其树，邻里共止之，因固请吉，令还妇。"枣代表了廉洁友爱的美德。《太平广记》中的"董奉杏成林"的故事更给人以生命的温暖，杏林成为救命的象征。樟在古代被视为贤者的代表，据《南史·王俭传》记载，"俭幼笃学……袁粲闻其名及见之曰：'宰相之门也，栝、柏、豫章，虽小已有栋梁气……'"当今，把樟树选为苏州市树可谓宜也。其他，如认为梅花"格高""韵胜"（范成大），认为荷代表高洁（周濂溪），等等，为人熟知，故暂从略。

值得注意的是古代虽赋予树木人格特性，用以比德状兴，但更注意实用，如汉《上林赋》中记述了卢橘、黄柑等48种树木，其中果树便有25种（每种还有不同品种），其他多数是药用和工艺植物。宋代朱长文的乐圃，也很注重实用性植物，所谓"桑柘可蚕，麻苎可绩，时果分蹊，嘉蔬满畦，摽梅沉李，剥瓜断壶"（《乐圃记》）。这正是"五亩之宅，树墙下以桑，匹妇蚕之，则老者足以衣帛矣"（《孟子·尽心》）的实用观点的反映。随着经济的发展，人们对形态美有更高的要求，所以李德裕《平泉山居草木记》中所录61种花木，果树仅6种，药材也仅数种而已。这也反映了人类认识自然、改造自然的一种必然规律。

概而言之，古园林中植物应用是寓情于景，情景交融的独特风格，是感情的渗入、文化的渊源。

二、植物造景之意匠

古代有关造园文献中对植物造景之论述是匠心别具、意味深长的，它们是今日取法之源泉。

（一）荫槐挺玉成难，古干老木珍贵

古木修篁、老树虬干能使园景苍森，白居易认为"古松、老杉……修柯戛云，低枝拂潭，如幢竖，如盖张，如龙蛇走"（《草堂记》）；叶梦得也说："山居以怪石奇峰、走泉、深潭、老木、嘉草、新花、视远七者为胜"（《避暑录话》），可见老树大木是弥足珍贵的。所以计成在《园冶》中明确提出"雕栋飞楹构易，荫槐挺玉成难"，故强调"多年树木，碍筑檐垣，让一步可以立根，斫数桠不妨封顶"。这对造园之初总体规划来说是一条极有意义的指导性设计思想，因此"旧园妙于翻造，自然古木繁花"（《园冶》）。在这一思想指导下，明王世贞在造弇山园时，以五倍于市价的价值，购得当时并不稀罕的老朴树，只因其"大且合抱，垂荫周遭，几半亩""树不可易使古也"，并于树旁筑亭曰"嘉树"，所以弇山园是树姿"虬屈臃肿"，"游人过之坠帽钩袂相踵接"（《弇山园记》）。这些都是爱护基地上原有树木，巧妙规划之范例。

（二）构园造屋，绿树掩映

《园冶》指示："架屋蜿蜒于木末""花间隐榭"，是要求建筑物散落于花木之间，形成绿树环抱之山林景色，尤其是赏景性屋宇，更要花木掩映。所谓"蜿蜒"，不是中轴对称的规整形式，而是自然错落，步移景异，使园景多变。所以，围墙也要用藤萝遮蔽，使围墙隐约于藤萝间，村庄地更可以"围墙编棘"（《园冶》），造成"绿云者，园林也"（《帝京景物略》）的氛围，使有"垂柳高槐，树不数枚，以岁久繁柯，阴遂满院……土墙生苔，如山脚到涧边，不记在人家圃"（《帝京景物略》）的意境。"楼台树塞"（《山水赋》），"平地楼台偏宜高柳映人家，名山寺观雅称奇杉衬楼阁"（《山水诀》），这二句画论也是强调建筑物要有花木掩映，园景才能入画。

为使及时成园，短期内造成绿色氛围，《园冶》又提出了用速生树种为先导，"栽杨移竹"，早日成园。同时，也要保护一草一木，使其发挥景观作用，所谓"摘景全留杂树""花隐重门若掩"（《园冶》）。

（三）相度随宜，园景多奇

植物造景端赖与环境协调，配合地形、因地制宜，又要时加管理，以发挥树形固有之美。《园冶》认为山林地要"竹里通幽，松寮隐僻"；城市地应"竹木遥飞叠雉""蒔花笑以春风"；村庄地贵能"挑堤种柳""高卑无论，栽竹相宜""桃李成蹊，楼台入画"；郊野地重在"溪湾柳间栽桃"；傍宅地则旨在"竹修林茂、柳暗花明"；江湖地可以因地制宜，就地取材，在"深柳疏芦之际，略成小筑"。但也得根据园地大小，分别对待。"园中地广，多植果木松篁，地隘只宜花草药苗"。在此前提下，要注意平衡的法则，如"左有茂林，右必留旷野以疏之；前有芳塘，后须筑台榭以实之"（《花镜》）。这些论述注重客观环境之兼顾和艺术原则的讲究。

园中局部性景点我们习知的是同诗与文的结合，是文化的丰富，但也十分注重独特的造园艺术。例如，厅堂等主建筑前庭中常用"梧荫匝地，槐荫当庭"，形成"院广堪梧"（《园冶》）的特色。文震亨《长物志》指出："庭除槛畔，必以虬枝古干，异种奇名，枝叶扶疏，位置疏密。"或"玉兰宜种厅事前，对列数株"，形成"玉圃琼林"的景观；《花镜》中也有："梧竹致清，宜深院孤亭"，这一手法在今拙政园中便能看见。至于小院屋角天井，最宜"窗虚蕉影玲珑"，也可"移竹当窗，分梨为院"或"栽梅绕屋""屋绕梅余种竹"（《园冶》）。水畔桥边常常"挑堤种柳"或"堤湾宜柳""溪湾柳间栽桃"，或"看竹溪湾"，或"在涧共修兰芷"。《花镜》也写道："小桥溪畔，横参翠柳。"程羽文《清闲供》则主张："桥边有树树欲高，树荫有草草欲青。"这要依具体情况便宜效仿了。在路旁可以作成"桃李成蹊""扫径护兰芽"（《园冶》）的田园风光，也可"径缘三益"形成高雅气氛，这和《清闲供》中"墙内有松，松欲古，松底有石，石欲怪"几乎是同一境界。

园中掇山，必以植物为之生色，所谓"山以草木为毛发"，有草木才有山容，所以山上配树，古人颇为讲究，且能兼顾时空效果。如郭若虚《山水训》指出："春山淡冶而如笑，夏山苍翠而如滴，秋山明净而如妆，冬山惨淡而如睡。"于是令花木为春，乔林为夏，落叶色叶树是明净如妆，冬季枝干光秃便如睡了。这表现了明显的季相和空间效果。《园冶》更对不同的山体做了不同的配植安排：厅山"或有嘉树，……或顶植卉木垂萝"；书房山"或依嘉树卉木，聚散而理"；峭壁山"植黄山松柏、古梅、美竹"，可收"岩曲松根盘礴""翠筠茂密"之效。

（四）景观习性两兼顾

《花镜》云："草木之宜寒宜暖，宜高宜下者，天地虽能生之，不能使之各得其所，赖种植时位置之有方耳！""花之喜阳者，引东旭而纳西晖；花之喜阴者，植北囿而领南薰，……牡丹、芍药之姿艳，宜玉砌雕台，佐以嶙峋怪石，修篁远映。梅花，蜡瓣之标清，宜疏篱竹坞，曲栏暖阁，红白间植，古干横施。……杏花繁灼，宜屋角墙头，疏林广榭。梨之韵，李之洁，宜闲庭旷圃……榴之红，葵之灿，宜粉壁绿窗……荷之肤妍，宜水阁南轩，使薰风送馥，晓露擎珠。菊之操介，宜茅舍清斋……海棠韵娇，宜雕墙峻宇……木樨香胜，宜崇台广厦……紫荆荣而久，宜竹篱花坞。芙蓉丽而闲，宜寒江秋沼。松柏骨苍，宜峭壁奇峰。……枫叶飘丹，宜重楼远眺。……棣棠丛金，蔷薇障锦，宜云屏高架。"故《园冶》中也道："芍药宜栏，蔷薇未架，不妨凭石，最厌编屏。"明代吕初泰《雅称篇》对竹的配植写得十分详细："竹韵冷，宜江干、宜岩际、宜磐石、宜雪巇、宜曲栏回环、宜乔松突兀。"明代文震亨《长物志》则写道："宜筑土为垅，环水为溪，小桥斜渡，陟级而登，上留平台，以供坐卧。"明代陆绍珩《醉古堂剑扫》主张"径中须竹"。吕初泰对松的适宜配植位置的说明也比《花镜》详细："松骨苍，宜高山，宜幽洞，宜怪石一片，宜修竹万竿，宜曲涧粼粼，宜寒烟漠漠。"对桂花也写得较为具体："桂香烈，宜高峰、宜朗月、宜画阁，宜崇台……"又写芙蓉道："芙蓉襟闲，宜寒江，宜秋沼，……宜芦花映白，宜枫叶摇丹。"白居易《山石榴花》诗描述杜鹃花的适宜位置道："艳妖宜小院，条短称低廊，本是山头物，今为砌下芳。千丛相面背，万朵互低昂，照灼连朱槛，玲珑映粉墙。"文震亨则说："性喜阴畏热，宜置树下阴处。"众所关注的梅花，古代习用群植法，形成梅坞、梅溪、梅园、梅庄等，宋代张镃《梅品》提出梅花有宜称二十六条，择其要，为清溪、为小桥、为竹边、为苍径、为绿苔……至于唐代张九龄因庾胜兄弟伐"南越"，守"南岭"，而于大庾岭上开径植梅，习称"锄岭栽梅"（《园冶》）。这些因属特例，难以"照抄"，只能仿其精神，以便设计时的参考。

此外，汉代张平子《西京赋》中说："嘉木树庭，芳草如积"，所谓"嘉木"是文化的支配，是性格的升华。《西京赋》中又提到"归于枌榆"，汉高祖沿袭殷周旧制，将白榆、榔榆作为社木，故这二种树后世常用之。左太冲《吴都赋》又有："洪桃屈盘，丹桂灌丛"之句，看来苏州一带汉、晋以来植桃、桂的习惯是日益发展的。此类例子不胜枚举，恕不一一展开了。

我国古代园林、庭园的植物造景是独树一帜的，是在将树木人格化的基础上，运用比德手法，造成富有诗情画意的植物景观，这可以说是文化的丰富。这是我国古典园林享誉国际园林界的重要原因之一。

限于水平和条件，阅读文献有限，错舛和遗漏在所难免，敬祈同道指教，容后补正云。

（原载于《苏州园林》1989 年全年 1 期）

苏州园林角隅品赏

文/雅怡

角隅，在园林中虽算不上重要部分，却是设计师用武之地，往往可以标新立异，如处理不妥，则不仅单调呆板，毫无诗情画意，还会败坏园林景色。设计巧妙的角隅富有情趣，自成景观，为园林增添风采。

苏州园林角隅一般有旱隅和水隅之分，园林角隅的布置形式有的以花木为主，有以建筑为主，有的还以山石或铺地形式为主，下面分类述之。

花木型：花木是组成园林景观的一部分，园林中的许多角隅喜欢用花木来进行布置。如狮子林东部"燕誉堂"前院左墙隅处植白玉兰一棵，右墙隅植二乔玉兰一株，二树相对而立，花开之际朵朵偕亭立枝端，虬枝入画，花香可人，似乎无声地预示着人们温暖明媚的春天已经来临。这种简洁明快的对植设计将建筑和其他景物融合成一个整体。沧浪亭内的"翠玲珑"，东面和其相通连的走廊形成的角隅，仅种芭蕉一丛，透过古朴雅致的汉瓶式墙洞门，在粉墙、黛瓦、漏窗的衬托下，风拂绿叶半遮门，那种"日观娇姿舞倩影，夜闻雨点弹蕉琴"似诗一般美妙的意境犹如一幅声、色、情俱全的立体画卷展现眼前。人所共知的"香雪海"，素以梅花盛开时香雪如海而名噪海内，它得以多取胜之利；苏州园林角隅占地极为有限，同样是探梅、寻芳、赏花，设计布局上则常在"少""巧"上做文章，如虎丘山上的"冷香阁"，在其周围的数处角隅群植梅花，早春初暖，红梅、白梅、绿梅竞相开放，疏影横斜，暗香浮动，不仅反映了"以少胜多"的园林艺术特点，也暗喻了"梅花香自苦寒来"的雅意，起到了画龙点睛的作用。大凡角隅都是静止的，但若经巧妙设计布局，也能做到景色丰富而有变化，如网师园"看松读画轩"前右角隅，不规则的黄石花坛内植有山茶花、桂花、南天竹、蜡梅、紫竹、枸骨等花木，它们之中有的常绿、有的落叶，有的花开幽香沁人，有的叶艳花丽，有的红果累累、悦目动人，有的干紫叶翠、有气有节。这些各具特色的观赏植物，随着四季气候的变化，使小小角隅形成了不同景观效果，组成了一个个幽雅别致的园林艺术小品。

石山蹬道型：苏州园林中有些角隅的处理除了具有较高的艺术价值外，还有一定的实际使用价值，例如，留园冠云楼东隅，从远处看，秀石堆叠自然，如真山一般靠倚墙角，游人临近则又可拾级缓行而上直至楼内，此时近观秀丽柔润的湖石又酷似朵朵浮动的白云。上述处理既将墙体死角变活，也扩大了楼的实际使用面积，类似的处理方法，苏州的其他古典园林也能见到，游者、读者不妨亲临实地留心寻觅，细加体会。

立峰型：苏州园林素以"小中见大、小中见雅、小中求精"为特色，设计者巧妙地利用人的视觉差，在有限的空间里创造出无限的第二自然空间，即使在比较小的角隅设计处理上也往往考虑到这些问题。例如，留园的"石林小屋"后院小隅，地面叠山石，上置形体玲珑秀雅的湖石山峰，古老苍劲的紫藤盘卧其上，春天紫花串串，蜂蝶相戏。这里的布置小巧雅致，通过洞门、洞窗，小院的宁静和优雅尽展眼前；同时由于洞门、洞窗又将他院的部分景色"借"入小院之中，使小院的景色又有了变化，空间也得到了扩展（图1）。

图1　留园石林小院

铺地型：苏州园林中用铺地的方法来布置角隅是十分常见的。例如：狮子林"立雪堂"西面庭院，四周角隅均是用小石子、碎残瓦片铺地，古朴清雅，再点缀布置了"牛吃蟹""昂首雄狮""欲跃之蛙"等似像非像的动物"石雕",配栽了花草树木,与园中八卦阵般的山峦、洞府形成了多与少、疏与密、简与繁、闹与静的对比,从狮子林中部花园至此,则有一种妙不可言的新鲜感受。

山泉型:园林墙隅处理多山石、树木而少池泉,网师园"殿春簃"的角隅布局处理则与众不同,它东南隅以碎石瓦片铺砌成地,幽径曲折起伏,向左小转拾级而上,行七八步,再逐级而下,临近池边,可见一泓泉水,清澈见底,此处若随意在石阶小坐,屏息静心仔细观、听,能够领略到"苍苔附石藏古朴,松月显泉映幽雅"的美妙境界。狮子林西部土山上"问梅阁"旁的角隅,奇峰异石置叠有方,高低错落,宛如天成,石桥飞渡,花木明目;高峰之处白练般瀑布奔泻而下,飞流曲折,跌宕有声。此处角隅可谓有声有色,有静有动,有明有暗,可给人留下无尽的遐想。

敞亭型:为了打破长长围墙平淡呆板闭塞的感觉,苏州古典园林常沿墙建长廊,墙上常采用置漏窗、嵌放名家书法刻碑等艺术方法来处理,对长廊曲折形成的高墙角隅处理格外着意。如狮子林南部围墙,除将其建成起伏变化的爬山廊,还特地在南、西二墙交接所形成的角隅处,建筑了一座造型别致的扇形敞亭,此处站立点较高,视野广阔,人在亭中,可看近处池水中游鱼和横跨两岸的石桥,还有奇趣如狮子的假山,繁茂的树木,艳丽的花朵……从上述景点反观"扇面亭"这段景区,长廊、扇亭在桃红柳绿、碧水红鱼衬映下犹如展开的巨幅画卷一般耐人品玩。值得提及的是扇亭背后又有一角隅,内用湖石堆叠成山,又点栽花木,自成一格空间,这种大小角隅同存,虚隅实隅相连处理得恰到好处的佳例是设计中的典范,极有艺术价值和实用性。

水隅型:苏州园林多水,故对水池的处理也十分讲究,一般多采用逢隅设桥的手法。桥的形状也各有千秋,如石板桥、石拱桥、曲桥、湖石桥、廊桥等;也有用石块将水隅堆砌成山洞,弯曲盘旋,给人以如真山水的幽深感,如留园中部花园西北角即为一佳例;有的还在水隅处植芦苇等水生植物加以点缀,形成了具有乡间野趣,小桥流水的艺术风格和特色。

苏州古典园林每个角隅都藏有画意,每个角隅都深含诗情,无论春、夏、秋、冬,阴晴日雨,角隅始终以其独特的风姿笑迎游人,不过,那需要你做一个有心人去发现。

(原载于《苏州园林》1993 年第 1 期)

造园艺术

侃 "苏州园林美"

文/李广

之一——通感·美感·灵感

通感是修辞手法，钱锺书先生说："把听觉、视觉、嗅觉、味觉、触觉沟通起来"，以此表达事物，给人以强烈感染。

儿时看《水浒》入迷，后来大多忘了，唯独鲁智深三拳打死郑屠户却记忆犹新，何也？皆因此文运用"通感"手法，看得使人品得出味，听得见声！看，鲁智深第一拳打在郑屠户鼻子上"打得鲜血迸流，鼻子歪在半边，好似开了个油酱铺：咸的、酸的、辣的一发都滚出来。"又一拳"打得眼棱缝裂，乌珠迸出，也似开了个彩帛铺：红的、黑的、绛的都滚将出来。"再一拳"太阳上正着，却似做了个全堂水陆道场：磬儿、钹儿、铙儿一齐响。"三拳打毕，一个不畏强暴，敢于伸张正义的堂堂男子汉跃然纸上，又何须多言！

文学如此，园林更是如此。置身园林，五官感受更强烈，美感产生更直接，古人往往由获得美感，而升华为景色的再创造；也有通过景色的创造，而进一步获得美感。前者如白居易，后者如柳宗元。

唐代柳宗元，在永州城西辟一景点，欣赏之余，写下脍炙人口的《钴鉧潭西小丘记》，文中抒发美感曰："枕席而卧，则清泠之状与目谋，瀯瀯之声与耳谋，悠然而虚者与神谋。"白居易则反其道而行之，在欣赏匡庐"胜绝"之后，于该地建起庐山草堂，并作记传之后世。

苏州园林往往以其题额楹联，引导人们产生各种美感，如网师园"月到风来亭"，本意为"月到天心，风来水面"，夜色正浓，游人由此而联想到李白："举杯邀明月，对影成三人"，"我歌月徘徊，我舞影零乱"……

清风载明月，游荡于微波之中，诗情画意，又怎能不启动人们的灵感，眼、耳、口、鼻、心、身怎能不为之一清？

这种美感与美景，不断激发文人、建园者的灵感，创造出许多园林瑰宝，有的甚至留下了生动的文字史料，如计成、文震亨、倪瓒、李渔、俞樾……都有瑰丽篇章、生动画卷传世。

现在仿古园林很多，不乏成功之作，然而也有人感叹：与真正古典园林相比，总觉得不够滋味。尽管大千世界，鸟语花香依旧，蜂游蝶舞依然，年年流水潺潺，岁岁落木萧萧，人们依旧有灵感被激发，却未必能信手拈来，以为已用，何故？于此着眼者亘古至今，均属少数，而可着眼处又多矣！

（原载于《苏州园林》1993 年第 2 期）

之二——空间·天人合一

古典园林由山、水、植物、建筑构成景色，虽然这些造园要素自成科学体系，但占有空间是共同的，它们组合千变万化的空间，带来令人目不暇接的景色，园林美就寓于不同的空间组合之中。

古典园林空间，是按照"天人合一"空间观构筑的，历代流传的"天上人间""人间天堂""上有天堂，下有苏杭"等说法，是"天人合一"空间观在现实生活中的反映。

人类总是本能地从大自然中寻求回归，企望摆脱社会的羁绊，返璞归真，这是人类在空间生存中矛盾的两个方面。

尽管莽莽草原一片绿茵，人们仍能从中区分出各种不同植物群落，发现其固有的美，如在广袤的草原中，竖起一个拴马桩，人们的思维就会追踪而往，将其视为界桩，人们在意念中出现了空间所有权属的划分。未有详细记载的上古园林，未必有篱有墙，却明白无误是"王"的土地，"普天之下，莫非王土"是概念上的界定。在无限伸展的外部空间，只要有一点界定，就会赋予空间全新的意义，唤起人类从大自然中回归人类社会，这是中国古代"天人合一"宇宙观的一个方面。

人们往往又从有限的空间中，去寻求无限的大自然。古代造园，总是在突破有限空间中努力，用借景突破空间局限，明代园艺家计成强调"巧于因借"说，"绀宇凌空，极目所至"，往往觉得仅有实景还不够，又借用文字、传说、典故，丰富景色的内涵，在有限的时空中，创造无限的意境。秦汉花园，虽然宏大，却仍然把意念融汇到瀛海仙山之中。晋代谢朓，描述的空间是"高轩瞰四野，临牖眺襟带。望山白云里，望水平原外"。人在高轩，而心在宇宙。作为古典园林渊源之一的古典文学，将"天人合一"的空间思想，发挥得淋漓尽致，如《上林赋》《洛神赋》《梦游天姥吟留别》等。从文学回到现实，看北京皇帝祭天的日坛，利用轴线上高地的平台，作一个极简单的空间划分，便把苍穹尽收眼底。追溯历史，"宇"字本义是"屋檐"，可以说是很小的一角，后来将意思延伸为"四方上下"，加上代表古往今来的"宙"字，便化为无限时空，这就是中国园林"天人合一"空间观的另一方面。

在"天人合一"的空间观中，古典园林景物的立体构成比平面构成重要，从上古的灵台，到后世的宝塔，直到山头的空亭，无不企望绀宇凌空。宋代杨怡有："规园无四隅，空廊含万象"，苏轼咏涵虚亭诗曰："惟有此亭无一物，坐观万景得天全。"今天运用"天人合一"的空间观，创造万物天全的景色，是我们努力的方向。

（原载于《苏州园林》1994年第1期）

之三——寓无序于有序

园林中最生机勃勃的是园林植场，最难于形成稳定景观的也是园林植物，最纷繁无序的还是园林植物。"万物之生意最可观""造化从来不负人，万般红紫见天真"，这是千年前宋代理学家的审美观，他们用"天人之际"的宇宙观，看待植物的美，从而把植物造景推向一个新的高度。

国画点艺画叶，攒三聚五信手拈来；西画速写，曲线圈点浓浓淡淡，景色层次分明跃然纸上，成功之作，全不露匠心痕迹，寓无序于有序，造出自然植物景色，方是造园家大手笔。

江南庭园一隅，常常是芭蕉一丛，瑞香一株，深秋果黄叶绿，初春香花翠叶，置身其间得一派风韵。毗邻墙外，大樟如伞，嫩叶红黄，泛若朝霞，烟柳才黄，玉兰满树，梨花似雪，樱花如霞，时序来去，全然不觉。"美"全在纷繁无序中，"美"全在不觉中，美得让人说不清也道不明，花朝为序，但让人不觉，方是造园功力。

高山岩石嶙峋，树木苍老虬曲，树根穿岩透穴，如爪如钩。山谷植物森然，叶蔓骈织，承翳日月，光不透地，竞相茁长。凡此种种，造物主早已做了安排，植物枝叶之向光，根须之向水逐肥，根干之全息对应，等等规律，有序地规范植物生长发育全过程。人们无须多问为什么，只需撷取其美态，加以模仿，总结为盆景诸种制式，诸如悬岩、露根、夹石、临水等。匠师造景得法，经营不懈，蔚为大观，遂成为大师。

疏林草坪的周围散生树木，处置得宜，就像人们抓起一把石砾，用力扔向旷野，构成一个向心面，大树小草按此分布，阳光逐透，植物各得其所，游人自由自在徜徉其间。在现代快节奏社会生活中，这种形式最适宜人与自然交流，已为越来越多的人欣赏。

游人赏景，只需置身于植物美景之中，然而造景者，需要了解更多有序与无序之间的规律。荷兰等花卉大国，可做到指日开花，植物高矮均随人意，植物造景逐渐从必然王国走向自然王国，古典园林则不仅为这些。从中国文化内涵来讲，更是大有讲究，如公认碧玉无瑕的拙政园中部景色，稍加探讨，如梧竹幽居，"爽借清风明借月，动观流水静观山"，对景透过洞门，一株枫杨，一株柏，所借风月、所观山水，为何就能构成一种谐调的意境？凡此种种，造园者能不关心？

（原载于《苏州园林》1994 年第 2 期）

沧浪亭的窗、廊、亭

文/施振昌

　　走进苏州最古老的园林——沧浪亭，欣赏风景的同时，也是在"读书"，读自然、社会、古往今来；读山水、建筑、园林兴衰；读宦海浮沉、人世沧桑……有字也罢，无字也罢，反正这是本大书，愿与大家一起含情去读、认真去读！这里仅就初读后的读"书"笔记辑录一二，欠妥之处容有难免，尚请不吝指教。

　　沧浪亭踞沧浪亭园林的假山之巅，为歇山顶四方亭，花岗石立柱、木构梁架，形制古朴而简雅，亭旁箬竹丛生，古木掩映（图1）。作为中国名亭，1987年沧浪亭被仿制并列入北京陶然亭公园内的华夏名亭园，与安徽滁州醉翁亭、浙江绍兴兰亭、湖南长沙爱晚亭等齐名。

图1　沧浪亭

　　沧浪亭为何有此显赫的声名？这还得从北宋诗人苏舜钦（子美）

说起。

北宋诗人苏舜钦官至集贤校理，在政治上倾向以杜衍、范仲淹为首的变法派，拥戴"庆历新政"。他不但诗文名满天下，而且力主改良、正直敢言。正如范仲淹在《奏上时务书》中所说的那样："巧言者，无犯而易进；直言者，有犯而难立。"宋庆历四年（1044），以御史中丞王拱辰为首的反对派，借故对有关人员进行劾治，范仲淹被罢去参知政事，离京任地方官，滕子京谪守巴陵，苏舜钦则被削职为民。闲居苏州后，遂萌江湖之思，以四万青钱，买下了五代吴越国王钱俶妻弟、中吴军节度使孙承祐的园墅约六十寻，在北部土山傍水处构亭名"沧浪"，其境清旷，前竹后水，水北又修竹望之无穷。苏常驾舟往游，并自号沧浪翁，作《沧浪亭记》，还写了《沧浪亭》诗："一径抱幽山，居然城市间。高轩面曲水，修竹慰愁颜。迹与豺狼远，心随鱼鸟闲。吾甘老此境，无暇事机关。"表达了诗人归居田园，悠然自得的情趣。当时欧阳修、梅圣俞等都作诗酬唱，沧浪亭之名大著。

南宋绍兴年间，沧浪亭为抗金名将韩世忠宅第，名韩园。苏舜钦遭诬被贬后，以四万青钱买园自适；韩世忠因怒斥秦桧而被贬，亦以山水自娱。诗人、名将先后同住沧浪亭，故沧浪亭曾用过这样一副对联："四万青钱，明月清风今有价；一双白璧，诗人名将古无俦。"

现存的沧浪亭石柱楹联："清风明月本无价；近水远山皆有情"为欧阳修与苏舜钦的集联，由晚清朴学大师俞樾手书。上联出自欧阳修的《沧浪亭》诗句"清风明月本无价，可惜只卖四万钱"；下联集自苏舜钦《过苏州》诗句"绿杨白鹭俱自得，近水远山皆有情"。楹联属对工稳，情景交融，讴歌了沧浪亭的美景，表达了作者对自然美的热爱。

沧浪亭建于北宋庆历五年（1045），初建于水际。元代为妙隐庵。明嘉靖二十五年（1546）结草庵僧文瑛"复建亭于荒烟残灭之余"。清康熙三十四年（1695）宋荦抚吴，"复构亭于土阜之巅"。道光七年（1827）巡抚梁章钜重修沧浪亭。咸丰十年（1860）太平天国苏福省争夺战中"园毁不可指识"。同治十二年（1873）布政使应宝时、巡抚张树声重建沧浪亭于假山巅。

1953 年 9 月园林整修委员会对沧浪亭园林进行大修。1954 年园林管理处接管沧浪亭园林，并于 1955 年春节正式开放游览。沧浪亭这座苏州古典园林中历经兴废的名亭，遂为广大游人所驻足游赏。

明代造园大师计成在《园冶》一书中说："轩楹高爽，窗户虚邻，纳千顷之汪洋,收四时之烂漫",这是园林建筑因虚而产生的审美价值。它能使空间延伸扩展,小中见大。"窗含西岭千秋雪,门泊东吴万里船。"透过一扇扇窗户,园内景物可与外界景物情景交融地取得种种"联系",从而突破有限而通向无限。

沧浪亭园林中的窗,多应用在轩、馆、廊壁墙垣之上,不只是为了通风、采光,同时还为了"纳景";不只是自身成景,还可使各种景物彼此"引""泄"、面面生意、处处有情,使游者目不暇接、悦目而动心。

游赏沧浪亭园林,人们会看到各式各样的窗,不同的窗洞组成不同的窗景。空窗构成清晰明丽的画面,而漏窗则若隐若现,极富含蓄之美。单就漏窗的花纹图案,沧浪亭园林就有一百多种,而且各个漏窗的图案无一雷同,主要有绦环、定胜、竹节、菱花、卍字、海棠、金钱、如意等。一般由直线、弧线、圆形等几何形状组成图案的称为漏窗,而塑成花鸟禽兽等自然形体的漏窗又称为花窗。在明道堂与翠玲珑之间的曲廊上,有一排十分生动逼真的花窗,塑有桃、石榴、荷花等园林植物,不但塑得比例合度、生动活泼,而且蕴含着清高和福寿等意义(图2)。

图2　沧浪亭的花窗

此外,在翠玲珑及看山楼南侧的界墙上,有一排并不透漏的漏窗,这种只具装饰作用,而不具备通风、采光、纳景等作用的窗,通常称为"盲窗"。与工人文化宫的界墙及界墙上的这一排盲窗,可能是1955年沧浪亭南部的苏公祠及南禅寺由工人文化宫隔建时形成的。然而在界墙上的这一排盲窗,从花纹图案到高矮、大小、疏密及与周围环境等均还贴切。

沧浪亭的廊迤逦高下,把山林池沼、亭堂轩馆等联成一体,既是理想的观赏路线,又是连接各主要风景点的纽带和导游线。沿廊漫步,不愁烈日当空，不怕淫雨连绵，随着廊的高下转折，一幅幅生动的画面便会自动地从不同的角度扑面而来，镶嵌在由廊柱、梁架和矮栏（或矮墙等）组成的"画框"上。

廊在古典园林中，有着广泛的应用。它式样繁多，各有其妙。《扬州画舫录》列举说："随势曲折，谓之游廊；愈折愈曲，谓之曲廊；不曲者，修廊；相向者，对廊；通往来者，走廊。"这些廊，沧浪亭似乎都有其"身影"。然而，最具创造性的当推沧浪亭的复廊。中国园林讲究借景，而沧浪亭透过复廊借景可称一绝。沧浪亭自身无水，门外却有一湾流水，于是造园家便在门东边的面水轩与观鱼处之间设了一道复廊，廊内粉壁上开了许多花纹图案各异的漏窗。游人透过漏窗，从园外即可略知园中景致，造成"未入园门，先得园景"之妙；若从园内向外眺望，则波光粼粼，又使旱园有了"水"意。

沧浪亭园林中一些不同的景点，由于沿墙采用了迤逦曲折的曲廊，不仅取得了协调统一的效果，而且消除了各景点围墙的封闭、滞呆，给丰美的亭、堂、楼、馆添加了高低起伏、凹凸虚隐的衬景，使隔院风光互相渗透，从而增加了"景深"，疏朗了"景界"。

作为园景联系纽带的游廊，还起着调节园林布局的疏密、幽敞的功能。在沧浪亭明道堂及其左右的闻妙香室、翠玲珑和清香馆之间，用曲折的廊连接，并在不大的面积内分隔出小巧的院落，使空间先由小入大，再由大入小，取得大小、疏密的对比，游人信步这咫尺距离，仿佛游历了漫长的通径（图3）。

图3　沧浪亭的廊

（原载于《苏州园林》1994 年第 1 期）

从苏州园林的造园立意读园名

文/沈亮

　　历史悠久的苏州古典园林，随着社会发展，逐渐形成了造园艺术与文学艺术相结合的写意山水园的艺术体系，特别是与诗词、书画（山水画）之间具有十分密切的关系。中国人对于诗画，讲究"以意为先""意犹帅也""贵先立意"，对于园林，古人将自己的"生活思想及传统文学和绘画所描写的意境融贯于园林的布局与造景中"（刘敦桢《中园古代建筑史》），以表现生活情趣、艺术观念和审美理想。所以，古典园林的造园命名总是具有某种立意的。众多的苏州园林无一雷同，其独特韵味很大程度上是与其命名立意有机关联的，正因为有了"意"，园中各部景物设置就有一个主题明确的艺术灵魂统帅，成为情意贯通风格和谐的艺术整体，其动态序列如行云流水，自然、流畅，抑、扬、顿、挫无一不恰到好处。

　　意在先，名在后。历史上遗留下来的苏州古典园林，大部分是古代知识分子为自己营建的，属于小型的私家宅第园林，中国士大夫的处世思想，基本上是受儒家学说熏陶和老庄思想濡染，在对待社会想象上一贯具有两重性，"达则兼济天下，穷则独善其身"。达，就是时代和社会赋予知识分子为社会和国家建功立业的机会和条件，此时儒家人生观的积极面——入世、进取，豪放占主导地位。穷，就是时代动乱，社会政治黑暗，仕途沉浮难测，人生如寄。这时，道家的消极避世思想占主导地位。而这两方面，其实是相互补充而协调的，"'身在江湖'而'心存魏阙'，也成为中国历代知识分子的常规心理以及其艺术意念"（李泽厚《美的历程》），在艺术欣赏领域形成一种"追求幽深荫远的林下风流"的审美情趣。园林艺术基本上围绕这一设计思想发展。但是，苏州园林的"本地特色"着重于建园立意在崇尚田园野致、追求自然风趣的同时，蕴含有较为强烈的避世退隐思想。细读苏州各园林的园名，即可感受造园立意的深刻底蕴。

先看拙政园，其名称已知取自晋人潘岳《闲居赋》"灌园鬻蔬……此亦拙者之为政也"之句，表现了园主王献臣罢职在野时一种很难叙说的心情，表达是很贴切的；如果再把它与陶渊明《归园田居》五首之一"开荒南野际，守拙归园田"两句诗也联系起来认识，似乎更能准确地去理解造园主志在遂里归初，趣在草木田园的情怀，从而更全面地深刻把握造园之"立意"。无独有偶，其东部由王心一构筑之园林，取名即为"归田园居"，不能不说是具有异曲同工的思维取向的。

沧浪亭建园年代较早，系北宋著名诗人苏舜钦流寓苏州时购置并题名。沧浪之名，源于《孟子》中的"沧浪歌"。"有孺子歌曰：'沧浪之水清兮，可以濯我缨；沧浪之水浊兮，可以濯我足。'"在《孟子》"沧浪歌"之后还有一段话，"孔子曰：'小子听之！清斯濯缨，浊斯濯足矣，自取之也。'"宋朱熹注释："言水之清浊有以自取之也。""自取"就是"自行选择"。水的清浊象征时代的清明与混乱：时代清明，选择出仕；时代混乱，选择隐居。出仕做官，要带官帽，便要洗官帽上的帽带。（"缨"：朱注"冠系"）苏舜钦受"群小侧目"而废退，自题的《沧浪亭记》云："古之才哲君子，有一失而至于死者，多矣，是未知所以自胜之道。予既废而获斯境，安于冲旷，不与众驱，因之复能乎内外得失之源……"因此，苏舜钦筑亭沧浪，以亭名园，并自号沧浪翁，很显然寄托了他决意避世隐居的情绪，这在他的诗中也屡有反映，如"迹与豺狼远，心随鱼鸟闲。吾甘老此境，无暇事机关"（《沧浪亭》）。他还自比屈原："二子逢时犹死饿，三闾遭逐便沉江。我今饱食高眠外，惟恨醇醪不满缸。"（《沧浪静吟》）

网师园的立意命名和造园思想简直同沧浪亭如出一辙。网师者，渔人也，即屈原诗中之渔父，且园中特设"濯缨水阁"，"濯缨"一词，显然取自"沧浪之水清兮，可以濯我缨"一语无疑（尽管心存块垒，当然不能也不敢大逆不道地直说"濯足"）。《苏州地名录》载："时称'渔隐'。"古人常把渔樵作为隐居山林江湖的比喻。彭启丰《网师园说》说："予妻弟鲁儒字宗元，筑园于沧浪亭之东，名曰网师园……方其以养亲归也，有隐居自晦之志……予尝泛舟五湖之滨，见彼之为网师者，终其身出没于风涛倾侧中而不知止，徒志在得鱼而已矣。乃如古三闾大夫之所遇者，又何其超然志远也。"钱大昕《网师园记》也认为："以网师自号，并颜其园，盖托于鱼隐之义。"可见，无论是当初修造网师园之人，还是以后沿袭而居于此园中之人，都不仅有置身自然之情，还有隐居自晦之志。以后李氏有园，曾名"苏邻小筑"，即指系沧浪亭之邻居，用意也十分明显。

苏州园林就是这样绝妙，一个园名可以读出纵横交错的历史人文典故。不妨再把视线沿着造园立意而展开，可以加深对园名的理解。三座园林的共同点是水景占了相当多的面积和空间景观。一泓清流，在意念中比作"江湖之思"，水代表了圣洁和清静，有遗形忘忧，怡情悦性之感，水又阻隔了尘世间的恶浊，和造园主愤世嫉俗的心态相通契。拙政园面积冲旷，其中水面占三分之二，相当一部分园景清空寥廓，给人以悠然疏朗之感。尽管今日之拙政园已非当初旧貌，但从文徵明《王氏拙政园记》中可见，拙政园初建时建筑不多，亦不高耸，且绝少雕镂，以似村里，园中设远香、飞虹、桃花沜等景观，给人以慕求农家恬乐自然野趣的观感，今园北部劝耕亭西面一带，遗痕仍依稀可见，有置身村野远郊的清新气氛。

苏舜钦建沧浪亭利用了旧有广陵王钱元璙颓败池馆，"构亭北碕，号沧浪焉"，其位置是"三面皆水"，竹为植物主景，而且是"无穷极"，房屋草木位于一泓清水环绕之间，进园先要过桥，产生"水绝阻隔"的意味。今天的园貌虽然和宋代已有很大的不同，但遗意尚存，水和竹仍是沧浪亭主景。20世纪50年代，登临沧浪亭，放眼眺望，尚能看到墙外农田碧畦，牧童短笛的田园风光，远处一抹黧黑的古城墙外炊烟袅袅，更远处西南诸峰斜阳云烟，直入眼底。可以说，苏子美不仅取了一个与水相关的园名，还使它成为一个"有我之景"。

而在网师园中，园林要素则处处与水为邻，真切地表达了"渔隐"的诗情画意，成功地表达了造园立意的指导思想。园中亭阁房屋平朴简实，有如村舍，绝无富贵气，所有景物都依水而设，或和水沾一点边，所有建筑甚至植物配置，都以水池为中心，表现出水的向心引领状态。即使如单独小院殿春簃，也以冷泉和主体水面相呼应，且东侧小门正对空旷的水空，使游人目不离水，身随波行，真实体现了以水为"魂"的布局设计。孔子认为"知者乐水"，世人常说"渔者乐水"，网师园就是一个主题明确、情景相谐的"网师"之园。

园林是一种空间艺术、组群艺术。总之，苏州古典园林都有一个园林立意的造园主题，起着控制园林全局景观的作用。各园的创作都在立意和置景之间既力求整体统一，情景交融，表现其共性，又刻意求取各自特色，得其所宜，展示其独特韵味。这大约是苏州古典园林取得很高艺术成就的一个重要原因吧！

（原载于《苏州园林》1994年第2期，有增删改动）

留园的建筑空间艺术

文/郭黛姮　张锦秋

留园在苏州诸园之中，以其规模之大著称，并以它独创一格的建筑艺术而享有盛名。它打破了围绕山池构筑的苏州园林惯用的布局形式，在山池区东侧别开生面地安排了层层相属的建筑群组，作为客厅和书斋区。从大门到书斋区，一路上的建筑空间变化无穷。以下仅就其建筑空间处理谈点体会。

一、大门—"古木交柯"

留园是建于住宅后的园林，当年园主经常从内宅入园。为接待宾客游园，不得不沿街设置大门，在两道高墙之间穿行而入。如何将这长五十多米的走道处理得自然多趣，实在是个难题。造园匠师以精湛的建筑技巧解决了这一难题（图1）。从建筑空间处理的角度分析，可将其成功的妙处归结为一个"变"字。在两侧为墙所限制的条件下，充分运用了空间大小、空间方向和空间明暗的变化等一系列对比手法，使游者兴趣盎然地走完这段路程（图2）。

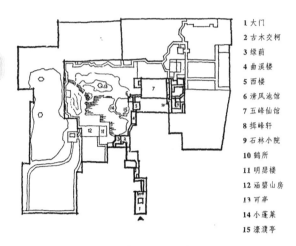

1 大门
2 古木交柯
3 绿荫
4 曲溪楼
5 西楼
6 清风池馆
7 五峰仙馆
8 揖峰轩
9 石林小院
10 鹤所
11 明瑟楼
12 涵碧山房
13 可亭
14 小蓬莱
15 濠濮亭

图 1　留园平面示意图　　　　　　　　　图 2　大门至"古木交柯"

　　一进大门，是个比较宽敞的前厅。从厅的右侧进入窄长的走道。经过二折以后，进入一个面向天井的敞厅。随后以一个半遮半敞的小空间结束了这段行程。由此来到"古木交柯"才算真正入园。空间大小的不断变化，"放""收"再"放""收"，就完全打破了过道的单调感觉〔图 3（1）〕。

　　从大门到"古木交柯"的通道，匠师们巧妙地顺势曲折，构成丰富多变的空间组合。由前厅进入南北向的廊子，继而转成东西向；接着又是南北的空间，在这小小的地方，廊子还抓紧机会折了一下；继而又由南北向的廊子临东墙延伸进入敞厅；由敞厅西北角进入南北向的小过道，然后到达"古木交柯"〔图 3（2）〕。

　　以上两种变化固然重要，但空间明暗的变化，对空间艺术气氛的渲染作用更大。一进大门的前厅由于功能要求（原来上下轿子的地方）面积较大，但夹于左右二宅高墙之间，无法采光。于是在厅中开天井，创造一种独特的入口形式。继续前行，在窄廊的两侧不断忽左忽右地出现透亮的露天小空间〔图 3（3）〕。尤以图 3（3）中 A、B 二处，处理得格外巧妙。A处实际只是一段简单的过道，但由于分出了两小块露天空间，一偏东南，一偏西北，这样就使空间富有生趣（图 4），为简洁朴素的建筑增添了光影的变化。B 处 90 厘米宽的天井更具有显著的装饰性。这样，利用咫尺露天空间形成空间的明暗变化，使沉闷的夹弄富有生气。

　　以上三种变化的结合将一条通道处理得意趣无穷。

苏州园林文化研究

136

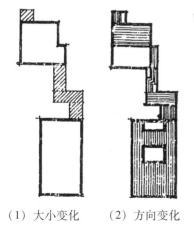

（1）大小变化　　　（2）方向变化　　　（3）明暗变化

图 3　三种变化示意　　　　　　　　图 4　A 处空间变化

二、"古木交柯"与"绿荫"

穿过重重通道进入"古木交柯"（图 5），由暗而明，由窄而阔，迎面漏窗一排，光影迷离，透过窗花，山容水态依稀可见。回头南顾，和风丽日溢于小庭，雪白的粉墙衬托着古树一株，朴拙苍劲。整个空间干净利落，疏朗淡雅。从西面两个八角形窗洞中，透出"绿荫"之外的山池庭院。由窗旁小门进入"绿荫"区，可见一更小的天井，这里点缀着巧石翠竹，显得幽雅闲适。穿过镂花木隔扇，即来到敞榭之中。近处与"明瑟楼"相傍，远处"可亭""小蓬莱""濠濮亭"一一在望。湖光山色尽收眼底。从"古木交柯"的入口到"绿荫"，虽然空间的绝对尺寸很小，层次却极丰富。这共约 140 平方米的建筑群犹如整个园林的序曲，引人入胜，恰如其分地点出主题。

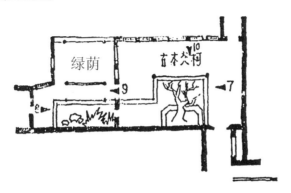

图 5　"古木交柯"与"绿荫"平面图

对这样一组建筑有以下几点要求：

其一，"古木交柯"与"绿荫"位于山池区的东南角，是由大门入园的交通枢纽。因此这里的空间应有明确的方向性：把游人引入"明瑟楼"与"涵碧山房"而渐次进入山水之间。因此在这三岔口上必须向游人指示出何去何从。

其二，由于它是园林游览路线的起点，按照我国传统的造园手法，应该避免开门见山一览无余，但又因到此之前，游人已经穿行了一长串较封闭的过渡性空间，这里不能再过分封闭，因此必须恰当地解决需要收敛又需要舒展的矛盾。

其三，从园林艺术角度要求，更重要的是意境的创造。在园林中，"入口"或是"交通枢纽"都不应该是纯功能性的，应把功能性融于意境的创造之中。

究竟在空间处理上运用了什么手法才满足这些要求？具体分析如下。

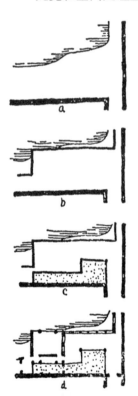

图6 "古木交柯"与"绿荫"的空间处理

首先，从平面布置来看，此处位于全园的东南墙角，在这里设立建筑作为交通枢纽（图6a），既要考虑地形条件（与水面的关系），又要强调西行的方向，因此把建筑轮廓定为东西向的矩形（图6b）。为了衬出山池景色的自然开阔，先在这里辟出尺度极小、人工气息较浓的天井（图6c）。随后添上一道隔墙和一道隔扇（图6d）。第一道隔墙划分了"古木交柯"与"绿荫"的界限。"古木交柯"成为"⌐"形的建筑与"⌐"形的天井互相"咬合"的有机整体，突破了一般矩形小天井的形式，使空间更为生动。

在天井中出现完整的檐角，也对丰富空间起了重要作用（图7）。"绿荫"与"古木交柯"并列，却采取了不同的手法。这里室内外空间都是简单的矩形，却特别强调空间尺度感的对比。本已很小的地方又加上一道隔扇，故意使天井变得更为幽僻小巧（图8），以便进入"绿荫"这个敞榭时显得格外开敞，所以说，"古木交柯"与"绿荫"平面布置的成功是由于室内外空间的"咬合"和隔墙、隔扇的"巧隔"。

图 7 "古木交柯"的天井与建筑处理

图 8 "绿荫"室内外空间处理

其次，从垂直面的处理来看，"古木交柯"的北面为了掩映园内景色，采用了一排漏窗，使山池不是暴露无遗，而是埋下伏笔。西面隔墙上开着两个八角形的洞窗，成功地利用了透漏手法把观众引向西行，进入"绿荫"只见朝北整面无墙，完全敞向山池。这三种墙面的处理手法是：掩映、透漏、敞空，就是这样，把游人由一个境界带入另一境界。此外，"古木交柯"天井的南墙本是住宅区的高墙，对于园林处理是极不利的因素。然而，这里却动用了最精练的手法：保留了原有的一株古树，傍墙围树筑起一座花台，在面对花台正中的墙上嵌入"古木交柯"四字。整个天井中无其他装饰，仅此一树、一台、一匾，形成了耐人寻味的画意。墙身虽高，白色的墙面却作为画底消失在"古木交柯"的意境之中（图9）。因为天井进深本来就小，站在廊中，如非特别注意，根本看不见墙头，但见一片虚白。因失去真实的尺度感，而不感到天井窄小。匠师在此运用最简练的手法，化有为无，化实为虚。

图9　"古木交柯"

三、曲溪楼—五峰仙馆

当游人出"绿荫"，登山涉水、饱览山池景色之后来到曲溪楼，欲往客厅、书斋时，尚有相当一段路程。这里恰好通过环环相扣的空间形成层层加深的气氛，作为从敞朗开阔的山水院到富丽豪华的客厅，并进而通往深邃幽雅的书斋的过渡。

从功能要求来看，只不过是一条通道。在这里，人们所看到的却不是一条普普通通的交通廊，而是接连不断错落变化的建筑组合。妙处是这段路与由大门至"古木交柯"一段同为交通道，采用了不同的变化方式。

所用之手法：把走廊分成几段，各段处理不同。其中，有的处理成完整的楼、馆建筑，有的则是过渡性空间，完全打破走廊的格局，形成环环紧扣的空间组合。

同时，一路上建筑布局时左时右地凹凸，建筑朝向也随之左右更替，形成富于变化的空间气氛（图10）。从曲溪楼到五峰仙馆是一带重楼飞檐、高低错落的建筑群。它既可掩住破坏园林气氛的东边住宅后墙，又不致使游人感到索然无味。曲溪楼室内长十余米，而进深仅三米左右，但入楼后并无穿行过道之感，因其在两端均有更窄小的空间与之形成对比。两端出入口又偏在西边，使室内空出停留回旋的余地（图11）；在西墙上开有素灰砖框的大敞窗，整个空间便朝向山池。

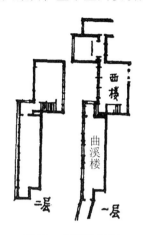

图 10　曲溪楼平面　　　　图 11　曲溪楼室内平面示意

　　自曲溪楼向右一转，即进入凸向东部内院的西楼。这里室内地面稍稍抬高，使空间微微压低，因而显得更随和亲切。由于它在五峰仙馆之侧，相当于厢房的地位，东立面所采用木菱花装修在尺度上和造型比例上都与五峰仙馆取得呼应。而西立面做成粉墙漏窗和飞檐翼角，则与曲溪楼相适应。西楼作为两种形式的统一体，处理得恰到好处。

　　自山池区望去外貌一致，而进入室内风格全异的曲溪楼与西楼之间如何过渡？匠师巧妙地解决了这个问题。即在两楼左右相错之间，安排了一个过渡的小空间（图12）。为了强调空间的转折，在这里作三道踏步，使游人从曲溪楼的西北角折90度才进入西楼。若直接相通就索然无味了。此外，还采用漏窗作为大空窗与密菱花窗之间的过渡。西楼一过，便是"清风池馆"，建筑以水榭形式向西敞开，眼前一片山池景色，与西楼则形成空间气氛的对比，建筑的朝向又更替了一次。这里的一道菱花隔扇既与西楼装修风格有所呼应，又使清风池馆背后闪出一条走道，避开了交通的干扰。而顺着这条走道向西楼内望去，提示了清风池馆的存在。它与北面的小过厅共同形成了五峰仙馆与西楼之间的连接体。它那素朴的造型反衬着西楼和五峰仙馆的精致、堂皇。

图 12　曲溪楼与西楼的过渡空间

141

造园艺术

最后通过简洁的小过厅进入五峰仙馆，更对比出客厅的富丽气派（图13）。五峰仙馆室内空间宏大，装修精丽（图14）。透过东端山墙上的菱花窗，隐现竹、石之后的揖峰轩院落（图15）。这个窗外宽2.5米，长6米的小天井，把庞大的园内主厅与安静闲适的书房院落连在一起，真是妙趣横生。从揖峰轩西望，借助小天井把不甚美观的大厅山墙也变成一景，这种手法真是煞费匠心。

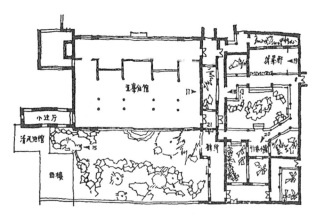

图13　五峰仙馆与揖峰轩平面

图14　五峰仙馆

图15　揖峰轩

四、揖峰轩

自五峰仙馆穿过短短一段曲折的暗廊，便见藤竹茂密、繁花覆地，一带曲廊回旋，真是另有一番天地。来到书斋，这座两间半小室，南面是一片精致的红木菱花门窗。一道隔扇把室内空间一分为二，那半间内更显得安宁。粉墙上深色的窗框将窗外的景物构成一幅幅竹石小品，可与板桥墨竹媲美。书斋对面石林小院隐于湖石之后，绕过东廊方见小亭，亭中石桌、鼓凳诱人小憩。坐在亭中环顾，但见三面粉墙的空窗中蕉影竹痕随风游动。透过绿丛可见月洞小门，门后仍然绿荫遮日。在这浓郁的绿色笼罩下真不知小院深深深几许。出亭，沿廊行，自然转到"鹤所"，只见西墙上是大片空窗，窗外五峰仙馆前院翠竹潇洒、湖石挺秀。东墙上则是细密菱花窗，截住了游人的视线。自"鹤所"左转又是一段开了大空窗的宽廊。由此外望，"石林小院"背后又别有天地。

揖峰轩作为书斋，以安静闲适、深邃无尽取胜，方适于文人墨客吟诗作画；揖峰轩从规划布置到建筑处理手法都适当地满足了这些要求。

"安静闲适、深邃无尽"的气氛与曲折变化的环境是密切相关的。虽然这块用地是方整的长方形，但为了构成所要求的境界，打破了一般的四合院形式，追求错落变化的建筑布局，于是布置书斋、小亭、"鹤所"三幢主要建筑，这个群组的总入口则作为联系三者的中心［图16（1）］。

该园对建筑、廊子、院落、天井的处理手法，可归纳为：

廊子曲折多变。整个群组中完整的建筑只有一斋、一亭、一所。廊子在其间占有极大的比重，它对形成多变的空间起着重大的作用。整个群组曲廊盘纡［图16（2）］，从五峰仙馆进入书斋这段路就须转折五次，书斋与对面小亭虽然只有六七米的距离，游人沿东墙的走廊走去，需要经过四次转折才能到达。从小亭去"鹤所"要走个"⌐"形，通过游廊曲折增加了空间的层次和深度。

小天井丰富多样。在这宽17米，长29米的区域内藏着八个小天井［图16（3）］。它们的形状有长、有方，各不相同，庭园布置的内容、风格也各不相同，有的是几块湖石、几棵秀竹，有的是石峰矗立、悬萝垂蔓，有的是芭蕉丛中白鹤闲踱。这些小天井并非供人在其中游玩，而是以"布景"的手法，供人在室内或廊内观赏。天井中的景物成为窗中的立体画幅，院墙成为画底，实墙的封闭感随之消失。这种室内外空间的结合，真是高明的空间处理艺术。

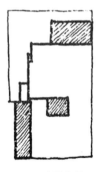 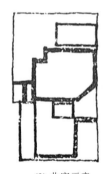 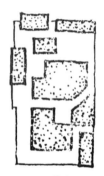

(1) 建筑布局　　　　(2) 曲廊示意　　　　(3) 天井布置

图 16

　　建筑处理形式多样。书斋是这一群组中的主建筑，因此，它虽然只有两间半，但仍处理得端庄而精巧。北墙上，那半间与另外两开间，以三个同样大小的红木花窗装饰着；南面的整片木棂花门窗，把这不甚完整的两间半统一了。"石林小院"的亭子本身很简单：重在与室外取得密切联系。小亭被包围在绿丛之中，蕉叶翠竹从窗洞伸入亭内，背后隐现层层院落，诱人探其究竟。"鹤所"则是粉墙、敞窗，透过一个个敞窗与外景形成幅幅立轴横卷，宛如一个自然的画廊。多样的建筑形式丰富了园林趣味。

　　在走完从大门到"揖峰轩"这段路程以后，不难看出，整个建筑群突出地反映了我国园林建筑的两个重要特点：尽变化之能事，重室内外之结合。在空间处理上，其成功之处在于以意境为线索，把各种变化有机地组成有规律的整体。

　　说它"以意境为线索"是指它的规划意图，在创造某种境界的地区采取适当的变化手法。如"古木交柯"与"绿荫"一组以揭示山池为主题，故而运用了"掩映—透漏—敞空"的变化。"揖峰轩"为创造安适、深邃的书斋气氛，而采用了回廊复折、小院层层的变化。

　　说它是"有韵律的整体"，因为从大门到"古木交柯"一路是小起伏、快频率的变化；在"古木交柯"及"绿荫"一带则舒展了一下；由"古木交柯"至"五峰仙馆"一段又都是小转折、小对比。"五峰仙馆"则是整个过程中的最强音；最后，在全园的东南角，以回旋曲折的小空间群组作为结束。就这样，虽然无处不变，但变化的大小、对比的强弱都是有机配合，成为有韵律的整体。

　　园林建筑另一重要特点，是室内外空间有着格外密切的关系，留园较集中地反映了这方面的传统经验。它不是把室内外空间的结合简单地处理为"打成一片"，而是根据不同意境的要求采取多种结合手法。面对山池时，欲得湖山真意，则取消整片墙面，完全敞向山池。在"揖峰轩"一区就采用了另一种结合方式。建筑各面对着不同的露天小空间，室内以窗框为画框，室外空间被作为立体画幅引入室内。这样，另有一种诗情画意，更适合于书斋的气氛。室内外空间的关系既可以是建筑围成庭院，如"五峰仙馆""西楼""鹤所"围成山石院，也可以是庭院包围建筑，如"石林小院"；既可像入园通道上那样，用尺许天井取得装饰性效果，也可像"古木交柯"那样，室内外空间融而为一。

［原载于《建筑史论文集（1）》清华大学出版社 1983 年版、《苏州园林》1995 年第 1 期］

造园艺术

顿开尘外想　拟入画中行
——对苏州文人写意山水园的几点认识

文/黄玮　周苏宁

　　我国古代著名园林理论家计成在《园冶》中把园林的佳境概括为"顿开尘外想，拟入画中行"。这实际上就是文人山水园的内涵。中国传统文化一向重视人与自然的和睦相处，强调自然对人的安愉、调节和认同，也就是所谓的"天人合一"。苏州园林与中国传统文化有着一脉相承的关系，从它的起始、完善到成熟，无不是中国传统文化的映照，充分体现了中国造园艺术的民族风格，特别是与中国传统山水画、古典诗词有着异曲同工之妙，在造园艺术上被称为"文人写意山水园林"。其要旨是，着重意境，追求自然含蓄，占地不多，水池不广，然千岩万壑，清流碧潭，皆宛然如画；在诗情画意、淡雅幽静的艺术天地中，讲究利用自然、顺应自然、再造自然，在一个不大的天地中，因洼疏池，沿阜垒山，模山范水，营造亭榭，种花植木，由此构成丰富多彩、幽美诱人的画面和景域，达到"虽由人作，宛自天开"的艺术天地。

　　（一）文人画是苏州园林形成和发展的艺术源泉

　　人们常用"诗情画意"来形容园林之美，这"画意"就是按照中国画的创作原则来构筑园林，刻意追求"画意"的艺术境界。中国画对苏州古典园林的形成、发展提供了重要的艺术源泉。魏晋南北朝时期，由于社会政治的剧烈变化，哲学和文化艺术领域出现了不同于以前的新的变化，出现了一批归隐山水的文化人，进而出现了以自然界为主要描绘对象的山水诗和山水画。

　　自唐代王维形成文人画表现形式，宋代苏东坡奠定文人画理论，至宋元成熟的文人写意山水画，这是中国传统文化中光辉灿烂的一页。文人画在其发展中，按地理地域、绘画体裁、风格师承、宗旨意趣等逐渐形成南北两宗。它们的审美理想和追求泾渭分明，北宗在黄河流域，画风画技工致严谨、富丽堂皇，多为供奉皇室的画院专业画师所作；南宗在长江流域，画家们追求潇洒简远、淡泊平和的自然意境，抒发性灵，表现自我，推崇稚拙、古朴的自然真趣和放逸清奇的文人情怀，多为在野文人士大夫的绘画，但逐渐成为中国画的主流。清代徐沁《明画录》云："南宗推王摩诘为祖，传而为张藻、荆、关、董源、巨然、李成、范宽、郭忠恕、米氏父子、元四大家。明则沈周、唐寅、文徵明辈，举凡以士气入雅者，皆归焉。"十分明显，中国写意山水画的大师多出于南宗，出自文人士大夫，而其领袖人物又多为苏州人，吴门画派风靡于世，苏州成为文人画的发祥地，这为苏州古典园林的创作提供了丰沃的文化土壤。

文人画进入明代已完全成熟，其最大的特点就是写意，不屑似自然的原貌，却能传自然之神，具有更强的艺术感染力。文人画还把诗、书、画融为一体，在画卷上署名、盖印、题诗、题跋等的运用，与画面有机结合，体现出清淡隽永的韵味，包含着隐逸情调的雅趣，反映了文人的气质、品性、境界。这种文人画的主流格调逐渐影响到苏州地区的造园活动，大到园林的布局、造景，小到匾额、楹联，都运用了文人画的艺术手法。造园者把他们对自然的感受，用写意的方法再现于园内，在园景中体现画境，几乎达到无处不入画、无景不藏诗的境地，气韵生动，妙神超逸。将绘画艺术手法运用于造园，被后人公认为苏州园林艺术的特点之一。

唐以后，苏州成为富商、官僚和文人雅士聚集之地，形成了一个独特的社会环境和文化氛围。富商巨贾、在位官僚或退隐仕人建造宅园时，无不追求泉石之乐的天然情趣，通过造园来企求摆脱礼教束缚，获致返璞归真的愿望和不合流俗的情思。他们把对自然风景的深刻理解和对自然美的高度鉴赏能力，以及对人生哲理的体验感怀融注于造园艺术之中，"诗情画意"成了无声的诗、立体的画，从园林的总体规划，直到细部处理，都寄托了文人士大夫的隐逸雅致和书卷气。计成在《园冶》中曾多次提及造园要追求"画意"："……合乔木参差山腰，蟠根嵌石，宛若画意"，把有"画意"的园林誉为"多方景胜，咫尺山林"。明清时期，"文人风格"一时成为品评园林艺术的最高标准，其影响甚至波及皇家园林和寺观园林。

从现存的园林中，可以清晰地看到文人画对园林的影响，从宏观上可以看到一条历史发展的轨迹：宋代造园以山林野趣为特征，与追求潇洒简淡的绘画理论一脉相承，着力为山水写真传神，代表作品为沧浪亭。元代造园以文人气息渗透为特征，文人参与造园设计，把绘画的移情寄兴手法带进造园之中，代表作有狮子林。明代造园以文人写意山水园林体系达到完美为特征，文人画与文人园的完美结合，形成了苏州古典园林特有的艺术风格，奠定了其在中国乃至世界造园史上的地位，代表作有拙政园、网师园、艺圃。清代中、晚期以文人与匠人结合的艺术化风格为特征，造园工艺臻于完美，代表作有留园、怡园、退思园等。

由此可以说，苏州园林的艺术精神来源十文人画，义人参与造园是促成苏州园林艺术达到高峰的最重要因素之一。

（二）士大夫隐逸思想是苏州园林艺术风格形成的内在精神

中国封建社会长达数千年，在政治黑暗、战乱不断等多重压力下，士大夫厌恶纷扰繁杂、钩心斗角的官场生涯和束缚身心自由的名教礼法，厌烦战争，逃避人间灾难和痛苦，摆脱各种尘网的羁绊，纷纷以风雅自居，玄谈玩世，躲到清静的山林中去。隐逸之士，自古有之。孔子虽具有强烈的入世精神，但也有隐遁思想，曾云："用之则行，舍之则藏。"一个"藏"字就包含了很深远的意思，即"道不行，乘桴浮于海"，就是要隐遁到遥远的地方。道家出世思想更浓，老庄哲学的"无为而治，崇尚自然"成为士大夫追求的最高境界。庄子憧憬太古"至德之世"，向往极为明白——"无何有之乡，广莫之野"。左思诗云："振衣千仞冈，濯足万里流。"陶潜在《归田园居》中云："少无适俗韵，性本爱丘山。"佛学的"空无"说，出家人飘然栖身于尘世之外的品性，与士大夫的旨趣十分投。到了魏晋南北朝时期，士大夫隐逸思想已发展相当成熟，士大夫们把寂静的山林和朴素的田野当作理想的栖隐之地，厌倦喧嚣纷扰的城市生活。寄情山水成为士大夫的思想基础和社会风尚。

士大夫隐逸的目的，是实现自己完善的人格。他们总是寄情于丘壑山水之间，创造一个相对独立的小天地，从而摆脱荣辱之场的争斗。建造园林便成为满足这一需要的主要手段和表现形式。在对园林中，士大夫不仅找到了独立人格的世尘之外的存身之地，更重要的意义在于士大夫的宇宙观和人性理论获得了高度融洽。他们通过造园林来滋养"天性"，在对园林的审美过程中，使心灵得到净化，使人性得以复归，达到"天人合一"这个宇宙之间无处不见、至精至微的和谐关系，即士大夫至高无上的人格理想。

但是，士大夫的隐逸思想与现世享受又是有矛盾的。特别是到了明清时期，士大夫既厌恶现世，又不愿割断世情，舍弃人间幸福，去做一个山野间的隐士，隐逸思想已与前人大相径庭。古人以栖于深山老林、村野田园为佳，明清时代，主张"市隐""吏隐"的多了起来。他们认为只要保持人格的独立、精神的超脱，"内无所营，外无所冀"，无往而不可隐，居市可隐，做官也可隐，"市朝无拘管，何处不渔蓑？"而且认为隐于市朝者尤其难得，故称"大隐"。苏州园林于明清空前兴盛的一个重要因素就是一批被贬、退职的官吏以隐逸的心态建造了一座座园林，他们或忘却功名，过着田园般的生活（如拙政园东部的"归田园居"、留园"活泼泼地"）；或隐居求志（如拙政园"小沧浪"、网师园"濯缨水阁"等）；或追求"林下清风无尘俗"的清雅文化生活（如耦园、艺圃、退思园等）。总之，这批名流雅士，通过造园把自己内心的精神绿洲物化，摆脱"红尘""名利"的奴役，获得精神享受的满足感，从而形成了苏州地区特殊的文化背景和园林群体。也正因如此，世界上较早的造园理论著作《园冶》和《长物志》等得以问世，进而反过来促进了造园活动的普及。这两部著作的问世，标志着苏州形成了完整的文人写意山水园林艺术体系。

　　还需着重一提的是士大夫隐逸的最高情怀是"天人合一"的哲学思想。士大夫的人生追求是返璞归真，回归自然。在构造园林时"天人合一"思想也成为最高标准，计成《园冶》把"虽由人作，宛自天开"作为园林规划设计的原则，一直被后人奉行。这也是老庄美学思想、价值取向的延续、继承和发扬。古代造园思想中的"天人合一"的观念，即以崇尚自然为宗旨，在尊重自然的前提下改造自然，创造人与自然和谐的园林形态。在苏州文人写意山水园林中，举目可见模山范水的美妙景致，可以说一山一水、一花一石的构建，无不寄寓和表现了士大夫的"天人合一"思想，无不把这一思想作为建造园林的基本标准，并在园林中淋漓尽致地表现出来。

　　从整体上看，一座园林就是一处理想的回归天地。现存最古老的园林沧浪亭，苏舜钦以"沧浪之水清兮，可以濯我缨；沧浪之水浊兮，可以濯我足"之意，点出了自己寄情此园的原因，就是要摆脱官场荣辱利害，在一个独立的小天地中实现自己的人格理想。明代名园艺圃，为明代学宪袁祖庚所建，后归文徵明曾孙文震孟。文震孟因受"阉党"迫害，隐居于此，以"避世""自尊""淡泊"为诣营山林野趣，有"隔断尘西市语哗，幽栖绝似野人家"的赞誉。清代名园耦园可谓两江总督沈秉成辞官之后夫妇双双归田隐居的生动写照，"枕波双隐"窗两侧的对联："耦园住佳耦，城曲筑诗城"，给后人留下了无限美好的田园诗意。拙政园、留园、网师园等园林的寓意更是家喻户晓。

从一石一勺、一草一木上看，也能处处感受到士大夫的人格特征和心灵振鸣。拙政园"绣绮亭"内悬额——"晓丹晚翠"，亭柱挂竹刻抱对一副："生平直且勤，处世和而厚"，把人生和山川日月巧妙地联璧一体。留园"远翠阁"下层名"自在处"，取宋陆游诗："高高下下天成景，密密疏疏自在花"，分明在借喻园主的自由自在。网师园"集虚斋"，取庄子"惟道集虚。虚者，心斋也"。表现了士人心中澄澈明朗的境界。这类寓意深远的景物可以说俯拾皆得。至于以松、竹、梅、荷、菊、山水、怪石等来作为自己人格的象征的景物更是为人熟知，不胜枚举。

（三）写意山水，立体诗画是苏州园林艺术的核心内容

如前所叙，苏州园林造园艺术主要受文人士大夫的山水诗画影响。魏晋时期的山水诗画已进入"畅神"的审美阶段，其宗旨是师法自然，重在写意。苏州园林在造园时自觉运用"写意"也滥觞于此，发展到明清时期已成为园林美学的中心内容。

人们常说苏州园林是写意山水、立体诗画，实际说的就是园林的意境。宗白华先生说，意境是"中国文化史上最中心最有世界贡献的一方面"。所谓"知者乐水，仁者乐山"，士大夫向往自然，追求自然，把自己融化在山水中，在与自然的理性适应状态中逐渐升华出飘然于物外之情，达到"物我两忘"的境地。这种意境，是在外形美之上更高一层的美学境界，有着非常丰厚含蓄的内涵，是中国特有的古典美学命题之一，也是衡量中国传统艺术品成功与否的尺度和准绳之一。这种意境植移到苏州园林中，也形成了典型的艺术门类。例如，泉石是缩小的山水，山水是扩大的泉石；一拳代山，一勺代水；室雅何须大，花香不在多；园外有园，景外有景；言不尽意，弦外有音；山令人静，水令人远，石令人古……无一不使人心旷神怡，浮想联翩，无一不渗透了苏州造园家的思想感情和审美观念，具体形象在他们心灵中的领悟，体现出他们独具的风格和个性。苏州园林在创作过程中，还着意把自然风光纳入建筑空间，把可居的建筑注入自然山水之中，既获得一个生意盎然的自然美境界，又能在自然美中设置若干挡风雨、避寒暑、食住憩的建筑物，从而达到与自然同生同息，可游可居，忘老、忘归、忘倦的境地。这种充分体现了我国传统的崇尚自然的精神寄托的社会形态特点，使苏州城内外出现了大批宅第园林、湖滨园

林、山庄园林。

意境的表现方式，其一，广泛运用文学修辞手法，如状写、寄情、言态、比喻、象征、寓意、点题等，"造园如作诗文"（钱咏语）。可以说苏州园林大处小处都是一本古书、一篇诗文："网师小筑"、"看松读画轩"（网师园）、"雪香云蔚"、"荷风四面亭"（拙政园）、"涵碧山房"、"汲古得修绠"（留园）、立雪堂、真趣亭（狮子林）以及各园林中的砖额、石刻，如曲溪、入胜、通幽、听香、读画……无不意境隽美。

其二，借助文学诗词等多种形象语言，使园林诗情画意更加浓郁。苏州园林中有种种虚景，如月影、花影、树影、云影、风声、雨声、水声、鸟声……都是在物我交融的欣赏中产生的。造园家为了让其他观赏者也能获得相同的意境，便借助文学诗词来构成虚实结合的情景，如"留得残荷听雨声""小楼一夜听春雨""疏影横斜水清浅，暗香浮动月黄昏""粉墙花影自重重，帘卷残荷水殿风""花间置酒清香发，争挽长条落香雪""山重水复疑无路，柳暗花明又一村""窗外鸢鱼活泼，床头经典交加""归舟何虑晚，日暮使樵风"，等等，可以说是通过这些诗词，让丰富的生活感受见于言表之外而让人们自去领会，即寄不尽之情于言表之外。

其三，运用其他艺术门类，如绘画、雕刻、音乐、建筑等，触类旁通，熔铸一体，使园林意境深达，表现出十分广泛的人生观和情趣，从而使观赏者从局部到整体、从小空间到大空间、从有限到无限，进而对整个人生、历史、宇宙产生一种富有哲理性的感受和领悟。

总而言之，苏州古典园林淳厚丰富的文化内涵，承载着中国传统文化的大量信息，匾额、楹联、书画、雕刻、碑石、家具陈设、各式摆件等都蕴含着中国古代哲理观念、文化意识和审美情趣，带有鲜明的时代印痕。现代研究者称苏州园林是融中国传统文化于一体的综合艺术，是历史文化艺术宝库，具有很高的艺术价值、科学价值和文物价值，是不可多得的人类优秀文化遗产。

（原载于《苏州园林》1998 年第 1 期）

贴水而筑的退思园

文/童仁

古运河畔，距苏州 18 千米的同里古镇是江南著名水乡。

同里古镇，历来文化发达，人文荟萃，加上历史上战争影响极少，众多的文物古迹得以保存，有宅第园林三十多处，退思园又是其中的集大成者。1982 年 3 月，古镇被列为江苏省重点文物保护单位。

退思园为清光绪年间安徽兵备道任兰生退职回乡后所建的私家园林。"退思"二字取义为"退则思过"之意。退思园占地仅九亩八分（约 6 533 平方米），因地形所限、更因自视清高的园主不愿露富，建筑格局突破常规，改纵向为横向。自西向东，左为宅、中为庭、右为园。

宅分内外。外宅有前后三进，门厅又称轿厅，花轿到此停下。茶厅为接待一般客人所用，正厅则在接待高贵客人或操办祭神祭祖典礼和婚丧喜事时用。

内宅建有南北两幢以主人之号命名的"畹芗楼"，为主人与家眷居用，楼与楼之间由双重走廊与之贯通，廊下东西各设楼梯，雨天不走水路，晴天又可遮阳，主仆又能分别上下。

中庭是住宅之尾声，园林之序幕，它是由左宅到右园的空间过渡。放眼庭中，樟叶如盖，玉兰飘香，清雅幽邃，有引人渐入佳境之妙。

整个中庭设计巧妙得体，功能分明，围绕"待客"两字置景。庭中最醒目的要算是那座旱船式建筑了。它似一艘停泊岸边的"到客船"，为好客的主人请来一批又一批佳客。宾客们来到这里，挥毫落纸，与主人享尽"以文会友"的乐趣。旁侧的"岁寒居"为岁暮风雪之时，主客围炉品茗论诗的场所。窗外的景色形成一幅天然的"岁寒三友图"，将主人的深情厚谊体现得淋漓尽致。如果远道而来的亲朋要盘桓多日，环境宜人，春意常驻的"坐春望月楼"可以让客人如归故里，尤其是在楼里的"揽胜阁"一处，可眺望隔墙园中的秀美景色，足不出户，满目风情。

中庭与主体花园之间有月洞门相通，进得园来，有"九曲回廊"将游人带向曲径通幽处。漫游其间，步移景换，使人俗意全消。园主人特意将"清风明月不须一钱买"镶嵌在廊间的窗格中，显示了园主人尽情享受自然风光的喜悦之情，也道出了这一园林宛若天成、富有自然情趣的特征。

"退思草堂"是全园的主景，它稳重、端庄、典雅，而且又很有气派，体现了主人的身份。站在堂前的贴水平台上，环顾四周，园中的各处景点围成一幅舒展旷远、浓淡相宜的山水画长卷。

"水芗榭"檐牙高啄，榭身悬挑水面，临波而建，是个极佳的观赏水景之地，在此俯视水中倒影，宛然如画。隔池相望，"眠云亭"高踞山巅，气象万千，山亭与水榭相对，古木藤萝映衬，成为全园的山水主景。

"闹红一舸"取名雅致，外观犹如一条画舫，半浸碧波中，妙在似船又非船，船头波荡鱼游，显得船也在微微漂荡，有此一景，平添了园中景观的几许动感。

"菰雨生凉"轩贴水而筑，中间置一面当年从异国觅来的大镜，镜中反映出又一个清波荡漾的花园，使人犹若置身于湖水坏抱之中，盛夏酷暑，在此剖瓜赏荷，顿觉烦暑全消。

踏上平卧水面的"三曲桥"，只见清波倒影，人似凌波而行。一曲"高山流水"越过水面传来，原来是这琴房内有人在效"莺莺操琴"，在这一波三折的"三曲桥"上你若听上三曲古音，将使您进入一种怎样的境界呢？

说到桥，园内还有一座堪称江南一绝的"天桥"，这在古典园林中不可多得。它横空出世，飞越山巅，将"菰雨生凉"轩与"辛台"连成一体。循山洞缠石径拾级而上，登临天桥，则使人豁然开朗，此桥前后贯通，八面来风，再热的夏天，也会使人精神一爽。

"天桥"近旁为"辛台"。辛者，辛苦之意也。它是古人读书求学之所。可以想象，当初这"辛台"的主人，虽然未必有"头悬梁，锥刺股"的苦状，也必然有"为觅一佳句，捋断三根须"的求索精神。

每当金桂飘香之时，"桂花厅"内馥郁芬芳，盈室绕阶，这正是来此品茗赏桂最佳时机，如能踏此"福地"转上一圈，其福无量。

退思园的主人任兰生具有较高的艺术情操，而它的设计者袁龙，则是一位长于诗词、擅书画、富藏书的名画家，所以退思园被经营得不俗不

造园艺术

凡，有诗情、富画意。居身其间，四时皆宜：春水荡漾，春景也；"菰雨生凉"，夏景也；"红枫金桂"，秋景也；"岁寒三友"，冬景也。园内四艺皆有：琴房，琴也；"眠云亭"，棋也；辛台，书也；"揽胜阁"，画也。退思园内，亭、台、楼、阁、廊、舫、桥、榭、厅、堂、房、轩，一应齐全，四时景色，如诗如画，堪称是苏州古典园林中的一件精品（图1）。

图1　退思园今貌

（原载于《苏州园林》1998 年第 1 期）

多方景胜　咫尺山林
——苏州古典园林的叠山艺术

文/金年满

古人云:"园林之胜,唯是山与水二物"(邹迪光《愚公谷乘》)。山水是园林的骨架。苏州园林中的山通称为假山,由堆土叠石造成,分土山、土石山和石山三种。这些自然界的土石按照园林艺术的要求组合,进行再创造,成为构成园林的基本要素。

中国园林的叠山艺术史,童寯在《江南园林志》中做了个大概的勾勒。据童老研究,"叠石为假山,志乘可考者,亦始自汉"。苏州私家园林叠石造山的历史,见于记载较早的是在南朝《宋书·隐逸传》,戴颙从家乡桐庐迁来苏州,"吴下士人共为筑室,聚石引水,植林开涧,少时繁密,有若自然"。由此可见,两晋南北朝,士人爱好奇石,居住环境推崇自然野趣,已成为风习。再由此可推测,在苏州私家园林中叠石造山的历史应早于南朝,至于当推移至何年,史料尚待钩沉。

叠石造山经过历代艺术家的不断实践,不断总结,成为表现苏州古典园林的重要艺术手段,到明清两代不仅有著作传世,还出现了一个名家高手的群体,其假山作品"组合形象富于变化有较高的创造性,是世界上其他国家的园林所罕见的"(刘敦桢《苏州古典园林》)。叶圣陶先生说:"假山的堆叠,可以说是一项艺术,而不仅是技术。或者是重峦叠嶂,或者是几座小山配合着竹子花木,全在乎设计者和匠师们生平多阅历,胸中有丘壑。"本文就苏州现存的假山及目前掌握的资料,对元明清三代苏州假山的历史做个梳理。

一、狮子林的假山

狮子林的假山（图1）堆于元末，其中有些湖石则为宋代遗物。据童老《江南园林志》："元末僧维则叠石吴中""历兵火而犹存""迄今为大规模假山之仅存者"。假山的修整见于记载的有清末吴县胥口世代叠石者，名龚锦如（陈从周《园史偶拾》）。

图1　狮子林的假山

狮子林石洞皆界以条石，壁虽玲珑，其顶则平，受到戈裕良的议论，这是理所当然的，因为戈裕良创造了"钩带大小石如造环桥法"。但是，狮子林的假山毕竟不失其艺术价值。童老对狮子林的假山倒是倍加击赏，认为假山"盘环曲折，登降不遑，丘壑婉转，迷似回文"。他把狮子林假山比作六朝北魏的景阳山，"斯园主体，全在叠山，堆凿鬼工，湖石奇绝，盘踞蜿蜒，占全园之半"。至于对戈裕良的批评，童老则认为"是条石覆洞，至明末仍为准绳"。我以为，这是历史地看问题的公允态度。

狮子林整个假山，全部用湖石叠成，外表看去非常雄浑，内部却玲珑剔透，处处空灵；巨大的石峰，都在洞的上面，石峰里还生长着百年大树。石峰玲珑透瘦，有"含辉""吐月""玄玉""昂霄"等古代名峰，

"狮子峰"为诸峰之主。假山上的石洞,窈窕曲折,上上下下,高下盘旋,连绵不断。进了山洞,看去似不远,但是盘旋往复,可望而不可即,必须顺着山路走,才能走出来;否则宛如进入了迷宫,转来转去,结果还是转到原来的地方。而且各洞都具有不同的景象,有"桃源十八景"之称。狮子林的假山毕竟有它时代的艺术特征,有它的历史价值和艺术价值。

二、张南阳与耦园的黄石假山

张南阳生于明正德十二年(1517)前,卒于1597年以后。父亲是画家,他从小对绘画就下功夫,后来,用画理来试叠假山,随地赋形,做到千变万化。据记载,他运用无数大小不同的黄石,组合成一个浑成的整体,见石不露土,磅礴郁结,具有真山水的气势,虽只片段,但颇给人以万山重叠的观感。

耦园的黄石假山(图2),据刘敦桢研究,"和明嘉靖年间张南阳所叠上海豫园黄石假山几无差别",是"可贵的历史文物之一"。刘敦桢先生做了这样的描述:"平台之东,山势增高,转为绝壁,直削而下临于水池,绝壁东南角设蹬道,依势降及池边,此处叠石气势雄伟峭拔,是全山最精彩部分。……绝壁东临水池,此处水面开阔,假山体量与池面宽度配合适当,空间相称,自山水间或池东小亭隔岸远眺,山势陡峭挺拔,体形浑

图2 耦园的黄石假山

厚。……几株树木斜出绝壁之外，与壁缝所长悬葛垂萝相配，增添了山林的自然风味。此山不论绝壁、蹬道、峡谷、叠石，手法自然逼真，石块大小相间，有凹有凸，横直斜互相错综，而以横势为主，犹如黄石自然剥裂的纹理。"耦园的假山雄伟、峭拔，塑造了峻峰高耸，深潭临下的景观，获得了高远山水的意境。

三、周秉忠和东园（留园）假山与洽隐园
（惠荫园）假山

周秉忠，字时臣，号丹泉，从事叠山、烧瓷等艺术活动的时间，大致在明隆庆、万历间（1567—1619），为徐泰时造东园假山是在明万历二十一年至二十三年间（1593—1595）。有些作品是由他和他儿子周廷策合作的，周廷策是职业叠山名家。

据明代《袁中郎游记》说，东园的"石屏为周生时臣所堆，高三丈，阔可二十丈，玲珑峭削，如一幅山水横披画，了无断续痕迹"。又据江进之《后乐堂记》说："里之巧人周丹泉，为累怪石作普陀、天台诸峰峦状。石上植红梅数十株，或穿石出，或倚石立，岩树相得，势若拱遇……"这段记载说明今日留园中部及西部的假山，尚存当日规模，又据陈从周教授考证，今留园中部池北、池西的假山下部的黄石假山，系周秉忠叠。

又据《吴县志》所载韩是升《小林屋记》：小林屋里的"台榭池石皆周丹泉布画。"小林屋即今日的洽隐园（惠荫园），这座假山是周秉忠仿洞庭西山的林屋洞所叠。洞口狭窄，洞内极为深邃。内有跌水假山，玲珑剔透。穹顶悬挂钟乳石，沿洞壁筑栈道，迂回一周，经另一洞口伛偻而出，出口竟在进口附近。这座水假山，为国内孤例。

四、张南垣、张陶庵与吴县东山席本祯的东园

张南垣（涟）（1587—1671）早年随董其昌学习书画，张陶庵是张南垣的次子（？—1689），一生跟随父亲学艺。王士祯《居易录》卷三和戴名世的《南山集》卷七都载有张氏父子叠山从艺的活动，说他们"以意创为假山，以营丘、北苑、大痴、黄鹤画法为之，峰峦湔濑，曲折平远，经营惨淡，巧夺画工"。吴定璋汇录《七十二峰足征集》卷十所收陆燕喆所撰《张陶庵传》中，则较详细记载了张氏父子在吴县东山席本祯家堆叠假山的事：

"南垣治其高而大者，陶庵治其卑而小者。其高而大者，若公孙大娘之舞剑也，若老杜之诗，磅礴淴漓而拔起千寻也；其卑而小者，若王摩诘之辋川，若裴晋公之午桥庄，若韩平原之竹篱茅舍也。其高者与卑者，大者与小者，或面或背，或行或止，或飞或舞，若天台、峨眉、山阴、武夷。"父子两人互相配合，以平淡胜高峻，以卑小衬宏大，相得益彰。张氏父子所叠的假山讲究总体手法，反对专以奇石取胜，常用土筑冈陇陂丘，其间点缀少量山石，似是截取大山之麓，富有山势不尽的意趣，形成了他们自己独特的风格。《张陶庵传》中说："人见之不问而知张氏之山也。"可惜的是，查询当地文物保管部门资料，东山席本祯园，山池都已夷平。

五、文震亨、陆俊卿与香草垞假山

文震亨（1585—1645）为文徵明曾孙，陆俊卿是当时技术高超的叠山匠师。从文震亨的诗《陆俊卿为余移秀野堂前小山》中可看出，秀野堂前的假山是由文设计而由陆堆叠的。按《吴县志》：秀野堂在香草垞，香草垞在苏州高师巷、文徵明的停云馆旧址对面。惜已不见踪迹。文震亨工书善画，精诗文，通音乐，能雕刻，善治印，于造园叠山又有精深的造诣和独到的见解。他的《长物志》给了叠山以特殊的地位："园林水石，最不可无。"他在叠山艺术上的一个突出成就是：打破陈规，不随众流，不用玲珑的太湖石，反以粗硕的尧峰石叠山。他认为假山做假成真，要给人以真山水的气势，不能堆叠得玲珑琐碎，"生成不取玲珑石，裁剪仍非琐碎山"，应着眼于布局经营，求其整体的山水意境。在香草垞建成后十年不到，王心一在归田园居中也用了尧峰石叠假山。

六、王心一、陈似云与归田园居假山

归田园居原在拙政园之东，现在归田园居旧址上重建东园。陈似云堆叠归田园居的假山，当在崇祯四年秋至崇祯八年冬之际（1631—1635），其时张南垣已经成名。据王心一《归田园居记》载，是他请了叠山"善手陈似云"花了三年时间，在他的指导下用白而细润的湖石和黄而带青的尧峰石，参照赵孟頫和黄公望的风范叠假山。王心一自称："性有邱山之癖，每遇佳山水处，俯仰徘徊，辄不忍去。凝眸久之，觉心间指下，生气勃勃，因于绘事，亦稍知理会。"王心一的造园原则是"质任自然""可池则池之""可山则山之""可屋则屋之",着实也可称得上是个造园叠山的专家。据《归田园居记》载,归田园居的山石叠了三年始成,蔚为大观,直到道光年间(1821—1850),王氏子孙尚居其中,但已日渐荒圮。今日园内湖石池岸、叠石山峰也不乏上乘之作,不知其中有否王、陈遗作,谁能指点沧桑?

七、计成与《园冶》

计成(1582—?),苏州吴江人,画家出身,晚年写成《园冶》。陈植誉为"一代艺术大师"。《园冶》以一节篇幅专论"掇山",一节专述"选石"。陈植认为掇山篇"尤为本书精髓所在"。选石"如与掇山理论结合运用,则峰、峦、岩、壑,毕陈几席,咫尺山林,纵目皆然"(《园冶·序》)。

计成认为,假山首先是假,但叠得好的假山看上去要比真山还"像"真山。叠假山要以真山为蓝本,要集中真山的典型特征,这就要求"胸中有丘壑"。他认为只有师法自然,才能开拓新的意境;他认为叠假山不必过分追求山石本身如何奇秀,而应从大处着眼,讲究全局的布局经营;布局要吸取绘画的手法,重在山麓山脚。"未山先麓,自然地势之嶙嶒;构土成冈,不在石形之巧拙。"在这一点上,计成与张南垣、李渔观点是一致的。李渔也赞赏土石山,认为以土代石之法,既减人工,又省物力,且便于种树,与石浑然一色,所谓混假山于真山之中(李渔《闲情偶寄》卷四《山石第五·大山》)。这应该说是叠山艺术手法在这一段时间的总结。

八、戈裕良和苏州环秀山庄假山、常熟燕园假山

戈裕良(1764—1830),本是画家,后以造园为业。环秀山庄现存假山据清钱泳《履园丛话》载,为戈裕良的作品,李印泉称之为"苏州三绝"之一,刘敦桢判定"就艺术水平言,苏州湖石假山当推此为第一"(《苏州古典园林》)。

刘先生作了描述,假山分主次两部分,主山在池东,次山在池西北。主山以土坡为起势,逶迤奔注西南,至池边断为悬崖峭壁。此山占地仅半亩,但峰峦、绝壁、洞壑、涧谷、山径、飞梁等山景要素俱全。山路盘曲,沿绝壁下栈道东行,至涧谷口转向西北,入石洞,洞内空间宽敞,有石桌石凳供小坐,出洞即西北向的涧谷。沿涧谷行,可见西北角的次山与

之呼应，令人如处真山中。转东北，经石室出山谷，盘旋拾级而上，渡飞梁，达西南峰巅，下观水池曲桥，如身处悬崖上。复沿山径折北下山，经"一潭秋水半房山"亭，抵达山麓，此时主山已尽，再经"补秋舫"后面山径到达西北角的次山，使人感到山势连绵不绝。

这座假山的山洞，采用穹隆顶或拱顶的结构方法处理，正印证了《履园丛话》中记载的戈裕良的造山手法："只将大小石钩带联络造环桥法"。他堆叠的湖石假山，不需要借助藤萝等攀缘植物的掩饰，望之如浑然天成。

又据《履园丛话》载，常熟燕园的"燕谷"假山也为戈裕良所作，黄石山东西横亘，有谷分山为东西两区，上有石梁飞渡，主峰下有洞，题名"燕谷"，有池水流入洞内，置点步石，曲折可通。山体凹凸多变，浑然天成，气势雄奇，与环秀山庄的湖石假山（图3）有异曲同工之妙。

图3　环秀山庄的湖石假山

环秀山庄假山用湖石叠成，深幽多变；而燕园假山以黄石掇成，显平淡天真。陈从周评道："前者繁而有序，深幽处见功力，如王蒙横幅；后者简而不薄，平淡处见蕴藉，似倪瓒小品"（《园林谈丛》），两者基于用石不同，因材而运技，形成了不同的丘壑与意境。

经过这一番爬梳，我们可看出苏州园林假山艺术发展变化的基本脉络。明嘉靖（1522—1566）、万历（1573—1619）年间，张南阳的叠山艺术卓然一家；周秉忠叠成东园的假山时已是张南阳晚年时期，其时张南垣还不满十岁；文震亨、陆俊卿从事叠山活动，时值天启年间（1621—1627），其时张南垣已经成名；其后计成的《园冶》问世（1631）；王心一、陈似云从艺活动与张南垣同时，也是在张南垣艺术成熟期内；戈裕良则在嘉庆、道光（1796—1850）间独树一帜。苏州叠山艺术的丰收期从明嘉靖一直延续到清康熙（1662—1722）。100 年以后，嘉庆、道光又出了一个杰出人才。这是明清时期叠山艺术异彩纷呈的一个艺术家群体。

这个艺术家群体以及他们的作品有如下几个特点：

（一）艺术素养极高，是他们推助叠山艺术臻于成熟

他们大多工书善画，精诗文，能雕塑，多才多艺，有的人品也极好，如张南垣为人机智、含蓄、幽默。他们把诗词、绘画、工艺美术等的艺术规律灵活运用在叠山创作中，"彼云林、南垣、笠翁、石涛诸氏，一拳一勺，化平面为立体，殆所谓知行合一者"（阚铎《园冶识语》），使书画艺术与叠山艺术互相交融渗透；他们把自己对于自然山水的怡悦之情灌注进假山，使叠山活动从技术操作上升为艺术创作。叠山艺术是与绘画、雕塑、工艺美术有着亲缘关系而又独立的一门造型艺术。

（二）他们在艺术发展的道路上，不拘成法，注重不断创新

他们在艺术创作中始终遵循"师法自然"这个艺术规律，很多与他们同时代的人都认为，他们成功之处在于他们"自有丘壑在胸，云烟满袖"。对于旧模成法，他们并不盲目照搬。张南阳叠山的特点是见石不露土，张南垣则有创新，据康熙二十四年（1685）《嘉兴县志》卷七《张南垣传》谓："旧以高架叠缀为工，不喜见土，涟（南垣）一变旧模，穿深复冈，因形布置，土石相间，颇得真趣。"张南垣、计成、李渔创造了"以土代石"之法，这是对张南阳的发展。土石山如苏州拙政园，驳岸、池湾、水口、涧滩和古树、花木等层次安排得体，透迤起伏的土石相间的假山颇有气势，显出清新高雅的格调。戈裕良则"不落常人窠臼"（《江苏乡土志》），他创造的"钩带大小石如造环桥法"，被童老誉为"叠山术之革命"。他全用屈曲奇石，叠出的洞壑与真的一样，创立了乾隆风格。他们传世的作品，其成功之处，主要表现在以下几个方面：在尺度处理上，总体山脉和悬崖绝壁是缩小了的实体，但涧谷、石洞等游人频繁途经的局部则给人以真实的尺度感；在细部处理上，洞壑之内成拱顶或穹隆顶，酷似喀斯特溶洞；在形体处理上，顺石材的纹理叠砌，形成大的体块，没有琐碎零乱的感觉。这样，纵观全山有真山气势，细观局部有自然的纹理和宜人的尺度。这样的叠山对于全园造成"虽由人作，宛自天开"的境界，无疑是最重要的。

他们不但注重技术创新，还注意发现新材料。文震亨不随众流，不取玲珑太湖石，不堆琐碎山，他就地发现了并不玲珑的尧峰石，然正因为不玲珑，文震亨用它叠出了深山大壑的真实意境。有一个人物，虽然不是叠山名家，但他的思想和行动对叠山艺术的发展有一定的影响，这个人就是汪琬（1624—1690），他极力反对那用重金到处搜购奇石的坏风气，"不知贵客缘何事，栲栳量金堆假山"（汪琬《尧峰文钞》卷八《赠叠山王君海》）。他以就地取材，用尧峰石堆叠朴拙的洞壑为乐事（注：栲栳，用竹篾或柳条编成的器具，容量大约几斗）。计成对于那种"慕闻虚名，钻求旧石"的坏风气也有鄙弃之意，他主张就地取材，因材施用。

（三）他们十分强调假山与园林整体环境的协调关系

李渔在《闲情偶寄》中对于园林叠山有一段精彩议论，他把叠山比作作文和绘画，他说："唐宋八大家之文，全以气魄胜人，不必句栉字篦，一望而知为名作。以其先有成局，而后修饰词华，故粗览细观，同一致也。"而"书画之理亦然"，"只览全幅规模，便足令人称许"，"何也? 气魄胜人而全体章法之不谬也"。他由此总结了叠山艺术的规律，无论大山小山，都必须先根据备好的石料、叠山的地点等，构思出一个总的章法结构，先有了全局而后才能动手；没有全局，做一段想一段是无法不破绽百出的。立意在先，全局在胸，各种门类的艺术规律是相通的。

王心一的独特之处在于，他利用不同色泽、纹理、形体的石头来堆叠表现不同意境的假山，与不同的建筑环境相协调。他认为，太湖石"玲珑细润，白质藓苔"，叠成的假山妍巧工细，宜放在厅堂廊榭等建筑的附近，以与建筑和谐相处；而尧峰石"黄而带青，质而近古"，叠成的假山古朴粗犷，则可用来塑造桃源涧、紫霞洞一类的景观（王心一《归田园居记》）。

计成在《园冶》中的《掇山》和《选石》篇中详细论述了园中何处宜用何种假山，何处假山与何种假山有何种艺术特点，如楼前叠山，宜叠得很高，稍远，厅前围墙内不一定叠起高高的三个山峰，如有造型优美的树木，就在其下点置若干玲珑石块，没有的话，就在墙内嵌筑壁岩，也会形成深远的意境，等等。"非其地而强为其地，非其山而强为其山，即百般精巧，终不相宜"，我想，这该是这一代人共同的心声。总之，他们已经意识到假山与环境条件之间的关系。

（原载于《苏州园林》1999 年第 3 期、第 4 期）

漏窗说

文/郭健

漏窗是一种满格的装饰性透空窗，是构成园林景观的一种建筑艺术处理工艺，俗称为花墙头、花墙洞、花窗。计成在《园冶》一书中把它称为"漏砖墙"或"漏明墙"，"凡有观眺处筑斯，似避外隐内之义"。

漏窗大多设置在园林内部的分隔墙面上，以长廊和半通透的庭院为多。透过漏窗，景区似隔非隔，似隐还现，光影迷离斑驳，可望而不可即，随着游人的脚步移动，景色也随之变化，平直的墙面有了它，便增添了无尽的生气和流动变幻感。

漏窗很少使用在外围墙上，以避免泄景。如果为增强围墙的局部观赏功能，则常在围墙的一侧作成漏窗模样，实际上并不透空，另一侧仍然是普通墙面。

苏州园林的漏窗图案变化多端，千姿百态，漏窗本身和由它构成的框景，如一幅幅立体图画，小中见大，引人入胜。特别令人感兴趣的是，在同一园林中，不会有雷同的漏窗出现。

漏窗花样繁多，最简易的漏窗是按民居原型，用瓦片叠置成鱼鳞、叠锭、连钱或用条砖叠置，计成认为很一般化，所以他在《园冶》中另外列举了16种式样（图1）。根据制作漏窗的材料不同，可以把漏窗分成砖瓦搭砌漏窗、砖细漏窗、堆塑漏窗、钢网水泥砂浆筑粉漏窗、细石碱浇捣漏窗、烧制漏窗等。其中砖瓦搭砌漏窗为传统做法，一般用望砖作为边框，窗芯选用板瓦、筒瓦、木片、竹筋（或铁片、铁条）等，各构件之间以麻丝纸筋灰浆黏结，使之成一体，其顶部设置过梁。因其强度不高，所需材料来源复杂，在现代已被逐渐淘汰；砖细漏窗则由砖细构件构成，其节点传统上以油灰为黏结材料，必要时或有可能适当以竹屑、木屑、钢丝等黏结各构件。因制作工艺复杂、成本太高，现在已很少使用；堆塑漏窗是以纸筋灰浆为主材塑成的漏窗，边框与搭设砌窗相似，中间的图案以铁丝等构成骨架，再以纸筋灰浆多层粉成，仅在特别显要的地方使用，现存极少；钢网水泥砂浆筑粉漏窗是当前常用的，以钢丝网、钢筋、水泥作主要骨架，然后对面层粉刷修饰，其外框混凝土为多，具有材料来源方便，图案变化不受材料制约，制成后比较牢固等优点；细石碱浇捣花窗的不足是图案单一，且芯的宽度不易掌握，在造园工程上不很适宜；烧制花窗用琉璃材料制作，是近代工艺，图案色彩都很单调，也不适宜于古典园林，仅在狮子林西侧山上的走廊上有少数几处。

图1　《园冶》中的漏窗图案（选）

　　漏窗多有一圈清水磨砖的边框，明式做法起两到三条线脚，形成的"子口"柔和幽雅。漏窗中部的窗芯弯曲变化繁多，形成了不同的图案，姿态繁复，有数百种，从大处区分，可以把图案分成硬景和软景二类。所谓硬景是指其窗芯线条都为直线，把整个花窗分成若干块有角的几何图形；而软景是指窗芯呈弯曲状，由此组成的图形无明显的转角。两者相比较，前者线条棱角分明，顺直挺拔；后者线条曲折迂回，体现了不同的观赏效果。构图可分为几何形体与自然形体两类，但往往也混合运用。几何图案多由直线、弧线、圆形等组成。全用直线的有定胜、六角景、菱花、书条、绦环、套方、冰裂等；全用弧线的有鱼鳞、钱纹、球纹、秋叶、海棠、葵花、如意、波纹等。以两种或两种以上线条构成的有寿字、夔纹、卍字海棠、六角穿梅等。自然形体取材范围较广，图案题材多取象征吉祥或风雅的动植物，属于花卉题材的有松、柏、牡丹、梅、竹、兰、菊、芭蕉、荷花等，属鸟兽的有狮、虎、云龙、凤凰、喜鹊、蝙蝠，以及松鹤图、柏鹿图等，物品题材有花瓶、聚宝盆、文房四宝和博古等，还有表现戏剧人物和故事、象形文字的图案。堆塑漏窗以软景为主，图案一般以吉祥物为主题。砖细漏窗硬景较多，有以直线条形成的，也有以大块砖细件雕刻而成的。

苏州古典园林中出色的漏窗景观不胜枚举，沧浪亭、拙政园、怡园都有长长的复廊，廊间以一个个的漏窗沟通，空灵异常。尤其是沧浪亭沿河墙上，一字排开，连绵不断，透过水光云影，让人感到园外的沧浪之水仿佛是园中之物，"借景"效果特别显著。

在留园"古木交柯"的北面墙上，精巧典雅的六个漏窗就将中部花园春的消息暗暗透出，但又扑朔迷离，露而不尽，吸引人们进一步身临其境，而这六个花窗本身也构成一道诱人的风景。

狮子林九狮峰后的"琴、棋、书、画"四幅漏窗，式样别致，做工精致，内容为大众喜闻乐见，带有浓郁的民俗风情，为园景平添了许多情趣。

漏窗的技术以前都由师傅口传身教，或借助简单的示意图来传承，佳作固多，失传的也不少。20世纪50年代，刘敦桢先生对苏州古典园林做了深入细致的调查，收集整理了很多漏窗图案，对其中的精品，还进行了详细的测绘，留下了宝贵的资料。目前，通过对苏州园林漏窗的普查，园林设计和工程部门已收集到各类图案400余例，借助现代化信息技术，编制成图案数据库，以使这种古老的建筑艺术发扬光大，放出它独特的异彩。

（原载于《苏州园林》2002年第1期）

栏杆与吴王靠

文/陆耀祖

栏杆是园林建筑中的辅助结构，但在古建筑中具有很重要的作用，计成在《园冶》一书中单独为它设立一卷，而没有简单地把它归入《装折》的栏目，可见计成对它的重视程度。"晚来更带龙池雨，半拂栏杆半入楼"（温庭筠《杨柳枝·金缕毵毵碧瓦沟》），栏杆在古人的咏叹诗词中占有很大的比重，凭栏远眺，望断天涯，寄托自己的感情，在中国古典诗句中俯拾皆是。各种各样花式繁多、做工精致的栏杆，以及它所含有的韵味，构成了园林和古建筑中一道美丽的景观。

栏杆是具有标志及围护双重功能的装修构件。《营造法原》说，栏杆常装于走廊两柱之间，以作藩屏，或装于地坪窗、和合窗之下，以代半墙。当栏杆用于廊柱部位时，是区分室内外的标志；栏杆用于室内时，是分隔建筑内部区域的标志。在特殊情况下，用于厅堂类建筑廊柱部位的栏杆还有着挡风避雨、安装窗扇的功能。

"石栏最古……木栏为雅"（文震亨《长物志》），目前在苏州园林中，除室外露天平台及石桥梁的栏杆使用石料外，一般建筑的栏杆都是木结构的，也有一部分是砖细结构的。在色彩上，与建筑本身的门窗、梁柱保持同一种色调，砖细的栏杆更是有自己的黛青本色，朴素大方，基本没有北方风格或皇家色彩的大红"朱栏"。所以说，"古"和"雅"是苏州园林中栏杆的基本特色。

栏杆大致可分为高、矮两种，前者统称为栏杆，后者习惯上称作半栏或矮栏。木结构的高栏一般有三道横档，一、二道横档之间距离较短，称夹堂，镶有花雕，二、三道横档上下距离较大，称总宕，也叫芯子，有各种图案。

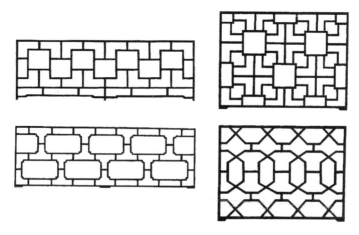

安装位置在厅堂类建筑廊柱部位的栏杆，室内地坪与天井大多相差在三步台阶高度（约45厘米），栏杆功能以护持行人，表示建筑室内外界线，并起到装饰两柱间的作用，高度一般在90—110厘米。如狮子林燕誉堂前东西两侧的栏杆，就是典型的一例。网师园殿春簃室内外地坪高度虽然差别不大，但堂前两侧的栏杆也是采取了这种形式。类似的还有耦园城曲草堂、狮子林卧云室。而安置楼层上的栏杆，则以围护和观景功能为主，如退思园跑马楼，就是以一圈栏杆组成了外围廊。

当栏杆捺槛面要装地坪窗时，栏杆则增加了对室内护围、挡风雨的功能，因此在栏杆的内侧（或外侧）增设雨遮板，以利于窗扇使用。留园揖峰轩和西楼上层都是这种形式。拙政园卅六鸳鸯馆北侧在栏杆外装落地长窗，栏杆内侧有可以脱卸的雨遮板，也是由其变化而来。

当栏杆安装在敞开式走廊时，因走廊与室内外地坪高差一般仅在15厘米以内，栏杆的围护功能要求不高，往往把栏杆做成半栏，既使廊体显得充实、多姿，又便于游人倚坐小憩。网师园小山丛桂轩、蹈和馆到樵风径，直至月到风来亭一带的走廊，都用砖细做成半栏，与网师园本身小巧玲珑、雅秀精致的艺术风格十分和谐。沧浪亭西北部及复廊一带的砖细短栏，显示出沧浪亭的苍古山林之气。再如拙政园西部水廊低贴水面的钓台两侧，也用砖细半栏装饰，小巧玲珑，为水廊增色不少。

栏杆由脚、挺、花吉子、芯子等部件组成，其中芯子式样较多，计成主张"以简为雅"，是非常有见地的。他在《园冶》中列举了100种图案式样，是该书中所举图例最丰富的项目（图1）。现在常见的为卍字、笔管式等，既美观大方，坚实牢固，制作起来又比较方便。

图1　《园冶》中的栏杆图案（选）

栏杆的安装为两端以抱柱形式与柱联结，一端做成榫，另一端以木插销固定，栏杆的顶部以捺槛压牢，一旦需要，整个栏杆都能拆卸。

栏杆中的一个特殊类型就是吴王靠，它是安装在半墙或坐槛上面形似椅子靠背的矮栏，供人们憩息时撑扶凭靠。吴王靠的来历据说是因其形状弯曲似鹅颈，开始时叫鹅项靠，后来因口头传播而谐音为吴王靠，古代仕女图上往往有美女凭靠倚坐，故而又名美人靠，还有名字叫鹅颈椅、飞来椅等。吴王靠常用于亭、榭、轩、阁等小型建筑的外围，视各建筑平面与周围景观的不同，用在建筑的一面或多面。

吴王靠构造形式与一般栏杆近似，高度在50厘米左右，长度视开间而定。由于吴王靠安装时向外倾斜，在两扇吴王靠的阳角转角相交部位各自形成一个大于直角的相交面，阴角则相反。吴王靠的芯子形式比较单一，常用的为竹节状或方芯浑圆。因吴王靠的断面形状呈不规则的圆弧，复杂的芯子如回纹、卍字等图案，技术要求较高，施工复杂度比一般栏杆要大，所以比较少见。

吴王靠的下端做出脚头榫，安装时插入半墙砖细面开好的孔洞中，靠的两端箍头上装有金属拉钩等配件，与木柱相扣，以使之安全、牢固、美观。

苏州园林中精美的吴王靠比比皆是，不胜枚举，在此就不一一举例赘述了。

（原载于《苏州园林》2002年第2期）

造园艺术

林间翠羽涵春情
——谈园林铺地

文/陈凤全　陈菁

园林铺地（图1），又称花街、花路、花径、花地，是园林建筑装饰的一个组成部分。在园林中，铺地和山、水、植物、建筑等相映生辉，共同构成了园林艺术的和谐统一。

图1　拙政园海棠春坞铺地

普通的砖瓦，各色卵石、碎石及人们废弃的缸碗等碎瓷片，经过历代匠师的智慧创造，造就了铺地技术，更创造了铺地艺术。以不同浓淡的色彩层次，巧妙地表现出铺地不同的质感和纹样，达到化腐朽为神奇的效果。这正如明代计成所说："端方中须寻曲折，到曲折处还定端方。""各式方圆，随宜铺砌。"花街铺地充满了变幻，充满了情趣。

据史料记载，我国早在战国时期就产有几何纹砖，秦咸阳宫有太阳纹铺地。至汉代时已采用卵石、方砖墁地。在东汉墓室里，有用长方形砖组成的席纹墁地，这可能和古人席地而坐的习惯有关，这时的铺地主要是从实用功能出发的。到魏晋、唐、宋时代，随着我国造园事业的发展，园林铺地也更加丰富多彩，铺地的图案造型多采用圆、圆点、曲线、斜线、三角形、小方、菱形等组成，线条流畅而富于变化。图案纹样多采用"素平""压地隐起""减地平钑"的雕刻手法，构图虚实疏密，刀法阴阳锐钝，配合巧妙，因此色彩浓淡浮沉，具有很好的浮雕艺术效果。至明清时期，造园艺术到达顶峰，铺地图案纹样已很少使用雕刻手法，多采用铺砌手法，讲究图案纹样与园林环境和谐协调，稳重而不显沉闷，鲜明而不落俗气。形式更为多样，色彩也更丰富，除具有形象美的特点外，还联系着社会的风尚，包含着民族的意识，把生动活泼的语言故事、吉祥话语都做成了精美讲究的"地毯"，成为江南园林的地方特色之一。正如明计成在《园冶》中所说："铺成蜀锦，层楼出步。""莲生袜底，步出个中来；翠拾林深，春从何处是？"

现存的苏州园林大多成于明清，其铺地图案纹样，内容丰富，形式之多达一百多种，大体可分为三个类型。其一多以砖砌，用水磨方砖铺设在厅堂轩榭等园内建筑之中，而走廊庭院内基本上用条砖仄砌，组成各种几何图案，构图简单朴素，由于条砖仄砌的方向不同，能产生柔和的光影效果，使原来单一的路面，变得既朴素又有变化，给人以宁静清洁的感觉。式样有人字、席纹、间方、连环锦纹、十字条、拐子锦、丹墀、斗纹等，因用材单一，构图简朴，称之为素面纹型。

其二是用各色卵石、碎石、碎缸片、碎瓷片，以及砖瓦片混合组成的纹样，因取材多样，颜色丰富，具有黄、粉红、棕褐、豆青、墨黑、乳白等色彩。由于图案精美，材质温润莹澈，又多做工俊秀细腻，以简单重复的韵律获得美感，并含有一定的意义，给人以华丽如锦、多姿多彩、活泼舒适的感受，笔者试称之为织锦纹型。由于这种图案纹样可以纵横无限延伸，故大多作为园内建筑与景点之间的道路铺设。其图案纹样有十字海棠、金钱海棠、芝花海棠、卍字海棠、八角橄榄景、冰穿梅花、六角冰裂纹、六角套方、卍不断、乱冰纹等（图2）。古书上称之为"文石青铺"，计成则说："乱青版石，斗冰裂纹，宜于山堂、水坡、台端、亭际""砌法似无拘格""湖石削铺，波纹汹涌"。这种图案在留园五峰仙馆南庭院内，及涵碧山房南还残留部分，据考证为明代遗物。

图2　留园海棠铺地

　　其三是用材极为广泛，除了砖瓦和各种卵石、碎石、缸片、瓷片外，还有各种色彩的炉矸石（古人在冶炼银、铜时产生的矿渣，在苏州城外冶坊浜、铜勺浜、十房庄一带河边滩地曾有遗存）、雨花石等。构图以传统题材或民间喜闻乐见的形象、口彩为主题。纹样更为图案化，形象生动且凹凸有致，从某种意义上称为地画也不为过。在各类题材的构图中，有的谐音，有的寓意，有的意会，有的联想。图案中往往把松、灵芝寓作长生不老，桃寓寿，蝠寓福，鹿寓禄，琴棋书画寓书香门第，暗八仙即指八仙各自手持的法宝，寓含避邪纳吉，又有与神同在、仙气来临之意。在铺砌这些图案时往往先以卵石或碎石打底，然后把这些吉祥图案镶嵌其中。仅举留园为例，能看到的图案就有平（瓶）升三级（戟）、必（笔）定如意、凤穿牡丹、连（莲）年有余（鱼）、福（仙鹤）禄（鹿）寿（灵芝）、五福捧寿、鹤鹿同春、刘海戏金蟾、暗八仙等。即使如一些单一的吉祥动物、花卉等图案，也有鹤（图3）、鹿、寿桃、莲花、中国结、三鱼、石榴、蜜蜂、蜻蜓、蝴蝶、葫芦、葵花、梅花、套钱等。

图 3 留园鹤形铺地（茹军 摄）

浏览园林中各种铺地纹样形式，有的简朴无华，有的璀璨似锦，有的妙趣横生。这些独特的园林小品艺术，技艺精湛，生动活泼，营造了鹿鸣山林、鹤舞翩翩的艺术效果，和周边环境和谐协调。但这些精美的装饰都是用廉价的材料铺砌而成，如砖瓦、卵石、碎石、碎缸片、碎瓷片及冶炼银、铜时所产生的红、蓝、青、紫炉矸石碎块等废料，经过匠师精心设计和铺砌，获得了理想的艺术效果，是废物利用和低材高用的典范。正如《园冶》中所说："废瓦片也有行时，当湖石削铺，波纹汹涌，破方砖可留大用，绕梅花磨斗，冰裂纷纭。"这是对铺地中化废为宝的生动写照。

（原载于《苏州园林》2002 年第 4 期）

人境壶天残粒园

文/孙剑荭

174

残粒园,乃苏州城内一座小之又小的园林。然入园却有"壶中见天地",能"揽须弥于一芥"。园名取唐杜甫"香稻啄余鹦鹉粒"句意为额。其有"壶天"之喻,可见园景优美,宛如仙境。《拾遗记》有"三壶",即为海中三山也。一曰方壶,则方丈也;二曰蓬壶,则蓬莱也;三曰瀛壶,则瀛洲也,形如壶器。"壶天"指的是此园的造园艺术,如同《后汉书·方术传》中所说的卖药老翁入其中便能见"玉堂严丽,旨酒甘肴盈衍"。此园为民国时期享誉画坛的"三吴一冯"中的"画笺高手"大画家吴待秋所创。

图1 残粒园园主吴待秋在园中①

吴待秋(图1),名徵,号栝苍亭长、褰鹋居士、鹭鸶湾人、疏林仲子,生于1878年,殁于1949年,终年72岁。浙江桐乡崇福镇人,55岁后定居苏州接驾桥"来鹭草堂"(今残粒园)。他早

---

① 衣学领. 苏州园林名胜旧影录 [M]. 上海:上海三联书店,2007:97.

年曾在上海商务印书馆美术部工作，与吴昌硕为至交，往来甚密，共磋技艺。

吴待秋书画并茂，尤擅花卉。他所画花卉，汲取赵之谦、李鳝诸家之长，其笔墨酣畅、画法工致、独具一格，且尤以画梅闻名于世，他的梅花笺谱，可谓精心代表之作。待秋先生取"扬州八怪"金冬心、罗两峰之法于自身的写生创作之中，落笔轻捷如神、挥洒自如秀逸，所写梅花正反姿态、跃然纸上、栩栩如生。他更擅长写"密梅""五色梅""赭梅"，用墨浓淡适度，干湿分明，给人以生动、细腻的美感。

笺谱，在我国的美术史上具有重要地位。

中国新文化运动的旗手——鲁迅先生，十分重视笺谱，曾遍搜名笺，并和郑振铎一起于1933年在北京刊行著名的《北平笺谱》一套六册。鲁迅亲自作序，他在序言中写道："纵非中国木刻史之丰碑，庶几小品艺术之旧苑；亦将为后之览古者所偶涉欤。""齐白石、吴待秋、陈半丁、王梦白诸君皆画笺高手。"

鲁迅称之为"小品艺术"的笺谱，被待秋先生巧妙地运用到了宅园的构筑中去，且出手不凡。他在仅140平方米的范围内，善用空间、精巧布置，把最大的境界融入最小的空间中。在一壶之中构筑了广阔天地，可谓达到了"妙高"境地。而大与小的哲学关系，早在两千多年前庄周的《逍遥游》第一篇就说道："覆杯水于坳堂之上，则芥为之舟，置杯焉则胶。"因此，唐人早就将"壶中"与"天地"联系在一起了。大诗人白居易在自己的宅园中筑一小池，虽为"盈盈水方积"，却有"岂无大江水，波浪连天白"之感。宋人更是将这种理念发挥到了极致，提出了"芥子纳须弥"。芥是小草，本已纤微，芥子即草籽，其小更远甚于壶；"须弥"是佛家用语，意谓"妙高"，原为古印度传说中世界的中心，后引申为天地万物，包括一切精妙高深的玄理，其所含内容之大，远非"天地"可以穷尽。明清两代文人已将这一玄理作为治园原则。然而古人是以其"超尘脱俗""胸次洒落""韵致清旷"的内在素养，结合遍览名山大川之经历，通过有限的空间去感受那无限的境界，即谓"壶中见天地"也，这都是从观赏园林的角度而言的。历代留存至今的"壶中天地"的园林已不多见，精品则更少。

作为"壶中见天地"的代表作，残粒园仅以拳石勺水构筑，由其宅后部"锦窠"砖额圆洞门而入，以玲珑石峰障景，自然巧妙地与园东墙角及池边诸石相呼应，极天然之趣。

池居园中央，一碧清浅，随石盘折，流为小池。湖石砌筑池岸、水穴、石矶、钓台，蕴有不尽之意。在小气候条件下，严寒季节，池面绿萍如春。池西北垣墙掇湖石假山，入山洞循石级盘旋而上，有半亭一角飞翘，端踞山岭，额取浙江栝苍山名，曰"栝苍亭"；置身亭中，可俯观全园景色。亭内有壁龛书橱，侧门西通花厅，以内宅楼层可通花园，在苏州园林中为仅见。园内曲径环池，蜿蜒起伏，榆树、桂花、蜡梅、薜荔等乔木藤萝绿被全园、生机盎然。花厅庭院有湖石叠成的小天池泉眼，泉水高出地面0.6米而终年不涸。有道是·水清则芳，山静则秀。此泉泉甘水清，可涤烦消忧，可静心悦性。园前，广玉兰一树翠盖，大可合抱，乃近百年之物。主人宅部，楹宇守朴，不腠不雕，得山居雅致，窗户启处，可引清风，几忘夏暑。《维摩经·不思议品》中曰："若菩萨住是解脱者，以须弥之高广，内芥子中，无所增减，须弥山王本相如故。"以小见大的残粒园则充分显示了这一玄理（图2）。

图2 残粒园新影

（原载于《苏州园林》2005年冬）

苏州古典园林中的家庭戏台

文/金年满

无锡薛福成（1838—1894）故居有一个相对封闭、独立的花园（图1）。花园总面积约360平方米，其中有戏台一座，面积约20平方米，传统规制，三面通透，藻井为八角覆斗形。台口高于地坪1.2米，挑出水面，距水面约2米。戏台配有后台夹厢。戏台对面为"吟风轩"，从台口到轩的檐口的直线距离为12米，轩的面积约50平方米，供主人、主宾观剧用。在轩的一侧有边厢两间，面积约15平方米，供同事、内眷观剧用。戏台与"吟风轩"、边厢由爬山回廊连接贯通。在花园正中，有不规则水池，面积约100平方米。池塘两侧各栽石榴、罗汉松一株（此类树木生长缓慢，长成后，也不会阻挡视线）。主宾观剧，都隔水相望。白昼，水波粼粼，能见浮光掠影；夜间，灯火辉煌，实是光怪陆离；"隔水听笛"又最能悦耳，真所谓是"得水佳趣"。

花园不大，仅有腰门一处，以便屏蔽外界干扰；戏台尺度宜人，最适用于家庭戏班演唱；观众席位又正合主宾的需要。这是一座典型的私家花园戏台，自清以来保存完善，是苏州古典园林中的珍品①，也是研究园林与戏曲之间关系的一个难得的实例。

---

① 注：薛福成故居花园戏台虽然不在苏州，但从规模形制、风格特征来说，属于苏州古典园林范畴。在这里，"苏州古典园林"是个艺术分类，不是地域概念。

造园艺术

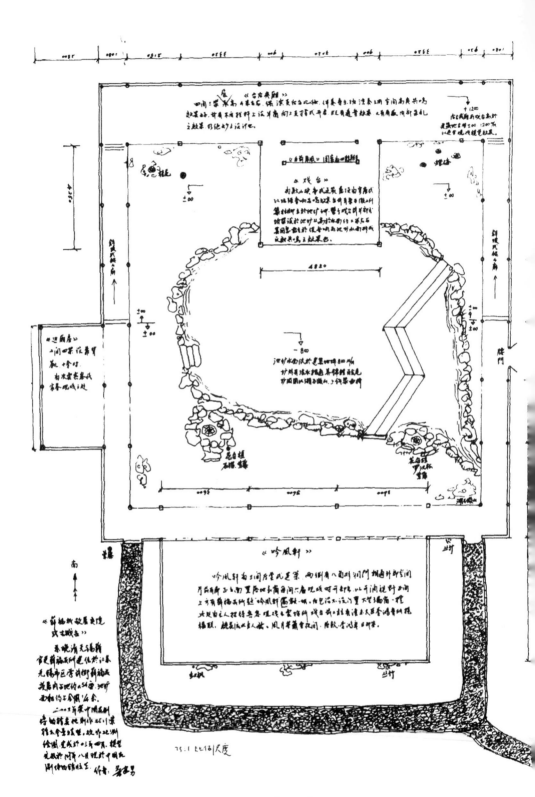

图 1　薛福成故居戏台平面图

昆曲演出经过从野外到室内的改革与创新后，最早的演唱形式是，在富贵人家的厅堂里铺上红色的毛毡地毯，作为演出的空间，这就是所谓"红氍毹"。《金瓶梅词话》第63回的插图为我们提供了证据。随着戏曲艺术的成熟，"家庭戏班"兴盛起来。据《苏州市志》记载，李渔（1611—1680）寓居苏州百花巷时，就养有戏班。申时行（1535—1614）的家庭戏班在吴中梨园中独冠其首。范允临（1558—1641）爱好园林，弃官在天平山筑"范园"，他又爱好昆曲，扬州的汪季玄便把自己蓄养的戏班送给他。家庭戏班在明中叶走向鼎盛。昆曲以其婉丽柔美，深得贵族、文人士大夫喜爱，一直到清初，上自王公大臣，下至地方官吏，以及富商大户，地主豪绅都争相置备家庭戏班，有的甚至养有数个戏班。家庭中既已蓄养了私家戏班，主人便不会满足于看红地毯上的演出，这样，就促成了家庭戏台的兴起，豪门深宅的花园里，便出现了专供家庭戏班演出用的"厅堂戏台"和"花园戏台"。"私家园林"与"家庭戏班"便是明清之际王公贵族和文人士子的两个奢侈的雅好，"两美兼备"是他们醉心的向往。清代赵翼用诗句概括了这种文化现象："园林成后教歌舞，子弟两班工按谱。"（《青山庄歌》）

据《苏州戏曲志》（1998年第一版）载，清代潘麟兆卫道观前住宅有戏厅"稼穑堂"，清代顾文彬尚书里住宅有戏厅一座，木渎遂初园"补闲堂"曾演过昆剧《白兔记·麻地》，苏州拙政园东部住宅有"看楼戏台"（看戏的席位有楼座）、"花厅戏台"各一座。戏厅、戏台都已具备，大户人家便在婚嫁、中举、庆寿、弥月等喜庆宴请中，由家庭戏班演出或者招延艺人到家演出，以娱宾助兴，因而昆曲堂会戏中便有了"结婚戏""待新贵戏""中举戏""弥月戏""做寿戏"等固定程式的戏目。由此，我们可以看到，园林中的戏台，是一种娱乐的文化形制。在自家的园林中，看自家的戏班，在自家的戏台上演出，是园主精神文化生活中极其重要的一部分。园林戏台成为园主炫耀经济实力、文化品位的一种建筑形象。"私家戏台"与"私家园林"乃是相伴共生之物。

在江南地区，现在保存完好的园林戏台只有无锡薛福成故居的一座。扬州何园虽然也有一座，但专家认为，那不过是可供演出的亭子而已，除此以外，就不多见了（王府戏台不在本文所述范围）。幸好，拙政园还保留着一个专供昆曲演唱的卅六鸳鸯馆和十八曼陀罗花馆。清代富商张履谦文化修养极高，雅好书画、昆曲，特聘"曲圣"俞粟庐为西席，专门为他鉴定书画，为他儿孙传授拍曲。他在营筑补园时，专门为演唱昆曲建造了

180

这座戏厅：为了看戏方便，由住宅区经曲廊可直达戏厅，免经水路；为了满足演唱、看戏的需要，厅堂平面呈正方形，形体硕大，可在中间铺红地毯，四周宾客端坐；为了达到至美至善的音响效果，煞费苦心地把天花做成两对船篷轩和鹤颈轩，且连成满轩，整个厅堂的天花形成四个拱顶，效果就类似"覆斗顶"和"鸡笼顶"了。这还不够，厅堂的一部分还挑出水面，利用水面的反射来增强音响效果；为了让演员有化装和候传的地方，厅堂四隅各建了耳房一所，真可谓是别出心裁。这座厅堂，从园林学的角度来看，或许还有不足之处（刘敦桢批评它"体形硕大"）；但从演唱昆曲的角度来看，是无懈可击的。北京大学昆研班的温教授来到这里，看到这样优雅的环境，情不自禁地唱起了昆曲，竟引来了一批游客驻足倾听，一曲才罢，掌声四起。她说，取得这样好的效果，并不是她唱得好，而是因为这里的音响效果实在好。补园主人的后代、同济大学建筑学教授张岫云在这里听曲时，亲眼看到池水里的锦鲤鱼纷纷欢欣地跃出水面。她深情地说："该是那鱼儿也觉得昆曲好听呀！"

园林中的"厅堂戏台"，在留园"东山丝竹"院内，原本有一座（图2）。从留存的文档资料来看，这座戏厅也堪称范本，可惜毁于抗日战争时期。

图2 20世纪30年代初的留园戏台，是苏州园林第一座近代化的室内双层三面看楼戏台，抗日战争时期被焚毁（苏州市园林档案馆藏）

（原载于《苏州园林》2006年秋，有增删改动）

狮子林假山的价值研究

文/陈中

狮子林的假山以建造年代划分，可以区别为两个不同时期：主假山（旱假山）区、岛上假山（水假山）区、南部假山区（以上三区统称为主假山）历史久远，迄今已有600多年；西部假山（土山）、真趣亭旁假山片、黄石假山片（小赤壁），系1918年最后一位园主贝仁元扩建时所为。两个不同时期的假山，价值各有特色。主假山历史悠久且蕴含禅意，是中国早期洞壑式假山群的唯一遗存。其历史悠久，始建年代一说：狮子林始建于元代至正二年（1342）"天如禅师维则之门人为其师创造"，"林有竹万个，竹下多怪石，有状如狻猊者，故名师子林，且师得法于普应国师中峰本公，中峰倡道天目山之师子岩，又以识其授受之源也"。（《师子林纪胜集》，欧阳玄《师子林菩提正宗寺记》）

另一说：据元代著名画家朱德润所作《师子林图序》记载，元代泰定（1324—1328）中，朱德润（1294—1365）自京城回苏州，在狮子林与维则会晤，"因观其林木蔽翳，苍石巉立，所谓师子峰者突然乎其中"⋯⋯狮子林始建年代两种说法有出入，但并不矛盾，狮子林如此众多的假山，不可能一蹴而就。史料记载"其地本前代贵家别业"（《师子林纪胜集》，欧阳玄《师子林菩提正宗寺记》）。又传北宋徽宗在京城汴梁造大假山，派官员来江南选取太湖石，史称"花石纲"，湖石尚未运完，北宋灭亡。部分未北运的湖石，被搁置在一荒园里。（顾颉刚《苏州的历史和文化》）1342年，至正二年狮子林正式作为"寺院"应该是历史的定论，而园中假山堆叠的时间更早于"寺院开院"。

蕴含禅意：狮子林不同于一般的文人山水园，其假山群深含禅意，体现了狮子林创始人的宗教思想。元代著名画家朱德润《师子林图序》记载

造园艺术

其与维则的一段对话，表达了维则建园的思想，"因观其林木蔽翳，苍石巉立，所谓师子峰者突然乎其中，乃谂诸师曰：昔达摩传言，'法中龙象'《智度论》解曰：水行中龙力大，陆行中象力大。兹林曰师子，岂非以其威猛，可以慑伏群邪者乎？"师曰："非也。石形偶似，非假慑伏而为。若以威相，则文殊固有精进勇猛之喻矣。"仆又曰："昔人言作师子吼，得非以其声容可以破诸障乎？"师曰："非也。以声容则无此声容也。其有不言而喻者乎？"仆曰："不言而喻，余知之矣。不言而喻，其惟师乎？噫，世道纷嚣，不以形色，则不能慑诸敬信，而吾师以师子名其林者，姑以遏世纷而自得于不言者乎？矧师之真实，可以破诸妄，平淡可以消诸欲。若以静默不二，则虽有形有声，犹不能悟，况乎无声无形，而托诸狻猊，以警群动者乎？虽然，观于林者，虽师石异质，一念在师，石皆师也；一念在石，师亦石也。然不若师石两忘者乎？"师曰唯唯。维则借形似狮子的假山石峰，表达了面对"世道纷嚣"其禅意可以"破诸妄，平淡可以消诸欲"；以"无声无形"托诸"狻猊"以警世人。这就是维则建造狮子林的真实意图。洞壑式假山群历经沧桑，遗存至今。洞壑式假山群的史料自建园起，元、明、清代均有记载。元代维则《师子林即景十四首》称"人道我居城市里，我疑身在万山中"。元代张翥（号仲举）"诗题师子林简天如和尚"写道："老禅丛林伯，休居得名园，幽藏岩壑胜，……怪石洞庭来……劣若熊豹蹲，中有青狻猊。"元代宇文公谅（号子贞）赞狮子林"峰峦无限好"。

在"师子林三十韵"中描写狮子林"上士栖禅地，精蓝故有名。胜逾林屋洞，奇冠阖闾城。岌岌诸峰秀，青青万竹荣"。青州赵执信（1662—1744）号秋谷，晚号饴山老人，在"师子林赠主人张吁三"（即张士俊，清代康熙至乾隆初狮子林主人）文中写道"高亭擅一邱，怪石拥四面。……渐历有登践。区分涧壑成，径纡尺咫变，深洞转地中，飞梁出檐畔……"清代曹凯"师林八景——八洞"："冈峦互经亘，中有八洞天。嵌空势参错，洞洞相回旋。游人迷出入，浑疑武陵仙"。清咸丰七年（1857），苏州徐立方重刊《师子林纪胜集》，僧人祖观撰文作序"古来豪门富族辇金造园，非不名噪一时，不数传而鞠为茂草，师林片石五百余年，独存天壤者"。此文与狮子林建造时相隔515年。1918年，贝仁元购得狮子林；1925年，在其《重修师子林记》中称"园以山石著，故为吴中名胜之一。自有元至正以迄于今，中更两代，垂四百余祀，而诸峰如旧，丘壑依然，鲁殿灵光，若有呵护，师林之名所以不致湮没者，惟此而已"。19 世纪 30 年代，著名园林学家童寯先生在考察了当时江南园林的状况后，写就了《江南园林志》。书中写道："六朝叠石之艺，渐趋精巧。北魏张伦，造景阳山。《洛阳伽蓝记》，'伦造景阳山，有若自然。其中重岩复岭，欹峛相属，深溪洞壑，逦迤连接。……崎岖石路，似壅而通，峥嵘涧道，盘纡复直'。……景阳宛然今日吴中狮子林也。""元末僧维则叠石吴中，盘环曲折，登降不遑，丘壑婉转，迷似回文，迄今为大规模假山之仅存者，即狮子林也。"20 世纪 50 年代，贝氏家族将狮子林捐献给国家，假山部分略经修缮。

民国所建西部假山的艺术传承及创新。西部假山仅是民国时期为扩大狮子林面积而建造，从造园艺术角度看整体布局与原有狮子林假山（图 1）相互呼应；建于山上的双香仙馆、问梅阁、听涛亭与苏州明清时期的园林风格一脉相承；西部走廊贯通南北，使花园、祠堂、住宅紧密相连，再现了清乾隆中期的惯用造园手法。西部假山石包土堆叠成山，俗称土山，是民国时期最后一位园主贝仁元扩建时，疏浚水池挖泥沿墙堆成，面积约为 1 104 平方米。"土山分高低三层，山脚与山道两侧缀以太湖石，可防止雨水冲刷。远望时使人感觉其风格与大假山、小假山、岛山、南山遥遥相应。……西山的地势北高南低，北端有一个山洞，可由洞内上山或下山，中部有人造瀑布。南部石少土多，坡上植树栽竹，在此颇有'平冈小坂，陵阜陂陁，缀之以石，似处大山之麓，截溪断谷，私此数石为吾有也'之感。"（张橙华《狮子林》）西部假山及建于假山上的建筑物在布局、设计、堆叠的风格上继承了苏州园林传统的风格，特别是明清时期的苏州园林风格。但是，民国时期的造园者也有创新。问梅阁旁的人工瀑布建造时，在瀑布顶端高墙背后用钢筋混凝土建造了一个高约 1.5 米，长约 2 米，宽约 1 米的水箱，用人工将水箱水加满，打开水箱下端的塞子，水顺流而下形成瀑布。此种人工瀑布的建造艺术，在苏州古典园林建造史上未曾见过。人工瀑布的假山堆叠在近代假山作品中堪称一流。假山用石色泽一致，纹理走向自然天成，勾、挂、嵌堆叠手法细腻。从山涧顶端至湖面落差约 9.1 米，山涧平均宽度仅 3 米。山涧中形成五个梯级，当人工泉水从天而降时，湍急的水流，潺潺的水声，危岩似的山，两旁摇曳的绿树，自然界的五叠泉在这里重现。西部假山艺术价值在此处得到升华。狮子林古代遗存的洞壑式假山群已经成为世界文化遗产的一部分，中国仅存，世界绝无仅有。我们都有这样的共识吗？

图 1　狮子林假山

（原载于《苏州园林》2014 年第 2 期）

驶向东方的怡园画舫斋

文/詹永伟

　　舟船自古以来，就是重要的交通工具，水战中它是战船，体育竞技中它是龙舟，渔船则是渔民谋生的工具，发展到后来还具有游览的功能。在我国南方湖泊罗布、河流纵横地区，至今还有一些渔民以船为家，长期生活在水面之上。所以舟船在人民的生产、生活中占据着重要的地位。唐初名臣魏徵常以"水能载舟亦能覆舟"形象地用水比喻老百姓，用舟船比喻皇权，谏劝唐太宗要慎重处理和老百姓的关系，以保皇权，这将舟船与水的关系上升到富有哲理的高度了。人们对舟船是熟悉而有感情的。

　　我国古代人民对舟船的原型模拟，提炼出一种位于水边的建筑，称舫或者旱船。较有代表性的如皇家园林颐和园石舫——清晏舫，它全长 36 米，船体用巨大的石块雕琢而成。舫于 1860 年被英法联军烧毁后重建，现为西洋楼建筑式样，已不是原来的式样。此外，南京太平天国王府花园旱船、西安华清池九龙汤旱船，在四川的一些园林中也都可以看到旧时的遗物。苏州园林中船舫较多，有代表性的为拙政园香洲、怡园画舫斋（图 1）、狮子林石舫、退思园闹红一舸、柴园的舫。其基本形式与船相似，一般分为平台、前舱、中舱和后舱四个部分。也有例外的，如退思园因水池较小，舫只有平台、前舱和中舱三部分，舫形体小巧，和周围物景相协调。舫的前舱开敞，便于观景，中舱较低，两侧为通长的窗，是主要的休憩场所。后舱为两层，类似楼阁的形式，四面开窗，登高远眺别有一番情趣。舫大多船头一侧有小平桥和岸相连，犹如跳板。船体通常为石材，上部为木结构。舫虽然像船，却不能起航，所以又称为"不系舟"。舫，是园主们创造出的一种类似舟船的建筑，虽然位于面积较小的水中，划不了船，却能使人有置身于船中，荡漾于水上的感受。

图1　怡园画舫斋侧立面图（刘敦桢《苏州古典园林》）

著名园林文化学者、苏州大学曹林娣教授所著《静读园林》一书中对舫有了更深层面、精辟的论述。园林的舫"都竭力营造舫游野趣"，"同时，还会产生'舟楫青天近，林塘白日长'的浪漫情怀。"她还认为舟楫与文人的隐逸心态有关系。宋欧阳修《画舫斋记》云：予闻古之人，有逃世远去江湖之上，终身而不肯反者，其必有所乐也。

苏州园林园主多为文人，因此在园中建舫多和隐逸心态有关，柴园的主人虽是商人，园中对联却为"只看花开落，不问人是非"，流露出休闲的心态。既然要乘舟隐逸，泛舟江湖，中国人心目中的东方仙境就是最理想的去处，因此舫必须向东驶去。这样就不难理解上面所说的五艘舫都是舫头朝东了。已记不清何处的某小园的舫也是舫头朝东，这绝不是巧合，而是刻意为之。舫头不能朝西，那地方虽说是西方极乐世界，可人们还是不愿去啊！

但也有例外，以收藏大盂鼎、大克鼎等国宝而蜚声国内外的清末名人潘祖荫故居，位于南显子巷，其东路花园中的舫却是舫头朝南，和上面数艘舫的朝向不同。当年主人是怎么想的，后人就不知道了。但是坐北朝南是中国人布置建筑最好的方式，所以舫头朝南也是可以理解的。

舫在位置上还有一个特点——大多和走廊相接。这是否反映了园主心中虽然向往东方仙境，但仍然留恋人世间的家园和亲友，所以"缆绳"还没有解开，舫没有起航？

怡园画舫斋是典型的舫的形式，位于和中心水池、用湖石构筑高于水面的水洞分割的小溪中，舫东面、南面和北面局部环水，舫头面对湖石假山洞壑，周围绿树成荫，环境幽静，正如舫中匾额所题"碧涧之曲古松之阴"。怡园的舫为什么称"画舫斋"？过去有一种专供富人家在水面上荡漾游玩的船，船结构精致、装饰华丽，还绘有彩画等，这种船称为画舫。而怡园的舫装修精致，斋为书房之意，故名之。船头是平台，用石栏杆围护，有石质跳板和南岸连系。前舱略高于中舱，为歇山顶敞亭形式，前两柱间有花篮吊柱，柱角为枝叶形花纹挂落，雕镂精细。两侧柱间为坐槛吴王靠，可供坐憩。中舱两面坡硬山顶，为轩的形式，前用纱槅挂落构成门槛和前舱相通，后用八扇纱槅和后舱分割，纱槅上部为十六幅花卉图和赞咏怡园的诗文，中舱两侧为内衬木板的万字花纹栏杆，上为支摘窗和横风窗。后舱为两层重檐歇山顶楼阁形式，飞檐翼角，两侧下层为白粉墙，中阙八角形砖框景窗，虚实相间，树影摇曳。上层四周均为短窗，宜于观赏园内景色。

怡园画舫斋（图2）是三种不同形式的建筑组合成一个高低错落、富于变化、构图优美、轻盈秀丽、装修精致、模拟画舫的组合建筑，充分表现了苏州香山帮匠师富于想象的创造和技艺。

图2　20世纪90年代怡园画舫斋（苏州市园林档案馆藏）

（原载于《苏州园林》2014年第2期）

187

造园艺术

文园狮子林与苏州狮子林

文/李阳

编者按： 中国古典园林在清朝这一成熟期内出现了许多写仿江南名园的案例，其中乾隆皇帝就对苏州狮子林进行过两次仿建，分别是长春园里的狮子林和承德避暑山庄的文园狮子林。这种仿建活动，不仅将江南造园技艺带到了北方，也扩大了苏州园林在北方的影响力。就承德避暑山庄的文园狮子林，到底模仿了多少苏州狮子林呢？又在哪些方面有着创新与突破呢？参观过这些园林的朋友们，多少会产生一些疑问。本文摘编了有关文园狮子林与苏州狮子林比较研究成果中的重要观点，将两园的主要联系展现给读者。

自清康熙以来，江南园林造园思想已被广泛引入了皇家园林的造园实践活动。乾隆皇帝六次南巡，对江南园林赞赏有加，并命画师摹绘为粉本，携图以归，在皇家园林的造园运动中作为参考乃至范本。在此背景下，皇家园林中出现了众多成功模仿江南园林的案例，最著名的有清漪园中仿无锡寄畅园建的惠山园、圆明园中仿海宁陈氏园建的安澜园、长春园内仿江宁瞻园建的如园等。而以假山著称的苏州狮子林在长春园中被仿建后，又在承德避暑山庄中被再次仿建，这种名园屡次被仿建的现象在中国古典园林史中是极为少见的。

文园狮子林是避暑山庄的园中园，建于清乾隆三十九年（1774）。苏州狮子林始建于元代，是以假山著称的历史名园，发展到乾隆二十七年（1762）时为黄氏涉园，经考证，该期间的黄氏涉园为文园狮子林的仿建对象。文园狮子林的仿建，不仅模仿母本苏州黄氏涉园之空间布局及造园要素，也借鉴了长春园狮子林的布局以及造园经验，弥补了长春园狮子林造园上的不足，又结合自身特点，建造时多有创新，在造园艺术上有自己的独创性。

仿建园林都有与原型相似的造园要素、主题、意境等，不管是哪一方面的相似，最终目的都是通过这些客观的手法带给游览者似曾相识的景观感受。这就是中国古典园林突出对人主观感受的营造，而不同于西方园林对于客观事物相似的强调。

一、文心画境的模仿——精神境界的追求

乾隆皇帝数次临幸狮子林，后于北京仿建两次，可见对狮子林钟爱有加，这种钟爱并不能简单地归结在狮子林精湛的造园艺术上，还应归结于带给他对狮子林的第一感受的倪瓒《狮子林图》。

乾隆皇帝自诩"十全老人"，自视颇高的他认为帝王除了作为一国政治、军事、经济上的领导者，还应当是天下文人的精神领袖。他自小接受汉文化教育，对文人雅士多有了解和喜爱，尤其是对其中翘首的倪瓒，作为一国之君的乾隆为表示他的文人情怀，甚至有以倪瓒自比的意思。文园狮子林内清閟阁的名称，木就是倪瓒居所的书房，另一处云林石室也冠以倪瓒的名号，都体现出乾隆对倪瓒及其文人情怀的钟爱。

倪瓒的文人情怀和对自然山水的向往的现实载体是苏州狮子林，即为当时的涉园。仿园建造之始就极为强调对《狮子林图》画境的追求，借景托情，还原精神上的共鸣。所以从文园狮子林的造园根本上来说，其对于苏州狮子林的模仿，最根本的是对寄托在园中景致之上文人情怀与山林意境的追求，以此还原帝王的主观感受和精神追求。文园狮子林的各个方面，都建立在呈现《狮子林图》的意境以及体现主人个人精神境界追求的基础之上。

二、整体格局的模仿——空间感受的形似

为了达到精神上的共鸣，苏州狮子林所承载的看不见摸不到的文人气息的还原，则需要寄托在与母本有相似之处的园林环境上，以相似的场景复制在苏州狮子林的感受。在仿建母本清代涉园的平面图和文园狮子林盛期平面图的对比中不难发现，文园对狮子林的刻意模仿是显而易见的（图1）。

图1　文园狮子林与涉园总体布局对比图

涉园的布局可视为山水空间与中国传统院落空间的叠加，布置较为灵活，但始终有一种中国传统空间的韵律控制全园。在具体的格局上，涉园东部主要是通过假山造景营造游赏空间，山石呈环状围合御书楼这一中心重要建筑，同时又逐渐向西延伸，进入水池中；南部靠近院墙的位置亦有一脉假山与中部相隔，形成游览流动空间。涉园西部主要为较为开敞的"C"形水系空间，水面被中部半岛的假山分隔成南北两个空间，建筑散布园内，但在园北部有所集中。

文园狮子林将这一山环水抱、山水咬合的基本空间格局的特征延续了下来，在水形与半岛假山的基底环境上，"院落空间"中的建筑虽然位置略有调整，但其对位关系并未有大的变化。文园狮子林与涉园的形似之处就在于对狮子林整体布局和山水结构等实体的具体模仿，即同为自然空间与院落空间的叠加，整体格局的相同使观赏者能较为容易地联想到母本的空间感受，这正是写仿的基本要求和目标，也直接反映出帝王"移天缩地在君怀"的情怀和愿望。

三、建筑规格的模仿——建筑体量的相近

涉园内共有9座建筑，两座为假山上的景亭，三座集中于园西北部，其他建筑则相对独立。文园狮子林园内建筑共有15座，仅景亭一类就有7座，数量上大大超过了涉园。但是主要建筑的布置上，除了园西部增建的横碧轩在涉园中并无原型，其他建筑无论从位置、体量、层高等方面，均可与涉园的建筑一一对应，如表1所示。由表中数据可以看出，文园狮子林在建筑布局、建筑体量和建筑元素上几乎仿照涉园建造，只有小香幢和横碧轩两处应自身特点或调整或增建，与母本不同。南方私家园林内建筑

的一大特点就是体量不大，小巧精美；文园狮子林舍弃了皇家宫殿的宏大和富丽堂皇，为还原江南园林氛围而多用小体量建筑，避免了大建筑在小空间内产生的拥塞感，同时又可以充分展示园内建筑的精美和趣味。

表1　涉园与文园狮子林建筑关系对比表

位置	涉园		文园狮子林	
	建筑名	楼层	建筑名	楼层
园北部中部	硬山房（五间）	2层	清闷阁（五间）	2层
园北部东侧	硬山房（三间）	1层	小香幢（三间）	2层
园北部西侧	硬山房（三间）	2层	探真书屋（两间）	1层（地势高）
园西侧中部	御碑亭（三间）	1层	清淑斋（三间）	1层
园中部	座落（五间）	1层	纳景堂（三间）	1层
园东部	御书楼（三间）	2层	延景楼（三间）	2层
园东北部	硬山房（三间）	1层	云林石室（三间）	1层
园西南部	无	无	横碧轩（五间）	1层

值得注意的是，已有的研究都明确提及，清闷阁的山墙保留了南方多见及狮子林古园曾用及的封火山墙做法，在建筑单体造型上也注重透出江南建筑的味道。由此可见文园狮子林在建筑的模仿创新方面下了不少心思。建筑方面还值得一提的是院墙。涉园位于苏州城内，为了与周边民居街巷相隔离，设置了4—5米的院墙，此高度足以划分园内外空间，正因如此，"城市山林"的桃源意境也得以体现。长春园狮子林和文园狮子林虽都处于自然环境中，却也将这一特征继承了下来。尤其是文园狮子林，处于皇宫御苑这个大环境的小环境内，本不存在与周边区域划分空间的问题；又因文园的选址处于文园岛之上，虽然与周边的环境隔而不离，但也具有一定的独立性，如此看来文园四周的围墙并非必不可缺。但若是没有园墙，所要还原的苏州狮子林独特的"城市山林"的意境也就不复存在了，所以在文园狮子林的造园过程中，将使用围墙圈定范围这一基本建筑手法也保留了下来，可见仿建之时对于细节的注重；虽然设有院墙，但高度较苏州狮子林矮了不少，同时围墙沿地形高低起伏，注重与园外景物的衔接和渗透。可见就园墙这一建筑要素的模仿，对园林意境的还原有着重要的作用。

四、造园要素的模仿——对于细节的追求

苏州狮子林素来以假山的叠造艺术驰名内外，而文园狮子林中东部也主要以假山造景，营造"我在城市里"的山林意境。乾隆年间造园活动中引进了很多江南私园运用的手法，掇山叠石者不在少数。而在皇家园林兴建的过程中，聘用了江南优秀造园师来北方参与皇家园林的造园活动，其中更不乏叠山高手，张然就为其中的杰出代表。狮子林本为江南名园，文园狮子林仿其所建且备受重视，则堆山的活动中皇家所聘用的吴中高手也必参与其中，所以文园的假山在气势上体现了北方雄壮的特色，同时也有苏州狮子林假山中的精巧结构和路线安排，使人身在北方也能体会到吴中狮子林假山的曲折蜿蜒和上下穿行的乐趣。

文园在植物方面也有进行了有选择性的借鉴模仿，历史记载，苏州狮子林中早在建园之初就有古松五棵，因此又被称为"五松园"，倪瓒的《狮子林图》、记录乾隆南巡游记的《南巡盛典图》中也都有对五棵参天古松的描绘。据考证，涉园中五棵古松，两棵在池中东西向的假山之上，还有两棵在御书楼东侧，然而随着历史的迁移，古松早已不在。而文园狮子林为了体现画境，在园内东侧假山外的土山之上片植松树，与园墙之外的松树多有呼应，形成园内、外景色自成一派的苍松翠林景观，削弱围墙的分隔感。如此看来在植物选择方面，文园狮子林的建造也体现出了在写仿手法中对于意境的追求。

五、小结

文园狮子林对苏州狮子林的写仿是以园仿园，通过上文的总结可见文园狮子林在仿建的过程中，相对于形态的相似更讲究对园林意境的追求，无处不在向倪瓒图中流露出来的自然山林之趣和世外桃源之境靠拢。

在"仿"的方面，通过大环境的相似来复制异地游览时的相同感受，这也是以园仿园时最基本的要求。文园狮子林较为严谨地继承了苏州狮子林的空间布局、建筑体量，以及造园要素，多处可见模仿痕迹，在形式上完全达到了空间再现的效果，做到了成功地仿建。

文园狮子林不仅有"仿"，还有"创"。限于篇幅，简要概括之。文园狮子林充分利用了其优秀的地理条件和自然环境，在环境的处理、假山的

建造、水系的丰富、建筑等方面也都做了大胆的创新，使得文园狮子林与周边环境更为协调、景观层次更加丰富，突破了苏州狮子林空间和地形上的限制，在意境上更为贴近建园的本意，也更好地表达了所追求的山林意境，达到了"仿中有创"。

（摘编自李阳《文园狮子林与苏州狮子林的对比研究》，原载于《苏州园林》2014 年第 2 期）

造园艺术

易学与苏州耦园布局

文/居阅时　钱怡

　　"师法自然"是苏州古典园林造园的最高境界。拙政园是依据原来地形，"稍加浚治，环以林木"而建成的。留园中部，土阜之上建"闻木樨香轩"，上下回廊依势而建，起落跌宕，坡度陡峭不设踏步。古代大户官僚住宅，必坐北朝南，苏州私家园林，所建园门却是因地制宜，随势定向，并非一律朝南。在大家熟知的名园中，如沧浪亭门、艺圃门朝北，怡园门朝东。更有许多年久失修、隐于小巷之中的昔日私家园林，其门朝向也是依街巷方向而定，东南西北皆有，与一般民宅并无二致。

　　然而，耦园（图1）布局一反苏州古典园林建园法则，刻意讲究方向、位置。作为园林要素的建筑、山石、水、池，树木等均体现出精心的安排，蕴含着易学原理，这在苏州古典园林建筑史上是一个极罕见的例子。

图1　耦园美景

耦园主人沈秉成号听蕉，自名老鹤，自称先世为一鹤。他平生喜读佛、道诸书，又好扶乩之术。他的先祖沈炳震专攻古学，与乾嘉时期书法四大家过从甚密，其中刘墉有亲笔对联一副相赠，联曰：闲中觅伴书为上，身外无求睡最安。

沈秉成在耦园落成后，将先祖保存的这副对联置于城曲草堂东面的小书斋内。这便印证了沈秉成是一个喜探究易学的人，也说明耦园布局中蕴含的易学原理绝非偶然，而是园主人有意为之的因果。将易学法则用于私家园林建造，为我们提供了一份极其珍贵的园林文化遗产，应该予以充分重视。现就耦园布局与易学的关系作一探析。

一、易学在耦园建筑总体布局中的运用

耦园全园分东花园和西花园两部分。面积东花园大，西花园小，是根据阳大阴小的原理而定。东花园位左，西花园位右，符合左阳右阴之制。园门居东西两园之中而面向南，据《周易》，南为离卦，对应一日正午和一年的夏季，此时日照充足，为一日和一年之中阳气最旺的时刻。布衣小民贫贱卑微，难与盛阳平衡，不避反为其伤，所以阴阳民宅不敢正南而立。阳宅门偏设在东南处，东南方是巽位，虽有招财进宝寓意，但也含有避冲这层意思。官衙和道观寺庙是正统建筑，可正南而立。贵族巨贾借官运财气，阴阳宅也，可正南而立。耦园主人上祖世代官宦，门庭显赫，自己官至安徽巡抚，官财两旺，园门正南而立，可借天地盛阳相济助旺。又有"离也者，明也……圣人南面而听天下，向明而治"（《说卦传·第五章》），耦园正南立门，象征光明，也表明园主人比附圣人。

居东西两园中间有一条中轴线，门厅之后是轿厅，再后是大厅和楼厅。这条中轴线略微偏西，形成西花园小东花园大的格局。大厅居中央名"载酒堂"，面阔五间，是耦园主厅，为主人宴请宾客之所。"择中"现象在历代都城建筑中一再体现，与"洛书"和"九宫图"有关。《汉书·五行志》写道："虙羲氏继天而王，受河图，则而画之，八卦是也。"这是把"河图""洛书"与《周易》八卦联系的开始。"河图""洛书"以图式解释八卦起源和《周易》原理。"洛书"由45个黑白点组成，白点表示奇数，黑点表示偶数。写成数字即为"太一下行九宫图"。

"九宫图"居中的数为"5"，它与任意两边的两个数字相加，其和必定是"15"，因而，"中五"具有本体论意义。古人又把"3"看作天数，

"2"看作地数,"5"就是天地数相加之和,为此,"中五"象征未分天地时的本初太极。"载酒堂"建筑规模面阔5间,蕴涵"中5"数之意。苏州古典园林受空间限制,一般不规划中轴线,代之以非几何布局,以避空间逼仄之短。耦园在苏州古典园林中面积不算大,但有明显中轴线布置,《易纬·乾凿度》:"易一阴一阳,合而为十五之谓道。""十五"代表"道","道"为根本,这是大厅"载酒堂"为什么位于耦园中央的原因。如果没有中轴线就没有全园的易学构架。对照"太一下行九宫图",可以确定耦园布局是以它为蓝本的。

二、易学在耦园景点布局中的运用

从阴阳学角度看,阴阳不是截然分开的两部分,而是阴中有阳,阳中有阴,阴阳交互。耦园的主题是夫妇双双归隐,因而东花园布置象征男女生活和谐美满。严永华是沈秉成第三任夫人,数字"3"对应方向是东,所以,东花园到处有园主第三任夫人的影子。

受月池题名中的"月"为阴,"阴"的异体字写成"水月",意即水中之月为阴。池岸由石块堆砌,石为阳,故池为阳。池中水与水中月为阴,"受月池"暗喻男主人接受和依恋女主人。

望月亭位于东墙根,东为阳,"阳"望属阴的"月",同样有男主人依恋女主人的寓意。

双照楼题名中"照"是"明"的意思,"双"是指"日"和"月","日"为阳,"月"为阴,日月双照,阴阳并存为"明"字,暗喻园主夫妇双双比肩共存。

鲽砚庐题名因沈秉成得一石块,剖开制成两块砚台,与夫人各掌一砚。"鲽"字,《辞海》解释:"比目鱼的一类。体侧扁,不对称,两眼都在右侧。"沈氏将一石制成不对称的两块砚台,以"鲽砚"命名,有夫妇阴阳和合之寓意。

山水间为一水阁,所处地平线较低,向北仰望石峰嵯峨高峻,正合"高山流水"意境。"山""水"暗喻阴阳男女,"山水间"的布置和题名表达园主夫妇既是性情相投的伴侣,又是学问知己。

东花园还植有梧桐树,梧桐树为阴性植物,对应西方,所以安排在西墙边。据说古有习俗:儿子为母亲送葬时,要用梧桐木做的手杖;如果为父亲送葬,则要换成竹杖。原因是梧桐节疤在树干内,象征女性;竹节在外，象征男性。民俗认为，梧桐树能招引凤凰栖息，有"家有梧桐树，何愁凤不至"之说。《庄子·秋水》："夫鹓雏发于南海而飞于北海，非梧桐不止，非练实不食，非醴泉不饮。"鹓雏是传说中与鸾凤同类的鸟。沈氏在东花园西墙边种植梧桐，可以认为他是把夫人比喻为凤凰，招引来东花园栖息，与他共度时光。

东花园主要建筑有规律地按照易学规定的方位布置，如：

筼廊题名中"筼"是竹子的别称，竹为阳，象征春天，故筼廊紧贴东墙布置。

樨廊廊侧种植木樨花，木樨花即桂花，为秋季之花，对应方位为"西"，故"樨廊"布置在东园最西边。

城曲草堂位于全园东北角，东北为"艮"，"万物之所成，终而所成始也，故曰成言乎艮"。又《易经》"艮，止也，时止则止，时行则行，动静不失其时，其道光明"。沈氏认为自己已经功成名就，毅然退离官场，归隐耦园，为人生奋斗道路画上句号，所谓"生而所成""时止则止"，实现生活转换。从此他可以过着轻松恬淡的平静生活，有对联写道："卧石听涛，满衫松色；开门看雨，一片蕉声。"

"艮"还对应"化"和"心（思）"，沈氏在"艮"位建草堂，有功成隐退，化解凡俗心思的寓意。"城曲草堂"相对东花园而言，处正北方向，北为藏，对应五常的"智"，《白虎通·情性》解释道："智者，知也，独见前闻，不惑于事，见微者也。"为此，沈氏又在城曲草堂内辟"补读旧书楼"，收藏书籍甚丰。他在清闲的时候，补读旧书，借以生发新见解，长智解惑，颇有追求"觉今是而昨非"境界的意味。

三、易学在耦园单体建筑布局中的运用

整体上看西花园与东花园形成阴阳关系。

面积上，西为阴，故面积小于东花园。西花园原有水假山（水为阴），与东花园旱假山形成对应。西花园有一口井（小为阴），与东花园水池对应。西花园以曲线阴柔的纤巧太湖石堆叠假山，与东花园以阳刚直线条的敦厚黄石堆叠的假山对应。同样，在单体建筑布局中，也蕴含了易学原理。

藏书楼位于偏北西墙根，西对应"收"，北对应"藏"，藏书楼安排在"收""藏"的位置，符合易学。一般寺观藏经楼都安排在北面，北对应

水，寓意以水压火，避免发生火灾，耦园安排藏书楼也有此意。这里更有另一层意思，西为兑卦，象征秋季，秋季正是果实累累、令人喜悦的收获季节；兑卦还有语言表达和人生归宿的意思。

（编者说明：原文发表于《中国园林》2002 年第 4 期，现选编刊出主要论点整理于上文，原载于《苏州园林》2015 年第 1 期）

198

文徵明《拙政园卅一景图》
之"若墅堂"图式研究

文/卜复鸣

　　文徵明的《拙政园卅一景图》是研究明代王氏拙政园的重要材料，也是第一手资料，目前研究虽多，却有待进一步深入。笔者不揣谫陋，就其"若墅堂"一景之图式，请教于方家。

　　若墅堂是王献臣拙政园的主要堂构，文徵明在《王氏拙政园记》说："居多隙地，有积水亘其中，稍加浚治……为堂其阴，曰若墅堂。"山之北、水之南为阴，因此若墅堂位于拙政园水池之南，也就是现在拙政园的远香堂址，它和水池北岸的梦隐楼构成对景，并位于主轴线上。

　　若墅堂是《拙政园卅一景图》的起首第一张（图1、图2）。《园冶·立基》说："凡园圃立基，定厅堂为主，先乎取景，妙在朝南。倘有乔木数株，仅就中庭一二，筑垣须广，空地多存。"意思是建造园林，首先要确定好厅堂的位置和体量，以构成适宜的空间环境：一是要取景好，二是要朝南。堂前的庭院留有一二株乔木就可以了，因为乔木多了，会遮蔽阳光；筑围墙要使空间宽广，多存空地。从图中可以看出，若墅堂前庭宽广，左前及右侧杂树丛生，乔柯参天，正合其造园意匠。

　　现在的远香堂就是原来若墅堂的位置。清乾隆初，园归蒋棨（1708—1780），于乾隆三年（1738）修复建成，沈德潜作《复园记》："旧观仍复，即以'复'名其园"，改名"复园"，此时"若墅堂"已更名为"远香堂"，并由沈德潜题额，隶书，大可尺许。

199

图1　文徵明《拙政园卅一景图》之若墅堂

图2　文徵明《拙政园卅一景图》之若墅堂诗题

　　清代沈元禄在《古猗园记》中说："奠一园之体势者，莫如堂；据一园之形胜者，莫如山。"远香堂作为拙政园的主体建筑，现在它的北面为平远式山水主景；南面原为拙政园入园处，有一座黄石假山作屏障（在造园中，即为欲扬先抑、豁然开朗的造园手法。在苏州俗称"开门见山"，以形成别有洞天的桃花源式的生活世界），山后有池；东面为海棠春坞、听雨轩和玲珑馆组成的书屋庭院小区；西面则为小沧浪水院，与东面的旱庭形成对比。它基本保持着清代中叶后期的格局，也是"先乎取景，妙在朝南"的典型例证。

　　文震亨《长物志·室庐》："堂之制，宜宏敞精丽，前后须层轩广庭廊庑，俱可容一席。……梁用球门，高广相称。层阶俱以文石为之。""层轩"即重轩，指多层的带有长廊的敞厅。远香堂为一座有回廊的敞厅——四面厅（图3），面阔三间，高敞明亮；青石台基，覆盆荷叶纹青石柱础（图4），这种形制较为少见，可能为清初吴三桂女婿王宅之物。它不同于莲花纹，后者多用于佛教建筑，而民居是不可能用这一制式的，为明代遗存。单檐歇山顶，鸱吻脊，正脊中部正面泥塑"三狮戏绣球"，北向为"丹凤祥云"。四面无墙，而装以通透的长窗，窗芯用玻璃，俗称"落地明罩"，坐于堂中，可以观赏到四面景物，犹如一幅绘画中的长卷。周边设以回廊，下设砖细坐槛。正面台阶用自然式太湖石，俗称"如意踏跺"，即"层阶俱以文石为之"之例证。

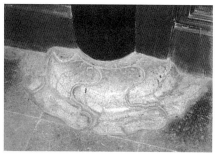

图3　拙政园之远香堂　　　　　图4　远香堂之覆盆荷叶纹青石柱础

　　到了清末，远香堂南，还是前庭空旷（图5），只是后来在民国年间于堂南列植的一排广玉兰破坏了堂前的庭院结构。

图5　吴儁《拙政园图》（刘敦桢《苏州古典园林》）

（一）若墅堂之建筑图式

　　我国有关园林的绘画可追溯到西晋，唐代的张彦远在《历代名画记》中就有西晋卫协的《上林苑图》和史道硕的《金谷图》等记录。但园林绘画并没有发展成独立的绘画种类，它常常归入山水、人物、宫室（楼殿）等门类中，如唐末孙位的《高逸图》就有假山、芭蕉等图像。王维被董其昌奉为南宗文人画的鼻祖，他的《辋川图》以及卢鸿（卢鸿一）《草堂十志图》给后世的园林题材绘画产生了深远的影响。吴门画派正是上承王维及宋元的文人画风格，融合苏州之温润的自然风景，抒写心中对生活之向往。文徵明的《拙政园卅一景图》（以下简称《图》）既具有写实性的一面，又以形写神，抒发其"会心不远"的山林之想。

《图》中的若墅堂位于画面中部靠右侧，有堂屋三间，堂侧有厢房，掩映于绿树丛中。诗中以"槿篱茆屋"咏之（茆屋即茅草屋），其形制则以"草堂"形式出现。

关于明代建筑，《明史·舆服》云："庶民庐舍，洪武二十六年定制，不过三间五架，不许用斗拱，饰彩色。三十五年复申禁饰，不许造九五间数，房屋虽至一二十所，随其物力，但不许过三间。"光绪十九年（1893）《震泽县志·卷二十五·风俗》云："邑在明初风尚诚朴，非世家不架高堂，衣饰器皿不敢奢侈。若小民咸以茅为屋，裙布荆钗而已。即中产之家，前房必土墙茅盖，后房始用砖瓦，恐官府见之，以为殷富也。……万历以后，迄于天（启）、崇（祯），民贫世富，其奢侈乃日甚一日焉。"可见，在明初，因朱元璋对于住宅有苛严的等第制约，即使是像现在的中产阶层，其前房也必定是土墙茅草屋，后房才开始用上砖瓦，担心被官府看见了，以为是富人之家，而会被增收赋税。

明代建筑形制的变化，发生在1506年到1522年间，前期崇尚简朴，之后转为奢侈。江宁（今南京）人顾起元在《客座赘语·卷五》中记述："王丹丘先生著有《建业风俗记》一卷。……正德已（以）前，房屋矮小，厅堂多在后面，或有好事者画以罗木，皆朴素浑坚不淫。嘉靖末年，士大夫家不必言，至于百姓有三间客厅费千金者，金碧辉煌，高耸过倍，往往重檐兽脊如官衙然，园囿僭拟公侯下至勾阑之中，亦多画屋矣。"

因此，王献臣拙政园中的若墅堂也只能是"槿篱茆屋"，《图》中的若墅堂应该是写实。当然"槿篱茆屋"式的草堂更能凸显出园林的天然之美，同时也更好地反映出园林主人的退隐归闲之情境。

若墅堂这种三间带一厢草堂式的建筑图像最早在王维的《江干雪霁图卷》（图6）就出现，中国山水画主流的文人画的建筑图像几乎滥觞于此。从"元四家"之一王蒙的《溪山高逸图》（图7）到杜琼的《友松图》（图8）几乎一脉相承。

图6　王维《江干雪霁图卷》
之建筑图像（藏于日本）

图 7　王蒙《溪山高逸图》之建筑图像
（台北故宫博物院藏）

图 8　杜琼《友松图》之建筑图像（北京故宫博物院藏）

　　文徵明绘画之细笔主要取法于王蒙，《溪山高逸图》中的这种建筑图像在文徵明的早期作品《人日诗画图》① 中就已经出现，其后几乎贯穿于文徵明所表现的草堂书屋图画中。从其早期作品《山斋待客图》《深翠斋居图》② 到《猗兰小景图卷》③《真赏斋图》等建筑之图像，均一脉相承。

　　我们现从《拙政园卅一景图》之前后所创作的《山斋待客图》（图 9）以及藏于上海博物馆的《真赏斋图》和藏于天津艺术博物馆《登君山图卷》做一分析。

图 9　文徵明　山斋待客图

　　《山斋待客图》中钤有"文壁"之印，应该是正德六年（是年文徵明41 岁），即 1511 年之前的作品。图中主人坐于中堂床榻之上，向外张望，侍童侧立；院外小桥上，正有一位客人，缓步而来。西屋空旷，只有坐凳

　　① 作于弘治十八年，公元 1505 年，是年文徵明 35 岁。上海博物馆藏。
　　② 作于正德十四年，公元 1519 年，是年文徵明 49 岁。故宫博物院藏。
　　③ 作于嘉靖八年，公元 1529 年，是年文徵明 59 岁。故宫博物院藏。

一二。东面有厢房，或作为煮茶之室，为三段式的建筑图式。山斋周边高松杂树，错落有致。

　　文徵明曾先后作有两幅《真赏斋图》，藏于上海博物馆的《真赏斋图》（图10）是文徵明 80 岁时的作品，上有文徵明的署款："嘉靖己酉秋，徵明为华君中甫写真赏斋，时年八十。"嘉靖己酉，即嘉靖二十八年（1549）。华君中甫，就是华中甫，其本名华夏，字中甫，号东沙，现在的无锡鹅湖荡口镇人，是明代中叶江南地区颇有名望的收藏家和鉴赏家。

图 10　文徵明《真赏斋图》之建筑图像（上海博物馆藏）

　　《真赏斋图》中的真赏斋图式与《图》中的若墅堂基本一致。真赏斋周边，高松环列，太湖石耸峙，右后侧有竹林一片。画面中的真赏斋，中间一间，主客两人相对而坐，好像在共同赏鉴作品，桌上有笔墨纸砚、香具等；左前方有一侍童侧立。西间布帘半垂，书架上摆满了卷轴书册、古玩器物；几案上还摆放着古琴一架，文震亨《长物志》云："琴为古乐，虽不能操，亦须壁悬一床。"东侧的厢房内，有两名童子正在围炉煮茶。明代屠隆在《考槃余事》中说："构一斗室相傍书斋，内设茶具，教一童子专主茶役，以供长日清谈，寒宵兀坐。"古琴、古玩、书画、香具、茶室，以及周边的山水、松竹、湖石等，传达出真赏斋主人的性情、修为与追求。

　　《登君山图卷》（图11）作于嘉靖三十年，即公元 1551 年，文徵明时年 82 岁。款署："徵明为禄之作"。卷尾另有文徵明行草书跋《登君山图》。

同江阴李令君登君山二首

浮远堂前烂漫游，使君飞盖作遨头。烟消碧落天无际，波涌黄金日正流。禽鸟不知宾客乐，江湖空有庙廊忧。白鸥飞去青山暮，我欲披蓑踏钓舟。

云白江清水映霞，夕阳栏槛见天涯。乱帆西面浮空下，双岛东来抱阁斜。万顷胸中云梦泽，一痕掌上海安沙。扁舟便拟寻真去，春浅桃源未有花。

承示和二岛之作，感荷，拙章不敢自隐，辄往一笑。

徵明顿首上禄之选部侍史，小扇拙图引意。四月十三日。

《登君山图卷》中的"浮远堂"建筑图式与若墅堂图式更趋相似。

图 11 文徵明 登君山图卷（局部）（天津艺术博物馆藏）

文徵明的这种草堂式的建筑图式，在明代吴门画家中十分常见，尤其是被称作为"别号图"的绘画作品中。这类"别号图"的形式主要流行于早期的吴门画家之中，一直到吴门画派衰落之时，在此前后则极为少见。杜琼的《友松图》以他的姊夫魏本成（号友松）的别号为题所作，是"别号图"形式的早期作品，图中庭院部分的建筑图式成了日后吴门画家的滥觞。

图中正房内，身着蓝色布衣、手持书卷者是杜琼，和身着红色官服、头戴官帽的魏友松两人坐于床榻之上促膝交谈；西边房间，两侧布帘半卷，书桌上有古玩器物和书册卷轴。文徵明的《真赏斋图》和若墅堂的建筑图式几乎脱胎于此图，这是一种图式的传承。而现藏于美国纽约大都会艺术博物馆的文徵明于嘉靖三十年辛亥（1551）、82 岁所作《拙政园十二景图》册中的若墅堂（图 12）却以写实的手法，将其置于四面如屏的花木深处；图中树木呆板，了无生气，与吴门画家的传统园林建筑图式完全背离。王献臣约卒于嘉靖二十二年（1543），文徵明画此册页，离王献臣去世已经约有 8 年之久了。

图 12　文徵明　《拙政园十二景图》之"若墅堂"

再看其堂中的榻。榻是一种狭长而较矮的床形坐具，《后汉书·徐稚传》："蕃在郡不接宾客，唯稚来特设一榻，去则悬之。"再如唐《法苑珠林》："马子便令坐对榻上，陈说语言，奇妙非常。"榻的围屏上可镶嵌琉璃、螺钿等作装饰，如《玉台新咏·古诗为焦仲卿妻作》："移我琉璃榻，出置前窗下。"同时可知榻这种家具至少在东汉时期就很常见了。到宋代，榻下施足，或方座，如宋代李公麟《维摩演教图》和明代仇英《东坡寒夜赋诗图》中的榻都是方足，榻座作壶门托尼式。吴门画家从杜琼《友松图》到文徵明《山斋待客图》《深翠斋居图》《有林图》等均可看见榻的存在（文画均为方足榻座）。文徵明的《携琴访友图》中的建筑图式更接近于《图》中的“繁花坞”图式（图13），然而《图》中的若墅堂之榻是几乎撑满了整个若墅堂的长榻，正面有7个拱门榻座（图14），而不作壶门形，这在明代吴门画家的作品中极为罕见。照说此画建筑刻画精细，近于工笔，不应如此草率地画成拱门榻座。

图13　文徵明《携琴访友图》之榻

图14　《拙政园十二景图》之“若墅堂”中的长榻

（二）若墅堂之人物描写

《图》中的若墅堂将人物置于庭院之中，这是与其他建筑庭院图式的最大不同之处。其图之诗题曰：“不负昔贤高隐地，手携书卷课童耕。”图中的文士，或就是王献臣，正缓步前行，一童仆拄杖（农具）相随，其描绘的应该是园主引导着童子去耕种的场景；晚明韩日缵在《题西园公清福图》一诗中云：“摊书负日卧，呼童课春耕。”耕读是中国农耕社会的主题，也应该是园居生产、生活的主要活动。王献臣自己也说：“罢官归，乃日课童仆，除秽植楦，饭牛酤乳，荷锸抱瓮，业种艺以供朝夕、俟伏腊，积久而园始成。”这正是当初建拙政园的主旨：“故筑室种树，灌园鬻蔬，曰：‘此亦拙者之为政也。’”与王献臣交往的王宠，在《拙政园赋》中云：“朱果在摘，赪鳞摇网，醽醁载浮，图书弘敞，信巧拙之何居，澹玄心于天壤，眄鸿飞之冥冥，知下上之泱漭。彼爰居之逍遥，奚钟鼓之为响。”中国园林脱胎于上古时期的囿、园、圃；《诗·秦风》疏：“有蕃曰园，有墙曰囿。”园的本义就是种蔬菜、花果、树木的地方；囿是古代帝王养禽兽的园林，如周文王有“灵囿”。《周礼·太宰》注：“树果蓏曰圃。”传说皇帝在昆仑山有“玄（悬）圃”。它本来就是种植疏果、草木的地方，何况果树与鱼类养殖在当时还有着丰厚的经济价值。现在的拙政园的远香堂之侧尚存有"枇杷园"之类的果园，就是一个例证。

有明一代，自从开国以后，以农立国。朱元璋有着浓厚的重农思想，重视农桑的政策，常举行"耕籍田"之礼，目的是"使民知劝，尽力于田亩，以遂其生养。"因此，在明代画家笔下，有大量的农事图像和对世俗生活场景的再现性描绘，并呈现出诗意性的赞美。然而，中国人建造园林的目的主要还是满足人的精神需求，尤其是文人士大夫建园林，旨在寄情山水；"丘园养素"，通过"丘园"，以养天真之心、朴素之心，涵养骨子里的人文精神；这是文士们功成身退、休养生息的一种园居生活态度。现在有的园林研究者，受西方消费主义理论的影响，将"长物"等同于物品，甚至等同于商品，来研究园林。

（三）若墅堂之环境图式

《图》中若墅堂之南为门与园篱，北望可见城墙雉堞。其所表达的是：拙政园是一座"城市山林"，使人虽然身处城市中，却又能获得一种在山林的感受。图中的城墙从左到右向上稍倾斜，7个半垛口渐渐远去，增加了画面的动感。拙政园位于娄门与齐门之间，此处的城墙雉堞正是园北面、由从齐门向东的那段城墙。王鏊《姑苏志》："今城为亚字形，周三十四里五十三步九分，高二丈三尺，女墙高六尺，基广三丈五尺。"女墙就是城墙上呈凹凸形的小墙，亦称城堞。可见明代的苏州城墙高为二丈九尺，按明朝营造尺1尺相当于现在32厘米，其城墙高度约9.28米。当时在若墅堂，透过树梢，可能隐约能见到北面的城堞。

关于这段城墙的写实，常常使人联想起沈周为吴宽所作的《东庄图册》的起首第一开"东城"（图15）。东庄在现在的苏州相门与葑门之间的城墙内，五代时名东圃，又名东墅，元末明初称东庄，清代之后称天赐庄。王鏊《姑苏志》卷三十二"园池"："东庄，吴文定公父孟融所治也。中有十景。孟融之孙奕又增建'看云''临渚'二亭。"吴宽《先考封儒林郎翰林院修撰府君墓志》："府君既以勤俭谨畏拓其家以大，而城东旧业然未尝一日敢忘而不经理之。晚岁益种树结屋为终老之图，因自号东庄翁。"可见，东庄是吴宽家的旧业，他父亲吴融（字孟融）在这里经营，到了晚年种树结屋以养老，并自号东庄翁。明代无锡人邵宝（1460—1527）在《匏翁东庄杂咏》之"东城"诗云："有圃城东偏，石梁度幽径。隐然见东城，不见东山胜。"在东庄内可以"隐然见东城"，所以沈周画下的这段城堞是现在相门与葑门之间的城墙，显然是写实。

图 15　沈周《东庄图》之"东城"（南京博物院藏）

　　文徵明是沈周的学生，其绘画自然受到沈周的影响，因此其"若墅堂"一图部分沿袭于"东城"图式，也是在情理之中。何况文徵明于弘治八年（1495）受其父文林之命，随吴宽学古文，自然也会到东庄。文徵明在明嘉靖十一年（1532）三月，为吴宽的侄子吴嗣业（名奕）作有《花坞春云图》，作者时年 62 岁；图后附纸有文徵明自书《游吴氏东庄》诗一首（图 16），曰：

> 渺然城郭见江乡，十里清阴护草堂。
> 知乐漫追池上迹，振衣还上竹边冈。
> 东郊春色初啼鸟，前辈风流几夕阳。
> 有约明朝汎（泛）新水，菱濠堪着野人航。

209

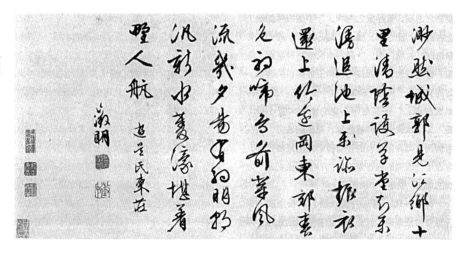

图 16　文徵明《游吴氏东庄》诗

只是在《文氏五家集》中，其诗题为《游吴氏东庄题赠嗣业》，并在
"知乐漫追池上迹，振衣还上竹边冈"下，注有"中有知乐亭、振衣冈"，
说明文徵明对东庄相当熟悉。而《花坞春云图》作于创作《拙政园卅一景
图》的前一年。因此，现在的园林研究者认为《拙政园卅一景图》与《东
庄图》有明显承接关系，而且这种联系还体现在《王氏拙政园记》对《东
庄记》的模仿上。

《拙政园卅一景图》诗题云："若墅堂在拙政园之中，园为唐陆鲁望故
宅，虽在城市而有山林深寂之趣，昔皮袭美尝称鲁望所居'不出郛郭，旷
若郊墅'，故以为名。""郛郭"原指处城，这里是泛指城郭或城市；"郊
墅"是指郊外农舍，《新唐书·崔昈传》："（玄昈）贫寓郊墅，群从皆自远
会食，无他爨。"元代俞希鲁《至顺镇江志·地理·乡都》："乡都之设，
所以治郊墅之编氓，重农桑之庶务。"不出城市却能享受到郊外的"山林
深寂之趣"。其诗曰："会心何必在郊坰，近圃分明见远情。"心中向往自
然，领会大自然的情趣，何必一定要去远离人境的郊野去居住，城市中的
园林就足以表明你的心志了；该诗句出自《世说新语·言语》，"简文入华
林园，顾谓左右曰：'会心处不必在远，翳然林水，便自有濠、濮间想也。
觉鸟兽禽鱼，自来亲人。'"明初俞贞木曾为被董其昌称为"胜国名流"的
画家谢缙（1355—1430，字孔昭，号兰庭生，又号深翠道人，晚号葵丘
翁）撰《深翠轩记》一文，文中有云："古人有言，会心处不必在远。翳
然林水，不觉鱼鸟自来亲人。今兹轩处市中，令人有山林之想，得不美
乎？虽然境因人胜，人以境清，境胜人清则神怡志定，于是可以进学矣。"

"会心不远"是中国古代园林美学的重要精神。谢缙曾为沈周的祖父沈澄绘《西庄图》，为沈周的老师杜琼绘《东原草堂图》（一称《潭北草堂图》），后来文徵明还为谢缙补其别号图《深翠斋居》图，可见其传承。

"绝怜人境无车马，信有山林在市城。"虽然居住在人世间，却没有世俗间车马的喧嚣，说明城市中亦有山林。句出陶渊明《饮酒二十首并序》其五："结庐在人境，而无车马喧。问君何能尔？心远地自偏。"

陆鲁望即晚唐诗人陆龟蒙。北宋朱长文《吴郡图经续记》说，陆龟蒙旧居在临顿里。也就是说，王献臣的拙政园这个地方，曾经是唐代陆龟蒙居住的地方，是"昔贤高隐地"。

陆龟蒙自称江湖散人、天随子，晚年居住在甫里（即现在的苏州角直），他有田数百亩，身事农耕，著有我国古代的农具专志《耒耜经》；他还写过《茶书》，是继陆羽《茶经》和皎然《茶诀》之后又一本有关茶的专著，可惜《茶诀》和《茶书》现均已无存。他垂钓江湖，精于捕鱼之具和捕鱼之术，还著有《渔具十五首并序》和《和添渔具五篇》。陆龟蒙与皮日休友善而齐名，时常诗歌唱和，世称"皮陆"。陆有《笠泽丛书》，皮存《皮子文薮》，鲁迅先生在《小品文的危机》中评价道："看他们在《皮子文薮》和《笠泽丛书》中的小品文，并没有忘记天下，正是一榻糊涂的泥塘里的光彩和锋铓。"

因此，王献臣建拙政园是要追慕前贤，仿学陆龟蒙。值得一提的是，陆龟蒙作为苏州文人敬仰的先贤，时常是在苏州隐居或造园者所追随的榜样，如沈德潜在为清代乾隆年间宋宗元所作的《网师园图记》中说："园名'网师'，比于张志和、陆天随放浪江湖。"宋宗元营造的园林为什么要叫"网师小筑"，是想要仿学唐代张志和和陆龟蒙；张志和弃官弃家，浪迹江湖；陆龟蒙隐居甫里（今苏州角直），任游五湖间。

《临顿为吴中偏胜之地，陆鲁望居之，不出郭郭，旷若郊墅。余每相访，款然惜去，因成五言十首，奉题屋壁》之二："篱疏从绿槿，檐乱任黄茅。压酒移溪石，煎茶拾野巢。"《拙政园卅一景图》诗中的"槿篱茆屋午鸡声"就出于此。

槿篱即木槿做的篱笆。木槿为锦葵科木槿属落叶灌木或小乔木，花有堇紫、粉红或白之色。江南一带农村盛行用木槿做绿篱。明代吴宽有首《槿》诗，云："南方编短篱，木槿每当路。北地少为贵，翻编短篱护。"茆屋：即茅屋。茆通"茅"，即茅草，为禾本科白茅属多年生草本，花穗密生白毛，叶可编蓑衣。茆屋即用芦苇、稻草等苫盖屋顶的简陋房子。

《左传·桓公二年》："清庙茅屋。"杜预注："以茅饰屋，著俭也。"《拙政园三十一景图》中的若墅堂只是一座空空如也的草堂而已，它的农舍茅屋式的草堂，草庐柴扉式的槿篱，突出了园林的天然之美，表达出了当时园主人的退隐归闲之心，抑或是文徵明自己心中的向往。

（原载于《苏州园林》2019 年第 1 期，有增删改动）

苏州园林文化研究

园史考证

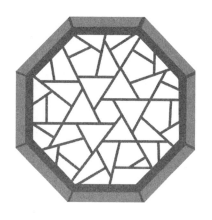

园丁杂记

文/陶维良

一、塔影园小考

上海辞书出版社为纪念苏州建城两千五百年，特将所辑《中国历史文化名城词典》的苏州部分单印成册，对我们在研究苏州历史方面有很大帮助。其中虎丘塔影桥（含塔影园）栏中有："此处原为明代上林苑录事文肇祉所建塔影园，初名海涌山庄。"可是经查有关志书及清代顾禄的《桐桥倚棹录》，都清楚地写明"海涌山庄在便山桥南，上林苑录事文肇祉所筑。碧梧修竹，清泉白石，极园林之胜。因凿地及泉，池成而塔影见，故名塔影园。"

经查便山桥就是现在的望山桥。《姑苏志》云："在虎丘山寺前"，它横跨山塘河，所以便山桥南的那个文氏塔影园故址应当在山塘河的南岸，便山桥与塔影桥也绝不是同一座桥，辞书中所指的塔影园，也就绝不是文肇祉建的"海涌山庄"了。

那么在塔影桥南岸的塔影园（现在虎丘中学内）到底是在什么时候由谁创建的呢？为了查明历史真相，我又找了有关的志书和《桐桥倚棹录》等历史资料，其中有蒋氏塔影园一项，云："蒋氏塔影园俗呼蒋园在东山浜南，为蒋重光明经所葺，中有宝月廊、香草庐、浮苍阁、随鸥亭诸胜。沈德潜记。"又查沈德潜《蒋氏塔影园记》，详细地描述了该园的情况，云："主人为园于虎丘东南隅，山之明丽秀错，园皆得而因之。名曰塔影，山巅浮图隐见林隙，故名。"又云："迤北通以虹桥，沿以莎堤，突以高冈。冈杂松杉、乌桕、银杏之属，石级萦绕，虎络连缀，洗钵有池，翻经有台，窈窕有敦，篠烟萧疏，连绵鹤涧，第三泉注白莲池，泻入涧中，乍舒乍咽，幽幽渌渌，云垂烟接，睇视涵空，浩然天成，非由人功，此北岸之胜概也。"又如"园三面绕河，船自斟酌桥进，丛生茭荷，朋集凫鸥，回塘纡余，沓淑分流，山遥青而点黛，水绕日而曳练。直溯长荡，疑闻棹歌。此园以外周遭之胜概也"。从以上原始记载，蒋氏塔影园恰恰就在塔影桥之南，即现在虎丘中学内的塔影园遗址。说明该辞书所载文氏塔影园是蒋氏塔影园之误了。

蒋氏塔影园的原主是蒋重光，字子宣，他购得程氏故居的一块废地，进行了整理，所谓"剃蒙翳，躏荒墟，……经营有年。"建园于乾隆年间，到了嘉庆二年（1797），知府任兆炯就原址进行改建，为祭祀白居易的祠堂，改名为白公祠。中有思白堂、怀杜阁、仰苏楼、万丈楼等建筑，疏泉叠石，花木郁然，钱大昕有记。道光年间，吴县知县万台又进行重修，增建了慕李轩，和临流杰阁"塔影山光"等构筑。叶迁琯《鸥陂渔话》中曾记载了咸丰年间祭祠白居易，在正月十九日白公生日会的盛况。蒋恂堂有《塔影园》诗云："园亭已入香山社，松竹犹存蒋径名。秋雨独来寻塔影，隔溪鸥鹭总关情"。说明蒋氏塔影园已改为白香山祠宇了。在《桐桥倚棹录》"白公祠"栏中记载得也很详细，其中有一副柱联曰："唐代论诗人，李杜以还，惟有几篇新乐府；苏州怀刺史，湖山之曲，尚留三亩旧祠堂。"当时题咏很多，美不胜收。

另查找文献资料，明顾苓《塔影园集》，略云："虎丘塔影园者，故上林录事文基圣先生之别墅也。先生为待诏公孙，国博公子。"说明文氏塔影园主文肇祉是文徵明的孙子，文彭的长子。"初于虎丘南岸，诛茅结庐，名海涌山庄。"说明文氏塔影园就是海涌山庄，位于虎丘（山塘河）的南岸。"既而待诏公门下士居士贞傲居园中……天启间属松陵赵氏……崇祯中出门仕宦，闽乱乃归，遂为园择主人……予为文氏弥甥，葺虎丘旧隐……"说明顾苓重修塔影园前的一段历史。而《桐桥倚棹录》云阳草堂一栏中又注明，地点在虎阜山南，中有倚竹山房、松风寝、照怀亭等胜。可惜这园子到了清代乾隆年间就不复存在了，而它的遗址应当在现在望山桥东南块，即今虎丘乡旅馆之处。

以上为蒋氏塔影园与文氏塔影园之小考。

二、拙政园园名考

文徵明《王氏拙政园记》云，"王君之言曰：昔潘岳氏仕宦不达、故筑室种树，灌园鬻蔬。曰：此亦拙者之为政也。……园所以识也。”说明拙政之名来自潘岳。

潘岳字安仁，是西晋太康时期的著名诗人，与陆机齐名。他才华出众，容貌漂亮，古代文学和戏曲经常把他作为美男子的典型来称引，为了便于称呼及文章诗词韵律关系，往往把他叫作潘安，而称英俊的男子“貌如潘安”了。

潘岳在仕途方面一直很不得意，长期充任下僚，到了永熙年间，才被当时的太傅杨骏召为主簿，但是不久杨骏为贾后设计杀了，而这时潘岳恰好在洛阳城外而幸免杀身之祸，结果被免职。其后他又投靠贾氏，重新“择木而栖”，在贾氏这棵大树下，又被重用起来，数年之后，升为博士，由于母亲生病未去上任，因而闲居洛阳，写了一篇有名的《闲居赋》。

在这篇《闲居赋》的序中他写道：“方今俊乂（按指贤能的人）在官，百工惟时，拙者可以绝意于宠荣之事矣。……于是览止足之分，庶浮云之志。筑室种树，逍遥自得。池沼足以渔钓春税足以代耕。灌园鬻蔬，以供朝夕之膳，牧羊酤酪，以俟伏腊之费。孝乎惟孝，友于兄弟。此亦拙者之为政也。”表示他自己不再涉足官场，不去做官可以灌园种地，以卖售蔬菜来维持生活，过那种游于林泉之下，远绝仕途尘烟，随遇而安，乐天知命，与全家人共享天伦之乐的闲居生活。

而文徵明在《王氏拙政园记》中对潘岳其人格是给予否定的，云：“岳虽漫为《闲居》之言，而诮事时人，至于望尘雅拜，干没势权，终罹咎祸，考其平生，盖终其身未尝暂去官守而即其闲居之乐也。”说明潘岳这人贪恋的是富贵，“性轻躁，趋世利，与石崇等诮事贾谧。……每候其出，与崇辄望尘而拜”（《晋书·潘岳传》）写潘岳远远看到贾谧车仗的尘土，就恭恭敬敬地拜倒在地。结果由于参与陷害太子，为孙秀所杀。而潘岳的一生是一直谋求升官获荣宠的一生，故为历代文人雅士所讥诮。

（原载于《苏州园林》1987 年全年 1 期）

江南第一塔

文/钱玉成

在苏州城区的西北，绿树掩映的虎丘山上，矗立着崇高巍然的大型高层的古代佛教建筑物——虎丘塔，宋代因寺命名，也称为云岩寺塔。

虎丘开发于春秋吴国，源远流长，人文景观荟萃，自然风景优美，因此虎丘知名度极高，向为江南游览胜地，有"吴中第一名胜"的盛誉。

虎丘塔是虎丘景区的主要景点，它有令人神往的魅力，除虎丘的知名度外，奇特、丰富的内涵是它出名的根本缘由。

东晋王珉、王珣兄弟舍宅为寺在虎丘山建佛教寺院的事，距今已一千六百余年。但虎丘建有佛塔的确切时间已难以断定，从南朝梁和陈两个王朝的诗文中可知，当时已建有佛塔。根据我国建筑历史和佛教的发展判断，此时的佛塔当为木构的楼阁式塔，据古建筑学家刘敦桢考证，直至隋代，虎丘塔还是由中央政府定样建造的木构佛塔，而不是现存的虎丘塔。

现存虎丘塔是一座七层八面、仿木构楼阁式的砖塔，因历史久远，长期遭受自然的、人为的侵袭，虎丘塔的塔刹平座、栏杆等部位多遭损坏，故目前塔顶高度为 47.70 米，底层对边东西向为 13.64 米，南北为 13.81 米，塔体向北偏东方向倾斜 2.34 米，塔体质量约为 6 000 吨。

虎丘塔的形制属仿木构的楼阁式塔，这是印度的佛教建筑塔与中国汉代兴起的多层木构楼阁相结合的产物。中国的初期佛塔的一种主要形制即方形多层的木构楼阁式塔。史载三国吴时苏州已有佛塔，从佛塔建造历史分析，此时苏州的塔也当是方形、多层木构的楼阁式塔。因木材易腐、易蛀、易燃，故现存虎丘塔之前的所有苏州的佛塔都未能保存下来，只能从历史文献中觅到一点踪迹。

随着社会生产力的发展，在佛塔的建造材料上，条砖逐步取代了木材。从南北朝开始已用条砖建塔，但真正成熟地用条砖造塔已到隋唐时代，留存至今建于唐代初期的西安大雁塔、小雁塔即确实的物证。特别是大雁塔，它是座大型、多层的仿木构楼阁式砖塔，与虎丘塔有着承前启后的联系。

我们知道，虎丘塔与大雁塔一样，都是大型多层的仿木构楼阁式砖塔，同为七层，大雁塔现高64米，虎丘塔若恢复其初建原状，即包含原塔刹部分在内，也当在60米上下；它们都以条砖和黄泥为主要建筑材料，都是著名佛教寺院的主要建筑物。构成建筑特征的仿木构部分的柱、枋和斗拱等都以条砖砌筑而成，特别是塔壁外面层间的出檐都以砖砌叠涩构作，做法相似，外伸不远，这些都是虎丘塔与大雁塔的相似之处。

但是由于时代的演进，科技生产力的发展，处于江南的虎丘塔在许多方面又超越了唐代初期建成的大雁塔。

首先，塔的平面形状已由方形过渡至八边形，这在建筑技术上是一种突破。方正规范的四边形建筑，如宫殿、官署、民居等，在传统建筑形式上都是正方的或长方的，改为八边形，从构作技术上来说要复杂得多，但防御外力的性能大为增强。虎丘塔虽非八边形塔的第一个，但在高层大型的八边形佛塔中确属先声。自此以后，八边形的形式成为我国佛塔建筑形式的主要形式。

大雁塔和小雁塔在结构方面都是只有一层塔壁，即单筒式，而虎丘塔已改进为内外两层塔壁，仿佛小塔外面又套了一个大塔，也称为套筒式结构。其层间的连接也非大小雁塔的单层木楼板了，而以叠涩砌作的砖砌体连接上下和左右，这样性能上十分优良。虎丘塔历经千年斜而不倒，这与其结构的优良是分不开的。虎丘塔之后的大型高层佛塔也多采用套筒式结构，联系到当代世界上的大型高层建筑也多采用套筒结构，这足以显示出我国古代匠师们的智慧和技巧了。

虎丘塔的砌作、装饰等方面更为细致、逼真、华美，如斗拱、柱、枋已不再是建造大雁塔时浅显的象征手法了，而是按木构的真实尺寸做出；斗拱已出跳二次，形制粗硕、宏伟，斗拱与柱高的比例较大；其他如门、窗、梁、枋等的尺度和规模都再现了晚唐的风韵和特点。

在建筑功能上，虎丘塔在外塔壁外面出现了平座栏杆，这就使登塔游览者能自由地走出塔体，扩大了视野，从而改变了大雁塔那种只能从塔体门洞内观察的小视角状况，在虎丘塔之前的砖塔中，至今还没有发现建有平座栏杆的先例。

虎丘塔塔体内外的装饰，色彩鲜明浓烈，使仿木的氛围更加逼真，在塔壁内外留存的百余幅牡丹和勾栏湖石塑画更是形态各异、生动活泼、栩栩如生。据考，壁间多幅摘枝牡丹，其内容竟源于唐德宗时（779—805）的画家边鸾；而太湖石进入园林成为构景要素实也出自唐代，曾在苏州任过刺史的诗人白居易就写过《太湖石记》，推崇赞誉太湖石的作用等，白居易从苏州离任返洛阳时还带走了一些太湖石，可见牡丹和湖石都是唐代后期时髦之物。虎丘塔用牡丹和湖石作为装饰内容，反映了虎丘塔的建筑时代应该是在晚唐至五代初期的一段时间里。

图1　虎丘塔第一次修缮实景①

虎丘塔由于年久失修，至新中国建立前后，已倾斜弯曲，浑身布满裂缝，残破不堪，岌岌可危了。党和人民政府在经济并不宽裕的情况下拨巨款，请专家，两度抢修虎丘塔。第一次是1956—1957年间，以加固塔体为主，当时以钢筋围箍和水泥喷浆加固塔体，取得了预期的效果（图1）。第二次是于1981—1986年间，以加固塔基和基础为主，这次是构筑地下围桩，地基灌注水泥和构筑混凝土壳体基础，拟从根本上解决塔体沉降和倾斜的威胁。几年来的变形观测证明效果是明显的，现在塔体稳定，倾斜和沉降的变化都降到极小的范围之内。

在维修工程中，我们发现虎丘塔建筑于南高北低的基岩地基之上，因塔体重量造成的地基压缩是塔体沉降和倾斜的主要原因。现在塔体向北偏东方向倾斜，这与基岩的倾斜走向是一致的，现塔顶已向北偏东倾斜达2.34米。据考察推断，塔体的倾斜在建塔时已经产生，在建造过程中，自重增加与塔体倾斜相交织，从而形成目前这种弯曲如香蕉状的体态，这种体态在别的古塔极少见。要说中国斜塔，虎丘塔当推首位。

在两次维修工程中，我们还在塔内外发现了大量珍贵的历史文物。其中主要的有佛像浮雕石函、楠木题字经箱、纸质经卷、丝绸经帙、绢幡、

①　陈嵘. 苏州云岩寺塔维修加固工程报告［M］. 北京：文物出版社，2008：260.

铁铸全涂塔、越窑青瓷莲花碗、铜佛像、檀香木雕三连佛龛、铜镜（一面背后有纪年题记）、汉至宋初的钱币若干、唐代残碑、竹钉、木刀、题记砖等，这些文物为我们研究佛教、丝绸、金属工艺、建筑、建材等提供了宝贵的资料。由这些文物和题记可以知道，虎丘塔是由虎丘的佛教寺院筹办，由崇佛的民众供养建成，而非官方主持修建的建筑。

从建筑技术上分析，虎丘塔融合了当时北方和南方的建筑特点，为唐代前期砖塔向五代、宋朝砖塔的过渡创造了一个优秀的典型，可以想象这是唐代安史之乱以后北方优秀匠师南迁到江南，与当地匠师结合、切磋，创造的一个绝佳的建筑典型。从虎丘塔的体量的宏伟、形式的华丽、结构的精当、地基的复杂、出土文物的题记、工程量的浩繁分析，虎丘塔绝非两三年能够建成。我们可以推断现存虎丘塔当始建于唐昭宗光化三年（900），完成于北宋太祖年间（960—976），而并非始建于五代周显德六年（959），而这段时间大致与五代时苏州隶属的吴越国存在的时间相吻合，从而在一定程度上，由虎丘塔的建造可以折射出吴越文化的状况。

虎丘塔堪称"江南第一塔"，由于其卓绝的科学技术价值和文物艺术价值，国务院于 1961 年将其列为第一批全国重点文物保护单位。

（原载于《苏州园林》1993 年第 2 期）

"涧上草堂"与"澶上书屋"

文/杜正国

　　以写《浮生六记》著称的沈复，字三白，苏州人，生于清乾隆二十八年（1763），卒于嘉庆十三年（1808）以后。他生平喜欢绘画，也喜欢旅游。

　　乾隆四十七年（1782），他曾与他的"第一知交"顾金鉴（字鸿干）在游过天平山后，经船家介绍，又游了上沙村的明末徐俟斋先生隐居处。

　　沈复在《浮生六记》第四卷《浪游记快》中写道："此明末徐俟斋先生隐居处也，有园闻极幽雅，从未一游，于是舟子导往。村在两山夹道中，园依山而无石，老树多极纡回盘郁之势。亭榭窗栏，尽从朴素，竹篱茆舍，不愧隐者之居。中有皂荚亭，树大可两抱。余所历园亭，此为第一。园左有山，俗呼鸡笼山，山峰直竖，上加大石，如杭城之瑞石古洞，而不及其玲珑。旁一青石如榻，鸿干卧其上曰：'此处仰观峰岭，俯视园亭，既旷且幽，可以开樽矣。'因拉舟子同饮，或歌或啸，大畅胸怀。"

　　俟斋是徐枋（字昭法）的号，他生于明天启二年（1622），卒于清康熙三十三年（1694），江苏长洲人。其父徐汧是明末复社的著名领袖，南明时官少詹事，南京被清军攻占后，于苏州虎丘后溪自溺殉难。明亡后，徐枋埋名隐居，自称孤哀子。其书画为时人所宝，然从不署真实姓名，落款题秦余山人。

　　徐枋曾参加过举兵抗清的活动，兵败后，他远离城市，图谋再举，起初避地汾湖，再迁芦墟、金墅，"往来灵隐支硎间"。以后，他终居天平山麓，自建茅屋数十间，曰："涧上草堂"，"虽至戚罕见面"。他与南岳僧人理洪储和尚过从甚密，理和尚以沙门为掩护，"日至枋所，必为之供奔走、通消息"。徐枋生活甚为困窘，然"三旬九食，而一切馈遗，坚却不受"，唯理和尚送来的衣食才肯收用。时吴中士民皆知隐居天平山麓的"徐高士"，却很少有人知其行迹。徐枋与宣城沈寿民、嘉兴巢鸣盛同被称为"海内三遗民"，著有《居易堂集》。

那么，这一被沈复赞为"所历园亭，此为第一"的佳境，究竟在何处呢？

据《苏州历代园林录》（燕山出版社）介绍，沈复所游之地为"涧上草堂"，同书又介绍了"潭上书屋"，"在灵岩山和天平山之间上沙村，初为明末吴江高士徐白（字介白）园居，后为郡人陆穑别业。陆穑增拓之后，益为胜地，康熙四十三年（1704），嘉兴朱彝尊（号竹垞）被邀做客，为作《水木明瑟赋》，序云：'爱其水木明瑟，取以名园'，以后即称'水木明瑟园'……书堂之后庭，有皂英树一株，高耸云霄，曲干横枝，连青接黛，下有蔀屋，令人偃憩忘返。……'坦坦猗'，石梁，在'介白亭'之前，广八尺，长倍之，平坦可以置酒，追凉坐月，致为佳胜。"

在作了反复比较之后，我认为"潭上书屋"与"涧上草堂"所指为同一个地方。理由有三：第一，建造时间都在明末，地点都在上沙村；第二，徐白（字介白）与徐枋（字昭法）都姓徐，且同为明末的"高士"和"隐者"；第三，"潭上书屋"和沈复在《浮生六记》中所描述的布局和环境十分相似：都有高大的皂英树，树下有屋，有亭。这"坦坦猗"广八尺，长倍之，平坦可以置酒，与鸿干卧在上面的如榻的青石，当是同一块。

我认为徐枋当时所建造的"涧上草堂"是比较简陋的，它可能也被呼为"潭上书屋"，后来郡人陆穑增拓后，成为胜地，康熙四十三年后又被朱彝尊更名为"水木明瑟园"。而沈复在乾隆四十七年（1782）所游览的"明末徐俟斋先生隐居处"，当为"水木明瑟园"。其前身为"潭上书屋"，即"涧上草堂"。

从古画中看天平山旧日风貌

文/周臻

近日，偶得一本《艺苑掇英》（44期），随手翻阅，不禁惊讶。这期画册是上海人民美术出版社为天津市艺术博物馆①收藏历代书画精品所出的专辑，收精品39件，有关苏州天平山的画、文字就有3件，比重之大，令人感叹。3件图文分别是宋代李唐的《濠梁秋水图卷》、清代徐枋的《高峰突兀图轴》、清代的《万笏朝天图卷》（佚名）。

《濠梁秋水图》是宋代李唐的传世作品。李唐（约1085—1165）字晞古，河阳三城（今河南孟州）人。徽宗朝入画院，高宗南渡，李唐亦流亡至临安，后任画院待诏。他的山水、人物画，自成一家，与刘松年、马远、夏圭并称南宋四大家。《濠梁秋水图》（图1）表现的是著名的庄子与惠子在濠水边观鱼、交谈的故事，图上有题记："南宋画家高手推李晞古第一，今观此'濠濮图'，林木蓊郁，山川浩淼（渺），展阅一过，恍令人神游其间，至于着意之潇洒，运笔之雄健，全无画工习俗，真所谓士大夫气也。高宗比诸唐李思训，信不诬哉。范允临。"范允临（1558—1641），字

图1　李唐《濠梁秋水图》

---

① 2004年，原天津市艺术博物馆和原天津市历史博物馆合并，组建天津博物馆。

长倩，苏州人，他是范仲淹第十七代孙，万历二十三年（1595）进士，官至福建参议。现在天平山脚下的古红枫，即他从福建带回栽种的。范允临工书，与董其昌齐名，亦善山水画，对书画有极高的鉴赏力，他在《濠梁秋水图》上的题记十分中肯确切，凡看过此画的，对他的评论无不信服。

《高峰突兀图轴》是清代徐枋所作。徐枋（1622—1694），字昭法，号俟斋，又号秦余山人，苏州人，崇祯十五年（1642）举人。徐枋工诗文，善画山水、芝兰，为吴中高士（其生平可参阅《苏州园林》1994 年第 1 期）。《高峰突兀图轴》的画面上，高峰奇起，远山重叠，树木森然苍郁，山溪蜿蜒流长，空亭水榭依溪而落。笔法董巨，秀逸工致，意境清幽。图款署："辛未夏日画于涧上草堂，俟斋徐枋。"据载，徐枋由明入清，曾积极参加过抗清活动，事败后便隐居天平山，筑涧上草堂，终老未出。辛未年为清康熙三十年，即公元 1691 年，此时清室渐盛，复明无望，已入垂暮之年的徐枋既对清军南侵强烈不满，又知已无能力改变这一现实，同中国封建社会绝大部分知识分子一样，唯一可走的路是隐迹乡野或遁入空门。在徐枋眼里天平山正是他消极抗清隐迹乡野的绝佳境地。他在这里筑茅屋、修草园，终日读书作画，几乎是个"神仙中人也"（徐枋语）。他所作的《高峰突兀图轴》，虽不是天平山的逼真写照，但画中迤逦连绵的山岭，奇峰峭拔的山峦，山下成片的树木，山坳中宽平的池水，水边数椽茅舍，仍可依稀看到天平山一带的轮廓。天平山，是徐枋梦中的"乐土"。

《万笏朝天图》亦可称《天平山盛典图》。苏州人都知道，天平山上群石林立，一块块怪石如群臣朝拜天子时所持的笏板；又有传说，范仲淹择地迁葬祖坟时，风水先生告之此为"绝地"，墓葬于此，后世永不发迹。范仲淹先"人"后"己"，硬是将祖坟迁葬在此。上天感动，一夜间，山石均从土中竖起如笏板状，向范仲淹表示敬意。如此，天平山有"万笏朝天"的著名景观。《万笏朝天图》是一幅巨型风俗画卷，记的是乾隆南巡至苏州天平山祭拜先贤时的隆重场面。图名巧借天平山景观名称，暗含万民崇拜天子之意。图以天平山为中心展开，连接支硎山、灵岩山一带，画师们对观音殿、放鹤亭、听雪阁、高义园等名胜景物表现得相当准确，附近的河道长堤、树木田野、舟船桥梁、街衢店铺、行人牲畜更是描绘得淋漓尽致。画面场面恢宏，气势雄伟，人物情节精细，将乾隆南巡至苏州城西一带的山川景物、市井风俗和盛大的迎驾场面栩栩如生地再现出来。可以说，它是我国古代历史风俗画长卷的杰作，它与《盛世滋生图》共同记载了乾嘉盛世时苏州的繁华景象，有着极为重要的史料价值。

《万笏朝天图》纵56.3厘米，横1706.7厘米，卷首钤有"宣统御览之宝"印玺，原为清宫旧藏，后辗转流落民间。此画未署明何人所作，但如此巨制，亦非一人一时能完成，必是由一"创作班子"集体绘制的。画落款为"恩给知府职衔臣范瑶恭进"。范瑶是范仲淹的后代，曾任大同知府，生卒年月未明。从《苏州府志》《吴县志》以及天平山庄一些碑文中查到，乾隆七年（1742），范瑶与范兴禾、范兴谷共同主持修葺过天平山庄；乾隆八年（1743），范瑶以广义庄储粟，修葺、建义塾于文正书院旁；乾隆四十五年（1780），乾隆南巡，范瑶亦曾参加接驾筹划。以他的声望、地位，他筹划、组织、进献《万笏朝天图》完全在情理之中。

天平山（包括周围景区）是苏州近郊一处难得的胜迹，历史悠久，掌故、名家活动颇多，史书中均有记载，但有关的史料实物较少，这对天平山历史研究来说是个遗憾。《艺苑掇英》为我们提供了增加史料实物的线索，如能向天津艺术博物馆求得上述3件图文的摹本或照片，无论是对苏州地方史还是苏州园林史研究来说，都十分有益。

（原载于《苏州园林》1994年第2期）

留园始建园主和年代考

文/叶瑞宝

留园，坐落在苏州市阊门外留园路（历史称阊门外下塘花埠里或彩云里）。明代为徐氏东园，清初一度废为民居。清乾嘉时归吴县东山人、江西右江道观察刘恕（号蓉峰）所有，刘修建后易名为"寒碧庄"，俗称刘园。清末，归武进盛康（号旭人），盛又重新扩建，方称留园。民国时期残破不堪。1953年大修，1961年列为全国重点文物保护单位。

一、园主纷说

有徐时泰说。这一说最为通行，并为官方所肯定。最先提出这一说法之一的是清初大名鼎鼎的秀水朱彝尊。清黄虞稷，与朱彝尊同时代，在他的《千顷堂书目》亦持这一说法。为其稍后，有清雍正时长洲人（时东园地区属长洲县辖）陈景云在重刻《韩昌黎集·书后》中称："堂主人徐时泰，万历进士，历官工部郎中。"以上之说，后被清乾隆时期《四库全书》的纂修者们所采纳。《四库提要》云：

《东雅堂韩昌黎集注》四十卷，《外集》十卷，不著撰人名氏，惟卷末各有"东吴徐氏刻梓家塾"小印。……景云又自注此文曰："东雅堂主人徐时泰，万历进士，官工部郎中。"今考明进士题名碑，万历甲戌科有徐时泰，长洲人，盖即其人。

关于徐时泰是否筑东雅堂并刻《韩集》，请阅拙文《明万历徐时泰东雅堂刻〈韩集〉辨证》（《江苏出版史志》1992年第二期）。因为朱彝尊等大名人及帝王时代权威著作《四库全书提要》这样的肯定，徐时泰是东园主人似乎没有问题了。所以，国家文物事业管理局主编的《中国历史文化名城词典》中亦持这一说，并加以"详说"：

"留园"词条中云：留园在苏州阊门外，面积约 2 公顷，是苏州大型古典园林之一。始建于明代嘉靖年间，为太仆徐时泰私园，时称东园。

"戒幢律寺"词条中说："明代嘉靖年间，为太仆徐时泰西园，与东园相望。其子徐溶舍园为寺。"

"瑞云峰"词条称："明代为乌程董氏所得，董氏与苏州徐时泰联姻，以此石赠嫁，置于东园，改名瑞云峰。以石作嫁妆，一时传为佳话。"按：关于赠石联姻之说的辨证，请阅拙文《瑞云峰琐谈》（1988 年《苏州文物》第 1 期）。

这部词典中的三词条似乎明确告诉我们：留园是徐时泰所建。

有徐泰说。这是今人钱伯城先生通过考证这样认为的。他在《袁中郎集笺注》卷六中的《范长白》篇的"笺"中云："家郗公（按：指徐泰），允临岳父。用晋郗鉴为王羲之岳父典。"又据《千顷堂书目》二十八："布政司参议范允临妻徐小淑《络纬吟》十二卷"条注云："小淑，名媛，长洲人，太仆少卿徐泰女。"徐泰，原误作徐时泰。徐时泰，钱塘人，天启二年（1622）进士，乡里出处皆不同。

二、徐泰时其人

留园主人到底是谁？本文通过考证，应该是徐泰时。以上不实之说皆一一辨证。

徐泰时，原名三锡，字大来，号舆浦，明长洲县（今苏州市）人，官至太仆少卿。其先祖为江西洪都（南昌）人，宋淳熙年间有徐寿者，以贤良征典教常熟，后寓家常熟直塘。明弘治十年（1497）设立太仓州，直塘划归太仓管辖，故又世称太仓直塘徐氏。《常熟县志》《直塘里志》皆载此事。据明范允临（字长白）《输寥馆集》所载的为其岳父撰写的《明太仆寺少卿舆浦徐公暨元配董宜人行状》（下简称《行状》）可知，其岳父姓徐名泰时，范允临决不会把岳父名讳写错的。

《行状》告诉我们，徐泰时生于明嘉靖十九年（1540），卒于明万历二十六年（1598）。徐氏"十传而至士瑛，仕元为成都倅（时为元末明初）。士瑛生公大，公大生渊。渊始徙虎丘乡彩云里，占籍长洲，遂世家为长洲人（时已至明永乐前后）。渊生朴，朴生二子，长曰焆，次曰燿（时当弘治、嘉靖间）。燿生履祥，字子旋，嘉靖辛丑（1541）进士，仕尚玺卿，晚号古石。履祥生六子，第三子为泰时。泰时生子一，名溶；女一，名媛，字小淑，适范允临。"《行状》还告诉我们，徐泰时"先名三锡，字叔乘，后更今名，则字大来，号舆浦，吴之长洲武丘乡人"。民国《吴县志·选举表》称泰时于嘉靖四十三年（1564）（其时25岁）中举人时仍名三锡，至万历八年（1580）（其时41岁）中进士时，才更今名。另据清范瑞信等纂修《范氏家乘·徐宜人（媛）传》所载，亦可证实范允临妻父名徐泰时。此传云："宜人姓徐，讳媛，字小淑，明朝议大夫福建布政使参议允临配也。父泰时，号舆浦，为太仆寺少卿，与参议父光禄公（惟丕）同官于朝，相友善。"封建社会最重视门第家谱，而家谱中也决不会把一位达官至亲的名字写错的。这就充分证实允临妻父名泰时，不是时泰、世泰或徐泰。

至于徐泰，有明一代可考者有二人。一是钱伯城先生从《千顷堂书目》中"考知"的徐泰著有《诗谈》一卷。这个徐泰，字子元，籍海盐。弘治举人，授桐城教谕，改蓬州学正，迁官光泽知县。除著有《诗谈》外，还撰有《玉池稿》。丛书《学海类编》第五十九册"余集"三，载有《诗谈》一卷，正文题下明确署为"明海盐徐泰子元著"八字。这个徐泰与范允临妻父的乡里、字号、年代都不相符。大概这是钱先生没有查看《诗谈》原书而误考的。另一徐泰是徐泰时同祖旁支，约于徐泰时父履祥同时。关于这个徐泰，清时宝臣《直塘里志》卷四是这样记载的："徐泰，逸其字。绩学工文，专事著述，不为科举之学，以行重于乡里。"该志又云："（徐泰）是嘉靖己未进士徐廷裸之父，廷裸晚购吴宽于葑门处之东庄，王锡爵、袁宏道皆有记。徐泰之孙名景韶是锡爵之婿。"至此，徐泰时辨证已明。

上海古籍出版社出版的《明清进士题名碑录》中，对徐泰时名有排版之误。该书《碑录》部分，明万历八年庚辰科（《四库提要》误考为"甲戌"）二甲第四十一名进士为徐泰时，但在《索引》部分排成了徐泰，然后注明这个徐泰是明万历八年庚辰科二甲第四十一名进士。显然，《索引》漏排了最后一个"时"。如果稍疏忽，只查《索引》，不对照《碑录》，就要上当了。

《行状》云：徐泰时从小就非常聪敏，深得其父母宠爱。履祥曾说："此子必亢吾宗，吾不忧无儿矣，"嘉靖三十五年（1556），徐泰时十七岁，父卒，同年，娶南浔董份之女为妻。泰时事母甚孝，率妻"昼夜上堂视寝膳"。其母喜曰："此吾佳儿佳妇，余子仅知枣梨（刻书）耳。"泰时善理家业，田产纠纷均由他处理，所谓"秉家政，精炼如老年人。"还喜欢"声伎"，家中聘养优伶。中举人以后，"数上春官不利"，被人讥笑，于是"屏弃声伎，发愤下帷，引锥自刺"努力读书，才于万历八年中士。中进士后，"旋授工部营缮主事"，参加修复慈宁宫，深得万历帝赞许，"以劳绩进营缮郎中"。后在营造万历帝寿宫（今称地下宫殿）期间，"进秩太仆寺少卿，仍掌部事"。徐泰时在营造寿宫工程中，负责采购木材等，后犯有"受贿匿商，阻挠木税"罪，被弹劾。《明神宗实录》记载，"万历十七年（1589）十二月辛巳：江南道御中荆州俊劾管工部营缮司事太仆寺少卿徐泰时受贿匿商，阻挠木税……近通州一带，奸商匿税数多，御史加意振刷，泰时辄为批发，虽无庇商之私，难免徇情之罪，旨令泰时回籍听勘。"准奏。徐泰时回籍听勘后，内阁大学士申时行（徐氏之甥）为泰时进行辩护，后亦成遭弹劾的十大罪状之一。《明神宗实录》卷二三八曾记载此事。弹劾申时行虽未成，而申时行为徐泰时翻案也未成，徐泰时的问题一直挂在那里，直至万历二十一年（1593）二月才正式结案：被罢去少卿，不复仕。此事见《明神宗实录》卷二五六。

徐泰时归里后，《行状》说他"一切不问户外事，益治园圃，亲声伎。里有善垒奇石者，公令垒为片云奇峰，杂莳花竹。以板舆徜徉其中，呼朋啸饮，令童子歌商风应蘋之曲。"当时吴县令袁宏道常到徐泰时家做客，"谈笑移日"。

徐泰时与董氏结婚后，仅生一女，名媛。罢归后，得扬州童姬，纳为妾，生子名溶。溶生七个月，徐泰时于万历二十六年三月初三病故。《范氏家乘·徐宜人传》云：泰时临终前，恐徐氏家族夺其家产，溶儿又在襁褓之中，遂命女媛和婿允临至床前，托"力为保护之"。允临夫妇遵其遗嘱，待溶长大后"尽籍其故产授之，未尝少"。

从以上引文考知，留园主人确为徐泰时。

三、留园始建年代

徐泰时高祖徐渊于永乐间徙苏州阊门外下塘后，子孙繁衍，家业日大。《行状》云："渊生朴……朴善计然之策，废著鬻财于郡，为富人。朴生燿，燿多心计，修业而息之，家日以裕，所谓雪井公者是也。"都穆为徐朴所撰《徐寻乐墓表》之说：

曾大父士英，永乐中主锦城县簿。大父公大，父渊，皆不仕。君少颖敏，既长，益发奋学书，善于小楷而尤谙律令。人问之，应答如向，久之，叹曰："非所吾事也。"乃挟其资，贸易江湖二十余年，卒致丰饶。晚岁倦游，始创别业，为逸老计。遂自号寻乐老人。

徐朴又置义田百亩，于正德八年病殁。子燿生履祥，仕尚玺卿，继承父业，继而扩之。民国《吴县志》卷三十二云：阊门外下塘江西会馆，陶家池、花埠、十房庄、六房庄、桃花墩，皆明尚宝徐履祥宅。徐富甲三吴，长船浜即其泊帐船处。

从以上所引文献可考证出，最早是徐渊在留园地区发展家业，其次是其子朴，贸易二十余年，赚得丰盈，这就是都穆所说的"修业而息之"。民国《吴县志》卷三十二中称徐履祥有六处"别业"，正合徐泰时六兄弟各人分得一处，泰时可能正分得"花埠"。

那么，留园的前身东园到底是什么时间建造的呢？

徐泰时接管"花埠"别业后至"回籍听勘"之前，从上所引文献考知，谨守其业，管理有方。《行状》称，泰时罢官以后，"一切不问户外事，益治园圃，亲声伎"。这就明确告诉我们泰时"益治园圃"是在罢官以后，不是在罢官之前。泰时在"回籍听勘"的四年中，是不可能"益治园圃"的，因为他犯的是经济之罪。所以，"益治园圃"应该是在万历二十一年二月正式结案以后，才有可能进行。"益"，《辞源》解释多条，此处是"增加"的解释，所谓"益治园圃"，即扩建园圃。也就是说，徐泰时在"花埠"别业原来的基础上加以扩建，至万历二十四年（1596）完工。袁宏道在此年写的《园亭纪略》中这样描述的："徐冏卿园在阊门外下塘，宏丽轩举，前楼后厅，皆可醉客。石屏为周生时臣所堆，高三丈，阔可二十丈，玲珑峭削，如一幅山水横披画，了无断续痕迹，真妙手也。堂侧有土垄甚高，多古木，垄上有太湖石一座，名"瑞云峰"，高三丈余，妍巧甲于江南。"从上考知，留园的前身东园的最终建成是在万历二十四年，大约花了三年的时间。时隔四百年，今天我们所看到的留园，已不是袁宏道所记载的那个"徐氏东园"了。

（原载于《苏州园林》1995 年第 1 期）

231

留园"十二峰"今何在?

文/陈凤全

众所周知,留园多石峰。明代建园之初,徐氏即在园内竖起了闻名遐迩的瑞云峰①,清代刘恕在修建时,又搜集了"十二名峰"于园内。然而,这些峰石今天还在园内吗? 如在,又在何处呢? 留园石峰,成了园艺专家、爱好者一直想解的一个谜。笔者在编《留园志》的过程中,接触了大量的历史资料,并结合资料搜遍园内诸石,对现存的石峰一一进行查考。现将查考内容整理成文,敬献读者,并请方家指正。

清嘉庆十二年(1807),刘恕已在园内陆续聚集了十二石峰,并根据石峰的形神取名为:奎宿、玉女、箬帽、青芝、累黍、一云、印月、猕猴、鸡冠、拂袖、仙掌、干霄。又请昆山王学浩②将它们一一绘入图内(图1),吴县潘奕隽③为各峰配诗。

刘恕是一个典型的封建士大夫文人,他性嗜石,不惜重金,寻觅石峰,还撰写了《石供说》一书。得十二峰后,他自刻闲章"寄傲一十二峰之间",又自号"一十二峰啸客"。之后,他又在书馆庭园内散布了独秀、段锦、竞爽、迎辉、晚翠五峰及拂云、苍鳞两支松皮石笋,称其地为"石林小院",又刻了"石林烟舍"闲章一枚,以记其景。除此之外,现在园内的日花、箒霞等峰,虽不见于记载,但石上镌刻的"蓉峰题"等字迹仍可辨识,可见,它们也是由刘恕寻觅来园的。时过境迁,园内石峰虽多,如今能指实其名者已为数寥寥,就是著名的十二峰,也因峰上大多无题名

---

① 瑞云峰,著名太湖石峰,原在留园,清乾隆年间移入苏州织造署(现苏州第十中学校)。

② 王学浩(1754—1832),字孟养,号椒畦,苏州昆山人。乾隆年举人。诗书画均入古,道光末被画苑推为尊宿。

③ 潘奕隽(1740—1830),字守愚,苏州人。乾隆年进士,著有《三松堂集》。

而不为人识。然刘恕是一"石痴"，在他留存于世的文章、诗词中，很多篇幅写的是得石经过及赏石断想，从这些诗文中可知，刘恕的十二名峰除"干霄"一峰尚需推敲外，其余诸峰现皆在留园内。

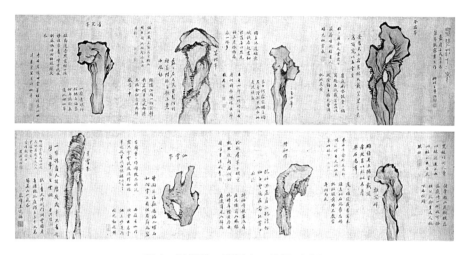

图1　王学浩　留园十二峰图（选）

今留园中部"涵碧山房"西至"别有天"之间，廊壁上嵌有一方书条石，上面写着，"辛酉菊秋，洽旬淫雨，殊苦寥寂。石工忽来告曰：'近觅得旧湖石一，新湖石一，皆灵秀，已载至河干矣。'余欣然冒雨往观，如其所欲而易得之。位置于曲溪掬月亭之前，亭前向有一石，亦灵秀，遂合此而为三矣。杂植花木，参差掩映，可以娱目，或亦寥寂中遣兴一法也，诗以纪之。"

印月
一隙仅容鉴，空明洞碧天。
凌虚忽倒影，恍若月临川。

青芝
不变亦不萎，万古常青青。
拟断白木镵，取以延修龄。

鸡冠
鸡冠何峨峨，独立向天晓，
纪生不养鸡，化作云根老。

蓉峰

如文所述，三峰皆在曲溪掬月亭之前，昔掬月亭，今易名濠濮，如今曲溪楼西濠濮亭东北方立有三峰，高不盈丈，位置如故。

印月峰面西临水，高约2.2米，正面小而背面大，整块峰石呈圆方形。此峰中部有一天然涡孔，形如盆口，其倒影映入池中，涡孔恰如一轮满月。吴县潘奕隽诗曰："我欲乘风到广寒，琼楼矫首路漫漫。何当秋月如珪夜，来看瑶峰上玉盘。"为其故，曾将池边小亭取名为掬月，又在峰旁砌了河滩踏步，以备捞月之用。刘恕借石生景，无论白日黑夜，阴晴雨雪，均能以此石倒影形成的月亮娱目遣兴，可谓巧于因借了。

青芝峰在西楼之西，高2米余，窗边而立。潘奕隽诗曰："可是东园角里遗，肉芝何似石芝奇。仙家服食能知否，试问兰陵萧静之。"刘恕在上文中提到"亭前向有一石"。而潘诗称之"可是东园角里遗"，真是不期而合，点明了此石乃为原园中旧物。今其峰头顶横加了一块湖石，参看盛氏家照，其时还没有横加之石，估计是后来修复时为附园内所谓的"狮""虎""豹""象"的豹石之形而添上去的。

鸡冠峰在今濠濮亭北，西楼之西，石桥之北，高约2.5米。峰上端形如鸡冠，或许其冠过于肥大，一头垂下，又似象鼻，故又有"象石"之称。潘奕隽诗曰："纵不能言未可烹，此生久矣倦飞鸣。只应唤取寰中叟，同听潇潇风雨声。"从其鸡冠上凿有的四只榫眼和凹槽来看，可知其石曾用作叠山之用。

奎宿峰在曲溪楼前濠濮亭旁河滩踏步左边，临池而立，石高2.2米，粗看此峰貌不惊人，但从曲溪楼望之，峰的形状与天上二十八星宿中的奎宿星状极为相似，称之奎宿，可谓妙极。《石氏星经》曰："奎十六星，形如破鞋底，在紫微垣后，传舍下。"《春秋合诚图》曰："奎主武库。"《孝经援神契》曰："奎主文昌。"潘奕隽诗曰："书堂异石应星文，冠顶飞来缥缈云。要与传经志奇瑞，奎光夜夜映香芸。"今曲溪楼下刘恕时为书堂，名攸宁。而诗中"书堂异石应星文"句更是一语道破了此石的位置和形象，也点明了此石置于书堂前的用意。再说楼前有亭名掬月，有月在池，也需星星做伴。

一云峰在明瑟楼南假山中，今峰上镌有"一梯云"三字，其东南侧隐约可见"一云峰"三字，屹立于假山石径之旁，把山道隐去大半，使人不觉峰后有山径。潘奕隽诗曰："一云山下卸春帆，岚翠湖光记满衫。道是此峰才半角，却疑径转到灵岩。"又有"寒碧庄杂咏·为刘蓉峰——卷石山房（注：今涵碧山房）"诗。从诗中可以看出，"卷石"二字泛指今厅堂周围假山，狭义讲只是指今明瑟楼边湖石叠山，仅是"灵岩一卷"而已。特别是诗中"疑有旧题名，剜苔坐怀古"二句，说明了卷石山房及其旁明瑟楼和假山石峰均为旧物，由此推测，一云峰当为徐氏东园旧物了。

拂袖峰在今东园一角内，高约 2.9 米，峰上攀附凌霄一枝。石身拂出一角，如古人的袍袖。潘奕隽诗曰："介石心原不染尘，餐霞几岁学修真。浮丘把袂还招手，同调应呼澹荡人。"今东园一角原为盛康东山丝竹（戏台）部分，而刘恕寒碧庄仅到石林小院为止，故石本不立于其地。按诗意来看，应位于今留园中部闻木樨香轩山溪边与半野草堂前（半野草堂现已不存，按 1910 年郑恩照所绘苏州留园全图，在今置有"宋名贤十家书"法帖的长廊位置）。今"闻木樨香轩"在刘恕时称餐秀，今轩前山坡下水池边仍竖有一峰名簛霞（今还能看到峰上镌有到"簛霞峰"三个大字及"蓉峰题"三个小字）。拂袖峰估计是在解放初整修园林时，把半野草堂残余建筑拆除后，才移入今东园一角。

玉女峰在绿荫轩西侧墙边，百年青枫树下（此树已于 1992 年病死，1994 年春补植一枫）。高约 2.3 米，亭亭玉立于池边。石峰上端早年曾经断落，前些年在疏浚池中淤泥时复得，现粘胶连接。又因石峰形如济颠，俗呼济仙石。潘奕隽诗曰："凌波仿佛珮声迟，雾鬓风鬟世外姿。拟借湖亭来避暑，拈毫先赋影娥池。"今从池中小岛东面曲桥望去，玉女雾鬓风鬟，素裳曳地，真如一美人也。

狝猴峰在五峰仙馆北面花径之上，西偏白皮松下，高约 1.9 米。从五峰仙馆内北望，此石形如老猿，搔首弄姿蹲立树下，猴腮凸出，形态逼真，身上还有"毛发"依稀可辨。潘奕隽诗曰："禅心试向六窗看，似戒飞腾学静观。莫厌此君太顽钝，四三朝暮怕相谩。"刘恕曾作文提到明代王鏊归山后筑招隐园，园中大小之峰有九石，而猴峰、美人峰其较著者也，少时游玩其地，犹见其旧，但时隔三十余年后，亭台池馆，鞠为茂草。割裂其址者，将平之以起广厦，诸峰都已星散。但如今被蓉峰称之为狝猴、玉女之峰的奇石，是否就是王鏊招隐园中的猴峰、美人峰呢，还待日后查证。

仙掌峰是十二峰中最不起眼的一块湖石峰，曾遭破损，今已修补过。高约 1.8 米，在五峰仙馆北面花径正中，形如人之手掌，托起向着天空。潘奕隽诗曰："胜迹当年擘巨灵，谁分岳色到闲庭。天瓢可酌凭君酌，定有三霄玉液零。"

累黍峰在五峰仙馆北庭园东首，还读我书斋西天井小院中，当窗而立，高约 3 米。石上生有累累黄色结晶颗粒，上部有一个天然孔穴，形如初月。石旁有翠竹数枝，从还读我书斋室内透过空窗看去，真是一幅绝妙的竹石画。潘奕隽诗曰:"累累直疑从黍谷,移来或恐是愚公。还须更乞麻姑手,撒与茅檐聊御穷。"累黍之名也影射了古人所谓书中自有千钟粟的典故。

箬帽峰在冠云峰下东侧,高约 2.5 米,形如一朵蘑菇云,又似一个瘦小老头,头戴一顶大箬帽。石背镌有"箬帽峰蓉峰题"六字,但因年代久远,字迹已漫灭不清了,其峰"箬帽"处有严重折裂,今用铁搭三枚在峰背加固。潘奕隽诗曰:"从来强项惊凡眼,不必低头效苦吟。识得丈人心是石,肯将箬笠换华簪。"诗中低头苦吟之句,将峰石之貌,描绘得惟妙惟肖。如今瘦小的"箬帽"紧挨着高大的"冠云",真有点爷孙相对的味道了。按说此石原非立于此地,今其地原为刘恕寒碧庄之外,光绪十四年至十七年(1888—1891)时为盛康添辟,称之为"东园"。此石估计解放初整修留园时,拆除了原园中"少风波处便是家"(今又一村东竹林的位置)等残余建筑后,移居于此。

陈从周先生于 1975 年 12 月在留园土山上发现一方隶书石刻残碑,十四字一行,计有十六行。其内容主要叙述干霄一峰的来历。文曰:"居之西偏有旧园,增高为冈,穿深为池,蹊径略具,未尽峰峦层环之妙,予因而葺之。拮据五年,粗有就绪,以其中多植白皮松,故名寒碧庄。罗致太湖石颇多,皆无甚琦,乃于虎阜之阴沙碛中,获见一石笋,广不满二尺,长几二丈,询之土人,俗呼为斧劈。石盖川产也,不知何人辇至,卧于此间,亦不知历几何年。予以百斛艘载归,峙于寒碧庄听雨楼西,自下而窥,有干霄之势,因以名焉……"潘奕隽诗曰:"夏天浓翠落衣凉,未觉捎云竹影长。闻说桐衫甘露满,共传一品属元章。"昔日听雨楼在涵碧山房南,其地今亦是楼,属盛氏住宅范围,疑为刘氏听雨楼旧迹,而干霄一峰已不见踪影,寻遍整个留园,广不满二尺(约 0.6 米)的石笋,最宽的一段在今"长留天地间"南敞厅前湖石花台上。石为松皮石笋,广约 45 厘米,高只有一米余,与"长几二丈"的斧劈石,相差甚远。

今石林小院内东南角天井中,竖有一支斧劈石,高 4.4 米,宽约 34 厘米,和刘恕称之"广不满二尺,长几二丈"的干霄峰,较为吻合。但按刘恕《石林小院说》"院之东南,绕以周廊,有空院盈丈,不宜于湖石,而宜于锦川石。偶过葛甥家中,见斧劈于草间,谓昔年有宦蜀者载归。向峙庭中,今偃卧已廿余年。窥甥之意,不甚爱惜,因易归。广不盈尺,长则丈余,本圆而末锐,有拔地参天之势。十年前顾处士赠余一石,高广仅乃其半,亦离奇可爱,特其名不雅,故以拂云、苍鳞易之。斧劈又名松皮,统称石笋"。假设其地一石为干霄峰的话，昔日拂云、苍鳞今在何处？留园中部"汲古得绠处"前的庭园之中，今有松皮石笋，高 2.4 米，广 30 多厘米，半方半圆，头尖而锐，旁又有一石高 1.4 米。对照刘恕文中所叙形状，此二石即拂云、苍鳞了。此二石曾竖于"汲古得绠处"西山墙边（参见姚承祖《营造法原》插图），如此算来，二石亦曾三迁了。根据上述情况可以推测，今石林小院东南角小天井内石笋，当是刘恕十二峰中的最后一峰——干霄峰。

（原载于《苏州园林》1995 年第 1 期）

园史考证

金谷园和乐圃故址探究

文/张学群

编者按：五代钱氏金谷园与北宋朱长文乐圃故址究竟在何处？这是争议纷纭已达一个半世纪的问题，至现代多认为其故址在今环秀山庄处。苏州地方志办公室张学群先生作《千年名园遗址何在》一文（原载《苏州土地》1994 年第 11 期）称，民国《吴县志》及朱梁任、黄颂尧、王謇诸先生都早已肯定其址在慕家花园。张学群先生以数年时间稽考旧籍，多次走访，广增例证，证实前说。现择要转载其论据于下。

一、清道光以前的文献无在黄牛坊桥之说

旧志皆载，黄牛坊桥东有晋王珣、王珉舍宅始建的景德寺，即明学道书院、申时行宅，清蒋楫"飞雪泉"、毕沅宅、汪氏耕荫义庄（今环秀山庄）的前身。故环秀山庄其地如与金谷园、乐圃有涉，只能发生在吴越及北宋时期。但历代方志在"景德寺"条下都说它自晋始建至元末方毁，永乐初重建，无一称曾改园圃。朱长文自撰的《乐圃记》和同时代人章岵《乐圃题咏勒石序》、耿秉《乐圃先生墓志铭》也丝毫不提，只说是金谷园故址。朱著《吴郡图经续记·园第》中在记载王珣兄弟舍虎丘及黄牛坊桥宅为寺后接着写道："昔虎丘东西二寺，今之景德寺，皆是也。"虎丘东西二寺早毁于唐会昌，故云"昔"；景德寺前却着一个"今"字，正表明当时该寺与乐圃均在。南宋初邑人叶梦得著《避暑录话》（卷下）称，其祖父宅与景德寺为邻，而朱长文宅"在吾黄牛坊第之前，有园宅幽胜号乐圃"。更可证乐圃与景德寺同时异址。此外，目前所见的有关文献，如姚广孝《景德寺重兴纪略》、胡缵宗《重建学道书院记》、申时行《子游祠

《辨》等也都无废寺改圃之说。同时，宋明邑志至乾隆苏州府志的"乐圃"条，也从不载其址在黄牛坊桥。直至道光府志始在"飞雪泉"条下注"或云即宋时乐圃"，同治府志照搬，而都未举确据（致误之因见后）。

二、三太尉桥与乐圃坊的位置为园址确证

宋元丰时，知州章岵在乐圃第前立乐圃坊，坊前即乐圃坊巷。《吴郡志·坊市》载乐圃坊在"三太尉桥北"，《姑苏志》记乐圃坊"在清嘉坊南"。这些记载对照《平江图》皆合，此图标明清嘉坊之南为朱明寺桥，再南即三太尉桥，乐圃坊便矗立在三太尉桥之西的小巷（乐圃坊巷）东口。图上的景德寺则位于清嘉坊西，与乐圃坊遥遥相望。三太尉桥之名，即因营金谷园的广陵王第三子而得（见《吴郡图经续记》）。抗日战争前朱、黄二先生调查时，三太尉桥遗址尚存，今桥坊无迹，但据《平江图》、旧志"坊巷"卷、王謇《宋平江城坊考》等都可证乐圃坊巷即慕家花园处。

三、申时行园在黄牛坊桥宅之南

冯桂芬《耕荫义庄记》云："今建祠（注：指汪氏宗祠和耕荫义庄）之地相传即宋时乐圃，后为景德寺，为学道书院，为兵巡道署，为申文定公宅。乾隆以来，蒋刑部楫，毕尚书沅，孙文靖公士毅迭居之。"这段话常被引用为乐圃址即黄牛坊桥申宅的依据，但引用者忽略了"相传"二字，也没注意到冯把景德寺列在乐圃之后，"为兵巡道署"语且与《子游祠辨》中所说该处曾为督粮道署、巡抚行台、中吴书院等有异；因而冯此说并非确凿不疑。旧时权贵私宅多不止一处，又常于正宅之外别置园墅。崇祯《吴县志》是距申时行逝世最近的邑志，其第二十二卷"第宅"中载申时行宅在黄牛坊桥东；第二十三卷"园林"中则载："适适圃在乐圃坊内，即故乐圃地，申文定时行子、尚书用懋所筑，为西城园林绝胜，中有赐闲堂。"申用懋撰《休休庵碑记》（见《申氏世谱》）和申时行门生冯时可作《赐闲堂集序》中也说申时行归里后构适适圃于宅之南，有赐闲堂。《赐闲堂集》卷三载申时行诗"园居二首"云："乐圃千年迹，萧斋五亩身"，"委巷经过少，衡门剥啄稀"，委巷是曲折僻巷，正指乐圃坊巷，不得用于通衢申衙前。申时行本人与其门生子弟之作无可置疑地说明了申时行园即宋乐圃，其址在宅南小巷。

四、毕沅园在今慕家花园

不少人举钱泳（曾为毕沅幕客）所著《履园丛话·园林》中的一段话为证，即"毕秋帆尚书为陕西巡抚时尝买得朱伯原乐圃旧地"。但若通观全书有关条目，则可知其址仍在慕家花园而非黄牛坊桥。如该书卷廿三"杂记上"说他在乐圃赐闲堂为毕沅刻经训堂帖，毕家衰败后子孙赖拓经训堂帖刻石以糊口，从前引崇祯《吴县志》等可知赐闲堂在慕家花园。更重要的是卷廿四《杂记下》云："（毕沅）没后未几，有旨抄其家产，园已造为家庙，例不入官，一家眷属尽居圃中。"我们知道，黄牛坊桥毕宅确被没收入官，再辗转入汪氏为环秀山庄；未被没收的乐圃故址乃成为毕氏家祠及子孙寓所。从此到"文革"初，毕氏大部后裔、祖宗牌位及《经训堂帖》残存刻石都在慕家花园。

五、有关园貌的记述亦以毕园为合

自耿秉《乐圃先生墓志铭》，元明时有关张适的乐圃林馆、杜琼的东原、申氏适适圃等的题咏，以至清朱暄编《乐圃图考》中所载宋李龙眠绘图石刻，都突出其流水迂回、高岗迤逦、林木蓊蔚之景。至1935年王謇跋《乐圃图考》云："乐圃在景德寺南……即今慕家花园前毕氏宅第，高岗迤逦，古树槎牙，巨峰涵池，犹有存者。"而环秀山庄其址，自景德寺至明书院，道署以至申宅，虽不必断其绝无园亭，却无明文载其有园地之胜。至申时行孙继揆筑蘧园已在明末清初，魏禧撰《来青阁记》及其后的《飞雪泉记》《耕荫义庄记》都未提到有较大的地沼及高岗。可是嘉庆四年（1799）毕家被抄后，子孙式微，园圃荒芜，而环秀山庄则声名日著。世人只闻申、毕宅是乐圃故址，却不知宅非一处，流俗又惯于锦上添花，日久遂致张冠李戴，以讹传讹，湮没不彰。

旧志载毕园为原慕天颜园的一部分，《丹午笔记》云："（申氏）衙前花园售与苏抚慕公天颜，改名慕家园，内有神宗所赐'赐闲堂'匾一悬。"这里的衙前花园当理解为适适圃，才与慕天颜园的位置及乐圃内有赐闲堂的记载相合，只是它另有一门通申衙前罢了（据毕氏后裔述和《苏州旧住宅图考》，毕园正门在南，北有小弄通申衙前）。因此自金谷园、乐圃起，中经乐圃林馆、东原、适适圃、慕天颜园，延至毕园（可能还有遂园），堪称延绵千年，代有名园。20世纪60年代初市园林局的苏州园林八年规划初稿还提出"汪义庄、毕园、遂园可组成一个公园……毕园内有大水塘有假山，有很好的基础"。惜1962年始，毕园因扩建厂房而遭填池徙峰之厄，"文革"中毕氏后裔被迫迁离，老宅改作仓库；遂园至今也峰颓池仄，面目大变。千年名园遗址毁灭殆尽，只能凭吊兴衰，漫话教训而已。

（原载于《苏州园林》1995年第2期）

拙政园原貌探
——读文徵明《拙政园图》

文/张橙华

我国文人园林兴盛于明代，活动在苏州这座园林之城的吴门画派创作了许多表现园林风貌、反映园居生活的绘画。据不完全统计，沈周、唐寅、文徵明与仇英等人的传世作品中由各地博物馆收藏的园林图有近 30 种。这些绘画中的苏州园林多带有自然风光，高雅清幽，反映了明代私家园林的特色。吴门画派园林图中最著名者当推沈周《东庄图》与文徵明《拙政园图》两种册页。

从文徵明的诗文可以看出他与拙政园始建园主王献臣（字敬止，号槐雨）有很深的友情。文徵明共为王献臣画过五次拙政园图，分别在正德八年（1513）与嘉靖七年（1528）、十二年、三十年及三十七年，现在所称的《拙政园图》是指第三次在嘉靖十二年作的图册①。这是绢本册页，对页装，共 31 幅图，每图描绘一个景点，各系以诗，诗用篆隶楷行不同字体书写，有中华书局影印本。这些诗总称为《拙政园诗》或《拙政园图咏》，文徵明另外还写有《王氏拙政园记》，下文中分别简称为《图》《咏》《记》。

《图》成四年之后有林庭㭎题跋，四百多年来，《图》多次易主，历代

---

① 文徵明第一次画的拙政园图上有题款："正德癸酉秋九月既望，文壁为槐雨先生写拙政园图"，王宠题五律一首，纸本，梁章钜《退庵金石书画跋》著录。第二次画的是《槐雨园亭图》，文徵明题"会心何必在郊坰"七律诗，王宠题五律诗，落款为"嘉前戊子三月十日，徵明为槐雨先生写并题"，为素笺轴，《石渠宝笈》叙录，见周道振《文徵明书画简表》。第四次画的是纸本图册，共八幅图，作于 1551 年，周道振未录，现藏于纽约大都会博物馆，见《中国庭院——大都会艺术博物馆的阿斯特庭院》。第五次画的是绢本，周道振疑非真迹。

屡有名家题跋。林庭㭿的题言赞文徵明的《咏》与《图》为"有声画、无声诗两臻其妙""凡山川花鸟、亭台泉石之胜，摹写无遗"，即认为《图》与《咏》对拙政园的艺术再现是高水平的而且是全面的。这是在建园时游览过拙政园的文人所作的评价。后世人虽未见过拙政园的原貌，仍对《图》与《咏》赞不绝口，如《履园丛话》作者钱泳赞《图》为"衡翁生平杰作也"，又说"园林兴废有时"而翰墨文章可以长久留传，虽然拙政园经过多次"废兴得失"园貌已改，但"今读衡翁之画，再读其记与诗，恍睹夫当时楼台花木之胜"，原始风貌仍可"历历如在目前"。著名书法家何绍基也赞道"其画意精趣别，各就其景，自出奇理，以腾跃之故，能幅幅入胜"①（图1）。

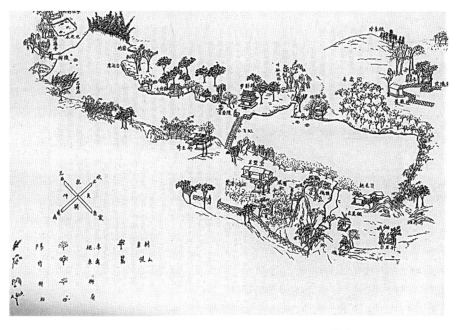

图1　图卅一景复原（示意）图（张橙华设计　徐镔绘）

　　我们今天读《图》《咏》《记》时，这些跋言是很好的启发：既可欣赏文徵明的书法，又可欣赏《图》《咏》的诗情画意，还可从图文分析拙政园的原来风貌，这对于研究拙政园的历史以至研究我国明代造园史都是

　　①　本节所引跋言见《拙政园志稿》（苏州市地方志办公室、苏州市园林管理局编）。林庭㭿在正德三年（1508）任苏州知府，后升巡抚、太子太保等职。其父林瀚历官国子监祭酒、南京吏部尚书，曾因王献臣受冤屈向弘治帝"抗章论救"，使王"获从轻典"。《明史》卷一六三有林氏父子简传。

很有意义的。有些相邻景点的画面中有重复内容，有助于理解景点相互关系，如《小飞虹》中可见桥的两端分别通向梦隐楼前与若墅堂偏西处。但多数画面是不包含相邻景点内容的，因画图时为了"幅幅入胜"须"各就其景"，在相邻景点衔接处作了"腾越"，这时参照《咏》中各诗的序言与《记》的说明，就可大体弄懂各景点的位置。现试作简要分析如下（各景点编号依册页序号）。

最初拙政园以水池周围的十五处景点为全园的中央组，另一半景点可分为西北组、东北组与东南组。中央组的十五景是：

1. 若墅堂。屋阔三间，东西各有厢房，堂东南有向西小屋，堂南是园篱与门，向北可望见城墙上雉堞，《记》说堂在"其（池）阴"，《咏》称在"园之中"。拙政园在唐陆龟蒙宅故地，皮日休称此处"不出郛郭，旷若郊墅"，王即以若墅作堂名。

2. 梦隐楼。歇山造屋顶，楼上有外走廊，至于它的位置，《记》："重屋其（池）阳"，《咏》："池之上，南直若墅堂"，即与若墅堂组成对景。王献臣曾梦见"隐"字，"因筑楼以识"，表明自己"拟退藏"之意。

3. 繁香坞。"在若墅堂之前，杂植牡丹、芍药、丹桂、海棠诸花"（《咏》）。从《图》中可见花丛周围地势稍高，"坞"就是这种地势。

4. 倚玉轩。在"（若墅）堂之后，轩北直梦隐楼"（《记》），《咏》只是说在"堂之后"。《图》中可见在丁字形台基上有取向垂直的两座房屋，屋前坡边围栏中是密密竹丛，竹可比为"碧玉"，轩即取名为倚玉轩。

5. 小飞虹。在图中可见这座三跨木桥北端架在有石砌驳岸的桥台上，上有低矮横栏，按图中行人身高 1.7 米，可估计桥长为 9 米左右，《记》与《咏》分别称它的位置是（倚玉）轩后"绝水为梁"及在（梦隐）楼前（若墅）堂北，"横绝沧浪池中"。

6. 芙蓉隈。隈，为山水弯曲处，《记》称"逾小飞虹而北，循水西行，岸多木芙蓉"，《咏》称在"（梦隐楼）坤隅"①，从图中可看到池内植莲，岸边花木丛生，偏西处有水口。

7. 小沧浪。"（芙蓉隈）又西，中流为榭"（《记》），"横亘数亩……筑亭其中"（《咏》），即池为东西向的狭长形。图中可见这是歇山造水阁，估计宽约 5 米，四周有吴王靠；与芙蓉隈之间水口上有石板小桥。此亭名称学自苏舜钦沧浪亭。

---

① 八卦与方位的对应关系为：坤——西南，艮——东北，巽——东南，等等。《咏》中称在园之某隅，则是全园的某部位，如说某隅，应理解沿游览路线上附近参考点的某方位。

8. 志清处。《记》称在（小沧浪）亭南，有修竹，竹西有石可坐，《咏》称在亭南，背负修竹，下瞰平池，图中可见池南土山北坡有茂密竹林，并无建筑物。景点题名来自古言"临深使人志清"（图2）。

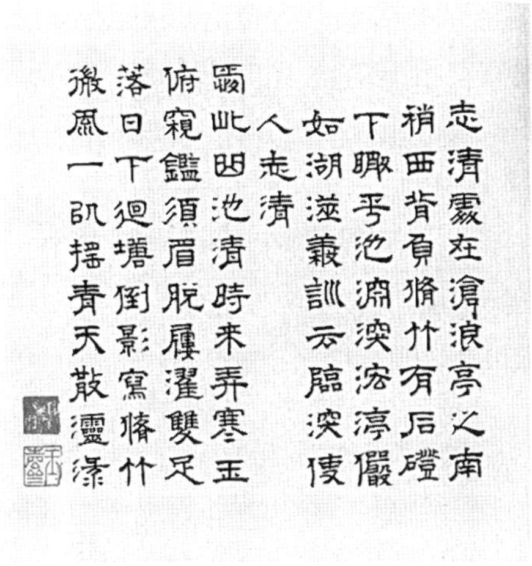

9. 柳隩。隩为水岸内曲处，位置在"水花池南"（《咏》），"水折而北……岸皆佳木，其西多柳"（《记》），这里水面开阔，"望若湖泊"，图中可见水池西岸有二处水口，垂柳一片。

图 2　文徵明卅一景　志清处诗

10. 意远台。《记》称水折而北后"东岸积土为台"，《咏》说台在"沧浪西北，高丈寻"。从图中看，意远台是类似于突起在岸边的石矶，题名来自"登高使人意远"。

11. 钓碧。碧为水边大石，图中确也如此，《记》《咏》都说它在意远台下。

12. 怡颜处。其位置《咏》未做解释，《记》称"自此（听松风处）绕出梦隐（楼）之前，古木疏篁，可以憩息。"图中可见树木高大，但《咏》《记》均未提此处有三所房屋及与梦隐楼之间的水湾及小桥，题名之意取自"眄庭柯以怡颜"。

13. 听松风处。在"东出梦隐楼之后"（《记》），"梦隐楼北，地多长松"（《咏》），图中见数棵大松树，并无建筑物。

14. 来禽囿。来禽即林檎，又称花红，《记》称"（自怡颜处）又前循水而东，果林弥望。"《咏》说"沧浪池南北杂植林檎数百本"，范围达"清阴十亩"，这在私家园林中是相当大的规模，王献臣在果熟之时分赠友人。

15. 桃花沜。"沜"通"畔"，水边之意；《记》称"至是，水折而南，夹岸植桃"。《咏》称"小沧浪东，折南，夹岸植桃"，开花时"望若红霞"。图中可见沜东有土山，山坡有二座房屋，水湾处渐窄，有小桥。总之，中央组景点以梦隐楼、若墅堂与倚玉轩构成的品字形对景为中心向东、西伸展，散布在长Ｓ形水池的周围，作为拙政园的主体。今远香堂始建于清乾隆年间，地位与若墅堂相当，现拙政园中部各景点也以远香堂为中心，围绕在水池周围，这一布局继承了明代拙政园的特点。

西北组与东北组的构成相当简单。西北组有一方池、二草亭与竹林、橘树：

16. 水花池。《记》称"水（沧浪池）尽别疏小沼，植莲其中"，《咏》称在"（拙政园）西北隅，中有红白莲"，图中却见一大片水面，近写意画。

17. 净深亭。《记》称"（水花）池上美竹千挺，可以追凉，中为亭，曰净深"；《咏》称亭"面水花池，修竹环匝"。图中确也如此，此图接近写实，可估计水花池为十多米见方。《记》《咏》中亭名二字颠倒，暂从《咏》。

18. 待霜亭。《记》称"循净深（亭）而东，柑橘数十本，亭曰待霜"，《咏》称在"（池）坤隅，植柑橘数本"，从图中看也就是几棵，此亭命名来自韦应物诗句"洞庭须待满林霜"。此图中人物穿厚袍、戴风帽，树上挂满橘子，而《水花池图》中的人则脱去上衣在纳凉，表示在不同季节的园居生活。

东北组是拙政园中唯一离水较远的一组旱景，以得真亭为中心：

19. 玫瑰柴。《记》说就在得真亭前，《咏》："匝得真亭植玫瑰花。"

20. 珍李坂。"坂"意斜坡，《记》称在"亭之后"，《咏》称"在得真亭后，其地高阜，自燕移好李植其上"。

21. 得真亭。其位置《记》称在"（来禽）囿尽四桧为幄"处，《咏》称"园之艮隅植四桧，结亭"。桧，柏属，取《招隐》诗"竹柏得其真"为名。图中可见竹篱，即已到边界。

22. 蔷薇径。《记》称在"（玫瑰柴）又前"，《咏》称在"得真亭前"，从图中看到路两侧有蔷薇丛，类似现代的绿篱。

东南组九处景点可分别以槐雨亭与瑶圃为中心划为甲乙两组。东南甲组有：

23. 湘筠坞。《记》称在"汧之南"，《咏》说它在"桃花汧南，槐雨亭北"。"湘筠"意为竹，图中显示的是"岗回竹成坞"的景象。

24. 槐幄。幄，即帐篷，图中见在土山东坡上几棵古槐树冠似帐，《咏》称"密阴径亩翠成帏"在"槐雨亭西岸"。《记》称在"（湘筠）坞又南"。

25. 槐雨亭。（图3）《记》称由槐幄"逾杠而东"，《咏》称在"桃花沜之南，西临竹涧"，周围"榆槐竹柏，所植非一"，图中可见此草亭亦有吴王靠，亭西是水，小桥上有栏杆。园主王献臣以亭名"槐雨"为号。

图3　文徵明卅一景　槐雨亭

26. 尔耳轩。《记》《咏》都说在槐雨亭后，《咏》又称轩前"于盆盎置上水石，植菖蒲、水冬青以适兴"，因"吴俗喜叠石为山"，古语云"未能免俗，聊复尔耳"，即以为轩名。图中轩旁有2米高的湖石峰，还有三盆盆景。

27. 芭蕉槛。槛音"jiàn"，栏杆之意。《记》《咏》都说在槐雨亭西，图中围栏内有"新蕉十尺强"，又有一峰湖石。总之，东南甲组内北有竹林，西有古槐，南为两座草亭及部分园林小品。

东南乙组的景点为：

28. 竹涧。《记》说："自桃花沜而来，水益微，至是伏流而南，逾百武，出于别圃丛竹之间，是为竹涧。"《咏》称在"瑶圃东，夹涧美竹千挺"，图中是竹林密布在弯曲的河流两岸。

29. 瑶圃。《记》称："竹涧之东，江梅数百。"这个说法与《咏》说竹涧在瑶圃东是矛盾的。《咏》说"瑶圃在园之巽隅"，在图中梅林之南有竹篱，其东边无竹篱，这样瑶圃可能不是在最东处。

30. 嘉实亭。《记》《咏》都说在瑶圃中，图中可见亭在土山西坡的高台上，有磴道可上。亭名取自"江梅有嘉实"之句。

31. 玉泉。《记》未直接指明其位置，但它与瑶圃、嘉实亭是一起提及的，《咏》说它在"园之巽隅"。题名之意在主人不忘北京香山的玉泉。在图中，井栏是六角形的，周围有树木，但不是紧邻竹涧、瑶圃的。总之，东南乙组是小河穿过竹林与梅林，包围土山，以植物景观为主。

总而言之，最初拙政园内建筑密度很低，多数建筑用草屋顶；景点内容三分之二与花木相关，四分之一与水相映；景点题名也多直接反映花木与水池，只有少数题名用了典故表示淡泊、清高之意。水面与林木几乎占了绝大部分面积，"凡诸亭槛台榭，皆因水为面势。"这座以水乡风光为基调、以植物分割空间的城市园林是非常朴素的，充满了野趣。这正是奠定今日拙政园疏朗风格的基础。

根据文徵明的《拙政园图》及对《记》《咏》《图》的综合分析，可以画成原始拙政园的总体图。与今日拙政园相比要大一些但不会突破通向齐门、娄门的道路及百家巷的沿街房屋。原始拙政园三十一景的东北组与东南组在现在的东部，西北组及柳隩在现在的西部，中央组相当于现在的中部，来禽囿可能向北向东要超出一些。各景点的主体是按照文徵明的图缩小的、繁香坞、柳隩、来禽囿与瑶圃中树木花竹用符号作示意，水湾、水口及小桥均按文徵明《图》。全园中土山至少有六处：意远台东，志清处南，珍李坂、水花池东北，嘉实亭与槐幄之间，桃花沜与湘筠坞之间，也略做表示。当然这张图是初步探索，有待进一步研究校订。最后说明一点：由于篇幅关系，各景点的景色描写、题名出典与主人宾客园居生活情景，本文均未做深入讨论，好在有兴趣的读者可以直接读《记》《咏》《图》原文、原图，一定会有更丰富的收获。

后记：本文是首次根据文徵明诗文和图探究拙政园在明代初建时的原貌，并绘成鸟瞰图。

（原载于《苏州园林》1995年第3期，有增删改动）

苏州历史上的著名园林寒山别业

文/张橙华

　　我国古代造园家计成认为选择合适的园址是建造园林的基础，因为造园须"巧于因借"。其《园冶》的第一卷就是"相地"，他指出在各类园址中"惟山林最胜"。在山林地"入奥疏源、就低凿水"，培山接廊、绝涧安梁，由于地形本来就"有高有凹、有曲有深""不烦人事之功"即可布置成松下观鹤舞、阶前可扫云，"自成天然之趣"的山地园林。始建于四百年前的寒山别业，可称是计成这段论述的具体化。虽然久已荒废，但遗址尚在，其历史盛况值得回顾。

　　寒山别业的始建园主是明末书法家赵宧光①（1559—1625），字水臣，号广平，别号凡夫。万历二十三年（1595），赵宧光到天平山北、支硎山西置坟地准备埋葬父母，同时收购了二顷（1顷约合66 667平方米）山地（后扩展为五顷），周围筑石墙千丈，在其中纵横布置，疏泉辟径、架桥筑亭，营建三四年后"荆榛瓦砾之场皆成名胜""无间寒暑，来观者踵相及也。"此处傍涅盘岭之右，本未题名。赵宧光因唐代寒山诗中有"时涉涅盘山"之句，又因支硎山已有寒泉，就名为"寒山"，并隐居其中。

　　赵自撰《寒山志》叙述甚详，其大要为：自涅盘岭盘旋而下有玉佩池，池中有石突兀，池左有上圆下方的白云坛。坛左有桥名津梁渡，桥下小溪发源于刚疏剔的云根泉。坛右有石坡蔽亩名瑶席。坛南又有澹荡坡，前有丛桂为小隐冈。上有千仞冈，摩崖刻"芙蓉"。津梁渡上为法螺寺。

---

　　①　赵氏为宋室后裔，赵宧光的祖父赵汴籍太仓，嘉靖十年（1531）解元，七年后举进士。父赵枢生，字彦材，号含玄（1533—1594），屡试不第后隐居读书。妻陆卿子（1559—1625），尚宝少卿陆师道之女，文名不在夫之下，著有《云卧阁稿》《考槃集》等。陆师道与赵宧光都入祀沧浪亭五百名贤祠。

又垒石阙面对南山曰驰烟峰，旁有移山亭（题为"驰烟驿路"），山上有室曰云观（榜为"高霞孤映、明月独举"）。山下有空空庵，正对涅盘岭。道旁开石井为种玉泉，井旁有篱门，春末夏初在此可望见郁蓝丹粉的满谷奇花。向西有耕云台，台下墨浪涧汇入广达数亩的清凉池，池中有长堤飙轮陌，池边有燕山仁公的石刻梵书，池阴有方台，数十棵桐树下有亭名青霞榭。台后有方塘雕菰沼，右有幽涧泉，左为飞鱼峡。沼北向左有田三亩为抱瓮坡，又转回到小隐冈，冈边有摩崖篆刻"赵氏寒山阡"。寒山别业内有庐名尺宅，其内院取庄子梦蝶之典题为"蝴蝶寝"，寝前结庵为岚毗（梵语，意为解脱处）。石上有佛阁悉昙章阁，其外为小宛堂。更上南山之阴有悬圃，植有千株梅、万竿竹与苦茶百畦。清浅池边有嶜岈谷，穷南山之下即天平之阴，稍西开山径为凌波栈，栈下是浅滩名千眠浦，浦上有奔声堰，堰上为归鹤屿，堰下是野鹿薮，其南为樵风楼。夹涧有瀑，"色如千尺雪，响作万壑雷"，因而名为千尺雪。瀑西崖上有弹冠室，其南跨涧是石桥惊鸿渡，北有碧鸡泉，泉西有千寻磴道通向云中庐。另有化城庵、斜阳阪、紫蜺涧。紫蜺涧即仁公坐禅处。

赵宧光自城中迁居寒山后闭门读书，其《说文长篇》为当时习篆刻者必读，传世著作有《寒山志》与习书法杂论《寒山帚谈》。书法作品为故宫及苏州、南京博物馆所珍藏。赵宧光之子赵均（1591—1640），字灵均，从父习六书、并学梵语；赵均幼年受学于文徵明曾孙文从简，从简以女俶嫁之。文俶（1594—1634），字端容，性明慧、善写生，信笔渲染即鲜妍成图，画《寒山草木状》千种。张庚推崇道"吴中闺秀工丹青者，三百年来当推文俶为独绝。"传世作品有二十种图、扇、册珍藏于北京、天津、上海与台北的博物馆。赵均无子，以从弟子赵锟为后；女赵昭亦好才学，归平湖马氏。赵均夫妇亡故后，赵昭请钱谦益作墓志铭。钱誉赵昭如蔡琰，能传其父学。

赵氏无后遂舍宅为寺，但来访文人甚多。清顺治年间，吴伟业有《赵凡夫山居为祠堂今改为报恩寺》云"古佛同居住，名山即子孙。飞泉穿树腹，奇字入云根。"又有《憩赵宧光所凿石》赞摩崖篆刻"即今苔藓剥，一一类银钩"。

康熙十八年（1679）赵锟之从弟元复到寒山，将小宛堂改为报恩寺，昙章阁作了藏经阁，千尺雪上建了万佛亭。他感叹法螺、化城、空空各庵"昔属一家，今更四院"。所见泉石树木与室庐一如《寒山志》所记，但存者半、去者半。（见《寒山展墓记》）。

至乾隆朝，清高宗常外出巡游，有风景名胜必访，又爱作诗（总数有四万首），虽御诗中重复之句甚多，却也为御驾所览景色作了见证。乾隆帝在苏州城外诸景中特爱寒山别业，在此专建行宫，六巡江南，来往途中都要住此细细品赏。

乾隆十六年（1677）他在首次南巡时题诗《寒山千尺雪》，云"泉飞千尺雪千尺，小篆三字铭云峦"，又袭吴伟业诗称"名山子孙真不绝"。千尺雪之上有屋三间，御题为"听雪"，共吟诗 13 首，题匾 2、联 2。

乾隆二十四年（1685）二次南巡前，地方官员已把寒山别业修饰一新，其中各建筑由御题新名，称为绿云楼、清晖楼、澄怀堂，又御题景点空谷、对瀑、琳琅丛等。乾隆帝又题"石拥云根涵秀润，泉淙玉韵得清真"（寒山别墅），"修竹弄风金琐碎，飞泉激石玉琼垮"（澄怀堂）和"随步山泉引清听，悦怀烟树入幽吟"（绿云楼）等对联。这次共题名 8 处，联 3 对，写诗 22 首。

乾隆二十七年（1688），江苏巡抚陈宏谋在三次南巡前于法螺寺增添精舍。清高宗觉得进寒山别业大门后到绿云楼是多绕了路，命在路口另开一门，以便"进门不数武即绿云楼"。他又认为赵宧光题的"峰"字不妥，改题"驰烟驿"。① 这次共作诗 16 首。

乾隆三十年（1691）四次南巡，文华殿大学士、新任江苏巡抚尹继善陪同乾隆帝再游寒山，乾隆感到自己就是"在画中游"，为清晖楼题诗"画楼宛在水中央，檐际波翻激潋光"。这次共作诗 10 首。

15 年之后乾隆帝因看到《明诗综》中朱彝尊介绍明季文人访问寒山的盛况，竟给赵宧光"上纲上线"，说赵非真隐士。但他仍承认自己在北方仿遗的三处千尺雪以吴中千尺雪为蓝本："曲注宵之塞上塞，雄流图似田盘田。西苑略葺胜朝迹，而皆视此鼻祖然。"五次南巡时为寒山作诗 11 首。

乾隆四十九年（1710）最后一次南巡时，他感到自己写了那么多诗仍不能尽言寒山之妙，并希望寒山永为游人喜欢，"即今我来凡六度，无不长言其妙诠。然即其妙岂易尽，永为万古游人缘！"这次共作诗 11 首。

总而言之，乾隆帝在寒山共作诗 83 首②，题名 11 处，题联 5 对。从

---

① 赵宧光在《寒山志》中特地解释道"《尔雅》云'独者蜀，属者峰'"。峰为山峰连绵之意，即表示此处山冈罗列，如奔马后烟尘相接。

② 乾隆在寒山所作诗按景点分类为：千尺雪 16 首，听雪阁 9 首，法螺寺 9 首，飞鱼峡 5 首，驰烟驿 6 首，澄怀堂 5 首，清晖楼 5 首，绿云楼 6 首，对瀑 5 首，芙蓉泉 2 首，空谷 1 首，梅花 1 首，绿琳琅 1 首，题《寒山图》2 首，寒山别墅 10 首，共计为 83 首。以前论及者多引用《木渎小志》说三十多首，是不完全统计的结果。

诗中可知，澄怀堂在飞鱼峡之上，旁有径可通竹林（绿琳琅）；绿云楼因在楼上可见烟树麦田，清晖楼因楼边有"一泓池水碧而清"而分别得名。《南巡盛典》中有三幅附图描绘了法螺寺、千尺雪与寒山别墅（图1），可与乾隆御诗相对应。

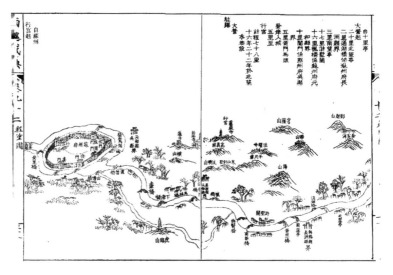

图1　《南巡盛典》中的寒山别墅

乾隆帝回京后常择所见佳景仿造于皇家苑囿。他回忆自己巡幸江南，在观政问民之暇"流览江山胜概，寻古迹之奇"。虽"其悦性灵而发藻思，所在多有，而独爱吴之寒山千尺雪。""境野以幽泉鸣而冷""为之流连，为之倚吟"（《御制盘山千尺雪记》）。

他首次南巡就"归而肖其处于西苑之淑清院，盖就液池尾闾有明时所作假山，乔木峭蒨、喷薄之形似之矣。"（西苑即今中南海），淑清院素尚斋外的回廊名为响雪，御题"庭竹张真画，阶泉滴暗琴"，（与他在苏州支硎山行宫题联"峰含画意如悬轴，涧有琴音不借桐"借景借声之意相类。）又在千尺雪室题联"书遇会心皆可读，泉能蠲虑剧堪听"。

乾隆嫌西苑内千尺雪乏天然之意，当年秋天在避暑山庄玉琴轩之东数十步见有悬流喷薄，即构殿五楹，以"千尺雪"名之。在《钦定热河志》中可见他为承德千尺雪作的70多首诗，如甲戌年《千尺雪》云："为爱寒山瀑布泉，引流叠石俨神传。"但他仍认为"天然之趣足矣，而尚未得松石古意"。

乾隆十七年（1678）春，他游盘山时见贞观遗踪之下晾甲石边有众溪归流，瀑布激扬渀然，即命"结庐三间"，屋成后开窗俯视流泉，叹"寒山千尺雪固在是间"。他题诗多首，如"白屋架池上，视听皆绝尘。名之千尺雪，遐心企隐人"（《钦定盘山志》）。又亲自画下《盘山千尺雪图》，令张宗苍画吴中寒山千尺雪，董邦达画西苑千尺雪，钱惟城画热河千尺雪，四卷合装在一起，"每至一处展卷，则彼三处俱在目前"，"端觉难分同与殊"。江南诸景乾隆帝一般仿造一处，唯狮子林造了二处，千尺雪造了三处，可见他对千尺雪情有独钟。

清代文人关于寒山千尺雪的诗、画甚多，因篇幅所限不能都加引证。近年上海人民美术出版社的《清代园林图录》载马咸《大吴胜境》中有《法螺寺》《寒山别墅》《千尺雪》三种，比《南巡盛典》附图更为精美，郭俊纶因其建筑有高低、地势呈起伏叹"真若天然图画"。

惜寒山诸景已废毁于沧桑之变，所幸周围环境无现代建筑入侵，乾隆行宫遗迹尚在，赵宦光摩崖石刻"千尺雪""瑶席""蝴蝶寝"等17处现属市级文物保护。苏州园林博物馆在考证典籍后又去寒山现场踏勘，制成精致的立体模型，向参观者展示寒山别业的全貌。如有朝一日能把此模型放大成真，重建于寒山，则能为现代人再造人间仙境，必是适于休闲的幽静去处。

后记

2004年在寒山遗址竖立起"苏州市文物保护单位"（1986年公布）石碑。

2006年，苏州作家徐卓人出版《赵宦光传》（高等教育出版社），2008年卢群等出版《凡夫园治》（京华出版社）等；2014虎丘区政协组织专家对寒山的摩崖石刻进行清理，全部拓下，编成《苏州寒山摩崖石刻》由古吴轩出版社出版，把对寒山的研究推向新的高潮。

（原载于《苏州园林》1995年第4期，有增删改动）

沧浪亭现存布局的历史成因

文/金谷

在苏州的诸多园林中，沧浪亭的布局别具一格。从园外看，沧浪亭的建筑都面水布置，俨然是个面水园；在园内看，轩、亭、堂、馆由一条长廊相串，环山而筑，与山巅的"沧浪亭"遥相呼应。沿河的布局近似一条弧线，环山的建筑形成一个封闭的圆，弧与圆相重合的部分，就是复廊，复廊把园内园外的山水景象连成一个整体。

沧浪亭布局的形成，大体可划分为前后两个时期：前期可从北宋庆历五年（1045）苏舜钦临水筑亭始，至清康熙三十五年（1696）前；后期从江苏巡抚宋荦把"沧浪亭"移于山巅之上始，即清康熙三十五年。沧浪亭现存布局的基础就在这时形成。

沧浪亭前期营筑的一个显著特点是在水上做文章，环绕的主题是《楚辞·渔父》。沧浪亭当时的自然地形是"崇阜广水，荒湾野水"。苏舜钦官场失意，需要到某一种环境中去求得解脱；而这样的自然环境与《渔父》中的意境正好一致，苏舜钦自然爱而徘徊不愿离去，于是他就一心按《渔父》的意境来构筑自己理想的栖身之地。他先在水际安亭，这是个主景。这个主景一定，就形成了面水园的基础。到韩世忠时，建筑景点也多在水边。一直到清康熙宋荦重修前，沧浪亭虽几经兴废，但"沧浪亭"始终在岸边。七百多年间，沧浪亭的造园活动始终主要在水上做文章，且做透了文章。

后期的一个显著特点是在山上做文章。后期可分为上半期和下半期，上半期环绕的主题是"高山仰止，景行行止"，下半期的主题逐渐转移到"近水远山皆有情"上来。在山上做文章的一个显著标志是，宋荦把"沧浪亭"从水边移建到山上来。"沧浪亭"移到山上后，园内所有建筑都环山而筑：从碑记厅出发，经走廊到面水轩，循复廊到观鱼处，到闲吟亭、闻妙香室、明道堂、清香馆、步埼亭、御碑亭，再回到碑记厅，这些建筑都是面山而立，形成一个向心布局，不管走到哪里望那土山，总在中心，且都是仰视的角度，充分表达了"高山仰止，景行行止"的主题思想。到了这个时候，园内、园外的布局都已安排停当，但马上就面临着一个园内的山与园外的水的关系如何处理的问题。梁章钜在增建名贤祠的同时，没有把青绿的水波拒之门外，他把苏舜钦的诗句"近水远山皆有情"作为全园布局的主导思想，在这个时候，复廊这种建筑形式应运而生了：因为只有这种建筑形式才能把两个各自可独立存在的不同的景象，联成一体。设若用空廊，则失之太露，又没有内外的区分；用沿墙走廊，则有向背，园内或园外势必有一处要看到封闭的围墙。复廊的产生是使沧浪亭的主题从"高山仰止，景行行止"成功地转移到"近水远山皆有情"的关键。

前期与后期营筑园林的主题不同，重点不同，这是有其历史文化原因的。前期营造园林的是失意或隐退的官宦，后期主持园林修复的都是当朝命官。隐退的士人与在职的达贵心态完全不同。《楚辞·渔父》含有政治污浊就退隐不仕的意义，在职的官员对此当然有所忌讳，更不肯对此再加以渲染。因此，在沧浪亭失意的青绿色调中掺入了歌功颂德的金黄色彩。在宋荦时，沧浪亭留有苏舜钦痕迹的地方还有三处：一处是"沧浪亭"仍题旧名；二处是有小轩题名为"自胜"，这两字出自苏舜钦的《沧浪亭记》中"是未知所以自胜之道"句；三是还有苏舜钦祠。到道光七年（1827）布政使梁章钜重修，苏舜钦的痕迹则少了，而陡然增添了一个"名贤祠"，到光绪元年（1875）沧浪亭干脆更名为"五百名贤祠"了。这个时候"自胜""濯缨"的堂名被取消了，凡与《楚辞·渔父》之意有所表达的对联匾额一概没有了，苏公祠也没有了，而增加的是名贤祠、仰止亭、御碑亭、明道堂、印心石屋等与帝王侯爵相联系的景观。作为布政使的梁章钜遍读了欧阳修和苏舜钦的诗文，亲自撰定了一副对联"清风明月本无价，近水远山皆有情"，镌刻在"沧浪亭"的石柱上，强化了沧浪亭山水的主题，淡化了"濯足""濯缨"的政治味道，这实在是苦心孤诣。基于这样的原因，他们把营筑园林的重点从水上移到了山上。这水上的景观或许原来是沧浪亭的内景，因后期的经营，面山的布局反而成了主体，水面反而成了外景。梁章钜虽然在沧浪亭里增建了名贤祠，但他毕竟懂得山水学，他给沧浪亭抹上了一笔浓浓的青绿色。假若当时他在沧浪亭的石柱上镌上了什么歌颂帝王的对联句子，那么，沧浪亭就失去了它的"诗魂"，今天的沧浪亭或许就像南昌的青云谱一样，把一大片水面紧锁在门外（图1）。

图1　1917年的沧浪亭外部景观（苏州市园林档案馆藏）

　　经过八九百年的经营，沧浪亭的格局形成了。今天回过头来看，首先，这样大面积地借用外景，正是沧浪亭的成功之处，只有面向水面，才能拥有水面；面向大山，才能拥抱大山，这或许也是我们生活中的哲理。其次，沧浪亭里复廊的产生，面水轩四面开敞，碑记厅、明道堂不分前后面，步碕亭在门洞上建半亭，这些建筑形式的突破，都是在实际布局中因效果的需要而产生的，不是建筑师、工匠们随心所欲而为。功能的需要、审美的需求，是建筑形式多样化的原动力。再次，造园如作文，先要有一个好的题目，要有一个明确的主题，规划、设计、制作都必须环绕主题来做文章，这样，才能造就一个主题鲜明的园林。建了"明道堂"和"名贤祠"，挡去了"沧浪亭"西南的视野，再筑"看山楼"来作补救，这很明显是环绕"近水远山"主题的一笔。明道堂为了集会的需要，在环廊建筑圈外再作平面拓展，形成相对封闭的小区，既满足了功能上的需要，又不破坏整体格局。所有这些，都是在一个题目下做的文章。虽然，在沧浪亭中有像明道堂、名贤祠这类与园林不相协调的建筑，有帝王的诗文石刻，但梁章钜用"清风明月本无价，近水远山皆有情"的对联统掣住了全局，沧浪亭仍不失为诗人苏舜钦的园林。苏舜钦与沧浪亭将永久共存。

（原载于《苏州园林》1996年第1期）

说半园

文/林锡旦

　　说起半园，先要从曲园说起。因为俞樾在建曲园之前曾在仓米巷得一座老屋，以前是大族陶氏旧园，商议以千缗易之而稍加修茸，后得地马医科，建成曲园。之后经仓米巷，听到老屋内传出木石叮叮之声，原来布政使溧阳史伟堂已买下这里重新建造宅园。过后，史伟堂到曲园拜访俞樾，两人一见如故。俞回访史，见藻室华椽，赫然改观，因感叹："地果以人美乎？"假如当初此处为"我"所得，就会因陋就简，不像现在这样崇丽了。史请俞为园中主厅书"半园草堂"。仓米巷 24 号因而未成为曲园而建为半园了。

　　其实，半园与曲园有异曲同工之妙。曲园因园小，一曲而已，更取意《老子》"曲则全"之意，内凿曲池，筑曲水亭，俞樾自号曲园居士，人称俞曲园。半园，面积 4 亩（约 2 667 平方米），环半园草堂主屋，东北面有"安乐窝"，东面是"还读书斋"，有修廊连接贯通，中间有 2 个小亭"风廊""月榭"，东南面有室，因为正前方临荷池，屋后栽修竹，以竹与荷花皆有君子之称，所以名屋为"君子居"，其西南面有屋如舟，称之为"不系舟"，从后面绕出西廊有楼屋三重，三层依此为"且住还佳""待月楼""四宜楼"。登楼而望，全城灯火一目了然。园中波光粼粼，山石累累，有登临之胜。俞樾认为"视吴下诸名园无多让焉"，因此疑问："此即所谓半园者欤？"史答道："不然。吾园固止一隅耳，其邻尚有隙地，或劝吾笼而有之，吾谓事必求全无适而非苦境？吾不为也，故以半名吾园也。"这是史有心不笼隙地，甘守其半不求全，可谓知足；虽有名园无愧于他人，又自谓吾园固止"一隅"耳，可谓知不足。"知足与知不足"与"曲则全"在道义上是相通的。

257

半园重在取义。人生常处在知不足的境况中，因而知不足然后能自强，这是较为积极的人生。我想半园主人取义，更贵在知足，甘守其半不求全。人们常说"知足常乐"，但又常身在福中不知福而自寻烦恼。乐在当下，知足就在眼前的分分秒秒。老子曰："知足不辱，知止不殆，可以长久。"求久远者又何须求十全十美。君不见多少不知足者疲于奔命、浮躁不安，贪得无厌者最终锒铛入狱，想来都是没有去过半园的。半园草堂有联曰："园虽得半，身有余闲，便觉天空海阔；事不求全，心常知足，自然气静神怡。"人们如果从半园出来，能从世俗的生活中感悟到人生的满足和追求，则不虚此行，也不枉了半园园主当年的一片心意。园主甘守其半，但这"半"也不易守。1940年汪伪政府对名胜古迹进行调查时，半园虽由史氏后裔保管，重楼已废，景观颓败。20世纪50年代起，半园相继被市税务局、轴承厂使用。1964年起为第三光学仪器厂使用至今。可惜的是"文革"中半园在劫难逃，池塘被填，后来湖石名峰又被移送东园。北部沿大石头巷建四层大楼，并辟厂门。仓米巷园门早被封闭。住宅、厅堂保存尚完整，其中楠木、花篮两厅尤为精美，厂方作会议室保护性使用。1982年被列为苏州市文物保护单位，现已列入苏州古典园林修复规划。当年陈从周著《苏州旧住宅图》中有关于此园的详细说明。

苏州东北隅还有一个半园。据1995年1月版《苏州市志》载：半园（北），在白塔东路82号，俗称北半园。现存宅园面积4亩（约2 667平方米），其中花园1.7亩（约1 133平方米）。里巷相传，在清咸丰年间为道台安徽陆解眉购得，改建为半园，称陆家老宅，直至1949年尚有陆氏后裔居此。因与仓米巷半园南北呼应，分别被冠以南、北半园之称。

笔者近日寻访而去，在苏州市第三纺织机械厂东侧，见墙嵌有碑文，"苏州市文物保护单位：北半园"——则正式名"北半园"了。墙嵌砖额仍为隶书"半园"以存旧。门口还挂牌"苏州茶艺中心"。经询问，原来这里由第三纺织机械厂出资整修后承包给人，有识之士以茶会友，设立"北半园商务休闲俱乐部"，恰是传统与现代相结合的产物。北半园已在对外开放中发挥了作用。

在此要说一说被人传讹的止园与半园。"止园，在东白塔子巷中，有怀云亭。乾隆年间，沈太史世奕所筑；后归周勘斋太守，太守复拓而广之，改名朴园。"这是民国《吴县志》所述，并未涉及半园。近年几本书中都说"清末归陆氏，改建后名半园"。1992年张维明就半园与止园撰文，并附图示指正，由于历史上地名的变更，误将原东白塔子巷的止园与原中由吉巷的半园相混淆了（现统称白塔东路）。《苏州市志》在取材时还是比较严谨的。

如果说南半园以取意为长，北半园则在形式和取意上是刻意求半，多题以"半"，并多处引用史伟堂联语。墙上有示意图，一狭长水池居中，环池有廊轩厅楼建筑，多以"半"为特色，玲珑秀巧在1.7亩中被编排得极为精致。东、西廊隔池相望，因屋面为一落水，故以"半廊"称。东半廊五曲，廊中部作三曲，墙面开一个八角洞窗，中间容一小空间，置湖石峰，配置天竺，构成小景。廊南有门西接"半波舫"，廊北尽处有桥孔偏斜的小桥名"半桥"，园东南墙角有"半亭"居假山上，为五脊攒尖角亭，上书"怀云亭"，意为止园遗构（当误）。外柱悬竹对："奇石尽含千古秀，春光欲上万年枝。"西半廊沿西墙而筑，廊作三曲，地面也呈起伏，墙上开不同图案的花窗，中留小空间，置石笋配以丛竹，构成小景，既起到通风采光的作用，又破平直单调之感，与东半廊又有区别。西半廊中部并有水榭名"双荫"，取"树荫覆水，池影映碧，两者各居其半"的意思，外柱悬大鹏书史伟堂联："如乘宝筏何须楫，虽有长风不挂帆。"廊北端透过墙上花窗，可见松竹芭蕉，摇青曳绿，更是层次丰富，景深莫测。

廊北尽处有四面厅"知足轩"，取"知足不求全"之意，谢孝思题额，内有沙曼翁书"园虽得半"联一副，都仿自南半园。大厅前平台下临碧池，池中种莲养鱼，池岸藤萝蔓挂，绵延至半桥。桥小而精致，桥身以青石砌成，桥顶面石板上雕刻"纤丝纹形"图案。有百年古紫藤一棵，弯曲盘旋，高攀桥上铁架，形成绿廊。半桥北向通藏书楼，重檐高阁，外观二层半，精美雅致，内部实际有三层，底层清式官衙茶厅，二楼明式文士茶室，三楼当代茶艺馆。在此品茗赏景，清雅万分；再体味半园，或许会感触良多。

而北半园还继续在"半"字上做足文章。厅堂陈设书画也以"半"为题。有范成大《半塘》："柳暗阊门逗晓开，半塘塘下越溪回。炊烟拥柂船船过，芳草缘堤步步来。"《山顶》："翠屏无路强攀缘，我与枯藤各半仙。不敢高声天阙近，人间漠漠但寒烟。"赵嘏《入半塘》："画船箫鼓载斜阳，烟水平分入半塘。却怪春光留不住，野花零落满庭香。"都是借有"半"字的诗来烘托半园环境。记得半亩园园主张敦意的《半半歌》中唱道："花开半时偏妍，半帆张扇免翻颠，马放半缰稳便。半少却饶滋味，半多反厌纠缠。半工半歌半为钱，半人半佛半神仙。半之乐，乐无边。"则道半之妙，旨趣无穷。比起仅有"半"字而缺"半"意的诗，不就像南北半园之间的比较吗?

无论是表象还是内涵,半园之设,给人以多方面的感受,任人领悟,这是苏州园林中又一特色。

文人要给自己的书房题个什么斋名,只要表达自己的志趣就可以了,不必顾及书斋的大小形制。花了不少心血和许多银两建造的花园,自然也要肇锡嘉名。建园之初,既要筹划设计,寄托情志,又要因地制宜,量财使用,而且园中各亭轩廊厅都要相互协调,各得其名,实在是个大艺术构思。园艺之作,切莫小看!题赐园名,更是园主人全部旨趣所在,也是显示水平的地方。本文所及,曲园、半园、止园,恰巧都是相近相似的一个主题,而且半园竟然有重名的,真是英雄所见,道之同也。笔者亦赞赏此道,比作同道之人,因而题"说半园"。唯"半"意尚未说透,只是说了一半而已。

(原载于《苏州园林》1999 年第 2 期)

辟疆小筑说

文/林锡旦

辟疆小筑人亦称其为辟疆园，在苏州曾名盛一时。"晋辟疆园，自西晋以来传之。池馆林泉之胜，号吴中第一。辟疆，姓顾氏。晋唐人题咏甚多。"（《吴郡志·卷十四·园亭》）故而为历代人所关注。陆羽有诗句云："辟疆旧园林，怪石纷相向。"皮日休云："更茸园中景，应为顾辟疆。"然而一经岁月，在宋代范成大的《吴郡志》中就说："今莫知遗迹所在。"从那时距今又800多年，辟疆园遂成迷踪。

后世对辟疆园有几种说法。《吴郡志》称："考龟蒙之诗则在唐为任晦园亭，今任园亦不可考矣。"并引陆龟蒙原诗："吴之辟疆园，在昔胜概敌。前闻富修竹，后说纷怪石。风烟惨无主，载祀将六百。草色与行人，谁能问遗迹。不知佳景在，尽付任君宅。"是说辟疆园六百年来无主，唐代虽已改建为任晦园，但宋时对任园也已"不可考矣"。但清顾震涛《吴门表隐》中却有任晦园条，称："唐泾尉任晦所建，或云即辟疆园，实在潘儒巷，今任敬子祠东，宋为任氏园，因建祠。元为潘元绍别宅，明属徐姓、毛姓，后废为民居。"这说明了以下几个问题：任晦园可能是辟疆园，地址在潘儒巷，元为潘元绍别墅，明代后废为民居。

辟疆园还有一说，也是《吴门表隐》中记载的辟疆园条："晋顾辟疆所筑，为郡中第一，志载失考，实在西美巷中，郡署东偏。曾为五显庙，继为府厩，后半为大觉寺。明况钟有辟疆馆记碑，今即其地建况公祠。"这一条把辟疆园位置说得明白肯定：在西美巷中，况钟还有碑记。《吴门表隐》初梓版于清道光十四年（1834），同时代的严保庸在道光辛丑（1841）仲夏作的《辟疆小筑记》中说得更详细："郡治东隅和丰坊五显王庙，即晋顾氏辟疆园故址。唐顾况诗：'辟疆东晋日，竹树有名园。年代更多主，池塘复裔孙.'谓此坊故有况宅,大历中拓府署,规其半为厩。明正统三年,靖安况公钟知郡事,兴五显王庙,甃井得断石,有残字可辨,即前诗,乃于庙之南构辟疆馆而为之记。吾生也晚,宅与坊与庙与馆皆湮没不可考,无论园矣。"这是掘地得诗碑而构辟疆馆,实际上园仍不可考。

再说清道光二十年(1840),原住在干将坊宫巷口顾家老宅赐砚堂的顾沅,迁居甫桥西街桐桥浜南定慧寺北,建起别墅名"辟疆小筑",相国阮元题并书,太史严保庸为之记。顾沅(1799—1851),字澧兰,号湘舟,又号沧浪渔父。顾为吴中望族,代有达人。他的曾祖顾济美,号怡斋,任广西布政使,以开藩滇省赐有端砚,子孙相传,因以此为堂名。他因祖父、父亲、长兄都赴外地,家中无人侍奉老母,所以不求仕进,淡泊名利,以博雅多闻,名重公卿间。所构辟疆小筑,有花木园林之胜,成为文人雅士集社吟诗的好场所。苏州人也有呼之为辟疆园的。据顾氏后裔顾翼东(1903—1996,上海复旦大学化学系教授、中国科学院院士)《湘舟公事迹纪要》所述:"晋代辟疆园在南北朝时为士大夫歌咏之地,湘舟公迁至辟疆小筑后,也从事歌咏宴集,并接连东南苏公祠及定慧寺,地址宽敞,从而成为苏州胜地,更以修建成藏书楼,收集古代金石书画而举国闻名,名人往来众多。所以,当时的辟疆园不只是苏州的花石名园而已。"是说辟疆小筑内涵上是仿自晋辟疆园的。严保庸《辟疆小筑记》说:"食旧德而扬清芬,贤子孙之事也。顾子而无园也则已,顾子而有园也,则其必以辟疆名,固也。"这是命名"辟疆小筑"的真正渊源。此记已将辟疆小筑与辟疆园的关系作了明白交代。

辟疆小筑不甚大,但具有"城市山林"之致。乔木干云,杂花烂漫,阁轩堂楼掩映其间。最胜者是思无邪宅,地势高旷,无一遮拦,有巨石突兀自异立于阶前,如冠佩贵人,不可亵视;又有小者英英露爽,罗立如儿孙辈。南向前面是苏(东坡)文忠公祠,祠中竹树隔墙,实际如同一家。东南面就是寿宁寺,双塔夭矫,仰视如天外飞来,摇摇欲坠几席间,移作借景,可谓绝胜。西折循磴而下,有屋如舟,称不系舟,再往下西侧是心妙轩,轩之北有一古井名清照泉,又有据梧楼、金粟草堂。草堂之西有精室三楹为如兰馆,游者至此正可稍歇小休。从这里东西往来都有弄可通。向西为藏书的艺海楼,总督陶澍题,祁寯藻书,楼内纵横环列36只大橱,贮存各种书籍、碑刻四千余种及名人书画千余家,楼下为收藏商彝周鼎晋帖唐碑之属的吉金乐石斋,姚元之题并书。再向西就是其先中丞济美赐砚所藏的传砚堂,"传砚堂"匾为林则徐所书,上款为"湘舟世讲",令登斯楼者肃然起敬。堂左有地一区，游屐不到，筑室建楼名曰"白云深处"，是顾沄奉母夫人颐养之处。由弄向东：有水池、假山、走廊，走廊尽处有古泉精舍，因为池脉与井脉同源，所以在此取名古泉精舍。石尽处距西北极偏的地方设不满亭，以宫成则必缺隅，取古人持盈之义命名。与亭斜值而面西还有一楼，取近水楼台诗意，名得月先。度石矼（两端聚石水中，以木横架之可行如桥）向南，就是思无邪斋。这样，顾辟疆小筑胜迹全貌尽在这里了。

园主顾沄为吴中名士，图书之富，甲于东南。顾又好客，交游甚广，乡人子弟有愿学者，许登楼纵观。园中泉石亭馆之胜，成为文人雅集之所，思无邪宅为子侄辈会文之所。顾沄又激扬名教，阐幽发潜，手辑古来忠臣义士诗篇，刻《乾坤正气集》。据《吴门表隐》载，沧浪亭五百名贤祠，陶澍、梁章钜购得张姓房屋建，始其事者顾沄。他又辑《吴郡名贤像传赞集》，尚书汤金钊等序。顾湘舟不仅藏书丰富，纂辑书籍也非常多，手辑已刻的还有《赐砚堂丛书》《沧浪亭志》《玄妙观志》《今雨集》等，辑而未刻的《吴郡文编》80 册 246 卷已于 1958 年前后送存苏州博物馆。《今雨集》16 册 24 卷，是顾湘舟辑其所纂辑的、不论已刊未刊的书画序跋、金石题记、名胜游记、友朋唱和诗等。据顾翼东提供的该集第 5 册卷 7 所载林则徐《题吴郡名贤图册》短文，为《林文忠公全集》所不载，是林则徐被革职充军新疆途经苏州时应顾湘舟所请而作，斯文难得，抄录如下："仆抚吴五年，每至沧浪亭瞻仰石刻五百先贤像，心向往之，谓必有名德伟业、卓烁古今，次亦文章彪炳，庶足动人景慕，否则缪厕其间，亦第滋遗议已而。今仆去吴又五年，以边事谪戍过此。湘舟出此册属题，盖沧浪亭刻石蓝本，旧时向往之念，今则但有汗下矣，吴人尚欲绘余像去，不益滋愧耶。道光辛丑（按 1841）丑七月。"清咸丰十年（1860），其藏书尽为丁日昌收购。

民国《吴县志》卷 39 下第宅园林载："辟疆小筑……并建苏文忠公祠于其中。咸丰庚申之乱，所藏书籍碑版均遗失，园遂荒废，苏祠亦划入定慧寺，园址所存，不及其半。"据顾翼东回忆，20 世纪 30 年代初故宅中尚存传砚堂、艺海楼、白云深处、据梧楼、不满亭、金粟草堂、如兰馆诸构。1956 年以后渐失旧观，一度建为合成晶体材料厂。20 世纪 80 年代初划归市职业技术培训中心，大门在凤凰街 228 号。一代名园，现仅存同根双干的古银杏一棵（列入保护）挺立在那里，成为辟疆小筑故园址的标记。

因为辟疆园已无考，而后人传说不一，辟疆小筑距今不过百余年，亦已荡然无存，恐亦被传讹，遂参阅资料，辑成此文备案。

（原载于《苏州园林》1999 年第 3 期）

《平江图》上的沧浪亭

文/朱明霞

苏州是著名的园林城市，云墙漏窗，山池亭阁，峰石嶙峋，溪谷幽深，千百年来，吸引着无数诗人墨客。但在距今近八百年的南宋《平江图》上，只有沧浪亭的茂林修竹，占据了古城南部的一片风水宝地，显得分外醒目。至于闻名于世的拙政园、狮子林、留园等，在这张图上还无痕迹，尚未诞生。

《平江图》上的沧浪亭，其位置与今天相仿，平面呈正方形，仅在东北角上，大概因地理环境所限而向内收缩，形成一个曲折。与今天最大的不同之处是大门开在南边的围墙上，正对着现在工人文化宫的方向。门屋面阔三间，屋脊高耸，气势不凡。西边沿今人民路处，另开一单间小门以利出入。园内建筑不多，遍植树林，绿荫蔽日，修竹摇曳，十分清雅。北宋苏舜钦建造的"沧浪亭"，仍踞园北端，风貌依旧。正门前一街横亘，向西通今天的人民路，向东上南星桥，进玉渊坊，即是今天的带城桥路。大门上有两字，标明"韩园"。

沧浪亭之所以在《平江图》上标为"韩园"，有一段故事：

苏州沧浪亭与湖南岳阳楼，是同时诞生的一对历史风景名胜。修建的两位主人——苏舜钦、滕子京都是随范仲淹参与"庆历新政"的改革浪潮的积极分子。新政失败，他们也被贬谪出京。他们怀着相同的抑郁与悲愤，建造（重修）了两座垂名千古的胜迹，寄托他们感慨无穷的难言情怀。然而，沧浪亭的主人苏舜钦也许更为悲惨，这位才华出众的诗人、仁宗皇帝的宰相杜衍的女婿、参知政事范仲淹的至交，在建造沧浪亭后不足三载，竟无福消受，以 41 岁的盛年，过早地撒手西归。名园甫建，易主别姓。

建炎南渡，金兵进逼，大将韩世忠率军进驻太湖以东，沿长江布防，指挥部设在苏州。他看到沧浪亭位居城中，却偏离市嚣，清静幽雅，适中情怀，就驻足于此。所以到南宋绍兴年间，民间已将沧浪亭俗称为韩家园，或简称为韩园。《平江图》绘刻于南宋绍定二年（1229），虽距韩世忠居此园已近百年，但仍沿用此名。

如果把今天的沧浪亭与《平江图》上的沧浪亭相比较的话，有三大变化显得十分突出。

首先沧浪亭原来是东、北、西三面环水，而今天只剩下东、北两面有水。西面沿今人民路一直往南，再向西穿过孔庙的这条河已被湮没了。《平江图》上虽没有标明这些河道，但苏舜钦亲自撰写的《沧浪亭记》清楚地写明"三向皆水也"，足以明证。

其次是入口处的变化。从宋到元、明，大门始终在南面，进门都要先经过西面那条今已湮没的小河。明代沈周在游记中写道："南次通一桥，惟独木板耳……人行侧足栗股彻，桥若与世绝。"直到清代康熙年间，江苏巡抚宋荦重修沧浪亭，才"跨溪横略约以通游屐"，在北面水上架桥，逐渐发展为今天的出入大门。

最后是沧浪亭亭子的位置，苏舜钦写明"构亭北埼，号沧浪焉。""北埼"就是北面的河岸，说明亭是在水边。到清代康熙年间（1662—1722），仍是那位巡抚大臣宋荦，"构亭于山之巅，得文衡山隶书'沧浪亭'三字揭诸楣"，形成了今天沧浪亭整个园林的风貌。

（原载于《苏州园林》1999 年第 4 期）

园史考证

耦园史料辨析

文/钱行

关于耦园（图1）的历史人文情形，屡见于不少书刊报纸，但其间矛盾抵牾不少。兹以《苏州园林与名人》（以下简称《名人》）中的《人间连理情意长》一文为例，作一探讨。

图1　耦园山水间旧影（苏州市园林档案馆藏）

①清同治十三年（1874年），安徽巡抚、两江总督沈秉成罢免官职后，骤然萌生了隐逸江湖的思想，旋即举家携眷侨居苏州城东，购得苏州娄门内的废园后，大事修葺。（129页）

这种说法也见于东园内说明牌，似是卸任的总督来苏造耦园。其实

1874年沈氏来苏营建耦园，并非巡抚总督，只是苏松太道台，巡抚是以后光绪年间复出为官后历任，两江总督只是"署"（暂代）而非正式，且时间不长，新督到任后即回安徽仍任巡抚（查《清史稿》可见）。抗日战争沦陷时期，耦园住户多以"沈道台"称此园故主，而不叫巡抚、总督，也是因此。徐世昌《晚晴簃诗汇》（简称《晚晴簃》）收沈诗二首，作者简介说："沈秉成字仲复，归安人。咸丰丙辰进士，改庶吉士，授编修，官至安徽巡抚、署两江总督。"又在《诗话》中介绍"仲复师早入翰林有声，由侍读外转监司，自常镇调任苏松太道，以周知外事著闻于时。所至导民蚕桑之利，今沪人祠祀之，擢蜀臬引疾侨吴中，葺娄门陆氏涉园故址，有泉石之胜"。"光绪八年即家起为顺天府尹兼译署，除阁学、署少寇，出抚桂皖，一权江督。""二十年内召，以病暂还，卒年七十三。"（一百五十五卷第四册63页，上海古籍出版社影印版）。徐世昌是沈的学生，故称"仲复师"，所述如此，当可信。只是"光绪八年"与夫人诗"甲申"不合。

②　清末光绪丙子年（1876年）新筑花园落成。……沈秉成兴致勃勃，赋诗云："何当偕隐凉山麓，握月檐风好耦耕。"……"空明冰抱一壶清，一樽相对话归耕。"（129页）

此两联引诗未注明出处，其中"握月檐风"疑有错字（今姑写作"担风"）问"何当偕隐""话归耕"，明显是在居官时的语气，"什么时候才能偕隐，一起讲归耕之事"，是一种向往而不是现实，肯定不是耦园落成时所作之诗，"凉山麓"又与苏州耦园相距千里。《晚晴簃》中有《耦园落成纪事》诗，《名人》130页也有引录，其后二联为"疏傅辞官非避世，阆仙学佛敢忘情。卜邻恰喜平泉近，问字车常载酒迎"。《名人》引此诗只着眼于"觞饮吟诗，切磋诗意"，而未注意到"疏傅阆仙"一联，实寓暂时归还仍将复出之意。

③　沈夫人亲自为小轩撰联题额。"耦园住佳耦，城曲筑诗城。"额名"枕波双隐"。用以刻砖嵌以墙间，以示夫妇俩啸咏其中，终焉之志。（130—131页）

上节所引沈氏《耦园落成纪事》中有"非避世""敢忘情"之句，透露了沈道台"未敢忘情世事"更无"终焉之志"，夫人自然是了解的。而

"住佳耦""筑诗城"如果出于夫人手，则近自夸，恐与当时人的习惯不同，不似今人动辄以"著名×××"自许。如果出自友人题赠，则是对二人的极大称誉，颇合当时人的习惯。《苏州市志》等均以为是夫人手笔，甚至以为是她亲书手迹，未知是否确有所据，很值得怀疑。

> ④ 清末光绪年间……为了挽回颓势，清朝廷重又启用人才，期望沈秉成复出任职，委任河南、四川按察史，沈秉成都以重病推辞谢不赴任。（131 页）

据《晚晴簃》诗话所述，"擢蜀臬引疾侨吴"是在任时的事，先"辞蜀臬"再到苏州建耦园，不是在耦园中闻重起之诏而不去。

《名人》引沈诗一首（131 页）"小歇才辞黄歇浦，得官不到锦官城。回家亭馆花先发，清梦池塘草自生。绕膝双丁添乐事，齐眉一室结吟情。永春厂下春常在，应见蕉阴老鹤迎。"未著诗题及时间，看此诗后六句是讲当前事，前两句是补过去事，离开上海后不去四川而有了苏州耦园这样的生活。"小歇才辞"与"得官不赴"时间上当是极紧密的。不像是过了好几年又"得官"的。

> ⑤（听橹楼）俯视娄江船舶往来不绝。（133 页）

听橹楼上能俯视的是内城河，为一小河，娄江当是外城河，中有城墙阻隔（今不存），恐难透视，即使能见船舶，也只能见到大船的桅杆或船帆的顶部而已。

> ⑥ 沈夫人诗中记述了群贤雅集的情景："消寒雅集尽良辰，玉局重联香火因。双塔题云留胜迹，一樽唱月问前身。知音海内惟难弟，忧国天涯有逐臣。解唱大江东去曲，髯翁疑是再来人。"（133—134 页）

此诗未著诗题，据诗句看，似不是耦园中群贤雅集的情景，特别是"知音海内"一联。或许是定慧寺雅集？

> ⑦ 1939 年，当代国学大师钱穆在此侍奉母亲专心著述，完成了《史论地名考》。那时，其侄著名物理学家钱伟长亦同住耦园。（134 页）

钱先生著书名《史记地名考》"论"字误，此书今收入《钱宾四先生全集》（台湾联经公司版）。其侄伟长先生，时在加拿大、美国，及抗日战争胜利，钱穆先生自大后方归，伟长先生也回国，才在耦园小住，但时间是很短的，不久即各自到工作的地方去了。

⑧（双照楼）向东眺望，园外田野阡陌，菜畦稻菽一望无边，古城墙遗址堞楼起伏。娄江河野水急流。（134 页）

此节同听橹楼一节，城墙并不比楼窗低，倚窗难以望见城外，至少不能望见娄江。

⑨（还砚斋与鲽砚庐）沈秉成曾在京师得砻阳石一块，剖之为二，形状如鱼形……还砚斋又名鲽砚庐。（134 页）

还砚斋之砚与鲽砚庐之砚是两回事，"还砚"是沈氏前人一砚失落后，又为后人所得，故称"还砚"。原有俞曲园书匾一方，有跋述之颇详。此匾估计当仍在耦园保存（笔者于 20 世纪 80 年代曾在耦园见之）。鲽砚只是沈严夫妇之砚，鲽砚庐是沈夫人斋名，她的诗集名《鲽砚庐诗钞》《鲽砚庐联吟集》，并有小印"鲽砚庐夫妇联珠印"，今耦园东墙王梦楼诗画碑上留有此印。或许是一个抽象的斋名，不一定有具体的房舍与之对应，与还砚斋有所不同。

⑩补读旧书楼……是沈家子女课读场所。（134 页）

这"补读旧书"，当是老年人才用的词语，这匾额题名不知是沈秉成时所题，还是沈氏以前主人时即有。若是沈氏起名制匾，则不当是子女伴读之处，如是旧名旧题，则或移用作子女课读场所。耦园有许多名人题额匾联至今犹存，值得考证一番，哪些是沈氏同时代人所写？哪些是更早年代书家所作？《苏州日报》似已有文涉及。

⑪沈秉成夫妇在耦园生活了八个春秋，终因诏书累下，沈秉成不得不奉命复出为官。（135 页）

严夫人有《外子侨吴十年矣，甲申冬以京兆诏起感述》诗（《晚晴簃》有收，一百九十卷第四册 758 页，上海古籍出版社），甲申是光绪十年（1884），自光绪二年耦园落成起是八年（取其整数），从离官来苏同治十三年起则是十年，诗有"忽闻征辟到东山，便办严装趋北阙"，则似与上述"诏书累下不得不出"有异（《名人》以为四川的任命是在耦园时期，故是"累下"。若将四川的任命定在来苏前，则无此"累下"了）。

（原载于《苏州园林》2000 年第 1 期）

《盛世滋生图》上的苏州园林

文/张英霖

　　《盛世滋生图》是一幅专事描绘苏州景物的著名历史画卷，绘成于清乾隆廿四年（1759）。由于它的内容主旨在于表现苏州的古老、文明、富饶和美丽，故而又被称为《姑苏繁华图》。作者徐扬画艺高超，对故乡苏州十分熟悉，因此在他笔下的苏州，不仅具有高度的艺术概括性和典型性，而且也有很高的历史真实性。这是画卷于艺术审美价值之外，其社会历史价值受到世人重视的根本原因；也就是说画卷为研究我国重要的历史文化名城苏州提供了丰富的、可与文字记载相互参证的形象资料。在这篇拙文中，我想就图卷所写苏州园林的概貌和特点以及重笔渲染的几座著名园林做一些介绍和考索，以供研究苏州园林的参考。

一、图卷所见苏州园林的概貌和特点

　　我们知道，苏州园林自古称胜，其源头可上溯至春秋吴王的苑囿，最早见于记载的苏州私家园林是在晋代，唐宋以后随着绘画艺术和建筑、工艺美术等事业的不断发展，造园艺术日益成熟，园林建造日渐增多，至明清时期臻于鼎盛。而乾隆之际，经过清初至康熙雍正百余年的长治久安，苏州已成为全国最繁华的城市，富商巨室所建私家园林多达二百多处，《盛世滋生图》就是在苏州园林发展的这一巅峰时期绘制的，画中比较真实地反映了当时苏州园林的盛况，值得注意的特点有以下四个方面：

　　第一，大小园林遍布城内外，形成了"园中城、城中园""大地田园化和城市园林化"的风貌和格局。记得 1986 年《盛世滋生图》全卷第一次在苏州展示时，已故市园林局副局长、园林专家邹宫伍当时看后十分激动地说："看了这幅画卷，使我真正认识了什么是苏州古城风貌，什么是城市园林化！居民住处家家都是小园林，苏州古城就是一座大园林。"的确是这样，打开画卷，目光所及，到处绿树成荫，繁花似锦，庭园楚楚，屋宇轩昂，既有如城中怡老园和木渎镇遂初园等实写的名园，也有众多构筑精致、布置经心、不知名的小庭园。例如灵岩山下香水溪畔有一修整的院落，内植玉兰、松梅、桃柳之属，并培植有盆栽和盆景，在书房前的小院里还搭有一道花架，上面爬满盛开的蔷薇花，整个庭院显得娴静和谐而又生意盎然。又如距阊门闹市不远的虎丘山塘，沿河两岸风光明媚、古迹众多，形成引人入胜、使人流连的园林式名胜区。

第二，园林类型多种多样，在以憩居为主要功能的私家园林之外，园林建筑和布局已应用到各个方面。例如山前村织布坊的后园里，花木掩映中有茅亭一座，已非一般柴园模样；木渎城隍庙和法云寺内古木参天、烟云缭绕，倍添庄严神秘的气氛；镇外社仓建有修廊、曲桥、月台、亭阁，并植有大片竹林，既美化了环境，也有隔离风、火、虫害的作用；郡城南部高耸的道山亭是紫阳书院之所在，歌薰桥北臬台衙门后院栖有仙鹤数只，升平桥西藩台衙门更是设于名园之中。至于计成在《园冶》中所列种种因地制宜的园林形态，诸如村庄篱落、宅后竹园、郊野茅棚、山林楼阁、江湾渔舍、湖畔小筑等都可在图中找到实例。

第三，园林在画卷所写景物中占有突出地位，标志着园林已成为苏州古城的精华和重要组成部分。《盛世滋生图》全卷长1 241厘米，画面上遂初园和怡老园占有篇幅共长135厘米，约占全卷画面长的九分之一，说明画家构图不是随意的，而是基于园林客观实际而设计的。

第四，图卷全面展示了苏州园林赖以存在和发展的自然环境、物质条件和人文因素。广阔的太湖和起伏的群山是苏州园林的天然画本，所产湖石花木为园林建构的物质要素，虎丘一带众多的花树店表明那里有世代相继俗呼为"花园子"的专业花匠。全城各式精美的建筑则代表了苏州传统建筑的高超水平。所有这些都说明苏州园林产生在苏州大地是顺理成章的。

二、图卷所绘有史可据的几座著名园林

通观全卷所绘私家园林，有史可据能够确认的有三座，它们是木渎镇的遂初园、城内升平桥的怡老园和环秀山庄的前身蒋楫的飞雪泉。另有灵岩山麓的沈德潜别墅和虎丘下塘戴大伦的山景园虽不能断定，但以其所在

位置而言，与记载颇为吻合。兹就笔者所知分述于后：

木渎东街遂初园　这是全卷所绘最为完整的一座园林，从门前的砖砌码头至园另一端的后墙，占有画面长约75厘米，可知这是画家浓笔重染的所在。

何以认定是遂初园呢？主要是根据它的位置在木渎镇东街。据民国《吴县志》记载："遂初园在木渎东街，康熙间吉安府知府吴铨（字容斋）所筑……其孙泰来继之，极一时之盛。"经查《吴县志·吴泰来传》，知道他是乾隆庚辰进士。庚辰为乾隆二十五年（1760），即《盛世滋生图》绘成的次年，说明吴泰来当时正当英年。传中说他在园中"藏书数万卷，多宋元善本，日与江浙名流为文酒之会，作诗一本，渔洋吴中，数十年来自沈德潜外无能分手抗行者。"可知图卷绘制之日，正值遂初园兴盛之时。

由画面显示，其时园中正在举行喜庆活动（图1）。据粗略统计，园中各处出现的各种人物有70余人，连同隐而未见的当不止此数，规模之盛大可以想见。对于遂初园的规模和建筑情况，沈德潜《遂初园记》述之甚详，内有拂尘书屋、掬月亭、听雨篷、鸥梦轩、凝远楼、清旷亭、横秀阁诸胜，对照画面，呼之欲出。其中正在演出《白兔记》剧目的轩厅似为鸥梦轩。轩后之楼当系可以眺望"馆娃西峙，五坞东环。天平北障、皋峰南

273

图1　《盛世滋生图》上的遂初园

揖"的凝远楼。另外，图上可见园中有石曲桥一座，与沈记中"沿石齿，度略彴"之句不合；因为"略彴"是小木桥。这可能有两种情况，一是桥不止一座，另有小桥隐面未绘；二是乾隆之际遂初园经过重修。由图中所绘园前规整的石桥和石码头判断，很可能是当时经过重修改为石砌桥。否则，就难说"极一时之盛"了。

后来遂初园便衰落了。先易主为葛氏，咸丰间复归徐氏，清末改属柳氏。记得1986年《盛世滋生图》挂历出版后，有旅美柳氏后裔不远万里托人来购，海外游子念恋故土家园的情怀令人感动。更使人叹息的是，当年园林之盛、郡城之外无与抗衡的木渎镇，现在已难觅园林旧踪了。面对今日兴旺发达的木渎新街市，赞叹之余不免又有一种历史的失落感，由此而更觉得《盛世滋生图》的可资珍贵。在这里我想讲一段与遂初园相关联的小插曲，那是1986年秋后的某一天，苏州大学物理系的张橙华老师带着《盛世滋生图》和放大镜来看我，讲到遂初园前三孔石桥上一位骑驴前往吴府祝贺的老者，戴了一副老花镜，说是他用放大镜看出来的，目的在于证明当时苏州出产的眼镜已经流行。我对着放大镜细细看了看，老者的脸上果然是有眼镜。张老师是搞物理的，他于专业之外又执着于苏州历史文化研究的精神，于此可见一斑。

升平桥西的怡老园　图卷从胥门段起，便越过古城墙着重描绘城内的景况。首先写了江苏按察使署（即臬台衙门）内的院试考场的情形，继而写了江苏布政使署（即藩台衙门）银锭解库的场面，一个是取"人才"，一个是积"钱财"，这后者所在就是怡老园（图2）。

据记载，怡老园建于明正德间，时王鏊被任为户部尚书、文渊阁大学士加授少傅兼太子太傅，因不满宦官刘瑾专擅朝政，于正德四年（1509）告退还苏，其子延喆遂在升平桥建园以娱之。园建成以后，王鏊常与沈周、吴宽、杨循吉、祝允明、王宠、唐寅等在园中诗文唱和，徜徉园中前后达14年。王鏊死后园便日渐衰落了。文震孟在崇祯十七年（1644）所撰《怡老园记》中称，"当时如所谓清荫、看竹、玄修、芳草、撷芬、笑春、抚松、采霞、阆风、水云诸胜或仅存其名、或不没其迹、或稍葺其敝而终，不敢有所更置。"由此看来明末园已破败不堪，只是还在王家手中而已。故而文震孟在园记中对此讲了一些好话，说自王鏊起"八朝六世二百年（引者注：实为134年）。而始终为王氏物。"并且发议论云："园林之以金碧著，不若以文章著也；以文章著，不若以子孙著也；以子孙著，不若以子孙忠孝著也。"其实，入清之后不久王家便将怡老园卖给了江苏布政使署。

图2 《盛世滋生图》上的怡老园

民国《吴县志》"公署（二）"承宣布政使署条下记云："在吴县升平桥西北，即明大学士王鏊别墅。""康熙元年……购王氏宅更新之。大门东向，仪门南向，堂改题曰'正己'（引者注：原称三槐堂），堂之侧东为银库，西为钱库，并曰'永盈'。"对照图中所绘与记载完全相符。不过藩台衙门买的只是怡老园的一部分，据当时文人王芑孙［乾隆六年（1741）举人］《怡老图园记》中说，王鏊父子"作居第城西，前曰柱国坊，后曰天官坊，又辟其余地为园，曰怡老园"。入清后其第售于藩台衙门，"于是柱国、天官之坊中断为二，子孙散处其间"。由此推断图上于园中假山嬉游的妇女孩童有可能是王氏后裔。王芑孙在记中还说，他小时候"尝一至芳草堂，其树偃于庭，其室倾于塈，徒墙壁具耳。无几何时偃于庭者摧而为薪矣，倾于塈者斥而卖之矣"。他的哥哥善画，有感于园的兴废，绘之以图，弟弟便为之作记，抒发盛衰难料，人事无常的感慨。记得20世纪60年代我常去那里"除四害"（灭蚊、蝇、鼠、雀），穿行于怡老园旧址间，看到不少遗迹尚存，而今又已数十年过去，名园踪影恐怕无从得见了。

环秀山庄前身蒋楫的飞雪泉在画卷的黄鹂坊桥段，于拱桥之东的西北方向，可见白云弥漫下的树丛中有一八角亭，其不远处有高出树梢之上的假山，此画面虽极简单，却给我们提供了一个重要的信息，即那里是今日环秀山庄的前身——蒋楫飞雪泉之实写。

据民国《吴县志》"申文定公时行宅"条目所记，申时行之后，其孙继揆筑蓬园，"清乾隆间刑部郎蒋楫字济川，号方槎居之，掘地得泉号曰飞雪"。对于飞雪泉的详情，乾隆初曾任国史馆纂修的蒋恭棐有《飞雪泉记》，内云"从弟方槎，比部新居，听事之东偏为楼五楹，以贮经籍，名'求自'。于楼后垒石为小山，畚土，有清泉流出，迤逦三穴，或滥或汜，不渫不匿，合之而为池，酌之其甘，导之行石间，声瀄瀄然，因取坡公试院煎茶诗中字，题曰'飞雪'"。由这段记述可知，那座假山是"累石"而成。而且是一座"小山"，非一般的峰石。所以，水流其间才会发出"瀄瀄"之声；再细看图上所绘的假山，确是一座小山，其状颇类今日环秀山庄现存的那座小山。因此可以设想，戈裕良之前已堆有一座小山，后来环秀山庄的主人请戈在原有基础上重加堆塑形成今日的模样。因为众多事实证明，徐扬图中所绘均非随意之笔，他家住在距飞雪泉不远的专诸巷，应当是看到过蒋楫之飞雪泉的。我们当重视徐扬所绘，把环秀山庄假山的历史深入探索下去。

此外，在蒋恭棐的《飞雪泉记》中讲到蒋楫建园时，"工掘地深三尺许，见旧瓷甋，并拾得军持数十，意泉故值寺之井而久湮塞者……"这段记述令人感兴趣的是，当时掘地也是一种考古实践，从而发现了三尺下宋代所筑的街道和遗物。这里在1949年后已经多次掘出过宋代的街道、桥梁和遗物了。蒋文中提到的"军持"是佛家语，原为梵文，意译为瓶，即水瓶也，佛寺称"净瓶"。其实这种瓶1949年后在市内发现极多，俗呼"韩瓶"，认为是韩世忠军中用的水瓶。最近有人作《韩瓶小考》（见《中国文物报》2000年3月1日第三版），认为此种瓶不是用来装水而是装酒，就像今日的啤酒瓶一样。最近，宁波月湖考古发掘清理宋代明州都酒务作坊遗址，伴出有数以万计的韩瓶，苏州城内也有大量发现，说明上述考证是有道理的。由此可知"军持"的出土不能说明那里有井，更非寺中所用，而是其址可能与酒坊有关，是否如此，留待进一步考证。

谁是灵岩山麓别墅的主人？图卷所绘灵岩山，隐去了山的上部，只绘了山麓的景色，但见茂林修竹中有一书楼，窗扉洞开，内有红缨顶戴者二人，一对桌握管书写，一面窗似在沉思。我依据有关记载，认为此非虚构，乃是实写著名诗人沈德潜的别墅。

为什么说是沈德潜的别墅呢？因为沈德潜在那里确有别墅，这是有记载可据的。乾隆首次南巡至苏，在《灵岩行宫即景杂咏》诗中，于赞美灵岩"花姿树态""清净无尘"之后，末句以"合教个下住诗人"作结，并注曰："用吴语谓沈德潜住此山也。"乾隆写出的吴语是"个下"，苏白应是"辂搭"，即"这里"的意思，说明乾隆对沈住灵岩山有深刻的印象。

更重要的是乾隆和沈德潜关系非同一般。因为沈早年科场屡试不第，直到乾隆四年（1739）才考中进士，时已67岁了。乾隆爱其诗才，常召至内阁作诗命和，并与其论诗学源流。后来又留他校雠御制诗，至乾隆十三年（1748）才准他告老返苏。故而乾隆曾说："朕与德潜，以诗始，以诗终。"乾隆首次南巡时（乾隆十六年，1751）沈德潜以八十高龄远至宿迁县顺河集御舟启航处的运河码头接驾，乾隆高兴之余赐诗予沈曰："水碧山明吴下春，三年契阔喜相亲。玉皇案吏今烟客，天子门生更故人。"古时凡进士和殿试的录取者称为"天子门生"，而沈德潜这个"天子门生"竟被皇帝称作是"故人"，可见他们之间的关系之密切。

就在这次南巡乾隆驻跸灵岩山行宫所作《和沈德潜山居杂诗十首韵》的题下，乾隆有如下一段小注，"德潜苏人也，家居葑门而构别业于灵岩山之阳，适驻跸于是山行宫，欲访其庐而未果，兹当回銮故和其《山居杂诗》，书以赐之，且志别也。"由此说明，乾隆是曾想去沈的别墅造访的。上面所讲到的诗和注都作于《盛世滋生图》绘制之前，这对于徐扬为乾隆绘制这幅画卷有重要的参考作用，所以我认为灵岩山下那座别墅非沈德潜莫属。否则，如果随便画一座别人的书楼，对于明知"个下住诗人"的乾隆是难以交代的。况且当时灵岩山虽有几位文人居住，但声望都远不及沈德潜。毕沅的灵岩山馆是以后才建的，当时毕沅尚未入仕。另有一处乐饥园，当时虽存，但园主系抗清而殉，徐扬恐不敢绘出。当然，如果作画是在沈德潜为徐述夔作诗序而被罗织成罪，平墓毁碑之后，就不可能画他的别墅了。但那是在沈死后10年，画卷已绘成31年之后的事了，故我认定这里的书楼是沈的别墅（图3）。

对半塘、普济二桥间一处园林的探索画卷中于白堤上半塘、普济二桥之间，绘有二处内有假山竹亭、曲径古松的园林很是显眼（图4）。如此构图，当有所本，那么此园属谁呢？

图3　《盛世滋生图》上的灵岩山麓的别墅

图4　《盛世滋生图》半塘、普济两桥间的一处园林

　　翻查了一些资料，一时尚难确认。最疑似的是戴大伦的山景园。乾隆五十七年（1792）刻成的《虎阜志》卷二"迎恩桥"下记云："在下塘，里人戴大伦建。旁构山景园，中有涵翠楼、笔峰楼、卷石勺水之堂、白雪阳春阁、大观楼诸所。"道光间成书的《桐桥倚棹录》卷七"溪桥"有近

恩桥即引善桥的记载，其址在"普济堂西"。又卷十《市廛·酒楼》条目下云："乾隆某年，戴大伦于引善桥旁，即接驾楼遗址筑山景园酒楼，疏泉叠石，略具林亭之胜。亭曰坐花醉月，堂曰勺水卷石之堂……"从这些记载的时间看是相符的，所在的引善桥在普济桥附近，地点也差不多。园的描绘似乎也能对得起来，然而细察图中，实不像酒楼，但又接近半塘桥的饭店酒馆。因此是耶，非耶，难以定夺，姑且写在这里，供大家研究。总之，《盛世滋生图》作为一幅写实长卷，在虎丘山塘这样著名的名胜区是不可能不实写的。而全图绘出的园林也以这一座最具"城市山林"的特色，如果确是山景园，则苏州园林史上又多了一个酒楼园林的先例了。

（原载于《苏州园林》2000 年第 1 期、第 2 期）

艺圃杂考

文/叶瑞宝

艺圃是苏州名园，现已列入世界遗产名录。但综观目前各类资料及介绍艺圃的书籍，觉得艺圃的人文历史仍有许多不解之处，必须详细研究才能还其本来面貌。后反复阅读姜埰所撰的《敬亭集》《补遗》《附录》《姜贞毅先生自著年谱》（下简称《年谱》）和姜安节撰《府君贞毅先生年谱续编》（下简称《年谱续》）以及《虎阜志》等，发现不少有关艺圃的第一手文献，故撰此考，就教方家。

一、关于姜埰的生平及其他

姜埰自称周朝姜尚后裔。山东始祖名义，自浙江海宁徙居莱阳，占籍杏坛里，世居城南林。越七世，高祖讳淮，殖德名于乡，以御寇功拜怀远将军，子五人。淮第四子名珙，为曾祖，生子四人，次子名良士，为之祖，博学多闻。良士生泻里，即之父，封征仕郎礼科给事中，崇祯十五年（1642）莱阳城陷而烈殉，赠光禄寺卿。一门同死者，男女二十二人。泻里生四子：长圻、次埰、三垓、四坡。

姜埰的生年，以往皆说是明万历三十五年，即 1607 年，这样的换算是不错的。但忽略了姜埰生年的月日一同加以换算成公元历的年月日。《年谱》云：埰生于万历三十五年十一月十四日酉时，换算成公历就不是公元 1607 年了，应是公元 1608 年 1 月 1 日。酉时，即下午 5 点到 7 点之间。生卒年的正确考定，对研究一个人来说是至关重要的大事，决不可忽视。

姜埰的名号很多，我们一般只知道埰字如农，号宣州老兵、敬亭山人等。从应㧑谦《（姜埰）墓表》中，得知埰又字卿墅。考《年谱》和《年谱续》，知姜垛小名为"二百"，因其长兄圻生时，其祖父母105岁，长兄取小名为"百五"，故垛为二百。20岁入泮时，取名姜联芳，后再复今名。顺治六年（1659），客真州，冬筑芦花草堂（见《孤桐引并序》），是年自号敬亭山人。清康熙六年（1667），葬叔父贞文先生于苏州天池山，是年五月携子至宣州，自号宣州老兵，又号役叟。方欲结庐敬亭，以终谪戍之命。

　　姜垛于明崇祯四年（1631）登进士第一百三十六名，出倪云璐门，殿试三甲一百六十三名。是年八月，授密云县知县，未赴任，十月改授仪真县（真州）。为政清廉慈惠，"日用米薪，悉照时价，不取民间一物"，衙壁有题"爱民如子"四字。垛性亢直，不善事上官，十年不得调。崇祯十四年（1641）升礼部仪制司主事。十五年三月，上御弘政门，召见姜垛，应对称旨，擢礼科给事中，五月之中条上三十疏，皆军国大事，蒙嘉纳，人称姜黄门。今《敬亭集》中还能见其十九疏。是年十一月，首辅周延儒闻总宪刘宗周有"长安金贵"之疏，周延儒欲脱罪名，密揭进上，诬为皆言官所为，上信之。是月初九，崇祯申谕言官曰："言官以言为职，缄默不言及言而不当，俱属溺职，诸臣中有大奸大贪，自当直纠，其余往事细过不应苟索。近来忠党固多，挟私偏执，更端争胜亦复不少，或代人规卸，或为人出缺，种种情弊，难以枚举。"上疏力争。会行人司司副熊开元亦疏论首辅周延儒，上大怒。于闰十一月二十三日"手持红本，亲宣玉音，同收锦衣卫"，受尽酷刑，九死一生，半月去腐肉斗许。崇祯十六年（1643）清兵入关，周延儒避敌不战，虚报战绩，罪被揭发，削职勒令自杀。刘宗周、金光宸、范景文、傅鼎铨、吴麟征、祁宠佳、熊如霖、徐石麟等数为请示宽典，于崇祯十七年二月一日诏迁宣州卫，初十出都，遣行才四十日而闻崇祯殉国，垛只得随长兄圻携幼侄骞节等，踉跄南渡。是年五月，弘光在南京称帝，垛得赦免，九月搬迁苏州，寓上津杨吴氏宅。弟垓曾弹劾阮大铖，弘光称帝后，首用阮大铖，阮大铖"必欲得垛兄弟而甘心"，故而垛只得变易姓名，亡命奔走于浙江、安徽、山东、江苏等地。清顺治四年（1647）夏，入黄山，祝发于丞相园。应挺谦《（姜垛）墓表》作"戊子（清顺治五年），削发改僧服"，疑不确，应以《年谱》为准。顺治六年（1649）客真州，赁王生屋居之，署其庐曰：芦花草堂。顺治十七年（1660）卜居苏州之专诸里文震孟别业。疑当时不名文衙弄。改文震孟药圃为颐圃（后再改名为艺圃）直至于康熙十二年（1673）病卒。

　　姜垛既然客于真州，并且修葺了芦花草堂，他为什么要到苏州来定居呢？我想，这和苏州当时的政治、人文和地理环境分不开。因为苏州是复社的发祥地，灵岩山又是反清的"地下指挥部"，苏州近邻的无锡又为东林党的根据地，是和姜垓的思想一拍即合。故而他在《新春虎丘僧楼》诗中说："借问故园何处是"。这是他定居苏州的思想基础。由于他的思想所决定，往来之人物大都是反清志士。他与灵岩寺僧弘储最洽，和熊开元（志正）往还密切，去无锡访高攀龙，又与周茂兰、李模、徐枋、徐晟诸公放怀山水间，还与叶襄、金俊明、任大任诸宿老友过从。还有苏州风土清嘉、人杰地灵的自然地理环境。所以，姜垓最终选择苏州为他的归宿之地。

姜垓临终时的心情极为复杂，忠孝不能两全，忠大于孝，只能选择尽忠，故遗命曰："吾病既不能往（宣州），死必埋我敬亭之麓"，又吟"盖棺三十日，负棺莫栖迟"。因不能尽孝，只好感叹自书："一腔热血，欲洒何地"八字，又书"东望松楸，不胜心痛"，充分反映了姜垓的忠孝两难全的矛盾心理。姜安节、姜实节为了实现其父忠孝两全的愿望，既尊其父临终愿望，又把其父逾40岁而陆续脱落的24颗牙齿葬于祖父母丘陇之侧。徐枋特为此事撰《（姜垓）齿墓志铭》。此墓志铭曰："先生年未六十，齿皆脱落。先生有二十七齿，仅存三齿，落二十四齿，安节、实节平时袭而藏之。既葬宣州，而痛先生之临殁悲歌思二亲之丘陇，于是复奉遗齿归瘗莱阳赠公之墓侧。庶几先生之心乎，噫！为可悲矣。"钱澄之《前礼科给事中姜贞毅先生之配董孺人迁葬墓志铭》亦曰："先生受杖重伤，嚼齿忍痛，齿多坠，未六十坠且尽，安节兄弟袭而得之。得二十四齿。至是奉往莱阳曰：此亦先生遗体也，还诸先垄，以少寄吾亲依恋之志。"

二、艺圃建筑年代考

目前，对艺圃的建筑、建造的意见大致可归纳成三种：一是艺圃为明代中晚期原初风貌的园林，二是艺圃中保存着包括厅堂等大量明代建筑，三是艺圃为姜垓在明末时所购。今考姜垓的《敬亭集》等，以上三种论点都是站不住脚的。姜垓所购药圃是在清顺治十七年（1660），该园中的主要建筑甚至园林绝大部分皆为姜垓重建之物，可以说艺圃不是明朝之物，应是清初构建之物。

为什么会有这两种截然不同的结局呢？说艺圃为明代园林或主要建筑为明代之物，可能是受了1981年和1985年上海辞书出版社先后出版的

《中国名胜词典》与《中国历史文化名城词典》的影响，两词典各称艺圃是："明末清初归姜贞毅，改名艺圃，又称敬亭山房……较多地保存了明代园林的格局""大致保持明代园林格局"，这种观点是在"词典"中出现的，现被广为引用，这是其一。其二，建筑格局的变化是很缓慢的，谁能分得清明崇祯十七年（1644）与清顺治元年（1644）的建筑的不同呢？明末清初的建筑格局是极难分清的，以致误认为清初建筑为明末之物。今天，我们应该抱着对历史负责的客观态度，还艺圃本来的历史文化内涵。

认为艺圃是清初建筑，是根据姜垛撰的《敬亭集》等文献资料考定的。《颐圃记》云："颐圃者，宪副袁公之故宅也。其地为姑苏城之西北偏，去阊门不数百武，阛阓之冲，折而入，杳冥之墟，地广十亩，屋宇绝少，荒烟废沼，疏柳杂木，不大可观，故吴中士大夫往往不乐居此。惟贩夫佣卒，编草为室。"这清清楚楚地告诉我们，姜垛买下药圃时，是一片荒凉破败的景象，惨不忍睹，仅见贩夫佣卒在药圃中搭建的草棚。《疏柳亭记》还告诉我们："兵燹之后，即世纶堂、石经阁皆荡然，惟古柳四五株，则数十年物。"这一进步告诉我们原药圃中的主要建筑"皆荡然"，园中仅仅留存着文震孟种下的四五株古柳。以上两段历史文献资料从根本上否定了艺圃是明代建筑和保存着包括厅堂等大量明代建筑之说。姜垛《颐圃记》中所说的"屋宇绝少"，疑是清黄宗羲《念祖堂记》中的"马厩"之类的原药圃的次要建筑。《念祖堂记》云："文肃之后，废为马厩，马厩之后，辟自先生。"姜垛是很敬仰文震孟的，特建疏柳堂和疏柳亭并撰《疏柳亭记》为之纪念，体现了姜垛高尚的风格。今天，我们有什么理由要把姜垛屈于第二位呢？没有姜垛的重建，哪有今天的艺圃呢？姜垛重建艺圃功不可没。姜垛重建艺圃时，所请之工匠当然绝大多数是明末遗匠，当然造不出以后的清式建筑。所用之木料，亦疑是兵燹之后其他毁屋的旧木料，故今天鉴定来看，艺圃的木料亦是明料。总之，我们不可忘记，姜垛毕竟是明末遗臣，其所建格局当然是明式格局。

姜垛是什么时候买下文震孟的药圃重建而改为颐圃（后复改名为艺圃）的呢？这个问题很重要，必须要弄清楚，是关系到对艺圃历史文化内涵的定性关键问题。"词典"之说是明末清初，相当含糊，上文有的说是"崇祯末年"，张橙华先生在《艺圃旧主》中作"顺治十六年"，以上之说孰是孰非？今据《年谱续》等考证，应是清顺治十七年（1660）之事。

《年谱》云：姜垛于顺治十六年（1659）五月至吴视俺寓节，原本想回真州寓所，因六月京口兵阻，只得避居灵岩山，与弘储周旋最洽。是年九月，垛妻王氏寻夫至苏州，家庭团聚。十月，寓居山塘委巷，与周茂兰等"朝夕与俱，愁叹之余，不觉形容憔悴矣"。于是遂托周茂兰为其买屋。《颐圃记》云："己亥（顺治十六年）之夏，鼍鼓不靖，余踉跄适吴，僦居山塘之委巷……吾友芸斋周子忽一旦操券（房契）而至……"《疏柳亭记》云："己亥之变，踉跄渡江，因属老友为余卜居。老友奔折五六月，卜文相国之故宅居余。"上引之文献，知姜垛于清顺治十六年十月寓居山塘街委巷的时候，这个十月的时间很重要，因为周茂兰为姜垛买屋奔折五六月，已是清顺治十七年三四月份的事情了，亦证实《年谱续》之所说。"庚子（顺治十七年，1660），（垛）年五十四岁，是年卜居苏州之专诸里，荒园数亩，旧属文相国湛持别业。兵燹之余，稍加修葺，署其庐曰东莱草堂，又曰敬亭山房。"

以上引证，对姜垛购买文震孟故宅药圃及改署名称的经过及时间的说明已是清清楚楚的了。所谓"稍加修葺"，不是我们平时理解的在原来的基础上加以修修补补。葺，是补治，补建之意，"稍加修葺"，就是稍为重建一些建筑，即东莱草堂等，何况已"皆荡然"，哪里来的原建筑可修修补补呢？所以这里的"修葺"是重建之意。

姜垛对艺圃的重建，不是顺治十七年一年之中完成的，而是前后跨度十三年时间陆续建成的。姜垛于顺治十七年三四月份以后，疑重建东莱草堂、敬亭山房、疏柳草堂等，当年能完成这样的工程，已是很不简单了。《园居杂吟》八首之一云："屋亭仍三瓦"，说明姜垛当初只重建这些工程。当姜垛入住时，整座艺圃仍然显得很荒凉，假山等还没有很好整治，仍为"罅裂"状态，道路高低不平，乱石满地，虫蛇遍地。姜垛《偶成》九首之八云："今我卜宅在吴州，水石罅裂蒙雾愁。大蛇行地小蛇继，何况夜撮来鸥鹣。苦怕恶毒闭门早，家人十步九颠倒。男欲号啼女啾唧，老夫欲眠眠不得。"这是姜垛对艺圃当时荒凉破败景象的真实写照。

艺圃的最后主要工程是念祖堂的建造。姜垛于清康熙十一年（1672）八月"架屋五楹于池上故址，署曰念祖堂"。崇祯十五年，既是姜垛擢礼科给事中之年，又是被逮收锦衣卫而九死一生之年，亦是其父刚刚封征仕郎礼科给事中不久莱阳城陷而烈殉之年。姜垛未能尽行孝道，其母董孺人又随其流离颠沛而死，故其时时怀念父母。当他得到莱阳家书时，"未启先断肠"，欲还莱阳临行时，"阿儿哭为爷（指自己），阿爷哭为母"。其《母忌》诗云："九京惟父在，百世尚儿怜……不堪回首际，血泪自潺湲。"在《东归省墓留别吴门亲友》诗云："北海松楸瞻望里，东吴女儿乱离中"，当读救作《救母》诗云："母德深难述，追思泪涌泉"。故而姜垓特在艺圃中建造念祖堂，以尽孝道而不忘本。清黄宗羲《念祖堂记》云："先生家莱阳，侨寓吴门，不忘其本，故名堂以识之。"又云："天下之兴亡，系于堂"。今之念祖堂，已改名为博雅堂了，不知什么时候改名，我想绝不会是姜垓之子孙所为。

姜垓逝世后，其子实节曾一度想在艺圃中增建谏草楼等建筑。清汪琬《艺圃后记》云："今伯子与其弟又将除改过轩之侧筑重屋，以藏弄主人遗集，曰谏草楼，方鸠工而未落也。"姜实节建谏草楼在什么时候呢？又为什么没有建成呢？考《虎阜志》：清康熙三十四年（1695），苏州巡抚宋荦在虎丘东塔院建姜忠肃公祠。实节又在姜忠肃公祠旁建谏草楼，"为其父贞毅先生垛之影堂（家庙），楼东有思敬居、改过轩、巾箱阁，为实节读书处"。知艺圃中的所要建的谏草楼改建在虎丘了，同时知改过轩亦移建于虎丘，时间应该在康熙三十四年之后，因是年宋荦建姜忠肃公祠，此祠建成以后，才有谏草楼等工程，但不排除在同年中先后建成。

姜垓前后两次买宅于苏州，第一次在清顺治十年（1653），但没有住。第二次是在清顺治十七年（1660），买下了文震孟的药圃。第一次的买宅历史鲜为人知。他在清顺治十年撰《芦花草堂记》云："今，买宅丁闾阖，旦夕将迁去。"为什么没有"迁去"而住呢？我认为，是年正遇其弟垓生病，必须要有一个安静的环境既能看病，又能休养，当然苏州是最理想的地方，何况又有宅于苏州，让垓住是在情理之中。《年谱》云："癸巳（顺治十年），垓患至吴，视药饵二月，疾革。"垓死后，疑此宅为垓子寓节住，直至顺治十五年结婚于此，不然的话，侄寓节结婚在什么地方呢？故而《年谱》又云："戊戌（顺治十五年），是年八月至吴，为侄寓节毕姻。"由于此宅为弟垓和侄寓节所住，所以没有"旦夕将迁"。姜未及时搬迁还有一个原因，是家庭人口众多，他在《抵宣州》诗云："老小近百口，肩挑归东齐"。这里所说的"近百口"，可能是指兄弟子侄辈以及莱阳的妻舅等亲戚。总之，姜垓这样的大家庭，再住原来所买之宅是不够用了，况且弟侄已住，只得再请周茂兰另买文震孟的药圃了。

姜垓于清顺治十年买宅在苏州什么地方呢？《虎阜志》云："山塘小隐，明行人姜垓寓此"，疑即姜所购之宅。《疏柳亭记》云："老友奔折五六月，卜文相国之故宅居余，宅与考功（垓之官衔）易簣地相近。"艺圃至阊门不数百步，出阊门不远即为山塘街，所以姜垓说艺圃与其弟垓去卒之地"相近"。疑姜垓于清顺治十六年（1965）寓居山塘委巷时，作《山塘旅寓》诗怀念其弟。诗云:"忆弟看云石,飘零满地愁。烽烟迷古戍,花草转皇州。作客犹初夏,携家及暮秋。问来登眺意,憔悴仲宣楼。"又云:"地接苍山远,年催白头新。登临兴废眼,离乱死生身。秋水有孤鹜,寒塘无几人。渡江诸弟子,随意五湖春。"

三、园主题园名的思想意识

艺圃前后主人三人,园名有四个。创始人袁祖庚命名为"城市山林",文震孟题曰药圃,姜垓改署为颐圃,后又复改名为艺圃。园名的不同,表现了园主独特的个性意识。

城市山林,即城市中的园林。山林,典出《汉书·东方朔传》注引应劭:"公主(窦太主)园中有山,谦不敢称第,故托山林也。"后称城市中的园林为城市山林。姜垓称申时行家园亦称山林,有《庚戌春过申氏山林分韵》诗二首。既然是"谦不敢称第",袁祖庚应该亦是这意。袁祖庚既官至宪副,说他怀才不遇有点难以理解。姜垓评论袁祖庚是想做官的,他在《颐圃记》中云:"宪副四十投簪(弃官),耽情禽鱼,此一地也,署曰城市山林,非独不求仕宦也,亦不求必入山林。"清楚地告诉我们袁祖庚不一定要隐居。可惜我们今天没有更多的文献资料来说明袁祖庚为什么四十弃官,似乎有什么事件发生而使他"四十投簪",总之,不能说他怀才不遇。

文震孟改城市山林为药圃,是他中举之前,他既没有袁祖庚那样的经历,更谈不上他有高蹈遁世的隐逸思想,亦没有怀才不遇之感觉,而是孜孜不倦地发奋"求三公之荣",所以说,文震孟取药圃之名没有什么特别的含义。柯继承先生在《艺圃》中,引经据典,进行了很好的考证,指出药圃就是用竹篱围起来园圃,"药圃即园圃",此说言之有理。姜垓诗中亦用"药栏"二字,可再证柯继承先生之说。《园居杂吟》八首之第一首云:"地僻柴门静,天寒树色迟。药栏添处处,岸柳插枝枝。屋亭仍三瓦,风花自四时。却看春雨后,乐意正萦滋。"姜垓评文震孟思想表现说:"相国杜门扫轨,屏居莳植,亦此一地也,署曰药圃,是非独不求三公之荣也,亦不求平泉之乐"。这就告诉我们文震孟是"求三公之荣",也确实位至三公,不过极其短促,仅三个月而已。历史上的改革家在政治上的失败,我认为不能归纳为怀才不遇,从古以来,这样的事例不胜枚举。文震孟不是一个改革家,他在政治上未能施展抱负,亦不能说是怀才不遇。文震孟一生的大起大落，他自归纳为是"地脉使然"，这种颓废的封建宿命论思想，贯穿其终生。他极其相信形家言其药圃舍南二墩如珠，是"八宅骊珠次于离，当有文昌坐位，居者多贵而贫"。故文震孟常常对人家说："吾生平命骨，地脉使然。"八宅骊珠，胥江钓叟顾吾庐《八宅明镜序》云："八宅分凶吉。屋有东四宅，西四宅。人有东四命，西四命。何为东四宅？坎震离巽是也。何为西四宅？乾坤兑艮是也"。又云："东四命，宜居东四宅；西四命，宜居西四宅，命与屋相合，无有不财丁并发者。"骊珠，骊龙颔下之珠，喻为贵人，典出《庄子·列御寇》。药圃正是处在这样的地脉上，故文震孟称其命运是地脉决定，不可改变的。所以说药圃之药绝不是香草，文震孟不可能以香草自比。

姜垛把药圃改为颐圃又何意呢？《颐圃记》云："《易》之颐曰'贞吉，自求口实'夫求诸己而不求于人。"这句话出典于《周易·上经》："颐，贞吉，观颐自求口实。"郑玄解释说：因辅嚼物以养人，故谓之颐。颐，养也。颐在八卦中为☶，所为震下艮上，为六十四卦的第二十七卦，又称二阳四阴之卦。颐卦中的守正就是吉利，是指养人养己必须守正才能吉利。姜垛取名颐圃的意思是自力更生，有吃有住，达到温饱就可以了，所以他把"己亥以来之诗，题名《馎饦集》"，并题斋为"馎饦斋"，其用意可见。因为颐圃是周茂兰为其奔走五六个月购买成功的，他说"无以谢周子"，只"自求口实"而谢。为了体现"自求口实"，后索性把颐圃改名为艺圃了，更加体现他自力更生，亲自动手种植之意。"艺圃"二字之典，出于宋楼钥《送刘仲起主簿》诗："公余黄卷频展舒，艺圃功夫日加葺。"这时候的姜垛思想已大变了。

四、结束语

有文章说，在"姜实节晚年，已将艺圃转于他人，艺圃的辉煌期是相当短促的。"这种说法不知何据。我认为姜实节晚年根本不可能把其父所购的艺圃转手他人。因为，姜垛所建的念祖堂，看似纪念祖先，实际是"国家兴亡，系于一堂"，这个"祖"，还应该包括有明一代，亦可以说是明朝的代名词，从这点出发，姜实节再穷，也不可能卖掉艺圃。再说姜实节晚年虽然住在虎丘，而是守二姜先生祠、姜忠肃公祠和家庙，祠是古代宗法重地，家庙是烧香拜佛求平安之地，仅改过轩等建筑是姜实节读书之处，其子孙又如何住呢？只能仍住在艺圃。从上考知，姜实节曾想在艺圃中准备鸠工建谏草楼之事，毛奇龄撰《莱阳姜忠肃祠堂碑记》云："康熙二十四年（1685），祠成。越三年（应是康熙二十七年，即 1688 年），贞毅之仲子疏所载事，而属奇龄为之记。"至少证明，此时晚年的姜实节未卖掉艺圃。

我认为艺圃一直为姜埰后代所居住，疑至嘉庆十五年（1810）以后才易主。姜实节卒于清康熙四十八年（1709），其子孙之名，一时确实难考，但知其曾孙姜晟，字光宇，号杜芗、度香，生于清雍正三年（1730），卒于清嘉庆十五年（1810）。乾隆三十一年（1766）进士，历官刑部右侍郎、两湖巡抚，嘉庆三年（1798）加太子少保，升湖广总督，调直隶，擢刑部尚书，赐紫禁城骑马，调工部尚书，可说官位显赫。如是姜晟生前艺圃易主，此时的姜晟必定会赎回艺圃，如苏州上塘街的紫芝园。如艺圃易主，一定是姜晟以后之事了。总之，至今还未发现文献记载关于姜实节以后、姜晟之前卖掉艺圃之事。

我们注意到清杨文荪于清道光二十七年（1847）所撰《七襄公所记》（以下简称《记》）。（柯继承《艺圃》误为书碑之人程荃撰。）杨文荪所撰《记》时，曾参考清汪琬《艺圃》前后二记、归庄的《匾额跋》等。该《记》云："仲子实节乃辟为艺圃，见于名人题咏。迄今一百七十余年，易主者屡矣。道光癸未（三年，1823）甲申（四年，1824）间，郡中吴氏始葺而新之。"这段文字，其中有两点推敲之处。汪琬《艺圃记》中，明确指出改艺圃之名是姜埰，考《敬亭集》，知姜埰曾作《艺圃》《艺圃见襄阳翁考题石诗》。"'云根摆动时，丘壑胸中有。恰来襄阳人，呼之共拜否。'长男安节和诗云：'寂境尘寰得，荒园故老遗。梁鸿有父子，最与隐相宜。'余亦成一绝：'文相平泉在，当年乐圣时。到今人几换，花柳总无知。'复续一短歌诗。"可证杨文荪所说姜实节辟为艺圃之事为不确。再从清道光二十七年（1847）上推一百七十年，乃为清康熙十六年（1677），所谓"一百七十余年"，我认为也不会超过康熙二十一年（1682），不然不可能称"余"了。此时的姜实节仍住在艺圃，还没有到虎丘守祠和家庙，怎么能说一百七十余年，"易主者屡矣"呢？祠、家庙和念祖堂是姜氏三个互不相关或可替代的纪念建筑，对姜氏来说都为至关重要，姜实节生前绝不可能卖掉念祖堂。再说在虎丘建祠，亦不是姜实节所为，是苏州地方官绅所为，可能姜实节没有出资。清康熙二十四年（1685），巡抚汤斌在虎丘白莲池东建"二姜先生祠"，祀姜埰、姜垓兄弟。清康熙三十四年（1695），苏州巡抚宋荦建"姜忠肃公（埰父泻）祠"，故而姜实节用不着用卖掉艺圃的钱去建二座祠。上述移建的改过轩等可能与建祠同时，疑出资很少，亦不需要去卖艺圃。杨文荪所说的屡易主，疑指袁祖庚到文震孟、姜埰、吴氏和七襄公所而已。我认为艺圃正式易主，是在道光三年（1823），易于吴氏。有关正确事实，待进一步考之。

（原载于《苏州园林》2001年第1期、第2期、第3期）

惠泽后世的花园

文/沈亮　陈胜元

　　在古城平江保护区南显子巷内，有一座名叫惠荫园的古典园林。对这座小巷深处的、以西山林屋洞为蓝本的大型太湖石水假山、人工杰作"小林屋"，历史上赞不绝口——"洞天钟乳滴，舫室水波亭。尽日莺花静，萧辰麝粉馨"（费树蔚《皖山别墅》）；"层楼不隔远山青，往事闲寻满草庭"（袁学澜《游恰隐园》）；"试剔苔痕摩古篆，且邀茶话瀹新泉"（张荣培《重游皖山别墅》）。

　　数百年来，惠荫园几度兴废，当年的泉石藤萝，已成为充盈着莘莘学子读书声的校园。以至当许多人对烟波太湖畔的林屋洞充满神往之情时，却对近在咫尺、奇美无比的"小林屋"感到遥远而陌生。

一、稀世珍宝

　　说到惠荫园，就不能不说到明代的叠石大师周秉忠。周秉忠，苏州人，字时臣，号丹泉，造园叠山成就非凡。他既是一位画家，善画人像，又是雕塑家和工艺美术家，曾在景德镇烧瓷器，还会制作漆器，称得上是个多才多艺的巧匠。只可惜，其生卒年代，史书上没有详细记载。著名的公安派文人袁宏道在明万历时任苏州吴县县令，他在万历二十四年（1596）写的《园亭记略》中说："徐冏卿园（今留园）在阊门外下塘，宏丽轩举，前楼后厅，皆可醉客。石屏为周生时臣所堆，高三丈，阔可二十丈，玲珑峭削，如一幅山水横披画，了无断续痕迹，真妙手也。"江进之（明万历年间苏州长洲县令）《后乐堂记》也说："太仆卿渔浦徐公解组归田，治别业金阊门外二里许……里之巧人周丹泉，为垒怪石，作普陀、天台诸峰峦状，石上植红梅数十株，或穿石出，或倚石立，岩树相间，势若拱遇。"袁江两人友情深厚，往来关系密切。明末徐树丕《识小录》上说："丹泉名秉忠，字时臣……其造作窑器及一切铜漆物件，皆能逼真，而妆塑尤精，……年九十三而终。"另据《吴县志》所载、韩是升作于康熙三十一年（1692）的《小林屋记》说："按郡邑志……台榭池石皆周丹泉布画。丹泉名秉忠，字时臣，精绘事，洵非凡手云。"从他们的文章来看，可推测周秉忠活动的大致年代，在明万历至崇祯年间（1573—1644）。（据近年考证资料发现，周秉忠为艺圃园主文震孟的舅父。）

在中国园林发展史上，用石造山沿袭久远，在汉代称之为"构石为山"，到唐代白居易的文章中称"聚石为山"，至宋代，又有"积石为山，峰峦间出……"（蔡京《太清楼特记》）一说，说明了宋以前园林造山并没有形成一定的技法程式。直到元代建造苏州狮子林时，才明确提出了"叠石为山"的说法，从此总结了用石造山的基本技法特点是"叠"。早期的叠山如狮子林，采用比较单一的相互连接、上下压砌，显得比较粗糙。而惠荫园水假山的堆叠技法是采用数十块几吨的太湖石峰石，横卧互压互咬，合拢至中间，运用石拱桥的力学原理，在内部形成山洞，模仿出天然的石灰岩地质构造，重在神似，开创了明代假山真作的艺术特点，为后来清代叠山大师戈裕良创立钩带联络法奠定了坚实的基础，在造园叠石史上具有承前启后的重要地位和艺术价值。

周秉忠的作品，按文献记载，现在存在的只有留园和惠荫园了，由于留园几毁几修，其间又数度更换过主人，遭受过兵燹，如"山水横披画"的假山已经发生了很大的变动，特别是堆土层上方的表层裸露部分，湖石、黄石混杂，明显是后来庸手的狗尾之续。而惠荫园虽已颓毁，水假山"小林屋洞"也历尽磨难，所幸基本结构和洞穴仍在，成为周秉忠作品硕果仅存的传世珍宝。

二、岁月烟华

追寻惠荫园的往事，可以看到，这所深巷小园的历史实在长久。明朝嘉靖年间（1522—1566），就由归湛初开始建园，台榭池石都由周秉忠规划设计和主持施工，史上称它为归氏园。清顺治六年（1649），复社成员韩馨购买栖隐，当时已经有些荒废，主堂称"洽隐"，因此也叫洽隐园，一些前明的遗老和知识分子经常在这里聚会、觞咏。康熙四十六年

（1707）遭到火灾，只有奇峰秀石还保留着。乾隆十六年（1751）重新修葺，由蒋蟠漪题写了篆书"小林屋"字额。韩是升作的《小林屋记》说："洞故仿包山林屋，石床、神钲、玉柱、金庭，无不毕具。历二百年，苔藓若封，烟云自吐。"韩家拥有这所园林一直延续到嘉庆年间（1862—1874），时间超过一百五十年。太平天国时，听王陈炳文将它改作王府。同治年间，李鸿章主持建立了安徽会馆、程学启祠，扩修了花园，改名叫惠荫园，建造皖山别墅和寄闲小筑，同时又建淮军昭忠祠。光绪时，划皖山别墅部分房屋作经商公所，先后筑伫月楼，建戏台，造机房数十间，成为集会馆、祠堂、花园、公所、机房等一体化的建筑群落，进入惠荫园的全盛时期；园中有著名的8景，都有悬额题词，分别是柳荫系舫、松荫眠琴、屏山听瀑、林屋探奇、藤崖伫月、荷岸观鱼、石窦收云和棕亭雾雪。壁间嵌"惠荫园八景小纪石刻"（有王凯泰序、阚凤楼记、赵宗道识、吴宝善绘惠荫园总图及洪立朴的八景分图），成了苏州的一大名胜。

民国后，会馆在政治、经济上失去依恃，渐渐衰落。园中曾设阅报社，一度还被租作游艺场，对游人时开时闭（图1）。童寯先生写于1936年的《江苏园林志》描写说："园之南部，高下曲折，洞壑幽深，上置重阁。今之栖云处，即小林屋一带地，昔日之琴台犹存焉。稍北方池围廊，敞轩数进，渐就凋敝。"抗日战争胜利后，东部园内民户杂居，散作民居，只有小林屋尚存。西部由施剑翘创办了从云小学，这所学校，得到了许多知名人士的支持和赞助，宋庆龄、冯玉祥、于右任、张治中、李烈钧、周至柔、陶行知等有的提供资金，有的还担任了名誉职务。1949年后，在这

图1　民国初年的惠荫园（苏州市园林档案馆藏）

个基础上建起了苏州市第一初级中学，成了"名园藏名校，名校有名园"的文化教育殿堂。可惜的是，"文革"中，水池被填没，古树被砍去，房屋被拆掉，甚至连湖石也被毁了一部分，到1970年，备受摧残的假山西部旱洞坍落，洞口壅塞。洞口原有的鹰石（酷似鹰隼击秋势，为园林名石之一）和鸡鸣石，也都被毁，只留下会馆门厅及部分堂构。当进入改革开放时期，随着园林建设事业的蓬勃发展，对于在造园史上有重要地位的小林屋洞，园林和建筑界的专家学者总不免感到深深惋惜，对它将来的命运倾注了无比的关注和热心。

三、众手成林

并非所有的苏州人对惠荫园都已淡忘，为抢救小林屋洞水假山，不仅社会各界有识之士和专业人员在奔走呼号，也牵动了千百人的心。

时代进入世纪之交，苏州市第一初级中学的领导，以高度的热情重新审视身边的文化遗存，他们认为，对我们祖先留下的文化遗产，远不止是简单地去保护一处景观或建筑，当我们进入21世纪时，将有价值的人文精神传给年轻人，显得更为需要和迫切。而环境，尤其是教育环境的建设和打造，应当是当代教育工作必须探求的一个重大课题。正是站在这种历史高度上去认识，他们投入了大量的精力，把修复工作提上了议事日程。用历史文化作为切入点，把热爱祖国、热爱家乡、热爱校园的爱国主义教育具体化。

苏州市政协、平江区政府，对这座平江保护区内古典园林的修复和保护工作，也十分关心和支持，从保护古城、保护历史街区的角度，多次向市领导提出了有价值的提案。文保、建筑、园林、教育等各个部门，都对修复惠荫园提出了积极的建议和维修方案。"忽如一夜春风来，千树万树梨花开"，天时、地利、人和，随着21世纪的来临，终于水到渠成，惠荫园的修复工作众望所归地拉开了帷幕。

惠荫园的命运牵动了无数人的心，即使小林屋洞前途未卜时，很多人已经在为它奔波操劳。

老校友陈建勋三番五次到现场拍照，向有关部门提供情况，还多次在《苏州日报》《苏州杂志》《苏州园林》上撰文，呼吁：小林屋是苏州的，也是全国和人类的文化珍宝，要以抢救国宝的力度，抢救小林屋。

一位家在福州30年代的女校友，已经80多岁了，当她得知要重修惠荫园的消息时，特地委托侄子将她当年在校园拍的照片送到学校，提供参考。

市民瓜胧先生将他收藏的 1933 年张大千、钱仲联先生在惠荫园的合影和其他老照片交给有关部门，作为历史资料，其价值不同凡响。

轻纺公司一位姓陈的离休干部专门给学校打来电话，激动得语不成声，他说，我就是在水假山边上出生的，这是苏州的一宝啊！

广电文化局、文管会的领导和专家们为这项工程如何达到"修旧如旧"的效果，提出了详尽的要求和方案。

教育局的领导们为修复资金、人力、物力的落实，协调教学和施工的各项具体工作，做好调度和指挥。

园林专家詹永伟、黄玮、石秀明等为修复工程提供了大量的技术指导，石工还拿出了自己在 1963 年测绘的 1：100 假山平面图，1：50 假山洞口图等资料。资深专家的加盟，使修复工程在技术上得到了有力的保障。

面对社会各界期盼的目光，主持修复工作的市教育局王少东局长、一初中校长陈胜元、副校长缪名纯深深地感到了肩头的分量，也为自己能参加这项顺天意、得民心的工程而感到无比兴奋。

2001 年 8 月，久负盛名的香山古建集团狮山分公司竞争中标，修复工程正式开始了。

四、涅槃凤凰

谈到惠荫园的修复，干了大半辈子古建筑工程的香山古建集团狮山分公司李金明经理感慨地说，想不到当了一回野外考古队！

修复工程困难重重，由于缺乏详细的历史图文资料，除了水洞基本结构还在，部分山体已经倒塌，一些湖石也已散佚。假山的具体范围有多大，基础在哪里，内部结构究竟怎么样，水旱洞的结合部如何处理，大家心中都没有底，只能像原野考古队那样，一点一点地挖掘、清理，仔细寻找遗留的蛛丝马迹。功夫不负有心人，一些失落的湖石就像出土文物一样重见天日。令李经理他们兴奋的是，在原假山入口附近，意外地发现了一块金砖，下面竟然掩盖着完整的一口古井。

假山中有井，实在少见。由于自然渗水，井中水位与水洞中水位持平，但在抽干水洞积水进行清淤时，井水的水位却没有下降，说明井中另有泉眼。打听的结果，即使是许多对园景很熟悉的老人，也不知道山中还藏着这样一口古井。大喜之下，他们将井中的淤泥清理干净，用青瓦一圈圈盘起，再恢复原来的青石井板、井圈。以后，又进一步发现了明代的鹅卵石铺地，由此确定无疑地证实了洞底的水平线和基本位置。经过测量，探知原来的旱洞高达2.8米，面积约15平方米，空间有40多立方米。水洞面积和池水面积各有20多平方米，空间更达80多立方米，在苏州各个园林假山洞窟中，称得上是首屈一指。

假山的修复堆叠由正宗苏派假山传人凌新生担纲，他的父亲，就是著名的假山大师凌鸿。而他本人，在叠山行业也颇有名气，把苏州的假山叠到了洋人地盘，先后曾在美国寄兴园、华美庭园、新泽西州的皇冠饭店等地亮相，受到过贝聿铭大师的赞扬，贝大师还专门为他的假山题过字。对小林屋洞在叠山史上的地位和价值，凌新生自然心中有数，整个修复过程，用"战战兢兢"来形容，毫不为过。历史资料照片、知情人口述……一切可以参考的材料，星星点点汇总起来，形成了一个清晰的思路。叠山时先确定整体，再局部修饰，按照周秉忠的悬挑法，将倒塌的旱洞原样"捹"了起来。79岁高龄的凌鸿也一次次地来到工地进行指导，一看就是大半天。这位与石头打了半个世纪交道的老人诙谐地说，我想要的就是"遗臭万年"啊！

惠荫园位于小巷深处，大型车辆无法进，近400吨的太湖石，只能用农用车一车一车地驳运。白天不能影响学生上课，运输都放在夜间，而且怕妨碍附近居民休息，不能弄出声响，每次都要搞到凌晨两三点钟。

为了重现文献记载中的石床、神钲、金庭、玉柱等景物景观，其材料质地、施工技术、外观效果必须严格地"修旧如旧"。校领导亲自前往长兴、宜兴一带的太湖石产地，一处一处地寻找，限于经费拮据，还要唇焦口燥地与山民讨价还价。与原先倒吊在洞口附近极其相似的那块钟乳石，就是这样踏破铁鞋"淘"来的，这块石头中间有漏孔，吸附洞中的水汽后，会形成水珠滴注下来，与真山洞无异。

古木森森、绿荫如盖是惠荫园水假山的又一特色。苏州市园林和绿化管理局的有关部门及时送来了栽培方案，按春花、夏荫、秋果、冬阳的景观效果，有金桂、牡丹组成的"金玉满堂"，有松、竹、梅一体的"岁寒三友"，有朴树、榉树呼应的"前仆后继"，还有天竺、枸杞、银杏、石榴等。山顶原有一株绿荫婆娑、苍劲盘曲的古紫藤，虽然已经不在，所幸根部尚存，经精心护理，又萌出了枝条，枯木逢春，一派欣欣向荣。

四个多月繁忙的施工，在搞好学校的教学工作同时，陈校长、缪副校长的心都和修复工程紧紧系在一起，每天到校的第一件事和离开的最后一件事，就是到工地走一走。

五、明珠再现

2002年春节，湮没多年的惠荫园小林屋洞终于重见天日。消息传开，时时关心着这处名胜的人们喜出望外、奔走相告，远在贵阳老家的谢孝思老人特地书写了"林屋探奇"的条幅，请家人送到学校。

修复后的惠荫园小林屋洞，占地200多平方米，从山北眺望，山虽不高却变化多姿。以小见大，秀雅飘逸，神似林屋洞。西北侧的山洞口成狭长状，透空的洞影部酷似吴地少女——村姑的上部倩影，沿山道进洞，洞内深邃曲折，湖石上苔痕遍遍。可见当时"薜峭叠撑，棱笋怒放"的情景，如入荒山幽壑，清凉世界。要是遇到"时雨初霁，岩乳欲滴"可听到滴水叮咚，左侧一山洞，隐隐约约透出水洞的光影。顺石阶往下，伛偻而行，南侧巨石有似金庭玉柱，其势雄浑，力顶万钧。洞南侧湖石有"石灶""石床"等景观，北侧上方悬有一枚"仙桃"，体大形美，惟妙惟肖。洞底一泓清水，池水南侧石壁上凌空架有栈道，紧贴水面，与西山的林屋洞相似。洞顶巨石横生，自然交错，犹如喀斯特溶洞。前行可见倒挂的钟乳"金龟嬉水""玉兔""石鱼"等，栩栩如生。出得洞来，顿觉豁然开朗，有"山重水复疑无路，柳暗花明又一村"之趣。

重建于山顶的"苔青花绣之居"为单檐歇山小轩，绕以步廊，轻巧俏丽，四隅翼角高挑，显得典雅秀美。

小林屋洞的修复尤其使当年与其朝夕相处的老同学、老校友格外兴奋。他们特意在母校举办了一次别开生面的书画聚会。55届校友、苏州吴门画苑高级工艺师、书画家王锡麒以人物画著名，他以"藤崖仁月"为题，创作了一幅大型国画，尽情描绘古园美景。而且，为答谢施工者的辛勤劳作，又挥笔赠言："古建精英"。67届的叶叙玄从小爱书喜画，并长期师从著名书法家祝嘉，他将学生时代的写生"林屋探奇"装裱一新，献给母校。龚岚女士20世纪70年代毕业，现在也是小有名气的画家，她作了一幅《牡丹图》，以志纪念。社会各界人士也纷至沓来，一睹为快，并题字作画。熟悉小林屋洞的人参观后喜不自胜地说道："一样的，一样的。"对修复工程表示出由衷赞叹。

21 世纪迎来了新的教育观念，为建设一流的学校，一流的教育环境，苏州市第一初级中学已经把保护文化遗存纳入了他们的工作计划中去，使它发挥更好的教育功能，做到永续利用。最近，双语小导游课程已经开始运作。随着小林屋洞的恢复，其他景观的修复行动也正在展开，当年的惠荫八景，有六景将要再现，这颗曾经落入井底的明珠，在经历了重重劫难后，终于获得了新生。

（原载于《苏州园林》2002 年第 1 期）

燕园览胜

文/朱良钧

　　常熟燕园，又名燕谷园，始建于清乾隆年间，原为知府蒋元枢宅第花园，迄今已有220余年历史。燕园构筑精雅，园内燕谷黄石假山，乃清代叠石大师戈裕良之杰作（至今国内仅存两处，另一处为苏州环秀山庄），取北燕南归之意。燕谷假山极具虞山"剑门石壁"之神韵，洞壑变化万千，无锡诗人钱泳在其《履园丛话》中述："燕谷在常熟北门内令公殿右……园甚小而曲折得宜，结构有法，余每入城亦时寓焉以上常熟。"戈氏叠石筑洞采用"石梁平顶法"，即以条石架于两侧山石之上，维系假山以虞山为蓝本，又取外力和谐一体。无怪钱泳称其"堆法尤胜于诸家"，戈裕良堪为我国造园史上一代叠石巨匠。"燕谷园"也因此假山而声名大振。蒋氏两代宰相门第，祖父蒋廷锡为清康熙文华殿大学士，父亲蒋溥系乾隆年东阁大学士兼户部尚书。蒋元枢本人清乾隆四十五年（1780）任福建台澎（当时台湾属福建辖内）观察使兼学政，其间悉心筹划通商便民之举，重建木城，滨海增造堞楼炮台，抵御敌侵，在清代史（台湾部分）留下英名，为今人学者所研究。任职期间蒋屡次渡海遇险，都逢凶化吉幸免于难，后回家乡常熟在旧宅内建造"蒋园"，并在园东"梦青莲花庵"内，供奉"海神天妃"以尊，蒋氏为报答天妃娘娘护命之恩而建此"莲花庵"小楼。道光十四年（1834），常熟举人归子瑾曾购下燕园，光绪年间又被蒋家收还，蒋鸿逵所著《吾好庐诗钞》中有诗称"园林逢旧主"。1908年，曾任清光绪外务部郎中的张鸿购下燕园，故也有称"张园"。张鸿，子师曾、诵堂，晚年号蛮公，其借园中"燕谷假山"之名，自号"燕谷老人"。张鸿系常熟晚清文人，专事研究新元史，著有《蛮巢诗词稿》《游仙诗》《长毋相忘室词》等，他所著的文学著作《续孽海花》即是在张园完成的，与曾朴的《孽海花》珠联璧合，名园名人名著，传为佳话。

燕园占地面积不大，仅4亩左右（约2 667平方米），东西狭窄而南北进深，园内构筑奇巧，景色佳绝，向以"燕园十六景"驰名江南。入园，前庭兼东西横廊，庭院翠竹丛丛，临风多姿，小径两侧"书带草"绿意盎然；向北有一鸳鸯厅建筑题名"三婵娟室"。查邑人张丰玉《瓶花庐诗词钞》有《题伯生丈燕园图·三婵娟诗》曰："新竹幽而静，新柳娇且妍。新月一笑来，成此三婵娟。傲他临处士，独抱梅花眠。"可见其室名因景而来。三婵娟室历史上一直为文人名士雅集之处。室前荷池逶迤，游鱼跃水……池边怪石嶙峋，俗称"七十二石猴"，似群猴汇集，奔、跳、卧、立、姿态各异，栩栩如生。山间植有一棵百年以上的白皮松，树高数丈，虬枝屈伸，颇觉苍劲。山后复有蜡梅丛丛，燕谷老人曾有诗曰："怪石轮囷云作态，老松偃蹇雪为装。三婵娟室今何似？剩有寒梅数点黄。"山南置有"童初仙馆"，书斋四间，原为园主教子读书处。

从横廊到"五芝堂"为全园中景，"燕谷假山"横亘其间，咫尺石林，引人入胜；"五芝堂"建筑清雅轩敞，旧时园主迎亲会友都在此进行，匾额"五芝堂"三字为清代两朝帝师、大学士翁同龢手迹，气势遒劲，堪为"书家第一"神采（张鸿与翁同龢有亲戚关系，其妻系翁先生之堂侄女）。长廊依坡而筑，"伫秋簃"半亭边，供游人休憩赏景；廊边紫竹小品点缀，极富诗情画意。出阁缓行，峰转路回，复又见西南山麓涧水一泓，顺流入洞，洞口"点步石"处抬头仰见"一线天"，小径通幽；绕出洞，高处"赏诗阁"亭立，林木扶疏，宛若天生，此乃燕园胜景"引胜岩"，伫"燕谷"峰巅，眺虞山"辛峰亭"，古城美景尽收眼底……经"过云桥"，幽谷清波，曲尽其妙，前行直达"棋台洞"，洞内有天然巨石作"棋台"，旧时棋者曾据此对弈；沿廊临水筑有一旱舫，名"天际归舟"，意为蒋元枢当年思乡心切，是渡海归家的美好心愿的体现。

近年，各地发展旅游事业，一大批古典园林重修开放，素有"江南园林胜景"之誉的常熟燕园，历经数年，投资百万修缮一新，深得园林名家高度评价。著名古典园林专家陈从周教授生前也曾赞之曰："独辟蹊径，因地制宜，仿佛作画布局新意层出，不落前人窠臼……"燕园，终以它精巧雅致的园艺风采，成为游览常熟古典园林不可或缺的历史名园（图1）。

图 1　常熟燕园

（原载于《苏州园林》2002 年第 2 期）

小园旧迹暗低回

文/张学群

苏州之所以被誉为园林城，其重要原因之一，是她不仅拥有一系列的大型名园，还有许多不同风格的中小园林遍布曲巷深宅，堪称大小明珠缀玉盘，苏城处处有芳园。日月流转，世事浮沉，部分中小园林今已毁废湮没，或面貌变易。但其中有些园亭，或历史悠久，或别具特色，或其历史变迁尚未尽为人知，闲时漫步其地，追忆往事，往往低回久之。如罗园与天香小筑，虽然一废一存，但其流变渊源仍有可述之处，且两园园主之名在一般近现代人物辞典中都找不到，特作简介，以免湮没无闻。

罗园园主罗佶子，名良鉴，长沙人。由于湘军、淮军在与太平天国作战中为清廷打下江南，湖南、安徽人在苏州做官带兵的很多，罗良鉴乃辗转入程德全幕，成为程的亲信之一。有人说，程德全易帜，居幕中赞划者以罗与应德闳（民初曾任苏省民政长）之力为多。光复初，罗与黄炎培等同为都督府的新任秘书，一度任秘书长。以后官至国民党中央监察委员、蒙藏委员会委员长。可是"仕宦数十载，囊无余资，所治惟葑门东小桥隙地廿余亩，屋占数分"[1]，但因原多古园旧迹，名木池沼，罗氏又广植桃树，当时即以"罗园"闻名。金松岑《天放楼诗集·癸酉（1933）卷》中云："罗佶子（良鉴）园林水木甚美，往游者屡也"，并咏以诗云："荷叶遮披柳拂天，不妨宦隐好林泉。""罗家园子花照眼，丁香海棠相妩媚。"

94岁谢世的张梦白教授与罗的几个子女曾是东吴附中和大学的同窗，生前说起罗园里北部有住屋、祠堂，都是平房；屋前有一片草地，再南则桃林弥望，间以枇杷，占了全园的五分之四左右，尤多水蜜桃树，春时彩

英缤纷，夏时桃实累累，其间散布池沼假山。这不小的池塘里菱叶浮泛，采菱时节，少年娇娃坐在一只圆桶里，在水中荡悠悠地随意采摘，欢声笑语，迟迟忘归。

查考旧志，这里曾经是明代墨池园故址，相传宋代已称墨池，因苏轼在那池塘中洗过砚。明景泰进士、弘治侍郎孔镛营建为园，取名墨池园。"孔镛宅在清道桥南……今称孔夫子巷"（民国《吴县志》卷三九下）。清道桥在乾隆苏州地图上称东桥，后称东小桥，孔夫子巷即孔副司巷的旧称，在桥、巷、池这三点上都恰恰符合，显然，罗园以及它对面的原吴忠信园①一带，都属于墨池园的旧址范围。墨池园在孔氏之后归太守皇甫录，他的四个儿子都好学工诗，号称"皇甫四杰"，辗转入崇祯国丈周奎府第。清初割周奎宅为织造局，余地为李姓宅园。道光间又成为以诗文著名大江南北的朱绶私园，当时园内有百年乔木五六株，池广及亩，屋皆绕池，从各室凭窗眺望，都能饱览池荷之胜。

1947年罗辞去蒙藏委员会委员长职，汪东曾去造访，这位刚卸任的正部级高官，却"应门无童，草长没径，肃客烹茗，胥女公子亲执其役，廉吏风概，弥可钦迟""收获果实以资生计"。可惜这年罗氏夫妇于飞港途中坠机而亡，子女大都去了海外，园亭渐芜。1956年10月，市教育局申请征用罗园以迁入天赐庄小学，市人委批示："（罗园）内假山树木很多，有部分还是名贵树木，非一朝一夕培养能培养得起来"，并未同意。《园林绿化1956—1967十二年远景规划草案》（图1）中还订明"城东南区将罗家花园原有基础改建为小型公园"。可是，年底形势突变，市人委同意征用此园北部供建筑江苏师范学院教工宿舍之用，其东部和南部包括湖石假山则逐步划入第一光学仪器厂。1967年至1972年，苏州市革命委员会两次批复一光厂续征该园土地8亩（约5 333平方米）多，至今又几经翻建，罗园遗迹尽付杳然，连有的调查资料也误称其为鲁家花园了。

饮马桥的天香小筑，自去年夏市图书馆迁去后，接触它的人士和提及它的文章与日俱增。但不论现在和过去的报刊，都说它是东山席氏所筑，其实此园最早是苏谦的苏庄。1996年《苏州史志资料选辑》上的苏强所作《关于天香小筑的补充》一文即介绍了苏谦其人及其园的概况。苏谦（1875—1942）是江宁人，日本陆军士官学校毕业生，来苏州任职于盘门

---

① 吴忠信，合肥人，清末曾任第九镇一个营的管带（相当于营长），辛亥起义时任江浙联军总司令部执法官兼兵站总监（北伐后成为蒋介石的亲信），1922年后曾寓居苏州，在东小桥弄3号拥有一座幽雅的小院。1949年后一度属地区公安处。

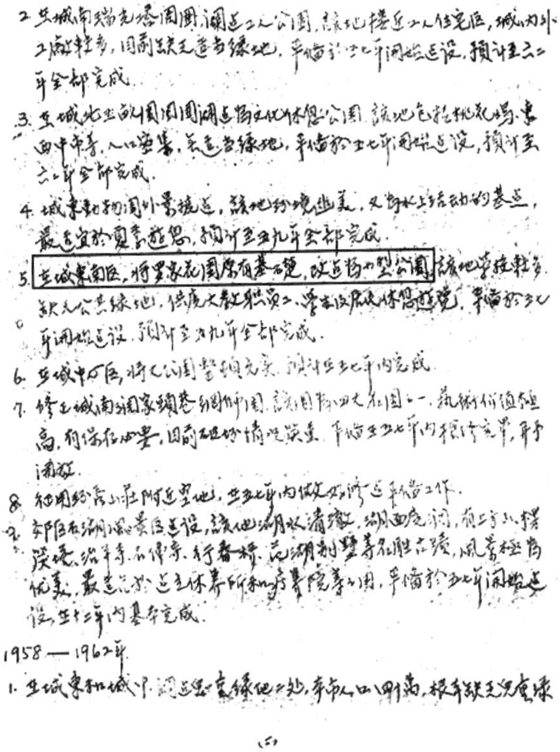
2. 在城南瑞光塔周围，开辟工人公园，该地接近工人住宅区，城内外工厂较多，目前缺乏适当绿地，准备于五七年开始建设，预计在六二年全部完成。
3. 在城北北寺塔周围开辟为文化休息公园，该地包括桃花坞、东西中市等，人口密集，无适当绿地，准备于五七年开始建设，预计在六二年全部完成。
4. 城东动物园外景扩建，该地环境幽美，又有水上活动的基础，最适宜于夏季游憩，预计在五九年全部完成。
5. 在城东南区，将严家花园原有基础，改造为小型公园，该地学校较多，缺乏公共绿地，供广大教职员工、学生及居民休息游览，准备于五七年开始建设，预计在五九年全部完成。
6. 在城中心区，将人民公园整顿充实，预计在五七年内完成。
7. 修复城南网师园，该园为四大名园之一，艺术价值极高，有保存必要，目前破坏情况严重，准备在五七年内整修完毕，开放。
8. 征用留园山庄附近空地，在五七年内做好修建准备工作。
9. 郊区石湖风景区建设，该地湖水清澈，湖西有山，有上方山楞伽塔、治平寺、石佛寺、行春桥、范湖别墅等名胜古迹，风景极为优美，最适宜于建立休养所和疗养院等之用，准备于五七年开始建设，在十二年内基本完成。
1958—1962年
1. 在城东和城中，开辟公共绿地六处，本市人口稠密，极其缺乏绿
(二)

图 1 《园林绿化 1956—1967 十二年远景规划草案》（苏州市园林档案馆藏）

外武备学堂，受程德全之命为苏州培养了一批骨干，1910 年春任苏州新军标统（相当于团长）。他思想较为开明，到差后即令全标官佐各上改良条陈，翌年随程德全与新军将士参加了辛亥革命，民初在苏任陆军学会苏州支部总理、第四旅旅长。1920 年从金姓钱业巨子手中购得此宅，金氏原先只在这古宅中筑了十楼十底的跑马楼做内宅，却无园亭。苏谦乃以其宦囊所入，聘请宁波帮邵姓匠师构筑园林，将宅后的土墩公地买下，就土丘叠石为山，迄今尚存的山上六角凉亭也是苏氏所建，亭顶原安装一只江西产瓷瓶，乃是苏谦胞弟、苏强之父广缙在江西任职时带回的。亭北挖土积为小丘，洼处成荷池（池的面积比现在要大），池北构筑旱舫回廊，山南辟竹林一片及茅亭一座（今苏州图书馆古籍部所在处），遍植花木，颇具胜概。后门通张思良巷，请同乡、藏书家邓邦述题“苏庄”门额。五开间的大门朝西临街，原为护龙街 894 号门牌，入门依次为墙门间、轿厅、大厅，但厅南有墙与邻宅分隔，因此大厅后的花厅与内宅便转为南向，花厅是三

开间的楠木结构。苏谦于 1931 年转售给席氏。① 席家只是大加装饰，园池一仍其旧，改称"天香小筑"（图 2）。苏强先生自幼随伯父住在苏庄，故知之甚稔。苏谦在北伐前即去南通随张謇经营实业，后移居上海；加之北洋政府曾授予他吴淞要塞司令、陆军中将等职衔。

图 2　天香小筑

（原载于《苏州园林》2002 年第 3 期）

---

　　① 《姑苏野史》称席氏居此不数年转售给苏州绸商黄氏（与苏家有亲），至沦陷时遂为李士群所占，并无归朱氏之事。又《苏州杂志》2001 年第 4 期《天香小筑忆旧》及《苏州市志》均云席氏于 1933 年得此园，据苏强回忆为 1931 年，这年他正进初中，年末迁出，故印象较深。

网师园文史拾零

文/金学智

中国古典园林是一门繁复交汇的综合艺术，是萃集古代文化艺术于一体的综合博览馆。中国各类文化艺术在园林里都有其或显或隐的积淀因子，苏州园林更是如此，而其中又以网师园为最。

网师园有额曰"网师小筑"。其典出计成《园冶·相地》："略成小筑，足征大观。"至于《园冶》此语之意，又源于《易·系辞下》"其称名也小，其取类也大"的哲理。而《园冶》《易·系辞》之语，都可以用来概括网师园人文内涵小中见大、微中见丰的特色。小小网师园，几乎可说是古代文化艺术的一个"大观园"。

由于网师园涉及文化艺术的方方面面，在一定程度上具有深、广、杂、丰的特点，因而在宏观上或微观上往往不被发现、不被理解，或被无心曲解，甚至以讹传讹……故本文拟结合有关书证，做一些推敲研究、补苴罅漏的工作。现拾零于下。

一、网师

在街头，"网师园"的"网师"，往往被讹作"网狮"，这可能是把网师园和狮子林这两个名园之名混合在一起了。当然，更是由于不知"网师"之意。其实，不论在古代还是现代，"师"是对从事某种职业、有专门技能之人的称呼，如乐师、画师、厨师、技师……至于网师，就是渔翁。此称较早见于唐宋时代。唐冯贽《云仙杂记·句中喜得鱼竹》："孟浩然一日周旋竹间，喜色可掬；又见网师得鱼，尤甚喜跃。"宋黄庭坚《阻风铜陵》诗："网师登长鱏，贾我腥釜鬲。"网师，是以网为工具，以捕鱼为业的人，有时也含钓叟，此词在语法上是偏正结构；至于"网狮"，在语法上则是动宾结构，意义上也已由捕鱼讹变为"网住狮子"了，真令人啼笑皆非。

清代钱大昕的《网师园记》就写道："园已非昔，而犹存网师之名，不忘旧也。"网师，乃园主宋宗元自喻，寓"渔隐"之意；而网师园，也从一个方面丰富了中国的隐逸文化。

二、史正志里籍

园主史正志的里籍，今天有的书说是丹阳，有的书则说是江都，其实，都是有关古籍中两种说法的延续。

一是南宋的《嘉定镇江府志》："史正志，字志道，丹阳人，赋籍扬之江都。"二是元代的《至顺镇江府志·侨寓》："字志道，居丹阳，赋籍扬州之江都。"后一种（至顺府志）把"丹阳人"改为"居丹阳"，而且明确其为侨寓，谅来是有事实依据的，因为修志一般总是沿袭前志所述，后一种既加修正，必然比前一种（嘉定府志）可靠。这就影响了明清以来的史志记载。如明《嘉靖维扬志》："史正志，江都人。"清代著名文学家、史学家厉鹗，在《宋诗纪事》中说："正志，字志道，江都人"。清末《光绪丹阳县志》也说，"字志道，江都人，居丹阳。"这都把《嘉定府志》的"丹阳"说纠正了过来。据此，史正志应是侨寓丹阳的江都人，或者说，他赋籍江都，侨寓丹阳，而更多的时间，则宦游在外，其政绩、著述均甚丰，是江都、姑苏的文化名人。

至于史正志的奉祠归老于姑苏，有些方志也有记载。《嘉定镇江府志》："再入户部，忤时相意，以散官谪永州。寻复元官……知静江府，未赴而罢，再奉祠……其奉祠家居也，治圃所居之南，号乐闲居士、柳溪钓翁，藏书至数万卷。"这是网师园万卷堂之名的由来。《嘉靖维扬志》云："归老姑苏，自号吴门老圃"。而厉鹗《宋诗纪事》亦云，"归老姑苏，号吴门老圃"。三书还均提到了一个"圃"字。现今有些书介绍万卷堂说，"对门造花圃"或"在大门对面造花圃"，这都是准确的，与"治圃所居之南"的史实合若符契；而有的书则说，"在堂侧造花圃"，就与史实相左了。

按：史正志，上引方志均作"字志道"，但与其过从甚密的南宋大词人辛弃疾有三首词均作"致道"，辛词三首题为《念奴娇·登建康赏心亭呈史留守致道》《满江红·建康史帅致道席上赋》《千秋岁·金陵寿史帅致道》。金陵、建康（均今南京），留守，古官名，为京都或陪都重臣，总治钱谷、军民、守卫等事务。

三、门前蟠槐

网师园大门前有槐树两棵,它历史地积淀着特定的人文含义。

在先秦时代,外朝一般植槐三棵,为天子、诸侯、群臣会见处。后以"三槐"作为"三公"(掌握军政大权的最高长官)的代称,或作为是王侯三公身份的象征。因此,在传统文化的语境中,槐树可说是"身份树",它除了具有绿化、美化环境等作用外,还有荫庇人家,增辉户庭,凸显门庭尊贵或抬高宅第身价等寓意。所以汉末王粲《槐树赋》有"作阶庭之华晖"之语,晋挚虞《槐赋》有"爱表庭而树门"之语,晋潘岳《在怀县作》有"绿槐夹门植"之语,前秦苻坚时有"长安大街,两边树槐,下走朱轮,上有栖鸾"的歌谣……

在古代诗文中,槐树有荫途、荫庭、被宸等人文含义。在古代语词中,槐或与宫廷、宫殿连在一起,如槐掖、槐宸;或与高官显贵连在一起,如槐岳、槐卿、槐蝉;或与三公九卿及其地位、印绶、声望等连在一起,如槐卿、槐庭、槐鼎、槐位、槐绶、槐望;或与三公的官署、宅第连在一起,如槐宫、槐省、槐府、槐第……

网师园门前的槐树,也隐含有槐庭、槐望、槐府、槐第之意。

四、家堂牌位

家堂,本指安放祖先神位的屋宇,后多借指祖先的神位。《西游记》第十三回"陷虎穴金星解厄双叉岭伯钦留僧":"同太保家堂前拈了香,拜了家堂。"

网师园的家堂,隐于门厅"隔间""后步一架"(明计成《园冶》)之顶上,面南,以砖细雕刻而成,为苏州园林所仅有,惜乎已残损(图1)。

据云,其中有"天地君亲师"五字牌位。此五者为古代宗法社会长期崇奉的偶像。这一信念,源于荀子的"三本"说。根据《荀子·礼论》,"礼有三本:天地者,生之本也;先祖者,类之本也;君师者,治之本也。无天地,恶(音"wū",何、怎么)生?无先祖,恶出?无君师,恶治?……故礼,上事天,下事地,尊先祖而隆君师,是礼之三本也。"吴虞《读荀子书后》指出:"此实吾国'天地君亲师'五字牌之所由立。"鲁迅

《且介亭杂文末编·我的第一个师父》:"我家的正屋中央,供着一块牌位,用金字写着必须绝对尊敬和服从的五位:'天地君亲师'。"今天,五字牌位和家堂,早已进了历史博物馆,人们很难见到了,于是,网师园的家堂就显得更为可贵,它可说是不可多得的古代史教材。建议如有可能,则修复家堂残损的望柱、栏板,重补五字牌位。

图 1　网师园家堂

五、避弄

避弄是指宅内正屋旁侧的通行小弄,供女眷、仆婢行走,以避男宾和主人。文震亨《长物志·室庐》就说:"忌旁无避弄。"避弄,又称备弄。

在苏州园林群里,唯有网师园有一条真正的避弄,它从门厅(轿厅)东侧一直贯穿到女厅(内厅)后之花园。此弄典型地反映了古代社会宗法、家族、伦理文化中的等级制度,也典型地反映了宅第中男与女、主与仆的差异和界限。因此,网师园堪称苏州最典型的宅第园林、最典型的古代文化博览馆,其宅第文化不但通过家堂雕刻,而且也通过建筑布局鲜明地显现出来,它有助于人们认识中国古代社会。

六、诸葛铜鼓

万卷堂内,有置于架上的诸葛铜鼓,为青铜器重要摆件。这种形式的铜鼓，相传为诸葛亮所创制。清薛福成《振百工说》："诸葛亮……所制有木牛流马，有诸葛灯，有诸葛铜鼓，无不精巧绝伦。"这一诸葛铜鼓的传说，并不符合实际，清代著名史学家赵翼《关索插枪岩歌》自注："蛮村多铜鼓，皆云诸葛鼓也。"此注值得注意，所谓"皆云"，说明了传说的广泛性，但其实应称为"蛮鼓"。"蛮"，为古代对西南乃至中南少数民族的歧称，由于诸葛亮在滇、黔、川的某些传说，故被附会为"诸葛鼓""孔明鼓"或"诸葛行军鼓"。

此鼓据其材质，更准确地应称为"铜鼓"，宋人朱辅《溪蛮丛笑·铜鼓》："蛮地多古铜（器）……鼓尤多，其文（纹）环以甲士，中空，无底，名'铜鼓'。"至于它的功用，明王阳明《征南日记》诗云："铜鼓金川自古多，也当军乐也当锅。"可见既是乐器，又是炊具。除了宴享和乐舞外，它还常用于战争中指挥军队的进退。此一物之数用，还可作贡品、玩品、陈设品，或用于婚丧、祭祀、传讯报时……确实可谓多功能。铜鼓大量出土于西南少数民族地区，时间在汉或汉以后直至清代。铜鼓是否系汉代之器，往往以是否饰有五铢钱纹为一个重要标志。

铜鼓多见为青铜铸成，即以纯铜加少许锡、铅甚至微量铁等合成铸炼，比例恰当者，坚韧而且音量、音色俱佳。它应该说是很有历史人文价值并具有独特形式美的传统工艺品，为古代少数民族杰出的科技、艺术之双重创造。鼓有单面和双面两类，双面者振幅小，音略沉闷，余音短；单面者振幅大，共鸣效果佳，余音较长，故以单面鼓居多。出土之铜鼓，直径不一，大者在100厘米以上，小者仅10余厘米。

网师园万卷堂内的铜鼓，直径75.5厘米，高41厘米，属于中大型。其鼓面鼓身皆有极细密的花纹围绕，但无五铢钱纹，两侧各有系耳圈，供穿绳以便悬挂、敲击或提拎携带。鼓身略向内凹进，立面呈优美的曲线形，偏下处有凸出的阳文一圈，底部空，为单面鼓。鼓面中心，有不大的太阳纹，是敲击的最佳部位。太阳射出的六道光芒，象征音响的传播、发散，"响"与"亮"本就存在着有机（包括通感）的联系。太阳周围，有五道逐渐扩大的晕圈，象征由中心向四周逐渐扩散的层层声波。鼓面边缘，铸有立体的蟾蜍四只（汉末出土者有六只的），故又称"蹲蛙青铜鼓"。有人曾据蟾蜍将太阳释作月亮，因为传说中月宫有蟾蜍，此说不确。广西花山崖画铜鼓舞人，所有鼓上均有太阳光体纹饰，而《古铜鼓图录》所录开化鼓外圈羽舞环饰的中心，更有突出的太阳光体纹饰，它们都没有蟾蜍装饰。

网师园的诸葛铜鼓（图2），造型古朴而美观，纹饰细密而大方，风格敦重而端庄，通体遍染铜绿，更显得古意盎然，精巧绝伦。从时间上推测，可能为清代之物。

图2 诸葛铜鼓

七、蹈和馆

蹈和，即履行（践行）中和之道。较早见于曹植的《冬至献袜履颂》："玉趾既御，履和蹈贞。"贞即中正，和即中和，二者为近义词，曹植推崇中和之道，其《赠丁仪王粲》还说："欢怨非贞则，中和诚可经。"意思是说：中庸贞和，真是值得践行的规范。"履和""蹈贞"都是动宾结构，还是互文。作为动词的"履"与"蹈"同义，故履和即蹈和，这体现了儒家的中庸哲学与中和美学。在今天，蹈和的理念值得继承和发扬光大。

八、宜春窦

三字为门额。窦（huàn），此字僻，较早地数见于古代青铜器，如"师窦父盘""史窦簋"等，主要为专门名词，此处门额则为普通名词。汉许慎《说文解字》："寏，周垣也……或从阜"。桂馥《义证》："亦谓之院落。"《玉篇》："或作院。"因此，"宜春寏"也就是宜春院。关于"宜春"，唐温庭筠《杨柳枝》词就有"宜春苑外最长条，闲袅春风伴舞腰"之名句，极富诗情画意，颇能引人入胜。

九、云窟

云窟，指高崖上的岩洞，古代诗画以为云可以由此出入。晋陶渊明《归去来兮辞》："云无心以出岫。"五代荆浩画论《笔法记》："有穴曰岫，峻壁曰崖。"宋王禹偁《阳冰篆》："唯兹数十字，遒劲倚云窟。"杨万里《游莆涧呈周师蔡漕张舶》诗："穿窿千仞敲欲裂，仰看飞泉泻云窟。"

网师园的"云窟"，在园的北部，它靠近"梯云室"，题于月洞门上，二者有意义上的相关性，故颇为贴切。

十、木化石

木化石又称"木变石"，是树木的化石，它仍保留着原木材的纹理，但经亿万年已"石化"，主要成分为二氧化硅，故又称"硅化木"，与石英同，是很有价值的观赏品。网师园看松读画轩有两块置于架上的松木化石。清人西清《黑龙江外记》卷八云："松入黑龙江，岁久化为青石，号安石，俗一呼'木变石'。"松木化石置于网师园看松读画轩内，不但使轩内充溢着古意，而且它与轩前古柏一样，极大地增加了古园的时间含量，松化石与看松读画轩的轩名又甚相吻合，因而更为耐人寻味。

十一、琴室

在苏州园林群里，网师园的琴棋书画系列是最为突出。"琴室"，似乎是个普通名词，其实不然，它也体现着久远的园林历史文化积淀。《南史·徐湛之传》："湛之更起风亭、月观、吹台、琴室……招集文士，尽游玩之适。"这一史料的价值意义，不仅在于记载了这个早期私家园林的系列性品题建构，而且还在于保存了中国文人园林生活清趣雅尚的一个典型。这种文士们的文采风流，也积淀在网师园的琴室之中。

至于琴室为什么采取"亭"这种开敞性的建筑形式，这也渊源有自。

311

园史考证

唐代著名诗人、造园家白居易《池上篇序》中就写道"作池西琴亭"，"命乐童登中岛亭，合奏《霓裳散序》，声随风飘，或凝或散"……这也体现了一种雅人深致。

十二、"铁琴"

这是琴室前庭东门上方的砖额。由于它联结着浪漫的或现实的典故而内涵很不简单。

元人伊世珍的《琅嬛记》（一说为明人桑怿伪托）里有这样一则故事："郭抚凿池，得一空棺，中有铁物，洗而视之，乃琴也。有断弦处，抚试设而弹之，寂然无声，以语尚书郎姚范。范异之，亦不知为何物。寻有客来访，言能弹此，用法凿去腹中泥锈，遂弄数曲。音响非恒，抚拜求授，得《昭云》《泣猿》二曲，戒勿传人。他人鼓之，不复鸣矣。"这个神异故事，颇有魅惑力，引人遐想。

清代嘉庆、道光年间（1796—1850），常熟瞿氏著名的藏书楼因购得铁琴、铜剑各一，故名其楼为"铁琴铜剑楼"，其中收藏大量宋、元珍善刻本，兼及尊彝古玩、金石文字。此楼和浙江"天一阁"一样，以珍藏稀世精椠极富而著称于世，其《铁琴铜剑楼藏书目录》等，也极有文献价值。

网师园琴室前庭以"铁琴"为额，虽然只有两个字，却为这一音乐空间增添了富于审美意味的氛围和书卷气息。何况网师园"琴室"之名，一般总令人想起与网师（渔翁）有关的琴曲《渔樵问答》那种恬淡疏朗的静美；而"铁琴"之额，则又令人想起铁琴铮铮，和铜琶铁板一样，该唱"大江东去"，这又是另一音乐境界，是一种豪放激越的壮美，这就满足了人们不同的审美需求……

十三、郭公砖

俗称琴砖，在网师园琴室中，置于琴桌之上，七弦琴之下，作为特大共鸣箱，可加强共鸣，倍增音量并提高音质。明王佐《新增格古新论·古琴论·琴卓》："用郭公砖最佳……郭公砖、灰白色，中空，面上有象眼花纹。相传云，出河南郑州泥水中者绝佳……砖长仅五尺，阔一尺有余，此砖架琴抚之，有清声泠泠可爱。"清周亮工《书影》卷二："余乡多郭公砖，体制不一，以长而大者为贵。江南人爱之，以为琴几，荥泽、荥阳尤多。郭公不知何时人……"

网师园的郭公砖也较大，长 152.5 厘米，宽 44 厘米，高 14 厘米，正面四周有绳纹，通体有细花大网纹，古雅堪赏，为不可多得之珍品。

十四、绣楼棋桌中的"双陆"桌面

"双陆"，为古代博戏用具，同时也是一种棋盘游戏。《红楼梦》第八十八回"博庭欢宝玉赞孤儿正家法贾珍鞭悍仆"写到，鸳鸯来至贾母房中，"看见贾母与李纨打双陆"。人民文学出版社 1973 年版注："一种游戏，又名'双鹿'。下铺一种特制的盘子，二人各用十六枚棒槌形的'马'立在自己一边，掷骰子二枚，按点数在盘子上点步数，先走到对方的就算胜利。"明人谢肇淛《五杂俎·人部二》："曰双陆者，子随骰行，若得双陆，则无不胜也……其法以先归宫为胜。"《山樵暇语》云，双陆出自天竺（今印度），汉魏时传入中国。双陆游戏盛行于南北朝至隋唐时期，延续至明清而后亡。至于其名称，是由于盘上左右各有六路，故名"双陆"。其制有北双陆、广州双陆等多种。宋人洪遵有关于双陆的专著，名《谱双》。

网师园有一张多用棋桌，桌面可为双陆盘，这是一种简化了的双陆。遗憾的是只存"盘"而已乏"马"。但这一失传了的历史遗存，和"射鸭"这种游戏已失传而网师园"射鸭廊"其名仍存一样，从文化史的角度看，也仍是极可贵的。由此更可见，网师园确乎可称为古代文化的综合博物馆。

十五、"殿春簃"的品题

殿春簃是网师园最为著名的景构之一，在中国古典园林出口史上，曾最早移建于美国，于是更蜚声中外。但引以为憾的是，"殿春簃"品题的出处，迄今为止的有关书籍中，几乎没有一本是讲得准确的。

有的说，"前人有'尚有芍药殿春风'的诗句"，"前人"肯定是对的，但不免笼统含糊，而且还把"尚留（'留'字用得特好）"误作"尚有"，于是，诗味就大为减损。

有的说："宋人有诗云……"或"宋人芍药诗云……"或"宋人有'尚留……'的诗句"，也仍不免宽泛，是宋代哪一位诗人，什么诗篇，依然都没有具体交代。

有的则说，"苏轼诗云"，或"苏东坡有诗云"。具体是具体了，系确指，但又都错了。有的甚至说，"苏东坡有'多谢花工怜寂寞……'的诗句"，引诗还竟把"化工"讹作了"花工"，这不免有些"煞风景"。其实，化工，也就是天工、天公、大自然或老天爷。语本贾谊《鹏鸟赋》："天地为炉兮，造化为工。"在芍药诗中，"化工"二字可说是诗眼所在，它把自然界生动地拟人化了，从而审美地实现了无情事物的有情化。从结构上看，全诗四句的第三句——"多谢化工怜寂寞"是关键，是作诗"起、承、转、合"过程中的"转"，而其妙则离不开"化工"二字。如果把"化工"讹作"花工"，就真把诗神缪斯从灵动的天上拉到了板实的地上，变成了具体凡俗的花匠。于是，诗人和读者艺术想象的彩翼就被束缚得紧紧的，全诗也就索然无味了。

再说，这首诗并不是苏东坡写的，而是宋人邵雍写的。困难在于，此诗并不见于邵雍的《伊川击壤集》及其《集外集》中，却被宋人陈景沂收录于《全芳备祖》之中。此书前集卷三，收了邵雍的《芍药四首》，其三云："一声啼鴂画楼东，姚黄魏紫一扫空。多谢化工怜寂寞，尚留芍药殿春风。"四首之中，就数这第三首写得最有才气，最有意境和余味，当日网师园殿春簃的题名，选此诗以为典是极有眼识的。此诗严格应标作《芍药四首（其三）》。试简释如下：啼鴂（jué），即子规、杜鹃，常啼鸣于春末落花时节。宋苏轼词《蝶恋花·春事阑珊芳草歇》："小院黄昏人忆别，落红处处闻啼鴂。"再说邵诗"画楼东"，有介绍网师园的书上误作"书楼东"，这也减损了诗情画意之美。其实，画楼的"画"是华美精致之意，画楼与画舫、画堂之"画"字同义，若误作"书"字，也太实了，顿使诗美逊色。"姚黄魏紫"，为宋代洛阳两种牡丹名品。姚黄为千叶黄花，出于姚氏民家；魏紫为千叶红花，出于魏仁溥家，见欧阳修《洛阳牡丹记·花释名》。邵雍在诗里举出这两品名花，是为了铺垫和反衬，以名品、名花被一扫而空来衬托出第三、四两句——大自然在春色寂寞中尚通过芍药"留"给人间以春意。"殿春风"的"殿"，为走在最后之意。殿春风，意谓：此时牡丹已一扫而空，在春风中走在最后的，是可贵的芍药。当年殿春簃庭院以美丽的芍药著称，故赋予这一诗意的品题。"簃"，《尔雅》注："堂楼阁边小屋，今呼之簃。"（图3）

图 3　殿春簃

十六、园中所蕴邵雍二诗的理趣

　　网师园的殿春簃，取意邵雍的《芍药四首（其三）》；而月到风来亭，则取意于邵雍的《清夜吟》："月到天心处，风来水面时。一般清意味，料得少人知。"后一首诗见于其《伊川击壤集》。二诗的理趣何在，值得联系邵氏的思想一探。

　　邵雍（1011—1077），北宋理学家、数学家，其著作有《皇极经世》。希古在《击壤集引》中指出，其诗"立意高古"，"如茹大羹，啜玄酒，而有余味"，能使人"即其言以味先生理趣之深，诵其诗以求先生道学之妙"。可见其诗以理趣为妙。

　　邵雍《皇极经世·观物外篇》云："以物观物，性也；以我观物，情也。"黄粤洲注："本物之理观乎本物，则观者非我，物之性也；若我之意观乎是物，则观者非物，我之情也。"此说对近人王国维《人间词话》中"无我之境"与"有我之境"之说，颇有影响，而上引邵雍二诗，恰恰是这两种境界的典型例证。"月到天心处，风来水面时"是一首哲理诗，其境界中有空间，有时间，但就是不见"我之情"的冲动。作为理学家的诗人，他是冷静的、不动情的，几乎是纯客观的，这就是"以物观物"，亦即"以道观道，以性观性"（《伊川击壤集序》）。

316

而这种观照，用传统哲学美学的术语说，不仅是"澄怀观道"，而且是"目击道存"，清空之道就存在于物中，它似乎只可目击，不可言传，令人想起陶渊明"采菊东篱下，悠然见南山"，"此中有真意，欲辩已忘言"的"无我之境"，我之性几乎完全解构于物性之中了。当然，情还是可以寻绎的，不过是"因闲观时，因静照物"（《伊川击壤集序》）的超然物外之情罢了。至于"多谢化工怜寂寞，尚留芍药殿春风"，则是"以我观物"的"有我之境"。作为文学家的诗人，其爱花之情，谢天之意，跃然于纸上，连"化工"也不是无情之物，这是以"我之意观乎是物"的结果。当然，其中也不无物性，这就是"子规啼—牡丹谢—芍药开"这种客观时序的规律性推移、自然造化的变动中就蕴含着某种理趣，因此，《芍药四首（其三）》也带有哲理诗的性质。

网师园旧主似对哲理有所偏爱，其题额除"集虚斋""蹈和馆""真意"外，更撷引理学家邵雍的两首哲理诗，从而使网师园进一步升华到形而上的哲学境界（图4）。

苏州 網師園

南宋时史氏万卷堂故址，清乾隆易名網师园，园中央池水，周环建有楼阁亭榭。

图4　月到风来亭（苏州市园林档案馆藏）

网师园的文史意蕴是极为丰饶的，它经过一代代园主及文人宾客们的加工、修改、增添、题咏，历史地层累和浓缩成为一个古代文化艺术的综合博览馆。园中可能还有一些沉睡的意蕴等待人们去发现、发掘，笔者也只是在协助编写《网师园》画册过程中做些随感式的拾零，征引不一定准确，意见也不一定成熟，这里一并写出，以冀引起人们对园林文化不是表面的，而是深入一层的研讨。

（原载于《苏州园林》2002年第4期、2003年第1期，有增删改动）

补园二题

文/张岫云

清光绪三年（1877），吴县盐商张履谦以银价 6 500 两购得东北街拙政园西部当时属汪硕甫的宅园，请名家设计，大加修葺，补残全缺，取名"补园"。1879 年全家搬入，15 年以后又请著名曲家、书法家俞粟庐书"补园记"，镌石安放在拜文揖沈之斋内。补园现和拙政园东、中部合成一体，仍名拙政园，习惯上把这一部分称为西部。补园旧有许多奇闻逸事，现选两则附后，以增趣味。

一、补园扇情

补园内山涧南假山上有圆形小亭名"笠亭"，山东南方临水有一扇状小轩名"与谁同坐轩"，分开看，没有什么特别，实际上，这是张履谦造园时精心策划、刻意安排的景观。

从波形廊南端观望笠亭和与谁同坐轩，可以发觉，笠亭的顶部恰好可以嵌入与谁同坐轩的屋顶，笠亭的锥形屋顶瓦楞好似一道道扇骨，宝顶形成柄端，与谁同坐轩的屋顶展开成扇面，两侧脊瓦为侧骨，一起构成了一幅完整的、倒悬的大折扇图形。当观察位置有变动时，它们又各自成为一把团扇，一把折扇的形状。

那么，张履谦为什么对扇子情有独钟呢？这就要从张家的祖上说起。

张履谦的祖父原籍山东济南，是一个平民，工手艺、善制扇，还擅长书画，曾在济南城山东巡抚衙门附近摆扇摊为生。有一天，在做生意的时候受到衙役的欺凌，正好被巡抚的亲戚某公（一说即巡抚本人），从衙门里出来，路见不平，查问情由，呵退恶奴，也可能是早已注意到这位年轻的制扇人。见到他出售的扇面书画，很有水平，大加赞赏，竟然慷慨解囊，出银二百两资助。由此，张履谦的祖父开出一家扇店，因为得到官方人士支持，一些风雅之士，联袂而来，再经辗转介绍，一时门庭若市，产业逐渐发展。几十年后，张氏不断扩大生意范围，业务涉及百货、钱庄信汇、盐场等行业，广拥商店，成为一方大贾。张氏店名"有容堂"，据说，就是清末刘鹗所著的《老残游记》第十四回里"（老残说）……'到了省城，我就还你。'人瑞道：'那不要紧，赎两个翠环，我这里银子都用不了了呢！只要事情办妥，老哥还不还都不要紧的。'老残道：'一定要还的，我在有容堂还存着四百多银子呢！……'"所说的那个"有容堂"。

张履谦的父亲张肇培经营扇行和苏北盐场，其夫人原籍常州，故后来在常州、苏州定居。

张履谦自己曾任两淮盐运使，清政府户部山西司郎中等职衔，可谓官位显赫。辞官后开典当、办学校、设育婴堂，还投资苏纶纱厂和电力公司，成为地方上的知名士绅。

张履谦建造笠亭、扇亭，是表示他不忘张氏祖先制扇起家的经历，而且扇亭又置于几个景点的联结部位，成了一个独特的标志，让人们随时都能注意到它们的存在，作为一种纪念。而这两座建筑本身又极其秀美，特别是与谁同坐轩，前临水廊及其倒影，后面的扇形漏窗又成一副框景，左右门宕一含倒影楼，一容留听阁，真是美不胜收。

张氏后人都爱扇成癖，笔者为张履谦五世孙，少年时曾见祖父张紫东每年夏季都要晾扇防霉，藏有折扇几百把，品种繁多，有竹骨、牙骨、木骨等。湘妃竹泪痕斑斑，象牙扇浮雕空刻，檀香扇幽香阵阵。"文革"时，我父亲为破"四旧"，将家中所藏折扇悉数上交。至于扇面内容，都为名人字画、山水花鸟、烫金、洒银，甚为精美。

岁月流逝，换了人间，两座亭子而今焕然一新，美丽的倩影让人流连忘返。

二、延年益寿

张履谦虽是旧时代人物，但他思想活跃，喜欢创新，并不墨守成规，在修建补园卅六鸳鸯馆时，窗上采用了当时的摩登之物——彩色玻璃，阳光透过蓝、黄色的玻璃投射到地上，随着光影的变化，图案也在变化，煞是好看。卅六鸳鸯馆西北方有一座三曲桥通往留听阁，取名飞虹桥，这也是张履谦借用文徵明拙政园图、诗中小飞虹之一命名的，但游园的人习惯叫它延年益寿桥。它的桥栏采用了一种过去园林中很少见的铸铁构造，由柱到顶部联结，形成棚架，桥栏中有张履谦亲自手书的四个篆体字"延年益寿"，组成美丽的花纹。补园初成时，张履谦的母亲马太夫人尚健在，可能这四个字是他祝愿母亲长寿的吧！据幼年长期住在补园的昆曲大师俞振飞先生回忆说，他曾经亲眼看到张履谦写这四个字，后来按字样嵌入桥栏里。光阴匆匆，人间沧桑，但此处也已成为游人摄影留念的一大亮点，"延年益寿"四个字以无声的语言向每个来客祝福。

张履谦长孙张紫东继其祖父为后来的补园园主，对这座桥也情有独钟。张紫东在原配夫人甪直沈氏去世后，又娶南浔邢晋珑为妻，1926 年邢氏夫人因肾病早故，年仅 46 岁。张紫东十分悲痛，特意请人画了一张夫妻两人合像，画中以延年益寿桥为场景，张紫东依栏站立，邢氏夫人侧身坐在桥头，身后为补园园景，采用西洋油画形式，深得透视之理，人物形象一如本人，脸部表情栩栩如生（图1）。

图 1　张紫东和邢氏夫人在拙政园西部小桥上的画像①

（原载于《苏州园林》2003 年第 1 期）

①　苏州市园林和绿化管理局. 苏州园林名胜旧影录［M］. 上海：上海三联书店，2007：13.

初开迷雾露青瑶

——试补艺圃历史上的一段空白

文/张学群

　　古典名园艺圃现已列入《世界遗产名录》，但在它的历史沿革中长期遗留着一段空白，即从姜埰父子以后至改建七襄公所以前，这一百多年里其园主是谁，身份如何，园貌大体如何，均茫然不知。虽然道光二十七年（1847）的《七襄公所记》写道："（姜埰）仲子实节乃辟为艺圃，见于名人题咏。迄今一百七十余年，易主者屡矣。道光癸未甲申（1823—1824）间，郡中吴氏始葺而新之……迨己亥（1839）吴氏将他徙，于是……购营公所，名曰七襄"，我们从中只能知道七襄公所之前的园主姓吴，但他是何许人也，在道光三年癸未（1823）之前是否还有别的园主，我们仍不得而知。《传统文化艺术研究》第8期载《艺圃杂考》一文，根据姜埰《敬亭集》及其年谱，考证了姜埰卒年及其重建艺圃之功，并指出改名艺圃的是姜埰而非姜实节，详尽绵密，确为论述艺圃史事的佳作。但在文末提出"姜实节再穷也不可能卖掉艺圃""艺圃一直为姜埰后代所居住""如艺圃易主，一定是姜晟（1730—1810，姜实节曾孙，曾官至总督、尚书）以后之事"。这无疑是说这段时期的园主都是姜氏，不存在空白，更非"易主者屡矣。"是耶？非耶？何去何从，宛似重重迷雾，长年缭绕着青峰中段，使人莫知其中真相。

　　笔者怀此有年，循"郡中吴氏"这条线索不断寻访，但吴氏有吴郡吴氏、洞泾吴氏、皋庑吴氏、洞庭吴氏等多支，还有外来的许多吴姓。寻绎数年，直到最近始从两本吴氏族谱中找到一些资料，疑雾初开，长期被掩的青峰中段显露，看来可以大体填补这段空白。现将有关资料介绍如下并请大家指正。

道光《皋庑吴氏家乘》卷六中《慎庵公传》（乾隆间大学士，海宁陈世倌撰）记述第十世吴斌（号紫臣、字慎庵，1663—1744）"世居皋伯通故里（按：指皋桥附近），自丙子（1696）秋让宅与弟，移家文文肃旧居，志所名青瑶屿者，颇得少遂其雅怀。……售得莱阳绝产，仍听安居三十载，以笃友朋……"我们知道，"青瑶屿"就是文震孟在药圃的读书处，"售得莱阳绝产"自是指莱阳姜氏把园宅绝卖给吴姓。姜埰父子辗转搬迁来吴，家中人口又多，必然经济拮据。园林虽以清雅绝俗为尚，却离不开世俗钱财的支持。由汪琬的《姜子学在所居即文文肃公药圃也，感赋二首》诗，可以看出姜实节（字学在）的艺圃衰颓之象，此诗载于《尧峰文钞》卷48，却很少见人引用。其第一首的中间两联是"苔没围棋石，萍浸洗砚泉。桥心欹断版，亭面挂危椽。"姜实节无力维修，又久居虎丘，足不入城市，且他家和吴斌是"友朋"，故以家属在部分宅屋内留居卅年为条件之一绝卖了。从陈世倌文中"移家"二字及说吴斌"家贫"来看，有可能是吴斌（甚至是其父）前已买下姜宅，至1696年正式移居，但无论如何至迟在1696年，即姜埰买下文家宅园（1660年）后的卅六年，姜实节（卒于1709年）死前13年，吴斌已成为艺圃的主人，姜氏艺圃在实节身前即已易手，应是没有疑问的了。

吴斌之父绍远，名宏基，字德开，业商。他曾经办采购金箔供顺治皇太后重修五台山僧寺金像佛经之用，然以此涉讼经年，"家产因之日落"。吴斌家学渊源，虽业商，而为人处事都散发着书香气息。他是国子监生，"顾以家贫，念学者治生为急，遂不专攻举子业，虽谒选得州司马，而孝养淡于仕进"。这是说他虽捐得府同知而未出仕，仍继承父业。吴斌是康熙时礼部尚书吴士玉的嫡堂兄，堂弟士珣、侄乔龄都是翰林，婿沈惊远是乾隆四年（1739）进士，曾任江宁教授，算得上是世家大族。吴斌本人饱读诗书，又得父亲传授，善鉴定文物。他曾受苏州织造李煦委托，采制行宫陈设品，大得康熙赞赏，甚至皇帝要把他带到皇宫去。幸李煦知吴斌不肯离开家乡，婉言辞谢，乃蒙恩"钦赐御用犀带佩刀等件，世袭珍藏"。

吴斌不但渊博采制，还有著述，"所著有五言律诗四卷，《博古画图》十二卷，《博雅堂文钞》八卷"，惜均不传。出身于儒生，后营商业，但又能吟咏鉴赏，有著述，这是一种儒商式的园主，相对于苏州其他名园主人多为达官、文人、巨商而言，这是不大多见的另一类型的园主人了。陈世倌文中只简明地提到他"晚葺园林以娱老，在城市而有山林气象。""峰石林立，丘壑闲静"，同时又说他好客，"常慕孔文举之为人，时时诵其'座上客常满，樽中酒不空'之句"，让我们想见那时的艺圃文酒高会之盛。吴斌以特具的儒商素养，重葺名园，缔构博雅堂，一扫姜氏后期艺圃衰败之象，是中兴艺圃后的又一功臣，其名久湮不彰，今特表而出之。他又仗义轻财，"戚友有丧葬大事，无不倾囊资助""人有以急难告者，千金不少吝"，故"晚岁家业凋零""遂尔怏怏赍志以没"，年八十有二。

这里补说一下，由吴斌著有《博雅堂文钞》而引起另一个问题，即"博雅堂"之名是始于文、姜为园主之时还是出于吴氏之手。大家知道，文震孟宅第内的堂名为"世纶"，且兵燹后已荡然。姜氏艺圃中"为堂为轩者各三"（见汪琬的《艺圃前记》），三堂之名是念祖堂、东莱草堂、断谷书堂（见汪琬的《艺圃后记》），而汪琬的《艺圃十咏》和王士祯的《艺圃杂咏》等诗中均未见提到"博雅堂"，看来只能是吴斌购园后将姜氏"念祖堂"改名的了。再则，以堂名来称自己的文集，一般总以自题的堂名为合适。如申时行《赐闲堂集》即取于自家园林"适适圃"中的"赐闲堂"；缪彤凿池于庭，池旁得双泉，因名宅中堂为"双泉"，其文集即名《双泉堂集》。三则吴斌及其父都好学博古，善鉴定文物，故不论以王逸《楚辞章句》中"昔淮南王安博雅好古"或刘勰《文心雕龙》中"入博雅之巧"句意作为自己的堂名，都还是贴切的。在未发现有力的相反论据之前，吴斌（或其父）将念祖堂修葺而改称博雅堂之说当可成立。由于博雅堂是艺圃的主要堂构之一，弄清它的来历对艺圃的意义是不言自明的。

吴斌去世后，长子文汉（1683—1750）及两个庶母所生的四个弟弟仍居此园。文汉字方城，号文崖，道光《家乘》卷六载乾隆庚午（1750）蒋恭棐撰文《文崖先生传》，说他青年时苦攻举子业，"所居有园池之胜，足迹不窥者三年。"18岁获长洲县秀才第一名，旋补增广生，他"于书无所不读，叙事得迁固遗法，诗学陶杜，继出入香山义山，"所著除"家传十余章"外，有"《姑苏杂咏》百篇，咏史古风及七律数百首，《谨厚堂素书讲义》四卷，《松漱轩文集》十卷，《诗集》八卷……暮年著述不少懈，学者称文崖先生。"惜这些著作也未传世。继文、姜之后成为这城市山林的主人的吴氏父子三代原来都文采斐然、著述甚富，堪与这座历史名园相称。但吴文汉时运不济，至老也未考中举人。"家素贫，糊其口于砚田""斯时也有议弃所居以偿父遭者，君念如此则骨肉睽离，安保后无沦落，力止不可，乃同居如故。"文汉有一个异母弟山源考中武举人，官候补千总。文汉四个儿子中，有两个分别是候补同知、典史，次女嫁给柳州知府庞廷骥；据此则文汉死后其子侄有可能仍同居艺圃内若干年。但文汉兄弟5人分别是吴斌的3个妻妾所生，他们的后裔所构成的旧家族一般是很难长期久处的，他们能把艺圃一直维持到道光间再让给七襄公所吗？

道光《皋庑吴氏家乘》对文汉卒后艺圃是否易主之事并无记述。笔者继续追踪，看到光绪六年（1880）续修的《皋庑吴氏家乘》，其中所附吴大渥的《唐太孺人行略》里，出现了这样的文字："先曾祖介亭公新买文文肃公故宅，宅有园林之胜，"显然这是另一个吴姓主人了。查前谱，知介亭名传熊，字翼初，属皋桥吴氏敬字二房的后裔，国学生。其祖父学洵（号企泉），父维梁（号建南，又号石斋，即吴大澂的高祖）也都是国学生，均业商。维梁继祖及父之业，"习会计之勤""前业得以恢闳"（均见道光《皋庑吴氏家乘》卷六《石斋公传》），而属奉字长房的吴文汉家子孙则远逊于前，必然将园宅出售。是文汉后裔先卖给他人再转售与介亭，还是勉力维持若干年后再转入同族另一个吴姓之手呢？目前尚无资料可以肯定。但吴介亭生于乾隆四十二年（1777），卒于道光七年（1827）。《七襄公所记》说的1823—1824年间"郡中吴氏始葺而新之"自是指吴介亭了。

介亭父维梁"幼聪俊，读书过目成诵"，介亭虽承继父业经商，但幼秉家学，又是国学生，自有一定的文化修养，常在艺圃中与文士集会。《唐太孺人行略》中说他"笃戚谊，尤好与文士交，宾客过从无虚日……因有荷池，夏日盛开，唐太孺人撷新莲子，手自剥以供客，日以数百枚计，汗淋漓无倦色也……先祖弃养，所居文氏宅先已易主。"由此可见园主是吴介亭时，艺圃园貌甚佳，荷池盛开，嘉宾云集。介亭"性豪爽，用财无所吝，晚年家稍落。"其子经筠，国学生，即大澂的祖父，生卒年为1800—1836年，大澂说文宅易主在1836年前，与《七襄公所记》所说1839年"吴氏将他徙……构营公所"有几年的差距。按常理而言，吴大澂记自己的祖宅出售于他人的时限应不会错。另可注意的是，吴介亭拥有艺圃仅十来年，不及二代。这可能由于吴介亭新葺艺圃在1823—1824年，但三年后即1827年就故去，而介亭之子经筠"素体羸弱……加以岁荐饥，市廛萧索，家益落。"古人多迷信风水，可能认为此宅不吉（经筠与子师莱都没于壮年），随即出售与另一吴姓（可能也是族人，同族中人可先问津）。这位吴姓住了没有几年，可能也惑于"凶宅"之说，搬走了。既然作私人宅第不吉，自然只能卖给单位，长期作七襄公所的聚会和办公场所了。当然，这还是依据家谱字里行间透露的一点信息所作的推测。前引

《七襄公所记》所说"迄今一百七十余年",是从姜实节为园主时算起的,从姜氏到两个吴姓主人,中间很可能还夹了一二个别的不知名的园主,再变为七襄公所,自然要慨叹"易主者屡矣"。

自1839年到现在,又将近一百七十年了,岁月如流,世事沧桑,名园兴衰,起伏靡定。改革开放后艺圃几经修复,今又列入《世界遗产名录》,当可永无平泉榛莽、金谷丘墟之叹,而将建设得更富有文化底蕴,更辉映历史光彩了。

以上主要系根据两部吴氏族谱中的资料草成,其中尚有缺陷,希望有心人进一步搜寻其他资料,使艺圃园史记载日趋完整。附带说一句,族谱中往往蕴含着一些虽零星却有用的园林资料,可供发掘利用——作者附注。

(原载于《苏州园林》2003年第2期)

曲园有艘小浮梅

文/魏向东

"小浮梅"是一艘竹筏的名字，是曲园中小浮梅槛的简称。曾经安放在曲园的曲池中，但它早就不在了，所以今天知道这桩陈事的人已经不多。

1921 年，胡适研究出《红楼梦》后四十回由高鹗续成，主要是受到曲园老人俞樾《小浮梅闲话》书中一段话的启发：

> 《船山诗草》有《赠高兰墅鹗同年》一首云："艳情人自说红楼。"注云："传奇《红楼梦》八十回以后俱兰墅所补。"然则此书非出一手。按乡会试增五言八韵诗，始乾隆朝。而书中叙科场事已有诗，则其为高君所补，可证矣。

胡适因此开了新红学考证派的先河。旧红学最有影响的是"评点"和"索隐"两派，曲园老人在《小浮梅闲话》还附会说贾宝玉就是纳兰性德，所以也有人把他归入"索隐"一派。

《小浮梅闲话》的一段话无意中埋下了新红学的种子。俞樾的《小浮梅闲话》主要是在苏州曲园内完成，"浮梅槛"三字的来历，可见黄贞父《浮梅槛记》：

> 客夏游黄山白岳，见竹筏行溪林间，好事者载酒从之，甚适。因想吾家西湖上。湖水清且广，雅宜此具，归而与吴德聚谋制之。朱栏青幕，四披之，竟与烟水云霞通为一席，泠泠如也。按《地理志》云："有梅湖者，昔人以梅为筏，沉于此湖，有时浮出。至春则开花，

流满湖面。"友人周本音至，遂欣然题之曰："浮梅槛"。

厉樊榭《湖船录》有进一步描述：

> 黄贞父仪部用巨竹为泭，浮湖中。编篷屋其上，朱阑周遭，设青
> 幕障之，行则揭焉，支以小戟。其下用文木斫平若砥，布于泭上。中
> 可容六七胡床，位置几席籩豆，旁及彝鼎、罍、洗、茶档、棋局之
> 属。两黄头刺之而行。吴江周本音名之曰"浮梅槛"。

根据这些文字，我们可以约略描绘一下浮梅槛的形制，大致是用粗大
的毛竹制成一筏，上面有篷屋，篷屋的底部有平整的木头，以免漏水，上
面放六、七只被称为胡床的能折叠的轻便靠椅，还有可以坐卧凭靠的几、
席，以及酒具、茶具、棋具等。"黄头"指船夫。汉代船夫都戴黄帽，故
称，也可作"黄头郎"或"黄帽"。

曲园老人早在杭州主讲孤山诂经精舍之余，得闲在春秋佳日往西湖泛
舟，就有念头仿效黄贞父造一浮梅槛。直到他在苏州建成曲园后，这个愿
望才得以实现。曲园不大，曲池不大，曲园老人的浮梅槛只做成宽四尺、
长五尺的小型竹筏，所以叫"小浮梅槛"。曲园老人有十二韵诗以宠之：

> 十年雅慕浮梅槛，试手经营到此才。只惜量来不盈丈，故应唤作
> 小浮梅。纵横箄筏三层积，前后轩楹四面开。帷幕绿随风反侧，阑干
> 红与水徘徊。一绳摇曳呼孙挽，半席宽闲倩妇陪。偶欲曲肱宜竹几，
> 或思润吻有茶杯。平如画槛移春去，轻似仙槎贯月来。萍到舷边堪掇
> 拾，鱼游舄下莫疑猜。蒲团布处成禅榻，笭箵携将即钓台。试与临流
> 弄寒碧，胜于扫石坐莓苔。曩时创议传朋旧，此日环观诧仆僮。问讯
> 天南老开府，乘槎海上几时回。

从中可以知道，老人的"小浮梅槛"和黄贞父所说的相仿，红阑干、
绿帷幕，上面肯定还有胡床、竹几。舷边飘萍，脚底游鱼，悠然是可以想
见的。

现在曲园内曲水池的东西宽度约为 5 米，南北长约 8 米，根据园林修
复资料，水池位置和大小基本保持旧样，尽管水面不是很大，但相对来
说，安放长宽只有四五尺的小竹筏还是绰绰有余的。池南还建有踏步，拾

级而下即可登舟。

无独有偶，在杭州，曲园老人也有一条小舟。老人所著《春在堂随笔》说过此事：

> 光绪己卯岁，花农为我制一舟于西湖中，欲袭余吴下曲园中小浮梅之名。又拟以余姓姓之，曰"俞舫"。以书来问，余因名之曰"小浮梅俞"，盖用《说文》"空中木为舟"之本义，犹云小浮梅船耳。并跋其后有云："人生斯世，养空而浮，当知我亦一俞也，勿曰俞必属我也。"自是以后，湖上众叟艑郎诧为新制，六桥烟柳中，往往指而艳之。遂有仿此制而为之者……

曲园老人桃李满天下，当然就有入仕的，其在上面提到的"花农"叫徐花农，中进士后官运亨通，官至兵部侍郎。老人在西湖孤山有座俞楼，也是徐花农带头发起，众弟子捐资，为老人造的一座小楼房。汉字中"俞"的本意就是"舟"。曲园老人信手拈来，说明取名"小浮梅俞"的三层意思：一是把小浮梅之名和老人的姓合二为一；二是用了俞的本意，"小浮梅俞"意即"小浮梅船"，多了点文雅的曲折；三是简单点了一下人生哲学，"人生斯世，养空而浮，当知我亦一俞也，勿曰俞必属我也"。

提起曲园，当然不能不提起俞平伯先生，1953年，俞平伯先生向苏州市人民政府提出将曲园故居捐献给国家（图1）。俞平伯先生既是曲园老人

图 1　曲园春在堂（苏州市园林档案馆藏）

的曾孙，又是胡适的学生。他也是和胡适并称的两位新红学的代表人物之一。俞平伯自小生活在曲园。叶兆言先生撰文说，他的印象中，老年的俞平伯先生是个老小孩。可以想象，俞平伯先生幼年读书聪明，顽皮免不了，肯定在小浮梅槛上玩耍得不亦乐乎过。曲园老人的《春在堂诗》有诗句："儿辈最怜兰桨活。"曲园俞家的其他孩子也一定都非常喜欢小浮梅槛。

在小浮梅槛上，曲园老人闲心在焉，和姚氏夫人聊天、喝茶，和家人闲话稗官小说。曲园老人一生官编修，遭罢黜，后治经学，旁及诸子杂说。鲁迅说《小浮梅闲话》"通卷俱论小说"，书以小浮梅名，可见老人对小浮梅槛的偏爱。在春在堂的曲园老人是穿着整齐的经学大师、朴学大师，在小浮梅槛上的曲园老人则是着装随便的可爱长者。

（原载于《苏州园林》2003 年第 2 期）

红豆书庄小考

文/颜世和

论及红豆树，在苏州历史上最负盛名的要数古城区内清代惠周惕所植的那一棵了。

惠周惕（？—1695年后）清代学者，诗文学家，苏州吴县东渚人；原名恕，字元龙，号砚溪，因喜红豆，自号红豆主（老）人。其父有声，字律和，以九经教授乡里。子士奇，清代学者，诗文学家，字天牧，又字仲儒，号半农居士，学者称其为红豆先生。孙惠栋（1697—1758）清代学者，散文家，字定宇，号松崖，人称小红豆先生。惠氏四代研授经学，但真正创立吴门经学，形成一派，则从周惕开始。父、子、孙秉承家学，各有建树，都有著作存世，故史志和学者有"吴门三惠""三世经学""四世经学"的赞誉。

"吴门三惠"不仅精于经学也与红豆有缘，除了字号、称呼外，其中父子连住宅也均与红豆有关，如周惕有红豆书庄，子士奇有红豆斋。如今惠氏经学已不为普通人士所重视，倒是惠周惕的红豆书庄常常成了茶前饭后的谈资。红豆书庄有记载也称它为红豆山庄。（"红豆书庄""红豆山庄"在本文以后出现时均视作对惠周惕同一住宅的称呼，除了引用原文外，以后均称它为红豆书庄。）近年来有一些书籍、报刊也做了介绍和报道，但是对它所处位置，却出现了"张冠李戴"的现象。例如，由苏州市文物管理委员会编辑的《苏州市文物园林古建调查资料汇编》（后记时间为：1983年3月1日）75页记载："红豆山庄，吴衙场37号，原系盐公堂，现存三落七进，大堂高敞，正厅屋架无前步柱，第六进有一棵红豆树。"《十全街》一书在介绍红豆书庄时称："惠（周惕）宅和吴（之佳）宅，都在吴衙场，相距只有百步而已。然而岁月如流，时至今日，四棵红豆树，仅存惠宅的一株了。"《苏州历代园林录》在介绍红豆书庄时引用史料正确但是解释却有误："红豆书庄，在城东南冷香溪之北（吴衙场），惠周惕构筑。"而《苏州词典》此书在介绍吴衙场时沿承《苏州市文物园林古建调查资料汇编》之说也将吴之佳宅及红豆树与惠氏的红豆书庄、红豆树，盐公堂混作一谈："明代刑部给事中吴之佳居此，故名。37 号红豆山庄遗址，原系盐公堂，尚存三落七进，内有红豆树一棵，为控制保护古建筑。"这样更使人如入迷雾之中。另外 2001 年 12 月 13 日《苏州日报》第 3 版在公布的"苏州市区控制古建筑保护名单内（共 220 处）"也将吴衙场 37 号认定为"红豆山庄"遗址。从上面这些记载给人的印象是：吴衙场 37 号就是惠周惕的红豆书庄。其实并非如此。

据清顾震涛《吴门表隐·卷九》记载："铁树即红豆，郡中只有四树，一在元墓山寺内；一在城东酒仙堂，宋白鸽禅师手植；一在升龙桥南惠太史周惕宅，周惕少从酒仙堂分折栽成；一在吴衙场明给谏之佳宅内，后易宋、易彭今为吴刺史（刺史：明清时，为知州、知府的别称）诒谷所居。"从上述可以看出每棵红豆树的生长地点、来历或主人，而周惕宅及宅中的红豆树也在其中。清宣统《吴县志稿》对红豆书庄的来龙去脉叙述更为详尽："红豆书庄，惠吉士周惕宅；在城东南冷香溪之北。先是，东禅寺有红豆树，相传白鸽禅师所种，老而朽，复萌新枝，周惕移一枝植阶前，生意郁然，因自号'红豆主人'。僧睿目存，为绘《红豆新居图》。周惕自题五绝句，又赋《红豆词》十首属和者有二百余家。四方名士过吴门，必停舟车访焉。传子及孙六十年来，铁干霜皮，有参天之势。庚申兵燹，树被伐，遗址仅存。"从上述这些史料综合分析可以看出：惠周惕的红豆书庄坐落在升龙桥的南面，城东南葑门内冷香溪的北面；由于主人是吴门经学一代宗师，在清代，四方文人雅士来到或者途经苏州常会弃舟登门拜访，向其请教经学并与主人互作诗词、文章相娱乐；红豆树从栽种者周惕传到他的孙子们手中，已经有六十多年树龄，也长成了参天大树；但是十分可惜的是，红豆书庄已与周围许多建筑在庚申年间即咸丰十年（1860）毁于清兵和太平军的战火之中，珍贵的红豆树也被人砍伐；此处只留下一地残砖断瓦，后来逐渐变成荒地、菜田。另外从日本学者高仓正三当时（1939—1941）在苏州所写的《苏州日记》一书中得到相关印证，例如，高仓正三在他 1939 年 10 月 7 日的日记中曾经这样写道："上午去省政府拜访章氏，向他打听红豆斋的地址，他把在税务股工作的惠乐民（惠氏后裔）介绍给我。惠乐民告诉我说，他的旧居在葑门内的冷水湾（读书湾），那儿没有红豆树。"从这位作者的这段日记中还给人们传递这样一些信息：红豆斋—惠乐民—旧居—冷水湾（读书湾）—没有红豆树。随着岁月流逝，如今红豆书庄遗址上早已又有新的建筑。

是什么导致一些单位和研究者出现上述"张冠李戴"的现象呢？主要有两个因素所致：其一是出行，可能是史志上有"城东南葑门冷香溪"之语的缘故，有些人就误把葑门内吴衙场南边的小河作为冷香溪了，何况吴衙场37号确实有一棵古红豆树。其实古代远行多是以舟代步，苏州从古至今就是一座城内外以水相互连通的古城，虽然惠周惕红豆书庄按现在苏州市的交通行走线路状况来看从相门入城应该是最近的，可是在清代相门由于有高宽的城墙阻挡，如想从此进城，既无城门陆路也无水门可走，远方来客拜访只有以舟代步，从苏州城东南葑门水城门入城才是最佳线路。史料当时记载，红豆书庄在城东南葑门冷香溪之北对其进行定位应该是正确的。其二，也是最主要的一点是他们对红豆书庄所处的方位、地名演变不太了解而引起的。从众多史料的分析中可以看出，红豆书庄的位置应该在东不超过东禅寺，南不越过冷香溪，西不过官太尉桥，北不超过升龙桥，这个范围内。如绘制于清光绪年间的《苏城全图》（该图绘制年代约为光绪九年到二十七年，即1883—1900）地图中除了冷香溪、东禅寺、官太尉桥、升龙桥、位置在此图上均清晰可辨（图1）。如今东禅寺，原在市桥头

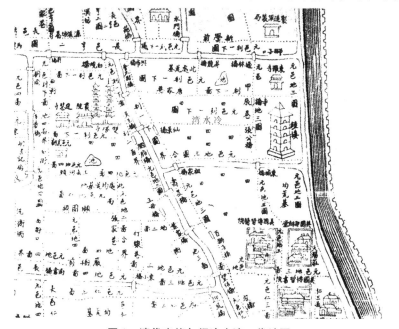

图1　清代光绪年间冷水湾一代地图

21号（根据1988年的苏州市地名资料记载），寺于十多年前废，此地现在已经归属于苏州大学；官太尉桥，则在唐家巷西端；升龙桥，宋代称"万寿寺前桥"，明代始称"升龙桥"，清末又被讹称为"兴隆桥"；即使冷香溪在这一幅地图上也有，只不过它已经被改称为"冷水湾"了。

历史上冷香溪这一带曾经有许多知名人士在此卜宅居住过，例如，清代学者袁学澜（1804—1879）在为自己住宅（双塔影园，此园在官太尉桥西塊）所作《双塔影园记》中对购买房屋的时间、位置、环境、原房屋主人以及居住在周围的一些文人雅士等情况做了介绍："壬子岁秋（1852），余营别宅。于吴门太尉桥冷香溪，其宅本卢氏旧居。……考郡志，范石湖旧居、柯九思宅、惠周惕红豆书庄，皆与余园相近；则此地固，昔贤卜宅之所，余得居之有深幸焉。"文章中清楚地记载了太尉桥（官太尉桥）附近有冷香溪和惠周惕红豆书庄。

冷香溪为什么会变成冷水湾呢？那是因为此地曾经遭受数度火焚，尤其是庚申年间（1860）那场无情的战火更为惨重。这里的许多房屋烧毁，好端端的鸟语花香文人雅士雅集居住之地，顷刻成了一片废墟；随着时间的推移逐渐变成了杂草丛生的荒地和菜田。冷香溪，也真的慢慢变成人烟稀少的冷水湾了。

冷水湾，从图1中可以看出它为东西走向：东端附近有张公桥（现在桥已经被拆除，桥南不远为苏州大学旧北门，西侧原来有双荷池，现为健身小游园），西端接吴王桥（现在桥仍然存在，桥西与定慧寺巷相连）。冷水湾，这个地名从乾隆十年（1745）《姑苏城图》就有记载，一直被人们称呼到20世纪40年代或更后，这在前面引用的《苏州日记》中也可得到证明。关于冷水湾就是冷香溪我们还可以从王謇先生所撰的《宋平江城坊考·卷三》中得到印证："唐家巷附近有冷水湾，一名冷香溪"。

如今，在苏州市可以说许多中老年人根本不知道有冷香溪这样个地名，即使是后来改称的地名——冷水湾，知晓者也甚少。导致这种现象发生的主要原因是：冷水湾，后来又因当时的私立实用初级商业职业学校（该校开办于1926年，校址在唐家巷冷水湾即后来的读书湾）校长蒋忠杰先生（字企范），于1934年，向有关当局呈请，将唐家巷冷水湾改称为读书湾以与学府相符。该项申请于1934年3月14日在吴县县政府第四次政务会议上获得通过。决定又于第二天（3月15日）在《苏州明报》上刊出布告周知。如今在唐家巷附近的水湾早已被填平，但是读书湾的地名依然存在（原来它的起讫方位为：南接钟楼头，北接唐家巷，现道路长40

米左右）。现在，在它旁边还建造了四幢多层式公寓形成了一个小型的居民新村，村名则为读书新村。

综合史志以及文献所说可以看出：读书湾就是以前的冷水湾，冷水湾就是过去的冷香溪；若真正要论惠周惕红豆书庄遗址它应该在如今唐家巷附近的读书湾才正确。

原吴衙场 37 号这棵古红豆树为明代万历八年（1580）庚辰科长洲县进士、给谏吴之佳（字公美）住宅中的故物，如按吴之佳中进士之年算起，该红豆树至少也有 420 多年的树龄，可谓明代活文物。后来住宅易宋、易彭，一度又为吴刺史贻谷所居住，太平军在苏州期间，房屋又成了浙江乌镇徐氏的质铺；20 世纪 90 年代已有许多租户在此居住。由于红豆树周围生长环境欠佳，后由园林局、房管局、教育局等部门协商将周围的部分建筑拆除，生长环境得到很大改善，苏州园林科学研究所技术人员又对该树进行了复壮措施；现由"苏州教育技术装备站"主动管理（详情参见《苏州园林》2003 年第 2 期《姑苏城中红豆树》一文）。

综上所述，红豆书庄和吴衙场当不是同一地点，其红豆树也非同一棵。红豆树作为珍稀树种，在历史上就得到了人们的喜爱，对硕果仅存的那株红豆树，我们尤其要珍惜。

（原载于《苏州园林》2003 年第 3 期）

虎丘塔有可能再现原真

文/罗哲文

老照片是历史的真实记录，对于古建筑来说更有许多重要的价值。除了可供研究的科学资料之外，还可以作为维修的参考和依据，较之绘画和文字记述更可信，因为它是当时的真实反映。听说故宫建福宫花园的修复过程中曾经找了许多依据，虽然有很好的写真绘画，但不如照片那样科学，最后还是以照片为准。我所参加过的许多古建维修工程，都把照片作为最重要的依据之一。

苏州虎丘塔，不仅是千年来苏州名城的重要标志之一，而且以其悠久的历史、独特的结构和精美的艺术载入了许多建筑、文化艺术的史册，是国务院公布的第一批全国重点文物保护单位之一，也是新中国成立之后早期进行抢救保护的重点工程之一。

关于虎丘塔这一具有重大历史、艺术、科学价值的古建筑的原真面貌，知之甚少，因为它在19世纪和20世纪历经了劫难，云岩寺大殿等烧毁了。所幸虎丘塔（云岩寺塔）的塔体是砖石结构，塔身尚存，成了现在的砖身秃顶。近代学者对此塔进行专门考证和研究，其中最早的要算是我的恩师刘敦桢先生。1936年他曾经考察，1954年他又进行了全面的考察研究，并提出"此塔已百孔千疮，已接近崩溃的阶段，如不设法修理，恐不出数年即有倒塌的危险"的意见。后来经过多年的抢险加固，终于把这一古塔按照现状加固保护了下来。现在人们看到的就是1936年刘敦桢先生看到的无刹、无檐、无平座栏杆的情况（图1）。

图 1　20 世纪 20 年代的虎丘塔和断梁殿①

刘敦桢先生在 1954 年的考察文章中详细地记述了云岩寺虎丘塔的现状。以之和老照片（图 2）对照，他所提出的问题在这张照片上，都可以得到解答。刘敦桢先生所说此塔和寺在"咸丰十年（1861）全寺被焚，沦为废墟……此塔从那时起逐渐颓毁，未加修治，以致成为今日岌岌可危的情状。"那么，这张照片正是咸丰十年未被焚前的原状。照片上还可看见云岩寺大殿未焚前的局部。

刘敦桢先生描写塔的外观时

图 2　19 纪中叶的虎丘塔（1860 年前的虎丘塔 美国皮波迪伊塞克博物馆收藏）②

说："此塔上部的刹已经倒塌，原来的高度无法知道，……其上以斗拱承托腰檐，再上为平座，仍施斗拱。不过平座上有栏杆萦绕，现已遗失。"他所说的塔刹问题，在这张照片上还是相当完整，尺度较高，大约有上部一层半塔身的比例。已遗失的平座栏杆在照片上还可以看出来，它的形制和尺度也可推算。

①　苏州市园林和绿化管理局. 苏州园林名胜旧影录［M］. 上海：上海三联书店，2007：105.

②　陈嵘. 苏州云岩寺塔维修加固工程报告［M］. 北京：文物出版社，2008：255.

关于塔檐，在刘敦桢先生的文章中说："第一层腰檐下的斗拱用五铺作双抄，偷心造……在令拱和撩檐杭上面，仅用版檐砖与菱角牙子各二层……当是年久残破，或迭经修理已非原来形状。屋角是否反翘，亦不明了。"刘先生提出的塔檐问题，在这张照片中已经得到了解答。从照片上可以看出，此塔的塔檐基本存在，应是带瓦垄的木质塔檐，檐角有反翘，但反翘不大，还保存了早期的风格。

总之，这张 150 年前的老照片，比较完整地反映了虎丘塔有较高价值的一个较早时期的原真面貌。此照片上的虎丘塔有刹、檐、平座、栏杆、门窗、柱子，其外貌可以说是各种构造部分都已齐备，可以看出单体建筑的完整面貌了。

世界遗产，特别是文化遗产要求的重要标准是遗产的原真性和完整性，也就是中国《文物保护法》中的原状。这是文物价值中的核心问题，因为文物价值就在于反映它产生时的社会背景、科学技术水平、文化艺术风格以及风俗习尚等。如果改变了，它的价值就将降低或丧失。当然在文物保存的过程中，特别是长时间的过程中难免有自然与人为的改变甚至破坏，其原真性和完整性要具体分析。不过原始的、早期的、完整的状态，应是价值更大。

根据这张照片，我认为有可能再现虎丘塔的原真。以现存塔的实物，有关的历史文献资料和建筑法式形制、结构可以复原，至少可以在图纸、模型上复原。再现原真、再看完整的虎丘塔，将是苏州名城的一件盛事，也是全国文物古建界以及各方面人士、专家学者所乐于见到的。

这张照片现藏于美国皮波迪伊塞克斯博物馆（Peabody Essex Museum）。这个博物馆是美国最早的博物馆之一，馆虽不大，但很有特色，收藏的老照片很多，尤以 19 世纪中叶到 20 世纪中叶百年之间的中国老照片为多（图2）。他们知我曾拍摄过不少 50 年前的老照片，并喜欢收集老照片，曾邀我去观看和鉴别老照片。这张照片是在一堆很不起眼的照片中发现的。它与现存的虎丘塔完全两样了。该馆根据我的建议正在整理研究，准备出版和展览。

（原载于《中国文物报》2005 年 11 月 25 日 8 版、《苏州园林》2005 年冬）

五亩园和桃花坞别墅

文/柯继承

一、人与梅花共一楼

五亩园在桃花坞东北部，今西大营门北端西侧（原西大营门 53 号内），其地就是西汉张长史的"植桑之地"。北宋熙宁年间，梅宣义在这里构筑了一座园林。宣义即宣义郎，官职名，苏轼有《寄题梅宣义园亭》，诗云："仙人子真后，还隐吴市门。不惜十年力，治此五亩园。初期橘为奴，渐见桐有孙。清池压丘虎，异石来湖鼋。敲门无贵贱，遂性各琴樽。我本放浪人，家寄西南坤。敝庐虽尚在，小圃谁当樊？羡君欲归去，奈此未报恩。爱子幸僚友，久要疑弟昆。明年过君西，饮我空瓶盆。"诗人以此处本为张长史治桑处，故用《孟子·梁惠王章句上》"五亩之宅，树之以桑，五十者可以衣帛矣"之意，嵌入"不惜十年力，治此五亩园"一句，因为苏轼享大名于世，后人遂称此处园林为五亩园；又因为主人姓梅，园中又多植梅树，故又称梅园、梅树园。

梅宣义是怎样一位人物，今天已难考实，甚至他的名字，也无从知晓。只知道他做过秘书省属下的从八品小官，后来归隐苏州。苏轼诗起句"仙人子真后，还隐吴市门"，说梅宣义是梅福的后裔。梅福，字子真，西汉九江寿春人，乃当时一位专攻《尚书》《春秋谷梁传》的学者，《汉书》有传。汉成帝在位时，梅福为官，屡次上书言政事，王莽篡汉，梅福为避祸逃到苏州，改姓换名，充当了吴市东门的市卒。由于梅福突然失踪，人们传说他已得道成仙。凡梅姓者，都自称梅福后裔，这自然不能当真。梅宣义的儿子梅灏，字子明，熙宁六年（1073）进士，元祐年间担任过秘阁校理，所以人称梅校理。当时诗人如晁补之、刘贡父等，都与他有来往。

梅灏被任命为杭州通判时，苏轼正好做杭州知州。作为知州的副手，梅灏与苏轼的私交也很不错。苏轼得知梅灏的父亲喜欢收藏石子，便把在登州蓬莱得到的白石数升，托梅灏转赠给梅宣义。梅灏即写诗表示感谢，苏轼又次其韵作诗相和。《始于文登海上，得白石数升，如芡实，可作枕。闻梅丈嗜石，故以遗其子子明学士，子明有诗，次韵》诗云："海隅荒怪有谁珍，零落珊瑚泣季伦。法供坐令微物重，色难归致孝心纯。只疑薏苡来交趾，未信璠珠出泗滨。愿子聚为江夏枕，不劳挥扇自宁亲。"

所谓蓬莱白石，是登州蓬莱阁下白色碎石，被海浪冲击岁久而成，如我们今日用来供养水仙的鹅卵石，但体积要小得多，只有芡实般大小，但晶莹光洁、圆润可爱。苏轼显然非常喜欢这些小圆石，不然也不会千里迢迢带到杭州任上。石子多达数升，也够重的，但苏轼把它们送给梅宣义，可见他与梅氏父子的交情不一般。事隔不过一年多后作《寄题梅宣义园亭》，我们基本可确定，苏轼赴杭州之前，已经认识梅氏父子了。

苏轼是元祐四年（1089）三月十六日受命知杭州的，四月底出京城，六月下旬路过苏州，逗留了几天，七月初三日才到杭州任上。苏轼在苏州时，或许到过梅宣义的园子，留下很深的印象，所以诗中的描绘非常生动具体。

梅宣义园子的构筑，花了十年精力，起初只种些橘树，后来桐树也成材了，表明治园"十年"之不虚。园中除桑、橘、桐、梅等树木外，还有些什么呢？苏轼说它"清池压丘虎，异石来湖鼋"，也就是说，园中有池塘，有假山，池水之清超过虎丘剑池，而来自太湖鼋山的峰石又是那么奇异，可见五亩园的景致，在他眼中实在是不错的。

五亩园内还有双荷花池、梅坞、桃林与竹林（直至20世纪50年代，园内尚有成片的紫竹、方竹与圆竹），亭台建筑有更好轩、碧藻轩、寄茅庐、拜石台等。如此规模显然不是五亩地所能容纳的，那它到底有多大呢？《五亩园小志》附有王起凤绘《五亩园图》（图1），从图中可见当时五亩园的四至：它东接今西大营门，东北接今铁路新村。五亩园东北界大致为原林机厂东北围墙，墙外原有渔家弄（渔家弄北面即今铁路新村所在），为古桃花坞渔民集居地；西北接今平四路中段（原蔡家河鸭栏桥、杨柳堤一带）；西接今东蔡家桥红菱村、红木雕刻厂；南接今校场路西段（即今所谓唐寅故居）、双荷花池。由此可知，五亩园实际占地远不止五亩，其占地面积不小于今拙政园。可惜这座名园遭建炎之难和元末兵燹两次毁灭性破坏。明清两代，园中风物，时而有所恢复，时而又沦为废地。

光绪十五年（1889）五亩园废地捐归文昌宫轮香义塾，自此统归慈善机构管理。吴县人谢家福世居桃花坞，对那里残存的建筑作了若干修复。他在五亩园南面改建了一些房屋，以作梓义公所、轮香局、义塾（儒孤学舍）及丙舍之用。

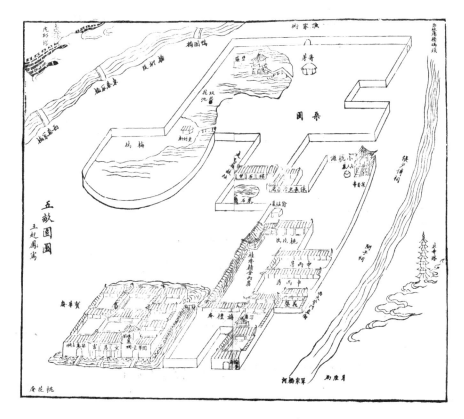

图 1 王起凤绘五亩园图①

1921 年，张紫东、贝晋眉、徐镜清、孙咏雩等人，假五亩园"中丙房"，创办了在戏剧史上具有重要意义的昆曲传习所。五亩园南部作为慈善机构使用的房屋，在 1949 年前后，正式改作城北殡仪馆，谢家福嗣孙谢安生是最后一任殡仪馆馆长。殡仪馆撤销后，原址大部分改为民居。

五亩园西部（原蔡家河东段北部）部分荒地，1958 年起为东风焦炭厂、拖拉机厂和盲人玻璃厂占用，其余荒地于 1961 年起被林机厂占用。当时市重工业局批复林机厂用地 171 亩（约 11.4 公顷），其中 8 亩（约

① 谢家福. 五亩园小志题咏合刻 [M]. 桃坞望吹楼本. 苏州：徐文艺斋，约 1875（清光绪间）.

5 333 平方米）后划归扇厂。园内残存建筑如更好轩、碧藻轩、碑廊以及古木、亭榭、池沼等，一一消失，至 1974 年荡然无存。2005 年 9 月，林机厂搬迁，厂址土地被拍卖。2007 年 5 月，东半部土地建成新型别墅区，占地七十余亩（约 4.67 公顷）；西半部土地流拍，2007 年因火车站地区改造等原因，被借用作临时停车场。

岁月无情，抹去了五亩园最后的遗影，但据《五亩园图》以及《五亩园小志》付梓后发现的相关新资料，我们大致可以列出双荷花池、梅坞、更好轩、碧藻轩、寄茅庐、拜石台、采石矶、采香庵、桃花坞等主要景点的位置。

双荷花池是园内主要的池塘，位于园西北部。整个池塘形如细腰葫芦，中间狭小，西南、东北水面较大，"细腰"处架桥。东北池通园外东北走向的内城河（今平门闸南），西南池通蔡家河（城西北内城河东西向支河）。

梅坞位于双荷花池西北，原为园主梅氏祖墓，俗称梅树坟。乾嘉年间，五亩园沦为菜圃，其处多植梅树，人称乌梅园，谐音"五亩园"。

梅坞临池边有更好轩，为一水榭式建筑，取苏轼《和秦太虚梅花》"竹外一枝斜更好"，故名。杨万里有《更好轩》诗云："无梅有竹竹无朋，无竹有梅梅独醒。雪里霜中两清绝，梅花白白竹青青。"直至 20 世纪 70 年代，更好轩北墙上尚嵌有长约六尺、高约二尺的《七友探梅图》石碑，图中镌刻的七人神姿各异，有的弈棋，有的弹琴，有的观梅，有的吟诗，碑上尚注明"按泰西法"雕刻等字样，疑碑为谢家福所立。

双荷花池北池边筑水阁碧藻轩，临水一面有美人靠，倾斜度很大，挑出水面，每当池中荷花盛开，坐靠其上，仿佛置身荷花丛中。轩前池中有湖心亭，有曲桥与东岸相连。双荷花池北池东北岸边，有石雕巨牛一尊，牛头对准池中，与狮子林立雪堂庭院中的"牛吃蟹"意境相似。碧藻轩一带是五亩园中最有代表性的景点，唐寅《题碧藻轩》诗云："画堂基构画船通，碧水涟漪碧藻丛。波弄日光翻上栋，窗含烟景直浮空。帘垂菡萏花开上，鱼戏栏杆倒影中。试请诗人略评品，不妨唤作水晶宫。"

寄茅庐原为梅宣义所筑，在双荷花北池东岸桑园内，庐外巨石环列。寄茅庐一称寄茅场，后讹称鸡毛场。

五亩园北部为桑园，桑园南有拜石台。梅宣义嗜石，因筑此台。石方洛《拜石台》诗云："坡仙遗我碧玲珑，东海原来出岫中。莫羡孙郎工解语，拜石且学米南宫。"道光年间，五亩园归叶氏所有，叶氏在拜石台南掘得十多种碑石并湖石假山多座，碑石上碑文均为宋人所撰，假山高达数丈，疑即梅氏环列于寄茅庐的巨石。叶氏在得石处开池筑矶，名采石矶。

采香庵在拜石台东，元初张聿然建。张聿然是抗元名臣张世杰族子。宋亡后，张聿然流落苏州，当时有女子自称宋公主，能画兰竹，被乱兵所掠，后来归张聿然，来居桃花坞，削发为尼，号静顺道人。张聿然为纪念文天祥和张世杰，筑采香庵于东荷池畔，静顺道人则结茅于西荷池畔，后有梅氏姐妹为达鲁百花所逼，不甘受辱，筑庵于五亩园桑园北面的寄茅庐故址。不久，张聿然遭到某恶少控告，罪名一是在庵中"奉丞相、少保像"，二是"诱匿梅氏女"，于是张聿然被毙于狱中，静顺道人和梅氏姐妹也同时遇害。据《五亩园小志》引《吴浣香故事录》说："宋末有公主流徙苏州，遂嫁张道人，既鼎革，隐居采香庵旁。明景泰末，后裔就其地捐建张文忠祠屋，旁有田二十四亩，鱼荡一区，皆祠产。国初屯军于此，祠废。"谢家福据此考证，采香庵即张少傅祠址，在园外街（即今西大营门街）东，其东有广池，殆即东荷池（今西大营门东侧朴园及其南面的荷花场一带）。

在采香庵北，明末诸生吕毖又筑小桃源。小桃源南有七人墓，光绪十五年（1889）筑。谢家福志其墓云："庚申城陷，七人者死丁井，越三十年，浚井得骨，遂瘗之。"所谓七人者，谢家福引《虎穴闻见录》说，太平军占领苏州时，五亩园内某处为熊姓军官占据，他看上了邻居朱姓寡妇和何姓少女，结果何姓少女一门六人并朱寡妇均跳井自杀，后葬骨于此。

在采石矶东，又有翁媪墓，也筑于光绪十五年。谢家福志其墓云："翁媪童氏，尝守斯土，毁垣者将及址，禁之曰：址灭则界紊，其毋毁。今日不失尺寸土，翁媪力也，既死，葬于此。"这是一对给人看园的老夫妻，老翁姓童，老妇姓李，在兵荒马乱园主逃离后，忠于职守，维护了园界，这在乱世是很难做到的，因此后人为他们筑墓勒石。

五亩园中廊屋较多，双荷花池东面和西面各有长廊，东走廊自拜石台直北至碧草轩，西走廊自更好轩起，沿池边逶迤东至碧草轩。两走廊沿水一边无墙，另一边廊墙上各嵌有书条石。西走廊墙上的《五亩园重修记》碑刻，为谢家福雇人所镌，详细介绍了重修五亩园的概况，惜乎失踪于20世纪70年代；西走廊近水处，植有一种专用于冬天观赏的芦苇。五亩园内，除大片梅林外，春有桃花，夏有荷花，秋有桂花，冬有芦花。此芦花穗大花白，异于一般，每当西风劲吹，白花高扬，迷漫如雪。这种芦苇的叶子又特别宽厚，有一股特殊清香，每到五月，当地居民爱用它包粽子，做出来的粽子味道特别清香。

五亩园南尚有旃檀庵、桃花坞、桂香精舍、丙房、义塾、轮香局等，但这些建筑实非宋梅园旧物。

清代叶氏购得五亩园后，一仍宋明故事，除在园内修葺和重筑梅坞、更好轩等外，又特建桃花坞，以纪念早已消失的章氏桃坞别墅。道光年间，园景的恢复达鼎盛期，人称叶家花园。桂香精舍疑原为旃檀庵中建筑，谢家福主持五亩园残园及轮香局、义塾事务时，桂香精舍已作为轮香局丙舍。

五亩园西南面另有宝华庵、周孝子祠、梁高士祠、文昌宫等。

宝华庵与周孝子祠相连，在今校场桥路西段北侧池塘（今误为双荷花池，实非原五亩园中的双荷花池），北宅传为唐寅故居，清乾隆年间，僧道心重修，有屋十余间，水阁环池，颇为清旷。今貌基本照旧。

周孝子祠即周神祠，据《五亩园小志》引明夏介若碑记云："入大营门数百步，过双鱼池，绕西而进，有地一方，深广二亩余，四围流水，界绝尘境。又坞中最胜处，里人陈蒙辈建周神祠于上。道光间兼祀明周忠介子讳茂兰。光绪六年，邑令高公心夔重修之，并析其宇为三，正祀文昌，旁祀孝子及梁高士。"周神指南宋常熟孝子周容，忠介是明户部员外郎周顺昌的谥号，梁高士乃指东汉章帝时逃亡到苏州的梁鸿。

轮香义塾是清嘉庆二十年（1815）胡宁受捐建的，王兆辰有文作记。道光二十七年（1847），夏廷荣、凌程万等人对校舍作了扩充。经过咸同年间战乱的破坏，到同治四年（1865），长洲县令蒯德模和嗣孙蒯润森又予重修，此事有石渠的碑记为证。

另外，五亩园内尚有张平子衣冠墓及庙碑、西汉《夏侯谌碑》、书带草庐以及灵芝石等湖石假山。

据《烬余录》记载，张平子衣冠墓在旃檀庵后，建炎之难，旃檀庵全毁，墓址就此失考。但《夏侯谌碑》《张平子庙碑》"尚环列于功德祠之北"。功德祠毁后，南宋嘉定末易地重建于报恩寺东（后为天妃庙），这两块古碑就不知下落了。

园中另有书带草庐。据传南宋靖康初年，苏州陷城之前，书带草庐的书带草长得十分茂盛，草叶竟长达一丈有余，而且"披拂及檐"。但草庐的位置早已失考。

五亩园中湖石假山众多，以灵芝石最为著名。它高七尺，纵横八九尺，石面平坦，四旁如有无数灵芝，大小相叠，嵌空玲珑，"不假人力，洵为奇品"，至元代时尚存。又有丈人峰，高四丈，元代时已折为二，其中一截如观音像，当年静顺道人曾依石结庵以祀之。据说，灵芝石和丈人峰是汉晋时物。梅宣义又觅到三座假山石峰，均高二丈余，名三老峰。今阊门内下塘街五峰园中的五座石峰，据谢家福考证，其中三座即是从五亩园移来的三老峰，另两座均从章园移来的，一名庆云，一名擎天柱。

又据谢家福考证，园中还有鸳鸯亭，其址当在梅坞左右，因为"梅坞适当寄茅之西，其地同，又俗称梅氏坟，其名合"。但据《五亩园图》标记，寄茅庐西为双荷花池东北池，而梅坞在双荷花池西南池西北，两说似有差距，存疑待考。

二、春向琼林次第探

五亩园构筑不久，园西南面出现了一座面积更大的庄园式园林——桃花坞别墅。别墅中种植最多的是桃树，故省称桃坞别墅、桃坞别业，因园主为北宋名臣章楶，又习称章园。章园在苏州桃花坞上的意义，不仅在于它的规模大，还在于把"桃花坞"的称谓彰显示世，以至后人通常认为，章园才是"苏州桃花坞"称谓的典故来历。

章楶（1027—1102），北宋抗西夏的名将，又是诗人。绍圣年间，先后任应天府知府、广州知府，又徙江淮发运使，桃坞别墅就在这个时期建造的。章园面积最大时"广达七百余亩"，园中除种有大量桃树外，还有"阡陌交通，溪流萦带"，特别是暮春三月，园内菜花油油，黄金布地，一望无垠，而宅第建筑，也卓冠一时。

在谈章楶的桃坞别墅时，不妨顺便一说他的同宗兄弟章惇。章惇（1035—1105），字子厚，与章楶同为宋代名相章得象的后裔，建州浦城人。但章惇、章楶两族很早就徙居苏州，章惇一族居住在城南，章楶一族居住在城北。龚明之《中吴纪闻》卷六记道："章氏，本建安郇公之裔，后徙于平江者有二族，子厚丞相家州南，质夫枢密家州北，两第屹然，轮奂相望，为一州之甲，吴人号南北章以别之。"郇公指章得象，封爵郇国公。章惇官至丞相，而且积极参与王安石变法，对以司马光为首的守旧派多有过火行为；章楶的政见温和，比较接近司马光、苏轼，所以章楶与章惇并不热络。章惇一家住城南，所居宅园（含沧浪亭）沿用旧名南园；章楶一家住城北，所居宅园（含桃坞别墅）因称北园。

章园内的主要建筑有走马楼、功德祠、药栏、旷观台、旃檀庵、清夏轩、正道书院等。

走马楼位于五亩园的西南，与五亩园内的拜石台、采石矶仅一墙之隔。走马楼又名天半楼，想必甚高，据《烬余录》说，在此楼上俯瞰，园景历历在目。又说金兵占领苏州后，"兀术宴诸酋于天半楼"，看来面积也不小。

功德祠位于章园西部（今韩衙庄东段北面、东蔡家桥西面，扇厂一带），这是纪念章粢功业的建筑。但从《烬余录》的记载来看，这座纪念堂又是高级住宅区，这里曲室洞房，环列左右，环境极为幽雅，章粢之子章咏华曾在这里"金屋藏娇"，有碧桃、红豆两姬。碧桃稍长，善作诗词，作有《微波集》。红豆年齿稍小，擅长丝竹。后来金兵攻陷桃花坞，碧桃与章咏华同时殉难。这时楼房已烧着，红豆因遭金兵蹂躏"不能起"，为巨火吞没，尸骨无存。章咏华的婢子侥幸躲过，后来捡拾了章咏华与碧桃的遗骸，归葬于城西郊西崦山章氏墓园中。

章园中有专门栽植药草的园圃，称药栏。药栏西面，又筑了旷观台，台面全用五色石铺地。旷观台与走马楼相近，在旷观台上能清晰地看到走马楼上的抱柱联，联语为"画栋朝飞南浦云，珠帘暮卷西山雨"。这副联语实为唐人王勃《滕王阁》诗中的两句，意思是说，南浦的朝霞飞上画栋雕梁，西山的暮雨洒进卷起的珠帘。这十四字，竟都是以翡翠琢成的，每琢一字都费千金。建炎之难后，有人在废墟瓦砾堆中，只拾得一个完整的"云"字，其他都已灰飞烟灭了。

旃檀庵的旃檀即檀香，佛教故事说，释迦牟尼在世时，某国王欲见他而无缘，就用檀香依照释迦形体雕个像，称旃檀佛。佛陀"荼毗"（火葬），也用旃檀为薪，故又多以"旃檀烟"作为荼毗的代称，而佛陀涅槃，也称旃檀薪尽。因此，后人常用旃檀来称寺院，或许寺院中就供有檀香雕就的佛像吧？据王睿先生考证，旃檀庵原址为准提庵（今廖家巷新光里6号）。准提庵东北即五亩园，庵西北及北面即为章氏桃坞别墅。旃檀庵始建无考，《五亩园小志》称"章申公有妻之丧，殡于旃檀庵"，可见章案时就已有了。南宋初年庵住持是云逸和尚，能诗，与梅园的梅采南、章园的章咏华来往多，交谊深，三人首倡吟梅社，以诗文唱和，并常仿效王羲之等人的"曲水流觞"故事。为此，云逸和尚还广拓庵前的双鱼放生池，使它与五亩园内的双荷花池与桃坞别墅的千尺潭水流相通。金兵攻入苏州城那天，云逸自驾瓜皮艇，将被困在城墙上的宋军士兵渡过城河，并结寨与金兵抗争。两天后，因不敌金兵，云逸投双鱼池自尽。

桃坞别墅西部还有清夏轩。章粢在元祐初，以直龙图阁知庆州，后又改知渭州，在渭州成功地阻击了西夏军队的进攻，并因此赢得了对夏作战的优势，西夏被迫向宋请和，史称西北边患，"由夏而辽而金，二百年来无虚日"，而立边功的，以章粢为最显彰。章氏在园西建轩曰"清夏"，显然是对当年在渭州抗夏业绩的纪念，同时也隐含消暑的意思，一语双关，因为轩建在长鱼池边，"每过夏雨，暑气一清，双池荷花，香风习习，乘凉者必登此轩"(《烬余录》)。

章粢在园中为几个儿子设正道书院，延请学者卢革来教授功课。卢革，字仲辛，浙江德清人。年十六即考中进士，曾任广南提点刑狱，为官有政声，告老后退居苏州十五年，入苏州籍，所以范成大《吴郡志》中有他和儿子卢秉的小传。卢革为人庄重诚信，"有前辈之风"，后人为纪念他，特将其故居（今砂皮巷内）之桥，命名为卢提刑桥。卢革退居苏州后，常与朋友诗酒作乐，但教书还是毫不含糊的。可是章氏几个公子一向放浪惯了，未免不服管教，卢革随即辞去教席。相传正道书院的题额，为卢革所书，当时很有名。

章园西北部（今东、西蔡家桥以南，韩衙庄以北）多水域，或称池，或称塘。江南水塘，多种水菱、芡实，所以"桃坞十二池"中有菱池、芡池之名，直至20世纪50年代初，那里还有红菱村，因有栽种水红菱的菱塘而得名。建炎之难后，池塘边成了冢葬地，以致"风潇雨晦之夕，常见磷火丛丛，出没于菱池芡池之畔"。

所谓"桃坞十二池"，乃指章园中有十二个池塘，除菱池、芡池外，还有千尺潭、让鱼池、小蠡湖等。

千尺潭在今大营弄北、唐寅坟西，今林机新村一带，潭水极深，岸旁多植桃花，取李白"桃花潭水深千尺"句意，名为千尺潭。石方洛《千尺潭》诗云："流觞飞入水之滨，谁向桃源更问津？花影一潭人不见，深情何处访汪伦。"潭为桃坞十二池中最深、最广之池，可惜淤塞于20世纪40年代、50年代初仍为湿地，泥泞不堪，周围已无桃树，唯植木槿、荆棘围之。里面部分已作菜园和瓜圃，遇有大雨，即沦为水泽。20世纪70年代，因建林机新村而被填没。

让鱼池又称长宁池，即后来的长鱼池。清初，沈明生曾居于附近。原水面也极大，后来逐渐淤塞成东西两个小池塘。再后来，东池水面越加缩小，并纳入扇厂范围内，一度为扇厂浸泡竹材之水塘。西池于"文革"初期被填没，一度种植桉树成林，后被改建成居民住宅。

小蠡湖为章园中风景优美的池塘，章氏曾于湖中建石舫。建炎之难后，池畔建筑、树木均毁，仅存石舫。后来有人在石舫内供奉范蠡、西施之位，但不久也全毁圮。小蠡湖水面也较大，常有溺人事故。传说有富家子在此威逼年轻寡妇，致使她落水身亡。后来该富家子又来湖上游玩，结果也被淹死了。

章园中多湖石假山，最著名的是高达二丈的庆云峰和擎天柱。章园圮毁后，庆云峰、擎天柱两峰不知所终，据谢家福说，杨成五峰园中的五峰，"各高二丈，疑即五亩桃坞移来"（《五亩园小志》）。峰石沉重，运送不易，但五峰园与桃花坞相近，移入是有可能的，可惜无法确认（图1，图2）。

图1　20世纪初五亩园旧址（苏州市园林档案馆藏）

图2　20世纪30年代桃花坞一带①

（原载于《苏州园林》2011年第4期）

---

　　①　苏州市园林和绿化管理局. 苏州园林名胜旧影录［M］. 上海：上海三联书店，2007：137.

石湖不让镜湖深

文/王稼句

　　石湖（图1、图2）位于苏城西南十二里（6千米），周二十余里（10千米），为太湖由东一脉而形成的一个内湾，潮汐不通，波澜不惊，如练如镜，一碧千顷。春秋时，吴越争霸，越国经十年生聚，十年教训，终于转弱为强。遂于周元王三年（公元前473）伐吴，大破吴师。大军北进，至南太湖白洋湾，一夜之间，凿开一条小河，直达石湖，打通了越军主力从太湖直达胥江的通道。这条小河，因此称为越来溪。相传当年勾践攻至石湖，濒溪筑城，与吴人隔水相峙，而吴王夫差的姑苏台，也就在西面绵

图1　20世纪30年代的石湖越城桥和上方山风光（苏州市园林档案馆藏）

图 2　20 世纪 50 年代初行春桥①

延的山峦间，隐隐可见，故有"吴台其阴，越城其阳"的说法。又相传范蠡扶越，功成身退，于此而入五湖。石湖之东田圃相属，水港纷错；石湖之西，山峦起伏，群峰映带，最近处为上方山，山巅楞伽塔高高耸立，迤逦而北为茶磨屿，其间除寺宇之外，有拜郊台、鱼城、苦酒城等吴越遗迹。明初僧人妙声这样称赞石湖："吴郡山水近治可游者，惟石湖为最，山自西群奔来，遇石湖而止。夫山川之气扶舆磅礴，郁积而不泄，则秀润清淑，必钟乎人。"(《衍道原送行诗后序》)

自古以来，石湖就是一个名胜之区。旧时以夏日荷花灿若云锦而著名，唐人赵嘏有《石湖秋日观贡藕》，诗曰："野艇几西东，清泠映碧空。褰衣来水上，捧玉出泥中。叶乱田田绿，花余片片红。激波才入选，就日已生风。御洁玲珑膳，人怀拔擢功。梯山漫多品，不与世流同。"据《唐国史补》记载："苏州进藕，其最上者曰伤荷藕。或云叶甘为虫所伤，又云欲长其根，则故伤其叶。近多重台荷花，花上复生一花，藕乃实中，亦异也。有生花异，而其藕不变者。"据说，这伤荷藕就产于行春桥北的荷花荡，凡花为白色的，藕味佳妙，而藕为九窍的，食之无滓。近人范君博《石湖棹歌》咏道："荷花荡水弄潺湲，啮叶虫伤长藕根。九窍玲珑推绝品，伤荷藕进被承恩。"石湖夏日的风光确乎让人流连，姜夔是石湖的熟客，他的《次石湖书扇韵》便写道："桥西一曲水通村，岸阁浮萍绿有痕。家住石湖人不到，藕花多处别开门。"曲桥水村，浮萍藕花，真恬静如画。

然而石湖得大名于天下，因为是有范成大的石湖别墅。《苏州府志》

---

① 苏州市园林和绿化管理局. 苏州园林名胜旧影录 [M]. 上海：上海三联书店，2007：128.

卷四十六有曰："石湖之名，前此未甚著，实自范文穆公始，由是绘图以传。"淳熙八年（1181）三月，时范成大56岁，将赴建康任，去临安朝辞，孝宗赵昚以御书"石湖"两大字面赐。范成大不由感激涕零，《御书石湖二大字跋》有曰："臣惊定喜极，不知忭蹈，昧死奉觞，上千万岁寿，奉宝书以出。越五日，至石湖藏焉。石湖者，具区东汇，自为一壑，号称佳山水。臣少长钓游其间，结茅种木，久已成趣。"可见石湖别墅早已有了，并不是因御书而建。早在绍兴三十年（1160），范成大三十五岁时，吴儆便有《送范石湖序》，"石湖"的别署，正说明他早年曾寄迹石湖，甚至他十九岁去昆山读书之前，一直是住在石湖的。乾道三年（1167）起营建别墅，第一个建筑便是农圃堂。乾道八年（1172），范成大邀周必大往游，周必大在《吴郡诸山录》里记道，"至能之园，因城基高下而为台榭，所植多名花，别业农圃堂，对楞伽山，临石湖。"同年，范成大又约邻人游石湖，《初约邻人至石湖》诗曰："窈窕崎岖学种园，此生丘壑是前缘。隔篱日上浮天水，当户山横匝地烟。春入葑田芦绽笋，雨倾沙岸竹垂鞭。荒寒未办招君醉，且吸湖光当酒泉。"可见石湖别墅虽小有建筑，但还是以山水田野风光取胜的。乾道九年（1173）闰正月，他在《骖鸾录》里记道，"始余得吴中石湖，遂习隐焉，未能经营如意也。翰林周公子充同其兄必达子上过之，题其壁曰：'登临之胜，甲于东南。'余愧骇曰：'公言重，何乃轻许与如此！'子充曰：'吾行四方，见园池多矣，如艻林、盘园尚乏此天趣，非甲而何？'"由于范成大长期宦游在外，于石湖别墅"未尝经营如意"，仅具天然的"登临之胜"而已。淳熙五年（1178）以后，他回苏州去石湖的机会就较多了，是年初夏有《初归石湖》，诗曰："晓雾朝暾绀碧烘，横塘西岸越城东。行人半出稻花上，宿鹭孤明菱叶中。信脚自能知旧路，惊心时复认邻翁。当年手种斜桥柳，无限鸣蜩翠扫空。"诗中颇有贺知章"少小离家老大回"的感慨。

由于范成大的名声极大，龚明之《中吴纪闻》便说："范公文章政事，震耀一世，其地为人所爱重。石湖一带，尽佳山水，作圃于其间颇众，往往极侈丽之观。春时，士大夫游赏者独以不到此为恨，犹洛中诸园，必以独乐为重耳。"（各本《中吴纪闻》此条存目，据《苏州府志》卷二十七录出）故时人于石湖别墅，都十分称赞。林光朝说："越城旧隐，在江东为第一。"杨万里说："公之别墅曰石湖，山水之胜，东南绝境也。"周必大说："公随高下为亭观，植花竹莲芰，湖山绝胜，绘图以传。"关于石湖别墅里的景观，《百城烟水》这样记道："随地势高下而为台榭，别筑农圃堂对楞伽山。孝宗御赐'石湖'二大字。有北山堂、千岩观、天镜阁、锦绣坡、说虎轩、梦鱼轩、绮川亭、盟鸥亭、越来城等处，以天镜阁为第一。"所记天镜阁，当初并非在湖中，位置大约在如今的渔庄。考诸沈周《吴中胜览图卷》《石湖归棹图卷》、文徵明《石湖图卷》《石湖清胜图卷》、文嘉《石湖小景图轴》等，湖面上都没有天镜阁的影子。据《吴门表隐》记载，清乾隆二十二年（1757），总督尹继善于湖上建湖心亭。绘写于乾隆二十四年（1759）的《盛世滋生图》及成书于乾隆三十五年（1170）的《南巡盛典·名胜》上，湖面上便有建筑了，《南巡盛典·名胜》标曰"湖心亭"。嘉庆初年重修湖心亭，便易以石湖别墅旧名，为天镜阁。至于锦绣坡以及玉雪坡都是园圃，其中多植名花，以梅菊为尤盛。淳熙六年（1182）重九，范成大有《水调歌头序》记其游赏之乐，有曰："橇棹石湖，叩紫荆，坐千岩观下菊丛中。大金钱一种，已烂漫秋香，正午薰入酒杯，不待轰饮，已有醉意。其旁丹桂二亩，皆盛开，多栾枝，芳气尤不可耐。携壶度石梁，登姑苏后台，跻攀勇往，谢去巾舆笻杖，石稜草滑，皆若飞步。山顶正平，有拗堂薛石，可列坐，相传为吴故宫闲台别馆所在。其前湖光接松陵，独见孤塔之尖。少北，墨点一螺为昆山。其后，西山竞秀，紫青丛碧，与洞庭林屋相宾。大约目力逾百里，具登高临远之胜。"写得真是太美了。

石湖别墅的梅花，最负盛名，姜夔《除夜自石湖归苕溪》十首之一咏道："细草穿沙雪半销，吴宫烟冷水迢迢。梅花竹里无人见，一夜吹香过石桥。"写石湖的寒梅，清幽有致。范成大《石湖梅谱自序》写道："余于石湖玉雪坡既有梅数百本，比年又于舍南买王氏僦舍七十楹，尽拆除之，治为范村，以其地三分之一与梅。吴下栽梅特盛，其品不一，今始尽得之，随所得为之谱，以遗好事者。"并撰《范村记》记之。许多人认为范村就在石湖，如张大纯《采风类记》便说："范村在越城桥东，以唐胡六子涉海所遇为名，范文穆公有《范村记》。"又钱载《望石湖》诗曰："治平寺南湖翠昏，柳枝荄叶见滩痕。楞伽不管无情雨，一夜吹花落范村。"连卢襄的《石湖志略》也持这种说法。其实范村并不在石湖，而是在苏州城里，这一点是需要辩证的。范成大自己说"比年又于舍南买王氏僦舍七十楹"，这"舍南"指的是他在城中的宅第。周必大《资政殿大学士赠银青光禄大夫范公（成大）神道碑》记道："先以石湖稍远，不能日涉，即城居之南，别营一圃，阅杜光庭《神仙传》，记胡六子自昆山阚海至范村遇陶朱公事，大喜曰：'此吾里吾宗故事，不可失也。'题曰范村，刻两朝赐书于堂上，榜曰重奎。其北又葺古桃花坞，往来其间。"范村建成于绍熙元年（1190），据《范村记》说："会舍南小圃适成，辄以范村名之。圃中作重奎之堂，敬奉至尊寿皇圣帝、皇帝所赐神翰，勒之琬琰，藏焉。四傍各以数椽为便座，梅曰凌寒，海棠曰花仙，酝酿洞中曰方壶，众芳杂植曰云露，其后庵庐曰山长。"据《梅谱》记载，范村植有江梅、早梅、官城梅、消梅、古梅、重叶梅、绿萼梅、百叶缃梅、红梅、鸳鸯梅、杏梅、蜡梅共十二种。那年，范成大已67岁，体质远不如前，只能偶尔就近去虎丘游览而已，他有一首诗，诗题便是"廛居久不见山，或劝作小楼以助登览，又力不能及。今年益衰，此兴亦阑矣"，圃中并无楼阁，故也不能见山，主人的心情是很无奈的。这也从另一方面说明范村并不在石湖。范成大在城中的宅第大约在桃花坞之南，至于确切的位置，也难以查考了。

明正德年间（1506—1521），御史卢雍与陕西右参议卢襄兄弟两人，在石湖筑别业，人称二卢宅，中有芝秀堂，李东阳《芝秀堂铭》有"石湖左汇，横山右抱"之语。因为与范成大石湖别墅近在咫尺，卢雍便在茶磨屿东崖买地数亩，建范文穆公祠，也称石湖书院，将行春桥西盟鸥亭内的孝宗御书"石湖"碑，迁置堂前厅事，堂中立范成大像，又得昆山顾氏所藏小影，刻石立堂左，并摹刻范成大《四时田园杂兴六十首》手迹，嵌于祠壁。关于《四时田园杂兴六十首》手迹的由来，有一段故事，见于都穆与王鏊的题识。说卢雍既建范文穆公祠，然觅范之遗墨而不可得。正德十五年（1520）冬，有客从浙东来苏，手携一卷，即为《四时田园杂兴六十首》，这诗卷系范成大于淳熙十三年（1186）手书寄同年抚州使君和仲，但经鉴定，此卷确为真迹，更让人惊奇的是，卷后有"卢氏家藏"四字。和仲之姓已不可考，或亦姓卢，或辗转为卢姓所有，其中曲折已不可知。王鏊感叹道："独念兹卷始藏卢氏，复数百年，兵火乱离，几经变故而以归焉，复归之卢氏，其不有数乎！岂文穆冥冥之中来歆庙祀，鉴侍御之诚，特以其家故物完璧归之乎？"卢雍买下后，便手摹入石。嘉靖七年（1528），卢襄又得范成大《蝶恋花》词行书刻石，也嵌置堂壁。相传卢雍建石湖书院时，其地旧多榛莽，芟洗石出，稍稍疏之，有泉涓涓注于石罅，须臾为沼，饮之甘洌，名之为寿泉。万历四十年（1612）参议范允临重建，崇祯十二年（1639）修葺。如今又整理土木，使之面貌一新，以陈列范成大史迹，加之湖光山色，旖旎秀美，成为苏州近郊的一处游览胜地。值得一说的是，卢襄曾辑《石湖志略》一卷，书前有《石湖山水全图》，由此可见嘉靖年间石湖全貌，全书分《本志》《流衍》《诸山》《古迹》《灵禀》《物产》《灵楼》《梵宇》《书院》《游览》十类，简核有法，是关于石湖的重要文献。

范成大的石湖别墅，是在越城废址之南。明人王宠的宅第越溪庄也在那里，它的后垣即越城废址，园中有采芝堂、御风亭、小隐阁诸胜，树皆大数抱，枝繁叶茂，萝薜灌莽，郁然深山人家。王宠自作《越溪庄四绝句》曰："湖上堂开桑竹林，山人日坐翠岩阴。百年落落皇王事，一壑冥冥迟暮心。""山水回环隐者栖，丹青画出越来溪。千重柳色应难见，夹岸桃花客到迷。""翠柏丹枫参政祠，衣冠宾从想当时。唯余天镜楼中月，还与山人照酒卮。""吴台越垒屹相参，锦绣山河几战酣。千古霸图狐兔穴，野人长弄百花潭。"越溪庄在明末已易他姓，至清初渐废，以后的情状，难以考述。徐崧有《题范石湖别墅故址》两首，一首咏道："西山暮霭碧沉沉，望里参差殿阁阴。谁说御书传别墅，石湖不让镜湖深。"另一首咏道："楞伽片石小天台，破殿无僧日夜开。唯有行春桥畔水，画船常载丽人来。"沧海桑田，真是无可细说。至20世纪30年代初，晚清举人余觉在此筑觉庵，也称余庄或渔庄，花木扶疏，苔藓侵阶，极幽深之致。小园之前，则近水远山，送青献玉。余觉在一柄扇面上写道："石湖别墅中种葵九百株，高皆二丈，占地半亩，大叶遮天，本本如盖，人行其中，清快无比，一榻一瓯，手书一卷，坐卧其下，从叶缝中望山色湖光，风帆沙鸟，悉在眼前，清风拂拂，非复人间世矣。"如今渔庄亦已修复，厅堂间有两副旧联，写得实在很好，一曰："卷帘为白水，隐几亦青山。"一曰："山静鸟谈天，水清鱼读月。"颇可见那里静谧幽雅的境地。

石湖北渚，有行春、越城两桥。明人华钰在《吴中胜记》里有这样的描写："乙未八月丙申，邀听天山人载酒泛月湖上，戊戌抵吴之行春桥，桥九虹蜿蜒百步，东引越城桥，西跨横山之麓，南逼石湖，烟霏翠霭，流动恍惚，即此便非尘境矣。"行春桥，《吴郡图经续记》称"在横山下越来溪中，湖山满目，亦为胜处"，建于何时已不可考。淳熙十六年（1189）重修，范成大作《重修行春桥记》，其中写道："太湖上应咸池，为东南水会，石湖其派也。吴台越垒，对立两涘，危风高浪，襟带平楚，吾州胜地莫加焉。石梁卧波，空水映发，所谓行春桥者，又据其会。胥门之西，横山以东，往来憧憧，如行图画间。凡游吴而不至石湖，不登行春，则与未始游无异。"至洪武十一年（1378）又重修，僧人妙声有《行春桥记》记之，谓"洪武七年四月桥坏，公私大沮，计无所出。盖桥当郡西南孔道，又山水回合为吴中奇观，据要领胜，桥不可一日废也"，于是由僧众募集资金而动工，不料修桥过程中遇到困难，几乎辍工，后得造桥名家钱玄济之助，遂告完成。越城桥，旧名越来溪桥，久废。宋淳熙年间，由居民薛氏捐奁具钱复立，以后又多次重修。行春桥最早为十八拱，后改为九拱。越城桥则为单拱石桥，供舟船通航。两桥相接，如长虹卧波，是石湖的一道景观。

八月十八游石湖，看行春桥下串月，为旧时苏州风俗。《吴郡岁华纪丽》卷八记道："八月十八夜，吴人于此串月，画舫征歌，欢游竟夕。金轮激射，玉塔倒悬，摇漾沖瀜，九光十色。旧俗，串月多泊望湖亭。今亭已倾废，画舫楼船，仅借串月之名，日间邀游山水，金乌未坠，便已辞棹石湖，争泊白堤，传觞醉月矣。"沈朝初云："行春桥跨石湖之上，八月十八日，月光初起入桥洞中，其影如串。或云十八夜串月，从上方塔铁练中看出。是夜月之分度，适当铁练之中，倒影于地，联络一串。"蔡云《吴歈百绝》咏道："行春桥畔画桡停，十里秋光红蓼汀。夜半潮生看串月，几人醉倚望湖亭。"又徐士铉《吴中竹枝词》咏道："秋风十里绿蒲生，串月看来虚有名。十八桥环半遮没，渔村一点水边明。"月明之夜，画船箫鼓，游乐达旦，其乐何及，确乎是苏州风俗繁丽华侈的一节。如果是夜乌云遮月，甚至下起了雨，就是煞风景的事了。清人舒位《八月十八日石湖串月逢雨》咏道："十五游虎丘，十八石湖游。吴侬只爱看秋月，不管阴晴与圆缺。过横塘，接上方，荡柔橹，飞华舷。石湖居士知何处，湖中之水流无住。不须月子唱弯弯，斜风细雨归家去。"诗人尽管说得比较轻松，但无可奈何的心情，还是溢于字面的。

其实，雨中的石湖，是更有一番诗情画意。清人汪撰《雨中泛石湖》诗曰："烟水望何极，篷窗雨未关。岸遥波浸柳，天黑雾衔山。古庙灵旗动，芳洲钓艇闲。棹歌谁与和？沙鸟自回还。"烟雨迷蒙，天色暗淡，山间的云仿佛如青烟一般袅袅飘掠；湖中的水则是一片涟漪，雨落在近处的荷叶上，如一颗颗晶莹的珍珠，雨声就格外动听了。

（原文载于《苏州园林》2012年第2期）

《拙政园志》稽考资料备存

文/周苏宁

  《拙政园志》出版前，请柯继承先生审编，读其审编修改稿，但见红稿行行（用红色笔修改），可见其功之深，倍为感动！本人亦多次通篇审读，愈发感到拙政园历史之厚重，非一人之力所能。再思修志年岁，《拙政园志》前后编修十余年，终将明清两代上下 500 多年历史梳理出来，实为各位编撰、编审的辛勤耕耘之硕果，可谓集体结晶。但一本志书远远不能涵盖一座历史名园的全部，也不可能把所有历史问题全部解决，依然还有众多史实须要我们以及后人不断挖掘和研究。因此有必要就本次修志稽考中，本人掌握的若干资料和历史线索作一备存，为后人筑好一个新的台阶，以便今后研究查考之方便。

一、明王献臣建拙政园年代考

  一说"正德四年（1509）"，一说"正德八年（1513）"。刘敦桢在《苏州古典园林》（建工出版社，1979 年版）中对两种说法作了推论，取"正德年间"之说。

  本轮修志，经多方论证，大多数人认为在正德四年左右比较符合历史。其理由有：其一，王献臣被贬时间在弘治十七年（1504），后一贬再贬，正德二年（1507）改任永嘉知县。王不久即将其父从京城迎回苏州就养。正德三年（1508）又改为高州府通判。王父回苏州后，王献臣请辞回乡在苏州开始营建宅园就成为必然的动机。其二，王献臣世交文徵明多次诗画拙政园，现知最早的图是正德八年（1513）所画。可见当时的园林景色已经可以作画。正德九年又作诗《饮王敬止园池》，次年又作诗《次韵王敬止秋池晚兴》，可见这几年的园林已初具规模。其三，王献臣《拙政园图咏跋》所说："罢官归，……积久而园始成。……屏气养拙几三十年。……献臣亦老矣。"跋作时间是嘉靖十八年（1539），上推30年，即为正德四年。但这些都是比较可靠的推断，故在修志时依然采用"正德四年（1509）左右"一说。

二、乾隆至道光年间拙政园中西部变迁考

乾隆朝共60年，嘉庆朝共25年，道光朝共35年，三朝累计115年，这期间拙政园中部、西部变更频仍，虽自乾隆以来的地方史料中均有记载，但大多比较简约，往往省略年代，以致数百年后的今天，很难详考，造成今人修志时均采用"模糊概念"，多用"某某年间"，或"大约在某某年间"，或"先由某某购得，后由某某购得，又由某某购得"，或用"旋又变更""几经变更"等语句。似乎也能过去。不巧，前后两位担纲的拙政园修志者钱怡、钱怀林女士都极为认真，为弄清楚沿革，特地绘制了一张《拙政园历史沿革简表》，力图通过简表让读者看清楚错综复杂的变迁。该简表确实起到了这个作用。但细读之后，依然有一些疑问，追问下去发现，乾隆至道光年间115年，简表上未能准确表述，与史料有多处出入（详见《拙政园志稿》内部版，钱怡撰，1986年版）。主要是嘉庆十四年（1809），刑部郎中海宁查世倓购得复园（查元偁《复园十咏》）后的变化。据反复核查史料，嘉道年间，大约十年之间，复园一分为三：一部分在嘉庆末年售予部郎潘师益；一部分在道光元年售予吏部尚书协办大学士平湖吴璥，余下一部分仍归查氏。问题出在潘师益何时购得复园一部？《吴门表隐》曰："今东属潘部郎师益及子"，这个"今"是指道光十二年（1832）前一段时间，因为这本《吴门表隐》写于嘉庆十年（1805），告成于道光十二年，是最接近潘氏购园的一部志书，应该最为可信。因此，钱怡女士编的简表把潘氏购园的时间与查氏相并论，显然不符史实。而钱怀林女士虽在文字上做了进一步考证，但依然采用了"钱怡简表"，让人对照简表再读文字后产生互相矛盾的疑惑。为此，对这115年的变迁情况作了必要的修改，绘制图1。

356

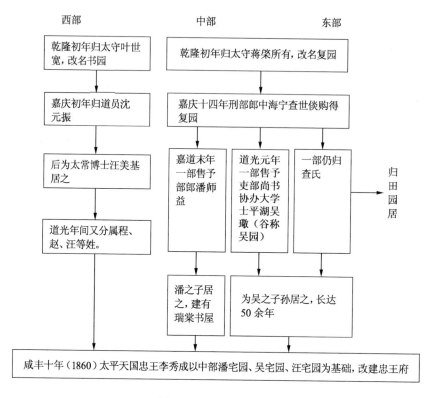

图1　拙政园历史沿革

三、布局考

1. 总体布局。拙政园现有布局基本保持 19 世纪末的风貌，分东、中、西三部分，住宅位于园南，各具特色。以中部最为典型，山水明秀，厅榭精美，池广树茂，景色自然，具有江南水乡风格。全园以水池为中心，水面约占五分之三。初建时，利用洼地积水，浚治成池，环以林木，造成一个以水为主的风景园。文徵明《王氏拙政园记》说它"凡诸亭槛台榭，皆因水为面势"，格调近乎天然风景。后虽屡有兴废，但得水之趣的特色依旧，以水造景，平淡疏朗，建筑配置疏落，庭院错落有致，临水亭台间出，水廊桥梁浮波，层次高低起伏，景物曲折虚实，构成以水成景之画面；总体布局上采取分割空间、利用自然、因地制宜和对比、借景等手法，吸取传统绘画艺术，景观题名多用唐宋典故，注重植物造景和花木寓意，保持了池广林茂、旷远明瑟的造园风格，反映了江南私家园林一个历史阶段的特点和成就，是明代文人写意山水园林的杰出代表，在中国造园史上具有重要的地位。

2. 住宅部分。拙政园住宅坐落在园的南面，晚清分为三部分，自西向东依次为张履谦宅、忠王府（八旗奉直会馆）和张之万宅。现隶属拙政园且保留完整的，仅为东部张之万宅。清末民初，此宅归云贵总督李经羲所有（李宅），为典型江南民居格局。李宅是在原住宅基础上改造而成，应是张宅的基础，内部装修颇为讲究，居室地板可以拆装，冬天装上，夏天拆除用方砖。

3. 拙政园西部。拙政园西部现存面貌，大致是清末张履谦修葺补园时所形成。总体布局亦以水池为中心，主体建筑在池的南岸靠近住宅一侧。水池呈现曲尺形，西南角以分支向南延伸。池北为假山，山上及傍水处建以亭阁。西部池水源与中部相通，清末分园时筑墙堵水，池面被隔绝。20世纪50年代修复时，在水廊下辟水洞沟通两边水池，廊壁上增开漏窗。园南中间为主建筑卅六鸳鸯馆、十八曼陀罗花馆，旧时可由住宅（补园）经曲廊达馆内，是园主宴会与顾曲之处。20世纪90年代申报世界文化遗产时，有关部门曾设想修复补园住宅，有关专家作出初步规划。但2004年苏州博物馆向西扩建，因贝聿铭担任设计，苏州博物馆西部所有建筑悉数拆除，包括补园古宅拆除后异地重建。

四、其他杂考

1. 钱谦益与柳如是。明末清初，钱谦益曾和名妓柳如是居住于西部花园，据说钱柳所居之处即补园"鹤与琴书之室"，现苏州博物馆中。由于缺少史料，本志未录，但似应辑存。

2. 关于徐灿。史称徐灿与李清照、朱淑英齐名。本志虽不作此评语，但从现存史料看，对徐灿及其作品的研究，可以帮助我们深入了解拙政园。

3. 关于王永宁在拙政园大兴土木考。据钱泳《履园丛话》、徐乾学《憺园集》、毛奇龄《西河杂笺》载，王永宁大兴土木，易置丘壑，园的面貌与文徵明图记中所述已大不相同。园内建斑竹厅、娘娘厅，为王永宁居处。又有楠木厅，列柱百余，石础径三四尺，高齐人腰，柱础所刻皆升龙，又有白玉龙凤鼓墩，穷极侈丽。王常在园内举行盛宴，令家姬演剧，时人有"素娥几队出银屏""十斛珍珠满地倾"之句（余怀《鹧鸪天·王长安拙政园宴集，观家姬演剧》等词）。

4. 王永宁死后园林景象。后王永宁因吴三桂举兵反清，惧而先死，家产籍没，雕龙柱础及楠木柱石等尽运京师。陈其年曾有诗云："此地多年没县官，我因官去暂盘桓。堆来马矢齐妆阁，学得驴鸣倚画阑。"可见园的破败景象。

5. 恽南田曾绘园图备考。康熙十八年（1679），园改为苏松常道新署，参议祖泽深将园修葺一新，增置堂三楹，徐乾学作记，恽南田曾绘图。

6. 康熙游园与《红楼梦》大观园之传说。康熙二十三年，帝玄烨南巡曾来此园。同年编成的《长洲县志》载："廿年来数易主，虽增葺壮丽，无复昔时山林雅致矣。"自苏松常道署裁撤后，园由王皋闻、顾璧斗两富室分得，后总戎严公伟亦居于此。相传，康熙末年，园一部分为曹寅买得，后归李煦，曹雪芹曾在园中生活过，故《红楼梦》中大观园的许多景致描写，取材于拙政园。

7. 东部有虎入园备考。园东部，王心一曾孙遴如在康熙三十五年（1696）请柳遇绘《兰雪堂图》。康熙五十二年冬，有虎入园中，官府猎捕，园内仿峨眉山栈道山石多遭损毁。雍正六年（1728），沈德潜作《兰雪堂图记》，称园中"古藤奇木，名葩异草，山禽怪兽，种种备焉"，而西邻拙政园则"莽为丘墟，荡为寒烟"。乾隆时其后嗣刊行王心一遗著《兰雪堂集》。

8. 复园之始。中部归蒋棨所有，初时园内荒凉满目，蒋氏经营有年，始复旧观，改名"复园"。园中藏书万卷，春秋佳日，名流觞咏，极一时之盛，曾有《复园嘉会图》传世。袁枚、赵翼、钱大昕等相继来此，流连赋诗。袁枚有"人生只合君家住，借得青山又借书"的诗句。

9. 关于复园（拙政园）查氏主人考。沿革称：嘉庆十四年（1809），复园由刑部郎中查世倓购得。但其子查元偶《复园十咏》有"嘉庆己巳始售于余"之句，似应由查元偶购得复园。核其他史料，钱泳《文待诏拙政园图题跋》："嘉庆中，查憺余孝廉又购得之。"《苏州府志》卷四十六："查世倓字憺余……"由此可证，复园应为查世倓所购。而查元偶诗句所称"售于余"，是一种文学语言的泛指，"余"可理解为"我们（查氏）"，包括了长辈。

10. 连理山茶。道光元年，园之一部为吴璪所有，称吴园。据《吴门表隐》记载：园"中有连理山茶甚古"。春日游人如织，摊贩杂陈。园虽仍保持了"水木明瑟旷远，有山泽间趣"的特点，但比之旧园仅得三分之一。

11. 清末园景的变化。道光二十二年（1842），梁章钜携《恽南田图》游园印证，谓园景较之160多年前的恽图已大不相同（梁章钜《书画题跋》）。据咸丰年间汪鉴图，远香堂、枇杷园、柳荫路曲、见山楼位置与今大致相当。

12. 太平天国军在拙政园。咸丰十年（1860）6月2日（旧历四月十三），太平军进驻苏州。忠王李秀成以复园并潘宅、西面的汪硕甫宅等合建忠王府，相传见山楼为其治事之所。马如飞《劫劫灰录》称："匠作数百人，终年不辍，工且未竣，城已破矣"。据李鸿章后来给李鹤章的信中所述，"忠王府琼楼玉宇，曲栏洞房，真如神仙窟宅""花园三四所，戏台两三座，平生所未见之境也"。

13. 李鸿章的江苏巡抚行辕。同治二年（1863），李鸿章占领苏州后，将忠王府作为自己的江苏巡抚行辕，藩臬司也在其中办公。由善后局付白银三千两给原园主吴氏，以园归公，西面的汪姓房屋仍归汪氏（世勋《八旗奉直会馆记》）。当时官府还附设医药局于园内，行医施药。过了一年多，有人入游，见园内"事物已颓损十之五"（赵烈文《能静居士日记》）。至同治五年（1866），巡抚衙门迁离。

14. 首改园门及澄观楼备考。同治十年（1871）江苏巡抚张万占用拙政园。后改为"八旗奉直会馆"。光绪十二年（1886）曾修葺过一次，"遂首改园门，拓其旧制而并建此楼于池上，其他倾者扶，圮者整……斯楼曰澄观……"此跋署名"戊子孟春既望，燕平闪殿魁书"（详见王稼句编注《苏州园林历代文钞》第45页）。专家之间虽有不同意见，本人以为应在沿革中有所交代。

15.《王氏拙政园记》石刻碑（图2）。光绪二十年（1894）张履谦获

图2　《王氏拙政园记》拓片（苏州市园林档案馆藏）

得文徵明《王氏拙政园记》石刻碑拓，重摹上石，又得文徵明、沈周遗像，为之建"拜文揖沈之斋"。张与其孙紫东俱爱好昆曲，所构卅六鸳鸯馆，其顶层结构为"卷棚顶"，音响效果甚佳。昆曲前辈俞振飞常随父"曲圣"粟庐来此园游憩度曲。

16. 关于拙政园一度对外开放。由于八旗奉直人游宦于苏的日益减少，会馆经济不佳，于是对外开放，收取游资。园中开辟茶室，并曾辟娱乐场，以唱滑稽戏、说书等招揽游客。日常只数十人入游，唱戏时可增至二三百人。

17. 晚清至民国贝氏"吉惠堂"景观考。晚清至民国时期，拙政园一部分曾为贝氏所有。据袁学汉《王氏"归田园居"——贝氏"吉惠堂"》记载："这座贝家大宅有墙门间、轿厅、大厅、女厅、正落，取名'吉惠堂'。大门外有照墙，院中有砖雕门楼，还有多处庭园，宅后有原'归田园居'的池塘、假山、桑田，远处是秝麦农田……与王心一造'归田园居'时所说的景色有十分相似之处。"

以上为 2011 年 9 月至 2012 年 12 月审校《拙政园志》的笔记。志稿正式付梓后并无释重之感，反而诚惶诚恐。所谓当事者迷，写作亦然，且历史迷雾永远是让人无奈又引人入胜！历史是一茬接一茬积累的，相信《拙政园志》续篇更精彩！

（原载于《苏州园林》2013 年第 2 期）

"石湖" 与石湖

文/钱宇澄

八百多年前，一位自号"石湖居士"的老者带着对脚下这片热土无限的眷恋，拂袖远去。

四百多年前，两位石湖乡贤怀着对先贤深深的思念，在石湖西岸建书院以祀公。

八百多年后，一群群人纷至沓来，怀着对范公无比的敬仰，前来瞻拜这位先贤……（图1）

清末的石湖之滨行春桥，远处为越城桥，近处为范成大祠堂①

---

① 苏州市园林和绿化管理局. 苏州园林名胜旧影录［M］. 上海：上海三联书店，2007：127.

上面所说的这位先贤正是范成大（1126—1193），字致能，号石湖居士，南宋四大家之一。八百多年过去了，这位姑苏才子依然接受着成千上万善男信女的顶礼膜拜。无论是才高八斗，还是目不识丁；无论是慕名而来，还是游历而过。目的也许是相同的——瞻拜范公。那么偏于磨盘山一隅的范公祠，到底有何魔力吸引众多游人的眼球呢？范成大本人又有何过人之处呢？

范成大生前故后，其道德人品、诗词文章、政绩著作都获得时贤后人的高度评价。范成大的一生历宋高宗、孝宗、光宗三朝，宋高宗绍兴二十四年（1154）高中进士，从此踏上了仕宦之路，先后担任著作佐郎、吏部郎官、处州知府。乾道六年（1170），宋孝宗拟派使臣到金国索取河南陵寝之地，并面议受书礼仪。当时朝臣惧怕金人如虎，范成大慷慨请行，毅然启程北去。金人法严，不许使臣别递书折。范成大忽然拿出私书，要求接受，金人厉声斥责，范成大屹然不动，坚决递上，险遭毒手，最后全节而归。陆游感叹道："遗老不应知此恨，亦逢汉节解沾衣"。他在出使金国途中所著《揽辔录》记录了沿途的所见所闻，表达了他强烈的爱国主义感情。

之后他先后被派任广南西道安抚使、四川制置使，官至参知政事（副宰相），为官时他或尽力铲除弊端、施利惠农，或兴修水利、惩贪治恶，或减税免役、为民减负。与此相应，他忧国恤民的一贯思想在其诗歌创作中得到了充分的体现。

他的仕途虽有些坎坷，但总的来说还是全身而退的。宋淳熙十年（1183），范成大因病辞职归隐石湖。

石湖，位于苏州城西南隅，也许是被此地的青山绿水的田园风光吸引，也许是有"少长钓游其间，结茅种木"的那份感情，抑或是追随先贤范蠡泛舟五湖的那份雅致。总之，他怀揣着孝宗御笔"石湖"题字，回到朝思暮想的故乡，回到自己精心经营多年的石湖别墅，此时的范成大无官一身轻的心情是可想而知的。他又可以做回那个年少时的"此山"居士了。他"种木二十年，手开南亩荒"，精心营造石湖别墅。早在他来此隐居前的20多年，范公就开始营造石湖别墅，历经多年，逐年修葺而成。周必大《吴郡诸山录》云："致能之园，因城基高下而为台榭，所植多名花。别业农圃堂，对楞伽山，临石湖。"

随着范公的到来，一时之间，引来多少文人词客泛舟湖上，游嬉山野。据清同治《苏州府志》记载："石湖之名，前此未甚著，实自范文穆公始，由是绘图以传。"杨万里更是云："石湖，山水之胜，东南绝境也。"连一向谦虚的范成大也自誉"石湖也似西湖好"。石湖别墅的景观现已大多随着岁月而逝去，但我们依旧可以在《百城烟水》中寻找到当年的盛况"（石湖别墅）随地势高下而为台榭，别筑农圃堂对楞伽寺。有北山堂、千岁观、天镜阁、玉雪坡、锦绣坡、说虎轩、梦鱼轩、绮川亭、盟鸥亭、越来城等处。以天镜阁为第一。"范公让昔日里默默无闻的石湖开始名闻天下。石湖与范成大的关系，正如陶渊明与栗里，王维与辋川一般，地以人显，人以地名了。

退隐石湖后的范公并不以享有盛名和任过高官自居。俗话说："近山为农，临水为渔"。在对农民的感情上，临山水而居的范先生自然比城里的士大夫多了一份别样的情怀。闲暇之余，在充满着浓郁田园气息的石湖畔，他深入田头菜地，或访老农之疾苦，或问里人风俗人情，或观农田之丰收。由于他经常深入农村，所以他了解农民的忧患疾苦，通过极富生活底蕴、充满乡土气息的田园诗作，对农民的勤劳进行歌唱，对农民的悲苦表示怜悯，对农民的丰收感到高兴。晚年范公患上风眩病，在"沉疴少舒"时在石湖写下了洋洋60首《四时田园杂兴》，钱锺书评价道"成大田园诗，四时集大成。"

在他笔下的农村田园生活诗不像王维式的"即此羡闲适"，他不光有王维诗下的那些"鸡犬""桑麻"的美丽画面，还把关怀穷苦大众的思想和内容写了下来，两者巧妙地融为一体。他笔下有春夏时节"昼出耘田夜绩麻，村庄儿女各当家"的男耕女织；有"无力买田聊种水，近来湖面亦收租"的辛酸感叹；有金秋时候"新筑场泥镜面平，家家打稻趁霜晴"的收获快乐。他把我们带入了那时石湖周边的农家生活之中，共同体验四季的农村生活，而不只是"鸡鸣犬吠"的图画；体会日夜忍饥的卖歌者的"个中当有不平鸣"；体会诗人"汝不能诗替汝吟"。这是一种愿为大众呐喊的精神，这样的精神是崇高的，因而也是感人的。

这镌刻了60首生动而真实地反映了南宋石湖周边的风土人情和四时生活场景的田园诗的诗碑，依旧静静地立于范成大祠堂之中，守望着成大笔下那片生动的石湖风貌。

在士大夫的诗人中，能如此细微地留意下层贫苦农民的生活，并为之而呐喊的——在历史长河中也不过是凤毛麟角罢了。这位"处江湖之远还忧其民"的宰相，不由得让我联想起另一位范氏先贤来。有宋一代，苏州两范公，北宋范仲淹，南宋范成大，都乃一代先贤，为后人所敬仰。

一座"先忧后乐"牌坊让我们记住了北宋的这位先贤楷模;"田园杂兴"诗碑让我们读懂了南宋的这位高贤风范。

范公的田园诗对石湖周边农村田园四时景致的描绘,犹如一幅生动立体的水墨山水田园画,他的笔锋已深深地渗透进石湖山水的骨子里。山还是那山,水还是那水。他将一生的恢宏与所爱深深地藏进石湖畔的磨盘山里,任由岁月的碾磨,他的品格、道德仿佛融化在石湖的山山水水之中,达到了你中有我、我中有你的境界。

山雨蒙蒙,雾色苍茫,却无法遮挡住历史的恢宏。要读懂范成大,就不能不游览石湖;要了解石湖,就不得不读懂范成大。

（原载于《苏州园林》2013 年第 4 期）

书林经苑 水文石章

——谈可园作为书院园林的文化内涵

文/蔡斌

　　君到姑苏见，小桥深巷，人家枕河，为数可观的大小园林像一朵朵盛开的莲花，明丽清艳，姿态不凡，散布在这座古老而美丽的东方水城。如果我们可以放慢脚步，游走在古城的东南隅，从阔家头巷的网师园行至西边不远处的沧浪亭，再到贴对面的可园，于不经意间就能领略从私家园林到公共园林直至书院园林不同形态、各具魅力的传统园林类型。当中，创建于清代，曾用作正谊书院院址的可园虽名声不彰、历经迁废，但仍以其深刻独特的人文意蕴为苏州园林增添未可或缺的一抹神韵。

　　可园作为书院园林，既有着中国一般古典园林的基本风貌，同时也与近旁网师园、沧浪亭等不同园林类型大异其趣。网师园高宅深巷，小园极则，四时风物，皆备于我，纳大千世界于方寸之地，不假奔波，卧游山水，门庭不出，坐观天下，为士子及眷属日常家居的带有鲜明精神诉求的私密生活空间。要品味这样的私人园林之美，走马观花地到此一游只能算作是浅尝辄止，必须是天长日久地居焉息焉，春夏秋冬、花草鱼鸟、晨昏昼夜、阴晴雨雪地游焉赏焉，方能探得此间真趣。而至少到了清代中叶以后的沧浪亭，景观设置上具有江南园林中较为罕见的开放性观景场域的特点，清风明月，本不为园墙所圈；远山近水，也都是人在园中看外面的风景，尤奇的是沧浪亭北面临水复廊外侧，游人在这里或行或坐，濯园外环绕的沧浪之水，与此同时，尽呈园外行人眼底的园内游人也兀自构成了一道活的风景。

　　而当我们来探讨可园的书院园林特色时，首先要做的是了解书院本身的文化内涵。可园在清代中期，最初是地方官员公务宴请的场所，曾名为"近山林"，乾嘉时郡人沈复在《浮生六记》中就曾提到他们夫妇二人并肩坐在沧浪亭下隔水观望该园的场景，而当时"正谊书院犹未启也"。嘉庆年间，当时的两江总督铁保和江苏巡抚汪志伊在带有官学性质，也是苏州本地最重要的教育场所紫阳书院对面创设正谊书院。大概紫阳、正谊之分设，本有儒家教育阶段分工的功能，然而在学术史层面来看，紫阳书院以集宋代儒学大成、由官方钦定的朱子理学为号召，虽历来主持者不乏吴地朴学经师，但求学唯以科举出仕为急务，以制艺八股为躁进之具，难免奔竞蹈空的流弊。而正谊源出汉儒董仲舒"正其谊不谋其利，明其道不计其功"，新书院的设置蕴涵了以追本寻源、不计功利为宗旨的汉学（经学）来匡补悬束书空谈、急功近利为鹄的宋学（理学）的求知理想。而正谊的学风，从正谊的命名到学古堂调和汉宋的郑玄、朱熹并祭，掌院山长冯桂芬的中体西用、经世致用诸说，也透露出晚清经学内部今古文彼此消长的讯号。还值得一提的是，在各地同时期增设的以"正谊"为名的书院中，苏州正谊书院是较早开风气的一个。[宿州，道光十三年（1833）；福州，同治五年（1866）；泾阳，光绪七年（1881）] 稍后梁章钜在出任本地大员后，认为在培养人才、鼓舞正气的正谊书院旁设有一个觥筹交错，外加嬉戏娱乐的公务应酬场所并不相宜，"以弦诵之地，为优戏之场不可也；师弟子所周旋，为宾从仆隶所践踩不可也"，于是将可园加以修缮后交给书院做师生居憩之地。由于主政者的道义感和责任心，世上少了一处灯红酒绿的楼堂馆所，多了一处可供读书人从容论学的精神家园，随即主持书院教务的朱琦在《可园记》中高度赞许梁章钜此举为"诚知大体"。正因为书院是一个回归古老的儒家人文价值的知性空间，它所内设的园林实际上是一个自然化了的情境教学场景，一个扩大了的同样具有求知进取价值导向、"美善同意"、更具亲和力的花园书房。极工尽妍的瑰丽建筑、繁复豪富的雕饰装修、遣情娱志的珍禽嘉卉、玲珑多窍的假山奇石，即便是归隐士大夫清净无为的言志自守，以这些为参照反观可园，书院园林无疑是寒俭朴略的。面对客人不以为意的质疑，朱琦一口气说出了简朴的可园之所以为儒者所宜居的"十四可"，即堂深广可容、池水清澈可挹、可观鱼、可种荷、磊石可憩、平台临水可钓、舟形亭"坐春舻"可风、可观月、四周廊庑可步、三间屋冬日可延客、园外水可濯缨、有池上轩列碑五六可考蠹迹、内舍可读书可居眷属。这些朴素简单的意愿诉求，是儒家讲求"孔颜乐处"的具象行为体现，即物用起居的富足朴陋并不需介意萦怀，所处应随遇而安、均无不可，在简单自然的现实人生中获取内在的生命喜悦。即目成景，无适非景，重要的不是外在景观的奢美多寡，而是所有外在的自然或人为景观都可以提供一种启发或暗示，帮助人摆脱私欲小我的束缚，俯仰天地万物，浮沉岁月春秋，达成心灵的自由和公正。虽然我们也许已无法知道可园的"可"字最早命名（可上溯至乾隆年间）是否就有这层意思，看上去很有可能不是，但朱珔此处对"可"字的解读倒是较充分地体现了一种典型的儒者园林观。

正谊书院，包括其中的可园，在太平天国期间遭到了较严重的毁坏，同治后书院被重新修复。而奠定后来可园基本格局的功臣首推光绪时任江苏布政使（后又暂署江苏巡抚）的黄彭年。在莅苏之先，黄彭年曾多年主持北方的教育重镇保定莲池书院多年，成绩卓著，并积累了不少行之有效、别具特色的办学经验。莲池书院的景观核心为始于元代的古莲花池，曾作为乾隆出巡时的行宫，有久负盛名的"莲池十二景"。虽然在历史悠久、书院规模和自然条件上不具备莲池书院这样的优势，但是黄彭年决心重振正谊书院时，仍然将他在北方这座知名书院的得力举措几乎做了拷贝式的移植，像修建与莲池学古堂同名的主体建筑、拓建藏书楼并大幅度扩大藏书量（今日苏州图书馆藏书最早即以此为基础）、要求书院的学习者每日撰写读经札记并汇编成《学古堂日记》梓行。

我们今天所见到的可园，园内小池也像莲池书院的古莲花池一样，是园林景观最核心的部分，主要景观大多围绕它分布，只是被命名为"小西湖"。小西湖和学古堂、博约堂、藏书楼、黄公亭、思陆亭、浩歌亭、陶亭一起被称为"可园八景"，这八景如果只是从观赏性着眼，和真正的杭州西湖前后十景完全没有可比性。但是，正像前言所述，书院园林的真趣委实不在于此，它是一个很特殊的文化磁场，自然、建筑、语言文字、各种符号和人的活动在这里产生交汇，从而形成一种有吸引力的精神力量。陈平原在《清代东南书院与学术及文学》中称苏州止谊书院是北方莲池书院学制和杭州诂经精舍学风的结合。这里的诂经精舍如果不是指向俞樾，而是指向创办者阮元的调和汉宋的话，那么此说基本上还是成立的。而小西湖和学古堂这一对可园景观的并峙，也就可以视作为南北学风在这里汇通融合的视觉呈现。

（原载于《苏州园林》2014 年第 1 期）

常熟"花园上"与西园

文/章明明

　　常熟倚山面湖，风光秀丽。很早就有人在城区内外，依山傍水，辟建园林。尤其在明代，常熟就有过数十个园林。至今，常熟一些村名、巷名、路名，还带有"花园"等字，包含许多明时园林信息。不过，这些园林由于属于私家等原因，没有得到很好保护，故大多随着时间的推移，早早湮没于历史的尘埃。

　　《虞山镇志·建制区划》在介绍行政村、社区时，说李桥社区有个自然村叫花园上，因这里曾存在过明代花园而得名。这里的花园当时称西园，又名秀野园，是明人李杰所构建。李杰，字世贤，号雪樵，因居住于常熟积善乡石城里，又自号石城居士。李杰生于明景泰元年（1450），中成化二年（1466）进士，先后担任过南京吏部尚书及礼部尚书，因反对刘瑾乱政而辞官致仕，年七十卒，死后赠太子太保，谥文安。

　　李杰家居时，常与"王铭庵鼎、狄秋林云汉、二桑别驾渝斋瑾、检斋瑜"酌酒赋诗。王鼎诗句"别驾南宫两清绝，野萧暂厕碧兰丛"，写的就是他们一起饮酒赋诗的情况。

　　句中"别驾"，指的是桑瑾、桑瑜。因桑瑾任过处州府通判，桑瑜任过温州府通判。所谓通判，在旧时为府的副职。汉代，任府刺史副职的称别驾从事使，隋唐时改称长史，宋始改称通判。因桑氏兄弟担任过府的通判，王诗就以"别驾"指代瑾、瑜。"南宫"一作"南都"，即指南京。因明成祖朱棣在夺得侄子建文帝位迁都北京后，在南京设立陪都，与北京一样设有礼、吏、刑、兵等六部。因李杰担任过南京吏部尚书，故王诗以"南宫"指代李杰。萧，植物名，即艾蒿。王鼎用来指代自己，表示谦虚。厕，谦辞，夹杂在里面。王鼎，字元勋，号鹤峰，又号铭庵居士，成化己丑（明成化五年，1469）进士，担任过广东左参议。与桑氏兄弟、李杰比，不仅年龄小，取得功名的时间亦晚，所以王鼎把自己参与桑、李等文人的集会，比作"野萧"夹杂在"碧兰丛"中。

王鼎的《赋李宗伯西园假山》诗序，较详细地记载了李杰西园的景物：有假山名"回马、鹤头、巨人、漱浪、夹镜、瑞芝、朵云、楚娥、狮口、莲蕊、熊耳、高髻、丫鬟、削玉"。并有洞、池、涧、亭等。"其洞曰屯云，其坞曰谭棋，其池曰涵清，其涧曰环碧。"而亭有四座，分别名为玩芳、揽秀、若笠、寒翠。对每一个峰、洞、池、涧，王鼎都写诗一首，总共有二十二首，《常熟乡镇旧志集成·梅李文献小志稿》载有《丫鬟峰》《涵清池》等四首：

《丫鬟峰》："剑阁崔巍壮北关，上皇车驾杳难攀。三千粉黛随巴蜀，流落一鬟归岛间。"《涵清池》："先生造化罗胸臆，自作名山类阆风。万壑千峰晴不断，月明都落此池中。"《回马峰》："蹀躞追风日未西，前驱尚有几重溪。问渠欲渡频回首，应是临流惜障泥。"《莲蕊峰》："异卉奇葩共石巍，洞天应是小蓬莱。虚窗不似耶溪景，一朵芙蕖映水开。"

从诗中可以看到，李杰构筑的西园范围很大，其中假山竟有14峰，且不仅数量多，还有的如"剑阁"那样崔巍，有的如"蓬莱"那样缥缈，还有的如仙人居住的阆风巅那样，有很多峰壑；山上还有洞，山与山之间还有溪、涧、池等。园中山石森严，楼阁掩映，溪流潺潺，池荷映日，景物确是迷人。

《梅李小志稿》的作者在诗后的按语中说："管云……园废久矣。今读是诗，令人有辋川、悉泾之想。"按语中"管云"中之"管"，指管一德，其字士恒，邑人，明万历三十三年（1605）著《常熟文献志》十八卷。"管云"后边所记内容，即来自《常熟文献志》。李杰西园构筑于明弘治后期，去万历三十三年不足百年。短短百年，已"园废久矣"，实在令人惋惜。

明万历四十五年（1617）姚宗仪纂修的《常熟县私志》云："西园，即秀野园，李尚书杰所辟，在报慈里。有回马、鹤头、巨人……诸峰；玩芳、揽秀、若笠、寒翠诸亭。又有屯云洞、谈棋坞、涵清池、环碧涧。"姚志所载与王序内容大体相当，不同的是指明了西园所在地——报慈里。有人可能因此认为，李杰的西园不在李桥，而在现在的报慈桥附近。其实，"报慈里"是其时的基层行政区划名，即为后来的石城里，其辖区不仅包含菱荡、报慈、兴福等地，也包含杜家村、李家桥、大东门外三里桥等地。所以，李杰的西园在现在名花园郎的地方是不错的。有人可能要问：既然园在李家桥东北部花园郎，又为什么要称它为西园呢？

笔者起初对西园这个园名亦存疑问，后来看到了王鼎的另一首诗，方豁然开朗。王鼎这首诗的题目是"与李宗伯、二桑别驾众饮。饮罢游别驾东园，即事赋诗"，载《梅李文献小志稿》。这里的"别驾东园"四字在告诉我们，桑瑾、桑瑜兄弟亦有一个花园名叫东园，李宗伯李杰亦曾在饮酒后，与王鼎等人一起去园中赏景。二桑的东园与李杰的西园的筑建时间，可能相差不大。而以地域看，桑氏兄弟的花园在东，故名之为东园；而李杰家的花园在西，故称之为西园。

（原载于《苏州园林》2014年第3期）

洋风姑苏版与清代苏州园林

文/施春煜

洋风姑苏版是指大致在清代雍正乾隆年间生产并流行，技法上吸收西洋绘画透视法、明暗法以及排线法而印制的一类苏州产版画产品。明清时期也是苏州园林的兴盛期，因而在很多的洋风姑苏版作品中都有苏州园林场景，哪怕只是一处极其细微的园林小品。洋风姑苏版中描绘的苏州园林，与之前明代的文人园林画和明清小说插图版画中的园林相比，展现了一种饱含着新时代气息的鲜明特征。表面上看，这些特征的形成直接得益于西洋画法的传入，但笔者认为其根源还在于社会经济文化的客观发展。而画面的表象之下，更透射出当同一时期苏州园林作为一种社会文化现象的深层特质。

一、洋风姑苏版中的园林素材

洋风姑苏版形式风格内容丰富多样，笔者认为按照画面构成的主要景观题材来分，大致可以分为山水题材、市井题材、园林题材、人物题材等四类。在各种题材类型的版画中，园林以不同的规模和角度展现在观者面前。

（一）山水题材画中的园林

山水题材的版画，往往仍是以散视的手法呈现整个画面，只是借鉴了西方的排线法和明暗法。这样的画面总是场景宏大，在自然山水之间布置着一些建筑院落，院落中装饰着花木山石。这些建筑和院落赫然于观者的面前，其数量之多，规模之大，轮廓之清晰，造型之精细，使其俨然与山水平分秋色。而在以前的文人山水画中，偶尔点缀着一二若隐若现的茅屋草舍。由此，院落中的假山假水，与院外的真山真水遥相呼应，形成一个连贯性的山水构架，从视觉上来说增加画面的平衡感。从创作的主观意图来说，这是人工突显以后必需的一种补充。否则强大的建筑群体和作为主题的山水界限过于分明，画面就显得呆板了。这类代表作有《虎丘中秋月夜图》《栈道迹雪》《蜀峰雪景》《江南水景图》等（图1）。

（二）市井题材画中的园林

市井题材的洋风姑苏版画，以明清时期的苏州城市街道、商铺为其画面表现的主要对象。通常选择具有明确路名或地标名称的场所进行描绘，反映了苏州在明清时期繁荣的工商业发展盛况以及市民日常生活出行的情景。在密集的商铺后面往往隐藏着供生活起居的庭院，点缀着树木山池。这一种街市的风貌具有与现实高度吻合的写实性，甚至在今天，这种情况仍然到处可见。这类版画的代表作有《金阊三百六十行》《姑苏阊门图》《金阊古迹图》《姑苏万年桥图》等（图2）。这类作品以反映苏州古城西部、西北部居多，这与明清时期苏州商业重心偏西的事实相符。

图1 《山塘普济桥中秋夜月图》（日本神户市立博物馆藏）　　图2 《苏州景·新造万年桥》（日本町田市立国际版画博物馆藏）

（三）园林题材画中的园林

以园林为主要题材的洋风姑苏版画中，出于近距离展现园林内部场景的需要，透视法得以很好地施展。在这类版画中的园林，通常以众多的建筑院落组合而成，建筑成为画面的骨架，而花木峰石等园林要素布置于其

图3　十友斋版《全本西厢记图》（欧洲木版基金会冯德宝藏）

中，与明代文人园林画中注重疏朗、野趣、幽静的风格形成了逆转。与明清小说插图版画中主流的单院落园林场景相比，则更为宏大地展现了园林的布局，尽管这些画面通常也是不完整的。这类版画的代表作有姑苏丁来轩藏版《山水庭院图》《庭院仕女婴戏图》《连昌宫图》《西湖行宫图》《西厢图》等（图3）。

（四）　人物题材画中的园林

人物题材的洋风姑苏版画，与中国古代的人物画也有相似之处，但是场景描绘却着墨更为丰厚。与以上其他几类风格完全不同的是，人物所处的位置是在室内，空间感狭小逼仄，但是景物却异常丰富充裕。在这类版画中，画者也是不遗余力地填充水石花木等各类园林要素。画面的边幅与画中的建筑构架的硬线条，使得画面棱角分明，近景空间被极力收合在狭小而坚固的轮廓中。而往外延伸，室外则还有一个规模未知的园林空间。这类代表作以《麟儿吉庆新瑞图》《四季美人童子图》《莲池亭游戏图》（图4）为首选。

图4　《莲池亭游戏图》（日本王舍城美术宝物馆藏）

二、洋风姑苏版中反映的苏州园林印象特征
及其形成的客观原因

通过综合地观察各种题材类型的洋风姑苏版画，可以就苏州园林的画面印象提炼出以下几点的特征。

（一）普通个体人物和家庭日常生活

在洋风姑苏版的园林中，出现的人物类型并不再只有文人雅士和才子佳人，新出现的人物类型成为洋风姑苏版的一种新的标志。在《麟儿吉庆新瑞图》《四季美人童子图》《莲池亭游戏图》等室内人物题材的版画中，不知姓名、没有特定所指的妇女和儿童成为画面的人物主角。妇女和儿童的形象处于园林的环境中，使得场所的功能获得了新的定义，其氛围得到了全新的渲染。这种妇女和儿童的组合，可能是母子关系，也可能是祖孙关系，或者别的什么亲属关系，但总之营造出了家庭内部的场景。在此之前，园林通常被视为士大夫进行雅集的社交场所、青年男女幽会的场所，以及文人烘托自我身份和顾影自怜的背景符号。而现在普通的妇女儿童的出现，使园林空间真正才有了家庭生活的气息，园林成了一个普通的家的场景。这种现象除了在洋风姑苏版的几幅代表作中出现外，也出现在了大约同一时期其他类型的绘画作品中，如18世纪中晚期的《夫妻携子图》（现藏于波士顿美术馆）中，出现在庭院中的人物不仅是母子，而是包括了父亲在内的一家三口；18世纪晚期的《三世同堂图》中更是在宽敞的园林中出现了祖孙三代共13人的身影；其他还有清初吕焕成的《折桂图》《池畔行乐图》《连升补衮图》等。这些绘画作品虽然与洋风姑苏版类型不同，但是无不传递着同样的一种信息，即园林是普通人的日常家居场所。这种现象的产生归因于明后期以来普通市民的生活质量和文化消费需求的持续提升，普通家庭成员的审美需求得到市场的关注。

（二）景物繁多，建筑密集

苏州城市于明中后期以来逐渐变得地狭人稠，人口密度和房屋密度增加。因而洋风姑苏版中的园林，不再是格局自然随意，人工建筑稀少，充斥着茂密的植物与自然的水土地貌，而是由密集而且多样式的建筑物构成了空间的骨架，于建筑空隙之间穿插石头和树木、盆景，几乎没有留出空白的地方。不仅如此，在建筑物本体之上，也极尽精雕细琢之能事，使得建筑体的表面负载着繁复的纹样。这种风格是通过写实的手法堆砌了当时

现实世界中各种物质文化的新成就。而从创作者的主观角度考虑，这或许是为了迎合大众消费者"贪多"的需求，甚至还有刻意夸大华丽的可能。

（三）轮廓线条硬化，立体感增强

由于现实中园林建筑密度大，建筑物在洋风姑苏版中的画面占比增加，画面整体上被各种规则的几何图形控制着，较之于过去的文人园林画以及传统木刻版画中的园林，给人以绝对硬化的感觉。建筑密集、景物拥塞使得园林空间中光线被阻隔，明暗对比的部分增加，形成了新的观赏效果，因而在画面上需要采用明暗法来表现。而建筑空间内外的明暗对比效果，使得画面的层次感不再局限于通过远近高低来表现，而是在任何一个区域、任何一个物体都有了层次分明的立体感。

（四）视线的内外转向

室内人物题材的洋风姑苏版与其他的园林画像对照，有一个显著特征：观察园林的视线从由外而内转变为由内而外。以往的文人园林画或园林版画中，观者总是处于外部一览园林或庭院的全貌，似乎在看一座盆景，或者从外部看向建筑的室内，如同在看舞台布景一般。而在此，观者面对画面时，如同处于室内而望见室外的园景。内景成为前景，外景成为远景。目前来看，人处于屋内而向外观察景色的观赏效果，在洋风姑苏版及同时期的宫廷绘画中得以创新性地展现于图上。之所以形成这种特征，从技术条件来讲，当然是西洋透视画法的引进，使得这种效果实现成为可能。但其现实原因首先是明清室内装潢工艺和家具制作工艺的发展，使得近距离表现室内场景成为一种需要。其次是因为在建筑密集，空间狭小的现实环境中，眼睛要收揽更多的景色需要穿过狭小的空间缝隙纵向延伸。这种视线所见的内容如果要表现在绘画作品中，采用透视法是很好的技法。但是，如果采用透视法由外向内观看，现实的所见只能是看到相互重叠的墙体和门窗，视线的穿透性无以表达。而由内向外看，狭小趋向于开阔，透过层层庭院，以至于在远景处展现自然山水大场景，既可以丰富画面景物，又不违背视线的现实性。

三、从洋风姑苏版看清代苏州园林的文化特质

画面上的表象特征当然是生动鲜明的，向观者展现了当时园林景观的种种面貌。但园林是一种文化产物，到明清已经形成了一个具有社会普遍性和地域特征性的文化体系。表象特征的背后必然隐藏着这一文化所具有

的特定的本质。园林文化就像是园林中的湖石，洞壑纵横，千姿百态，关于其特质究竟如何，很难说得全面和标准。笔者仅就对洋风姑苏版中的园林形象的观察所得，发表一家之言。

（一）园林消费的新方式：读图时代，别开天地

首先洋风姑苏版是满足"看"的需求而产生的，其次因其能大量复制，所以是满足社会大众的消费需求。对园林艺术的追求，到了晚明早已实现大众化，因此有"闾阎下户，亦饰小山盆岛为玩"的说法。可是到了清代的雍乾时期，这种消费又向何处发展？笔者以为向虚幻的纸质媒体世界寻找新鲜感是一种途径。可是传统的文人园林画是手绘作品，不可复制，产量低，价格昂贵，不能满足大众的消费需求。小说插图版画毕竟是文字的附属品，对大众而言消费图像的同时必须要消费文字商品，不能直接有效地满足需求。因此市场需求催生出了大量以园林场景为创作素材的洋风姑苏版，它是独立的产品，并具有可复制、大量生产、价格低廉的特点。而恰逢西方绘画技法的传入，赋予了其华丽新奇又极具写实特色的画面效果，更是适合大众的口味。尤其是反转了传统视线的室内人物题材的版画，使观者即使在狭小逼仄的房间里，也能通过看图的方式，幻视出一片深远广阔的园林空间。因此洋风姑苏版反映了清代苏州园林为大众提供了一种新的消费方式，洋风姑苏版的时代也是园林消费的读图时代。

（二）园林营造的新理念：元素组合，消弭边界

什么是洋风姑苏版中的园林？有些是有围墙的圈地中的建筑山水花树的综合体，有些是开放公共风景场所中布置着造型华丽的建筑，有些只是房间的一扇窗户及窗内框住的景物。园林为何物？何物没有边界？洋风姑苏版中的园林正是一种可以没有边界但还是通过实物表达的艺术形式。而在版画中的园林，其构成来自各种相似的元素的组合，这些元素包括了建筑的形体和纹饰、四季的植物、山石、家具陈设等，洋风姑苏版因其线条的硬化、几何风格的形成，而使得这些元素的表现趋于标准化。在现实世界中，这种以标准化的元素，通过自由组合来构建园林的模式，可能在《园冶》时代就已形成。因为《园冶》书中就已经列出了很多标准化的建筑装折、铺地、花窗图样。但是笔者猜想，其时园林还有一定的边界概念，而到了洋风姑苏版时代，这种只重元素组合，不顾空间界限的构园理念才蔚然成风。因为计成在序言中说"愧无买山力，甘为桃源溪口人"，表达的观念是没有占据一定面积的土地，就说不上拥有了园林。而清代康熙时期的尤侗则自号亦园，即无山无水皆可为园。因此洋风姑苏版反映了清代苏州园林一种新的构造理念，即元素组合，消弭边界。

（三）园林品牌的新形成：园林品牌，商业文化

什么是苏州园林？当我们现在津津乐道于苏州园林时，可否想到苏州园林何时于世人心目中形成了一种独具特色的形象、一种特定的对象概念。古今中外，不止苏州才有园林，宋代李格非还写过《洛阳名园记》，记的对象是唐代洛阳的园林。通过对洋风姑苏版及同时期其他一些文化现象的思考，笔者猜想"苏州园林"这一个事物对象概念的形成可能得益于洋风姑苏版的流行。洋风姑苏版的产生本身就是多个层面的文化传播结果，首先是中国与西洋的文化传播；其次是宫廷与江南的文化传播，因为西洋画法首先流行于清宫，然后是宫廷画匠南渡，才促进了这种画法在苏州的流行。而洋风姑苏版产生以后，又促进了世界范围内的经济文化交流。据《洋风姑苏版研究》作者张烨推断，洋风姑苏版的流向有国内市场、欧洲市场和日本市场。洋风姑苏版携带着苏州园林的物象信息，通过大量发行，向全国以及海外流通，从而使国内外的大众消费者获取了苏州的园林的特定印象。正是跨地域的经济文化传播才形成了苏州园林这一地域性的事物概念。而清代皇家园林对狮子林等苏州园林的模仿以及中国园林文化传至西方，也都基本发生在这一时期，尽管渠道是多元的，但是不能忽视其中与洋风姑苏版的联系。尽管之前苏州也并不是封闭的，外地人口必然可以通过多种途径看到苏州的园林。但是，苏州的园林和"苏州园林"是有区别的。后者是一个特定的对象概念，更是一种品牌。品牌的形成，首先，需要产品具有鲜明的特征，洋风姑苏版中构成园林的元素趋向于标准化，正具备了对产品特征界定的条件。其次，需要被广泛地认知，才能成其为品牌。而洋风姑苏版比以往任何一种图像媒体都具有更广泛的传播范围和更庞大的消费群体。而这一品牌形象中包含的不只是园林空间的艺术，还有同时代很多物质财富的成就。所以洋风姑苏版反映了清代苏州园林品牌形象的形成及其鲜明的商业宣传意识。

（原载于《苏州园林》2015 年第 2 期、第 3 期）

漕运造就的繁盛枫桥

文/黄腾

　　枫桥横跨枫江，紧依运河，为古驿道必经之地。政府在此设有关卡，检查过往船只。每晚苏州城门关闭，运河封航，桥边便停满等待天亮过关的漕船，唐代诗人张继所作《夜泊枫桥》正是描述其停泊待旦时的场景。此后，相沿成习，"枫桥"之名闻名天下。

　　漕运则是我国历史上特有的一种经济制度，专指中国历代政府将山东、河南、江苏、安徽、浙江、湖北、湖南等省所征皇粮，由水运（间或有部分陆运）解往京师或其他指定地点。

　　"苏湖熟，天下足"，京杭大运河边的苏州是漕运的重要中转地，更是漕粮的主要采征地之一。苏州城西的枫桥古镇，生于运河，兴于漕运，是京杭大运河沿线著名的商贸重镇和粮食集散地，明清时期更成为全国最大的米豆市场。

　　从唐代开始，枫桥日渐成为重要的漕运中转枢纽。唐玄宗时期，漕运开始实行分段转运法，漕运量大大提高，平均每年运送漕粮 230 万石，其中近百万石漕粮经此转运。安史之乱后，江南地区成为政府粮食的主要来源，当时有"漕吴而食"的说法。

　　南宋迁都杭州后，江南运河成为沟通江淮地区的重要航道。每年经苏州南下的漕粮不下四五百万石，枫桥为必经之地。此外，漕运还负责丝绸、布帛、盐、茶、纸张、瓷器、竹木等各种贡品及官物运输。仅《唐书》中记载的苏州本地贡品便有丝、葛、丝绵、八蚕丝、绯绫布等。大量漕运物资运输促进了沿线商业市镇的兴盛，宋元时期，枫桥已经发展成重要的商业市镇，"公家运漕，私行商旅，舳舻相继"。

　　到了明代，随着南北经济发展差距的拉大，漕运成为中央政府的生命线。受此影响，枫桥市镇愈加繁荣。明中叶，苏州已成为江南重要的米粮、丝绸、棉布集散中心，各地客商云集阊门、胥门一带。枫桥为连接苏州城与其西北农村的商业重镇，且为漕船进出之要冲，运河两岸商铺林立，一直与阊门商市相连。正如唐伯虎诗言："金阊门外枫桥路，万家灯火迷烟雾。"明末清初，因上塘河水浅，舟楫过密，河道常常堵塞。于是拓宽枫江，使船只可由胥江直接驶入外城河，形成两条漕运航道并存的局面。枫桥位于航道分岔口，地位因此更加重要。

清代由于苏州地区纺织业发达，康熙年间"年出布匹日以万计"，农户上缴漕粮多"以布易银，以银代米，以米充兑"，故政府漕粮多通过市场采运。清前期，政府每年在苏州采办的漕粮以百万计，枫桥作为"储积贩卖"之地，承担了大部分漕粮采运，其米市地位日益重要。

清乾隆、道光、同治年间，先后多次将枫桥列为市，将其指定为官方性全国米粮市场，承担东南各省米粮调运。"无论丰歉，江广、安徽之客米来售者，岁不下数百万石"，米市之繁荣远超其他大镇。清中叶，枫桥已成为全国最大的米豆集散中心。当时枫桥有米店两百多家，其米价行情影响各地，物价也成为苏南一带的标准，民间有谚语"探听枫桥价，买物不上当"。

由于枫桥在漕粮采运中的特殊地位，政府还在枫桥特设"枫斛"，作为官方度量标准，可见重视之深。由于枫桥市镇的兴旺，以至于运河常常为米船壅塞，清政府专门立牌规定漕船只能停在清风亭处，不许再停市岸，并立《永禁诈索商船碑》，保护过往船只。

漕运造就了枫桥的兴盛，以至于明代诗人高启发出"画桥三百映江城，诗里枫桥独有名"的感叹。清末，由于北方农业生产的发展，同时南方受战火冲击，政府对漕运的依赖逐渐减少。1826年，清政府率先将江苏省所属的四府一州（苏州、松江、常州、镇江及太仓）漕运改由海上运输。枫桥市镇亦在镇压太平天国运动时受清军纵火焚掠，十里上塘街付之一炬。

如今，昔日漕船早已不再，但枫桥一带丰富的名胜古迹、文人诗词，仍留给世人无尽怀想。

（原载于《苏州园林》2016年第1期）

留园

——三代园主参悟人生的场所

文/盛承懋

现在留园每天游人如织，人们在游览、欣赏留园美景，领略苏州园林文化品位的时候，很少有人会去关注留园曾是园主参悟人生的场所这一特色，以及当年园主参禅的情景。

1876年阴历四月初一，我的"五世祖父"盛康购得了留园（之前称之为"寒碧庄"），随后就扩地重修，他在对旧园的主景、建筑、各式景观、园艺、花木等进行精心修葺的时候，很注重在园内构造出一种参禅的环境与氛围。

盛康功成名就后归隐留园，是希望在这方净土中参悟人生，寻求超脱。盛康为了参禅，特意在园内建造了家庵，并用自己晚年的号"待云"予以命名，不仅如此，他还将园中多处景点题上带有禅意的名称，如"闻木樨香轩""活泼泼地""自在处"等。庵西廊壁上嵌有两方石刻"白云怡意""清泉洗心"，也表达了同样的意境。在家庵的正南方有一座半亭"亦不二亭"，其名也深含禅意。由待云庵往南，空间由大变小，视线由分散而集中，走在丛丛修竹、依依小草之间，微微可感悟到园主参禅的情境。

参禅除了要静下心来，思考问题，也需要有一个读书的环境，因此盛康又修建了"还读我书斋""揖峰轩""西楼""鹤所""汲古得修绠"（"汲古得修绠"，它实际上也是书房，房名取自韩愈《秋怀》诗"归愚识夷涂，汲古得修绠"，指做学问犹如到深井中去打水，短绳无法打到深井水。要获得高深的学问，必须用修绠）等多处建筑。这些建筑主要是作为读书及书法、绘画、吟诗的场所，其中"鹤所"，昔日仙鹤放养在假山下，自由自在，与山上青松相伴，构成了一幅生动的松鹤长寿图，营造了一种颐养天年的图景。

留园北部的"又一村"内，在扩建留园时，保留了一片菜田，数楹茅屋，并饲养鸡、鸭、鹅、羊等，一派农家田园风光，盛康有意在园林内营造出这种回归田园的气氛。

1902 年，盛康 87 岁，他在留园已经整整生活了 26 年，他看到儿子盛宣怀（图 1）也已功成名就，一切都随缘了，于是无牵无挂地驾鹤西去。

接着我的曾祖父盛宣怀成了留园的主人，当时曾祖父在事业上已经达到了顶峰，留园成了曾祖父穿梭于京、津、沪等地途中难得小憩的驿站，也是他在官场、商海中受挫时休养生息的后花园。1906 年他因办汉冶萍公司与张之洞意见相

图 1　留园园主盛宣怀摄于 1915 年（苏州市园林档案馆藏）

左，就流露出"俟得替人可以接手，即当寻桃源入山，惟恐不深矣"。

随着朝廷的摇摇欲坠、宦途的频频浮沉，加之老年丧子（指我的祖父盛昌颐于 1909 年去世）的隐隐作痛，使曾祖父在治事余暇，除了为筹备"愚斋"图书馆操心之外，多了一点休闲的心境。1911 年辛亥革命起，曾祖父流亡日本。1913 年回国后在给友人的信中说："归国后故园独处，书画自娱，如梦初醒，不欲知秦汉以后事"。

留园西部的缘溪行一带的桃源意境，似乎成了是为曾祖父盛宣怀"不欲知秦汉以后事"的心境而特意营构的。而曾祖父也有了一点时间，布置家中的园丁悉心照顾园中的花草，以至后山上的花草长得更加鲜艳、茂盛，颜色一度超过了二十多种（图 2）。

曾祖父也想安下心来，能较长一段时间在留园住下，像他父亲盛康那

图 2　盛氏家人在留园摄于 20 世纪初（苏州市园林档案馆藏）

样，在这里参悟人生。然而，世事难料，1916年4月27日，曾祖父盛宣怀在成就了他一生的事业之后，撒手人寰。命运未能随了他的这一心缘。

家族后人考虑到曾祖父在世的时候没有尽兴地到苏州留园来休息过，过世后想让他好好地在留园停歇下来。于是，将曾祖父的棺椁在留园义庄停放了两年时间。

曾祖父盛宣怀去世之后，我的四叔公盛恩颐成了留园的主人之一。四叔公的人生起点是很高的，他早年赴英美留学，后来又继任了轮船招商局董事长、中国通商银行董事长、汉冶萍煤铁厂矿有限公司总经理等职位，按说他本来应该能成就一番不俗的事业，也许是受其母亲过分的宠爱，他最终成为一个挥霍无度、奢侈成性的公子哥。

抗日战争胜利后的盛恩颐已经非常穷困，他曾经家财万贯、妻妾成群，最后不得不挤在留园祠堂里腾出来的几间房里栖身，身边只剩下一位善良的女子，照顾他的起居。

四叔公晚年实际上也可算作是在留园参悟人生了，但是昔日留园"嘉树荣而佳卉苗，奇石显而清流通。凉台燠馆，风亭月榭，高高下下，迤逦相属"的情景（图3）也已面目全非。抗日战争时期，苏州沦陷，日本侵

图3 1926年待云庵①

① Powell，Florence Lee，In the Chinese Garden：a photo graphic tour of the complete Chinese Garden，with text explaining its symbolism，as seen in the Liu Yuan（the Liu Garden）and the Shin Tzu Lin（the Forest of Lions）［M］，New York：The John Day Company，1943.

略军驻扎在留园内，园内被糟蹋得墙倾壁倒、马粪堆积、花木枯萎，玲珑假山摇摇欲坠，精美的家具也被掠夺一空。抗日战争胜利后，留园又成了国民党部队驻军养马的场所。

四叔公盛恩颐也绝没有了"五世祖父"盛康、曾祖父盛宣怀当年那样的心境，每天陪伴他的是不停地咳嗽、吐痰，1956 年 6 月 5 日，四叔公盛恩颐因脑出血最终在留园祠堂离世。

盛氏三代在留园参禅的变故，从一个侧面反映了中国近代史的起伏与变化（图 4）。

图 4　待云庵今貌

（原载于《苏州园林》2016 年第 3 期）

墨园园主探真

文/何大明

姑苏苏区人民路2114号（原679号）苏州阀门厂内，有一座建于20世纪30年代的墨园。这座典雅的西式花园别墅，其保护等级已经由"苏州市控制保护建筑"升格为"苏州市文物保护单位"。

一、园主生平谱传奇

提起"墨园"的园主，人们都认为是顾祝同，因为，顾祝同字"墨三"，园名也因此而得。顾祝同的小妾石琦，曾经一度居住在此。包括地方志在内的不少文史资料都明确记载：墨园的园主为顾祝同。但是，市住建局档案馆提供的产权证明，以及江苏省人民法院的判决书，都推翻了这一定论。墨园的真正产权人，是一位和顾祝同有私交的佘念善。

佘念善（1890—1974），字仲良，生于海南岛海口市，祖籍为连云港赣榆县（今赣榆区）。他的祖父是晚清官宦佘培轩。佘培轩字"墨缘"，号"墨园公"。佘念善的少年时期，在海南、广东等地度过。在当时救国思潮风起云涌的动荡岁月，他信奉"物竞天择""少年中国说""实业救国论"，被正统的长辈视为科举仕途的"叛逆"。民国初，青年佘念善认定：唯有实业兴旺，方能文明开化少年中国。弃文弃政，热衷于实业救国。佘念善中学毕业后考入实业学堂，精心攻读专业技术，作为他"修身、齐家、治国、平天下"的根本。后来，佘念善娶毕业于女子师范学校的陈哲修为妻。

1920年，佘念善应聘到一家矿山公司从事绘图工作。这时，他结识了小他三岁的顾祝同，两人甚为投合。在顾祝同的指引下，佘念善改变志向弃工从"戎",来到当时的革命圣地广州,投身国民革命。从此,他成为顾祝同的好友和老部下。2005年9月3日,全国举行纪念抗日战争胜利60周年活动。由中共中央、国务院、中央军委颁发的"中国人民抗日战争胜利60周年"纪念证书,授予佘念善的子女,对抗日将军佘念善予以表彰。

二、墨园的建造经过

1931年,佘念善的祖父佘培轩(墨园公),购得苏州平门桥附近原岑氏宅基地一块执业,面积共计十一亩二厘五毫(约7 300平方米)。堂名取为"佘宝善堂"。过后,又与西邻贝氏合资,在门口辟建一条马路,取名"宝裕路"。并且,在河边建造码头便于水运。第二年,又建造中西合璧的花园别墅,由苏州著名的裴松记营造厂(营造厂即建筑工程队,址在大太平巷60号)建造。别墅内,共建造大小洋房两幢,平房两座,门房一间,水亭一座,玻璃花棚一所。同时,委托清泉自流井公司开凿自流井一口,建造水塔一座。花园由苏州著名的朱顺记营造厂(址在旧学前书院弄)营造。园内植树栽花,疏池理水,叠石掇山,苏式园林要素一应俱全。全部建筑落成后,即以"墨园公"之名号题为"墨园"。抗日战争时期,佘氏举家迁往重庆市。墨园被敌伪军队占据,不少建筑受损。抗日战争胜利后,佘家回到苏州,委托原营造厂修复墨园,并增建平房六间。

墨园的主体建筑,是一幢两层楼的欧式洋房。坐北朝南,平瓦坡顶,黑砖扁砌外墙,水泥浆勾缝,坚固美观。楼下为会客室,铺花卉图案地砖。廊柱为圆形罗马柱。柱的顶端饰涡卷花纹,形似装满花草的花篮,为典雅的科林斯式罗马柱。沿木楼梯盘旋而上,可至二楼卧室。临窗设有围栏阳台,通风采光,视野极佳,可扶栏赏景。卧室铺进口实木地板。卫生间内,安装了进口的抽水马桶。为了解决用水问题,住宅后面还开凿自流井(俗称洋井)一眼,并建造了一座配套的混凝土结构水塔。水泵将深井水抽到水塔储水池内,通过管道流向多个水龙头。这种功能齐全的自流井,如同一座小型家庭水厂,当时市面上也很少见。住宅旁专设仿西式淋浴房一间,地面铺砌进口的小方块马赛克,并安装了全套进口淋浴设备。

花园分为前园和后园。前园较小,沿着葡萄藤长廊前行,但见山林之胜、原野之幽。八角形的琴室,用清水砖扁砌,掩映在绿荫丛中。凭窗而望,蝶飞蜂舞的湖石花坛映入眼帘,沿着通幽小径拾级而上,可至土坡上的亭子小憩。亭子用带皮的松木搭建,题为"松茂亭"。亭名取自《诗经·小雅》："秩秩斯干，幽幽南山。如竹苞矣，如松茂矣。"民间误为"松毛亭"或"松帽亭"。后园较大，格局为传统的苏式庭园。花园以荷花池为中心。临水而筑敞厅，古色古香，被誉为"荷花四面厅"。厅前倚栏，可赏水池内摆尾金鱼。花岗石板铺砌的曲桥，横卧碧波。远眺，湖石假山嶙峋，曲径蜿蜒于花木。池岸不远处，还有一株珍贵的龙柏。老树盘根错节、葱郁苍翠，成为庭院的点睛之作。该龙柏树龄已达三百年，传为当年建园时移植。此外，园内还栽植紫玉兰等名贵花木。

三、自力农场养奶牛

抗日战争胜利后，佘念慈在墨园内大兴土木，创办"自力农场"，从事以奶牛为主的养殖业。农场由其子佘守廉负责经营。佘守廉毕业于南京金陵大学农科，毕业后即从事畜牧业。他在农场内建造牛舍、办公室、职工宿舍等建筑。水电工程由林筱记工程队负责安装。农场内饲养二十余头种牛和奶牛。此外，还有不少种鸡。农场用培育的种牛和种鸡，优化苏州地区的奶牛和家鸡种群，成为苏州地区良种高产奶牛的繁殖和销售中心。此时的墨园，已经是宅第园林和家庭农场相结合的产物。苏州历史上的第一座奶牛场，当属佘念慈在墨园所建的自力农场。此外，佘念善还在上海、杭州等地投资，开设茶叶公司等实业，从事家族企业的多元化经营。

四、产权归属打官司

解放初，苏州人民法院判决，认定包括自力农场在内的墨园，产权人是顾祝同。其所有的墨园，作为敌产收归国有。于是，墨园被查封。对此，佘念慈的长子佘守廉不服。1953年，他向江苏省人民法院提出申诉，认为墨园的产权人，不是顾祝同而是佘念慈，要求政府归还墨园。申诉书从基地购置、房屋建造、农场和分场设立等方面进行申诉。并且强调：两个"墨"字（其先祖号墨园公、顾祝同字墨三），是引起产权归属误判的原因。

江苏省人民法院经过调查核实，认为苏州市人民法院认裁定墨园产权人属于顾祝同，与事实不符，判决书应予撤销。但是，江苏省人民法院仍驳回原告的上述。判决书认为：墨园的产权人虽然属于佘念慈，但墨园仍然属于敌产。判决书裁定："上述财产依法应予没收。"

自力农场收归国有后，改为国营苏州地方农场。1952 年，国营苏州地方农场撤销，其场所划归苏州铁工厂使用。后来，铁工厂改为苏州阀门厂。阀门厂又改为国营五二六厂，成为中国核工业部的部属厂。改革开放以来，工厂高度重视绿化，主干道两侧绿树成荫。厂区内，因地制宜建起多座小园。园内栽花植树、疏池理水、叠石掇山，园林要素一应俱全。墨园内搭建花棚，摆放各类花木盆景。如今，当年的两座欧式洋楼，基本保存完好。南面的小洋楼，木楼梯扶手精细秀雅，每层楼梯的外沿，均包有铜皮保护。办公楼后面为一片浓荫蔽天的小花园。紫玉兰、白玉兰等挂牌保护的古树，园内那幢主体建筑、中西合璧的欧式洋楼，现在仍保存着。可惜，窗户已经改建为铝合金结构，显得不伦不类。最为可惜的是：主楼后面的自流井井架，因为长期闲置不用，已经被拆除。"文革"时期，荷花池连同四周的湖石都被填埋。这些原汁原味的生态湖石，为太湖沿岸所产的"水石"，现在存世已经很少。

　　墨园列入保护名录的经过，也值得一提。2004 年，由市文物局、《姑苏晚报》等单位联手，推出"联丰杯迎世遗·古城寻宝大行动"。活动将具有一定历史和文化价值的民国建筑列入寻宝对象。对此，广大市民踊跃参与寻宝。寻宝活动结束后，经市文物局推荐，并且报市政府批准，2004 年 7 月 5 日，文物局公布了被列入苏州市第三批控制保护建筑的 48 处建筑名录，墨园跻身其间。相隔十年后，墨园又升格为苏州市文物保护单位。

（原载于《苏州园林》2016 年第 3 期）

文化铸魂：元明之际苏州乡村园林探析

文/邱文颖

　　元明之际苏州的乡村园林数量、声名都远胜于城内。园景以清旷取胜，隐逸色彩浓厚（图1），园林雅集盛行。园主多为文人，他们以自己的言行诠释诗意栖居；参与乡村教育活动，传播文化；雅集活动在乡间营造出浓厚的文化氛围。当代乡村建设也应立足本土，创设彰显地域特色的乡境；加强地域文化教育，提升乡人的素养情怀。只有注重文化引领，为自然生态注入人文底蕴，才能使美丽乡村真正成为人们的诗和远方。

图1　沈周《东庄图》之十五折桂桥

　　在苏州的造园历史中，元代国祚不及百年，加之蒙汉文化意识差别，造园活动不如前后朝那么耀眼，因此也少有学者关注。在园林史类的著作中多对此期比较有名的几个园林稍做介绍；个案研究比较集中在狮子林；

玉山雅集与耕渔轩雅集的研究论文中对园林有所涉及，但重点在文学方面。对元末苏州园林作整体研究的论文凤毛麟角，也不够深入。事实上，元明之际，因为时代、地方的关系，很多人把园林建到了乡村，它们在造景、主题和文化活动等方面都自成特色，成为一个突出现象。它们对乡村的人文影响可为我们现代乡村建设提供思考与启发。

一、元明之际苏州乡村园林的特点

元代苏州地区称平江路，下辖录事司及吴县（今江苏苏州）、长洲（今江苏苏州）2个倚郭上县，昆山（治今江苏昆山，并曾一度移治江苏太仓）、常熟（治今江苏常熟）、吴江（治今江苏吴江）、嘉定（治今上海嘉定）4个中州，明初改为苏州府，辖一州六县，治所吴县，包括吴县、长洲县、常熟县、吴江县、昆山县、嘉定县和太仓州。

（一）数量、声名均胜于城市园林

从宋朝，尤其南宋开始，江南经济文化各方面发展迅速，渔稻蚕丝首先致富在乡村，造园开始由城市向乡村发展。宋朝时，苏州私园有50多处，约一半在乡村，多为归隐官员所建。元朝时苏州乡间的私园约有30处，3倍于城内之园。（魏嘉瓒《苏州古典园林史》）在明初王鏊《姑苏志》"第宅"卷和"园池"卷中记载的园林有20座（表1），其中地址明确的在城内6座，城外13座，分布在吴县、吴江、昆山、常熟等地。元末明初江南鼎足而三的园林为倪瓒"清閟阁"、徐达左"耕渔轩"和顾瑛（又名顾仲瑛、顾阿瑛，字德辉）"玉山佳处"；元末陶宗仪在提及浙西园苑时说道："浙西园苑之胜，唯松江下砂瞿氏为最古……次则平江福山之曹、横泽之顾，又其次则嘉兴魏塘之陈。"（陶宗仪《南村辍耕录》）他提到平江路最著名的两个园林即常熟曹善诚的梧桐园和昆山顾德辉的玉山佳处，它们都不在苏州府城内。究其原因，主要是时代和苏州的地方政策使然。元末农民起义烽烟四起，社会的不安定使得人心惶惶，缺乏安全感。太尉张士诚于至正二十三年（1362）在苏州自立为王，使这一地区成为元朝管辖不着的独立地区。他在苏州实行安民政策，颇以仁厚有称于其下，开宾贤馆，以礼羁寓，礼待文士，保住了士大夫和豪族富民的利益，甚得拥护，还吸引了周边江淮、杭州等地不少士人避乱迁居而来。与朱元璋的交战主要在常州、宜兴、湖州等军事重地，延及常熟（何春根《元末明初吴中文人研究》），平江路二县四州腹地极少战争，这里似乎是元末乱世中的一个桃源。战乱中苏州的经济并没有受到多大破坏，人们生活依旧安定富足，吴中文艺依旧彬彬繁盛，园林更成为文人士子躲避祸乱、修养身心的乐土。城区之内空间有限，又有军伍驻扎，人们纷纷把造园选址放到了僻静优美的乡村，艺术水准足可和城市园林媲美。

表1 王鏊《姑苏志》论及苏州元朝园林一览表

园名	园主	地址	描写详略情况	所在卷次
石涧书隐	俞仲温	府学西（城内）	详	卷31：第宅
城南佳趣堂	虞子贤	常熟虞山东（城外）	较详	同上
寿朴堂	莫礼	吴江绮川（城外）	略	同上
殷强斋宅	殷奎	太仓武陵桥下（城外）	略	同上
范轩	林大同	不详	略	同上
耕渔轩	徐良甫	光福（城外）	详	同上
水竹居	曹勉之	吴江（城外）	详	同上
老相公衙	周伯琦	干将坊内（城内）	略	同上
玉山草堂	顾阿瑛	昆山（城外）	详	同上
乐圃林馆	张适	清嘉坊（城内）	详	卷32：园池
南园	瞿智之	沙溪头（城外）	略	同上
水花园	叶振宗	吴江同里（城外）	较简	同上
松石轩	宋廷珍（一说朱廷珍）	吴城中（城内）	详	同上
绿水园	陈惟寅、陈惟允	城南孙老桥东（城内）	详	同上
万玉清秋轩	宁昌言	吴江同里（城外）	详	同上
团溪渔乐	瞿孝桢	沙头镇月蕉（城外）	详	同上
周氏园	周棠	双凤（城外）	较简	同上
南村	张璘	吴江绮川（城外）	较简	同上
耕获亭	秦约	太仓西渚之北（城外）	略	同上
小丹丘	陈基敬	天心里（城内）	略	同上

注：狮子林庵（时人多称"师子林"）列于卷29"寺观"，为当时名园，时寺时宅。

此外还有苏州市郊袁易之"静春别墅"、东山之"猴山宅"、吴县张林之"徐清宁庵"、昆山陆德原之"笠泽渔隐"、常熟虞山南麓虞似平之

"谷林"、太仓城外张寅之"来鹤园"、朱清之"花园堂"、垂虹桥宁伯让之"小潇湘"、杨舍镇（张家港）之"顾家花园"等（魏嘉瓒《苏州古典园林史》），星星点点嵌于苏州乡镇各处，均山池雅致、花木丰茂，殊为可观。

（二）园景以清旷取胜

古典园林追求"虽由人作，宛自天开"的意境，宋代文人造园开始从写实向写意过渡，从园宅分离渐趋合一。至元代则写意完全成熟，园宅完全合一。元明之际的乡村园林，既有不俗的主人，又得自然野趣之地理优势，将人工与自然山水结合得更好。园内景致清幽，意蕴丰富，园外清流环绕、小山映带，景象开阔，清旷成为最鲜明的园景特色。尤其是水竹之景，体现出苏州地域特色，倪瓒曰："吴下人多水竹居"（李日华《倪云林水竹居图跋》）。不少园林面水临流，自然水体的自由、灵动，水景的千变万化，都让园景更加生动活泼。吴江平望曹瑾"水竹居"面向莺湖，环境清幽。倪瓒、徐贲皆有绘图，俞焯作记。倪瓒《水竹居图卷》（图2）上两树夹坡，平屋两间，远山近流，细竹碎石，水光竹色，深静萧然，虽为想象之作，却是水乡之景的真实呈现。他在《行书跋水竹居卷》中曰："种竹疏渠，婆娑其间，比之城中尤清旷也。"（李日华《倪云林水竹居图跋》）（图3）陆行直"依绿轩"在吴江汾湖东，建于其宅东池上，"俾二三子于焉澄怀涤意，咏诗读书。暇日倚阑俯瞰，鱼行镜中无遁形，天寒水落，石崭然离列其涯，可坐而钓。"（钱重鼎《依绿轩记》）居游其间，能令人有濠濮之想。陆行直还在依绿轩旁替好友钱重鼎构筑了别墅"水村"，为读书之地。钱重鼎聚书其间，屋后有清流，时有鸥鸟翩飞，激人江湖之想。赵子昂为作《水村图》（图4），"林樾庇乎茅屋，略约横乎荒湾，秋风鸿雁，夕阳网罟，短棹延缘苇间，不闻筝音"（钱重鼎《水村隐居记》）陆行直与之泛舟往来，谈诗论文，笔床茶灶，共赏清月，情谊风流。鱼行镜中、蒹葭苍苍、鸥鸟翩飞、渔舟唱晚当是苏州乡村园林最动人的景致。位于太湖之滨光福镇西徐达左的"耕渔轩"，更是左有鸣凤之冈，右有铜井之岭，前峙邓尉山，具区（太湖别称）之流汇于下，尽享太湖山色之趣。元末名士倪瓒为他绘有《耕渔图》并题曰："林庐田圃，君子攸居"，与倪瓒"清闷阁"、顾阿瑛"玉山佳处"鼎足而三，是当时最著名的江南私园之一。开门即见山水，也扩充了园主和其宾客的活动内容和范围，除了琴书香茗，还可常常吟啸山林、泛舟烟波，天人合一。

图 2　倪瓒《水竹居图卷》

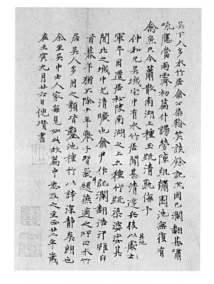

图 3　倪瓒《行书跋水竹居卷》

图 4　赵孟𫖯《水村图卷（全卷）》

（三）隐逸色彩浓厚

唐宋园林主人中也不乏隐士，但不如元代那么普遍成风。元代自忽必烈开国，半个世纪内未开科举考试，士人仕进无门。仁帝时恢复科考，从延祐（1315）首科到元末共举行过九次，但录取人数、进士的地位前途都远远不能和唐、宋、明、清相比。对汉人、南人的歧视政策使得传统文人出仕之途渺茫，心灰意懒，对社会形成了"旁观者"的心态，隐逸之风盛行。张士诚尽管诚聘文士，但很多人亦无此心，多次拒绝，甚至为此迁居城外。明初朱元璋对江南文人一面忌惮，一面逼仕的态度同样令他们仕途不畅、内心愤懑。因此，元明之际的苏州文人普遍选择隐居，隐逸之志多很坚决和纯粹，园林更成为他们抒情言志、修身养性、完善人格、寻求和保持心灵宁静的地方。各个园林的园名、园内景点的品题便可见出浓浓的隐逸味道。如徐达左的"耕渔轩"；顾阿瑛"玉山佳处"，又名"玉山草堂"，初名"小桃源"，园内有桃源轩、可诗斋、读书舍、碧梧翠竹堂、芝云堂、种玉亭、钩月亭、绿波亭、春草池、绛雪亭、听雪斋、浣花馆、拜石坛、小蓬莱等亭榭景致；吴江同里宁昌言别墅"万玉清秋轩"，中有菊坡、岁寒屏、苍筤谷、来鹤亭、橘圃、芙蓉沼、金粟坞、碧梧冈、师古斋、栖云馆等景致；瞿孝桢的"团溪乐隐园"，又名"团溪渔乐"。这些题名或耕或渔，所好菊莲梧竹，所慕桃源蓬莱，都寄托着园主的隐逸之思、君子之志。常熟福山"梧桐园"主人曹善诚虽为富商却也不俗，因为倾慕倪云林清节，种梧桐数十亩而名之，客来则呼童洗梧，又称"洗梧园"，园池之胜甲于江左，常有文人雅士游宴于内。

二、乡村园林对区域的文化影响

（一）园主风流，行事立身，诠释诗意栖居

园林的格调主要取决于主人，计成有"三分匠，七分主人"之说。人品不高，园亦低俗，如沈万三之宅园奢靡至极，"宝海楼""春宵间"等品题即俗不可耐，早已淹没在历史的烟尘中而无人提及。元末明初这些乡村园林的主人大多数都是学养丰富而心怀隐逸之志的文人。他们清高狷介，性爱自然，元末的乱世促使他们选择僻远的乡村居住，这里风景优美、土地开阔、人事宁静，还能躲避政治的干扰。曹善诚这样的富商也喜交文士，园林因此而不俗，也借此而嘉名远播。还有些是归隐的官宦，也有着一颗淡泊之心。"耕渔轩"主人徐达左"世家笠泽之坡，慕学，无所不读，凡往古之成败污隆，人物之是非得失，莫不周知而有要愈，叩而不穷。其为人平易以坦夷，尊贤而好礼，弗矫激以干名，弗苟偷以趋利。"（高巽志《耕渔轩记》）他学识渊博，尤重修身，为人坦荡，待人热情，虽僻居一隅，依旧吸引了四方名士前来唱和游息，为接纳他们还建了养贤楼，当时"声闻亦阿瑛亚。"（法式善《陶庐杂录》）"玉山佳处"主人顾阿瑛家资素丰，性情洒脱，"通文史及声律、钟鼎、古器、法书、名画品格之辨，性尤轻财喜客。"（杨维桢《玉山雅集图记》）他有仕才而无仕志，数次举荐皆不就。张士诚据吾后欲强以为官，去隐嘉兴合溪，母丧归绰溪，张士诚再辟之，遂断发庐墓，自号金粟道人。（顾沅《吴郡名贤图传赞》）他好古喜藏，购古书名画、鼎彝珍玩，开明代吴门文人玩赏之风；轻财好客，常与宾客在"玉山佳处"悠游赏玩、饮酒赋诗，园亭胜概，宾朋声伎之盛均为一时之冠。"水竹居"主人曹瑾为人端谨宽厚，工诗文、精书善画，高遁隐居，张士诚聘亦不出。"依绿轩"主人陆行直诗画清劲，闲旷好读，为人称道。"万玉清秋轩"主人宁昌言致仕归乡后日与二三知己以

琴尊自娱卒。"团溪渔乐"主人瞿孝桢"处商农之间，笔耕墨庄，乐逾农也；文售大方，乐逾商也。……人或见而不知之，先生独能知而乐之，可谓得性情之正矣。"（杨维桢《团溪记》）他们以自己的品行学问赢得了周围人们的称道。他们悠然的身影常出现于山中溪边、林下花间，投竿而渔、抚琴而歌、踏雪寻梅、对月吟诗，他们本身就是流动的文化，诠释着诗意栖居，成为乡间动人的风景（图5）。

图5　文伯仁《石湖草堂图》（局部）

（二）参与教育，传播文化，成就耕读之乐

这些长期隐居于乡间的文人，自然也融入了脚下那片热土，他们以不同的形式传播文化、倡导仪礼，成为引领乡镇文化文明发展的乡贤。徐达左家族是光福望族，他归隐于光福里，潜心修学，不求于名。张士诚据苏后，他把家财十之八九施与族人，聚族而居，修宗族之礼，设立义塾，教合族弟子，亲自讲授五经和升降揖让之礼，使得当时的光福赢得"小邹鲁"之美称，以一己之力带动了一地崇文尚礼之风。江南闾里乡间的文化素养普遍比较高，是离不开生活于斯的这些文人的。明代朝鲜人崔溥在《漂海录》中记载：江南人以读书为业，即使是里闾童稚或津夫、水夫之类，也都识字。他到了江南地方，只要将地点写出来，即使一般的民众，也能将山川古迹、土地沿革，全部详细告知（崔溥《漂海录评注》）。虽

然写的是明朝，但这种情况在吴地早已如此，耕读之乐，泽被一方。

但这种耕读文化的特征与中国其他地方的古村落不完全相同。很多古村落是一姓聚居，在整体的设计建造中除了各家宅园，族中富贾或显宦还出资建造公共园林、祠堂、书院等，宗祠文化与耕读文化交融，耕读追求往往体现为乡村的田耕气息，读是学而优则仕的愿望，读可荣身、光耀门楣；耕以致富。而隐居于苏州乡村的这些文人未必有宗族的背景，多以个体的身份将雅文化带到乡村，他们参与的教育、传播的文化更偏重人的内在修为、人格的塑成，清高不仕的思想多少也会影响到部分受教者，推动平和淳雅的民风形成。

（三）结友雅集，文化盛事，营造人文环境

性高才茂的园林主人如同一个强大的磁场，吸引了各方韵士前来，隐于艺事、优游雅集成为此期园林的一大特色。最有代表的是顾阿瑛的"玉山佳处"，是当时文人雅集圣地，"玉山雅集"成为元末苏州的一个文化象征符号。他曾举办各种集会五十多次（不算在他处别业所办），前后持续达30年。较为集中的如至正八年（1348）举办雅集6次，至正九年（1349）5次，至正十年（1350）21次，至正十一年（1351）12次。（周海涛《〈玉山雅集图〉向〈水西清兴图〉题图模式演变蕴涵的诗学意义》）各方名流纷至沓来，有确切记载到过玉山佳处的文士达100多位，顾阿瑛实际交游的有400多位，（谷春侠《玉山雅集研究》）不论人等、阶层、年龄、政治取向等，只因共同的志趣爱好。其规模之大、频率之繁都堪映耀古今。元人张渥有《玉山雅集图》，杨维桢为此图作记，言及至正戊子二月十九日（1348）的这次集会乃诸集之冠。画上人物有玉山主人顾阿瑛、铁笛道人杨维桢、叶航道人姚文奂、苕溪渔者郑韶、吴门李立、淮海张渥、玉山顾晋、匡庐山人于立、顾阿瑛之子元臣，还有一些侍姬执伎。大家或执麈而谈，或据案赏卷，或沉吟赋诗，或展卷作画，或坐或站或枕石，有琴笛茶酒相佐，"觞政流行，乐部谐畅，碧梧翠竹与清扬争秀，落花芳草与才情俱飞。"（杨维桢《玉山雅集图记》）难怪此图一出，令无数名流慕尚之。后人常把玉山雅集与兰亭雅集、西园雅集相提并论，甚至还认为其清而不隘、华而不靡还过之。唱和辑成《玉山名胜集》《玉山名胜外集体》《草堂雅集》等七部总集，蔚为大观；雅集还留下不少书法、绘画佳作，为元末文学艺术做出了重要贡献。

"耕渔轩"主人徐达左品行高洁，性喜结交，"当时江东儒者以良辅为称首"（徐有贞《先春堂记》），往来既有吴中文人，也有路过或慕名而来的外地名士，如高启、王行、高巽志、唐肃、徐贲等"北郭十友"，张羽、徐大章、杨维桢等，孤高清洁的倪瓒也与之交好，可以想见其为人。良辰美景，耕渔轩群彦毕至，流连湖光、觞咏酬唱、泼墨挥毫，文采耀耀。交游唱和所作辑为《金兰集》，令后人遥想昔日的风雅生活。常熟"梧桐园"主人也常常邀请文人雅士聚会园内，倪云林、杨维桢等均是座上客。

　　这些文人名士同声相求、同气相应，虽然身处乱世，却在远离尘嚣的乡间活泼泼地生活着，用丰富的文化活动在乡村营造出浓厚的文化氛围，为乡村增添人文之美，也会带动其他社会阶层提高文化审美品位。作为活动的成果，那一首首诗、一幅幅画、一篇篇园记，让光福、昆山、吴江等一个个美丽的乡村名字传播得更远、更久（图6）。

图6　沈周《东庄图》之二十一知乐亭

三、对当代乡村建设的启示：文化铸就美丽乡村之魂

当下，我们正在推进新农村建设，取得了显著成效，环境的整治最为可观，屋舍俨然、田陌纵横、青山绿水、林香麦浪、瓜果飘香，浓浓的乡土特色成为吸引人的主要原因。自然之美固然是乡村的有利条件，但真正的美丽、持久的美丽还应有灵魂性的东西，即文化的内涵。元明之际那一座座坐落在乡村间的园林，美名远扬、历史留痕，有形的亭台楼阁、山池花木或许已经找寻不到，但依旧存活在人们心中，成为文化历史的一部分。这种现象对于当代美丽乡村的建设不无启迪。

在乡境的创设上要立足本土，彰显地域特色。我国幅员辽阔，地貌多样，农业大国决定了乡村景观丰富。一地有一地之风土，乡村原生态的田野、草原、山水，宁静、纯朴的气息是有利条件，在开发建设中，要重视对本土自然资源的利用，因地制宜、顺应自然，可大大节约经济成本，更重要的是只有与当地审美习惯、文化历史相和谐的风景，才能产生赏心悦目的审美体验。如江南简淡空灵的水乡特色，皖南悠远厚重的山村特色，内蒙古粗犷豪迈的牧区特色，长白山幽深高远的林区特色，还有异域风情的民族村寨各个自有特色。因此，保持原汁原味的自然景观才是本真的美丽，移花接木的景致反会显得不伦不类。

在乡人的塑造上要加强地域文化教育，提升素养情怀。人和生活也是风景。元人郑元祐在《芝云堂记》中写道："农乐于田者，或失之朴；为士而攻于文学者，或失之凿；工贾末业，不齿焉。若夫精于士习而不凿以求异，安于田亩而不朴且鄙，惟于顾仲瑛氏见之。"（郑元祐《芝云堂记》）只知种地的农民或许识见鄙陋，并不能感受到田园之美，怀有功利之心的士人或许过于雕琢求异，并不能享受读书的闲适之美。顾阿瑛等文人之所以能欣赏乡村的景色与生活，关键在于他们有不俗的情怀。现代乡村洁美的环境不能很好地维护，没有保护生态的自主意识，没有良好的素养习惯，美丽只是停留在表面，终究不会持久。建设美丽乡村要注重地域文化教育，提升村民的素养，培养乡土情怀，才能让更多的人懂得欣赏家乡、热爱家乡，愿意维持、表现、宣扬家乡的美。要发挥乡村中文化人的作用，包括本土的文化人和在乡村安家的外来文艺工作者。他们除了做出自己专业领域的文化贡献外，往往还能带动一批人，从而提升整个区域的文化水平。举办一些真正有内涵的文化活动，让文化搭台、文化唱戏，而

非流于形式。

　　乡村是中国传统文化中诗意栖居的理想境地，若没有文化底蕴，往往就成为枯寂、落后的代名词。为乡村铸造文化之魂，一方面要深耕原有的历史文化，挖掘其精神内涵；另一方面要结合时代创造新的文化资源，如增加文化设施、设计有文化元素的新景观、开发文化产品等。为自然注入思想，为生态注入人文，才能使那山那水体现诗情画意；使渔耕劳作体现宁静淡远；使顺时而为、应节而动的乡村生活体现慢生活的静美，成为减少欲望、养心适志的生活追求。有文化底蕴的乡村，可居、可游、可思，有生态、有文化、有道德的乡村，才能保持生命力，实现叮持续发展。文化乃美丽之灵魂，当文化的气息真正弥漫于乡村，浸润人的身心，美丽乡村才能真正成为人们的诗和远方。

　　　　　　　　　　　　　　（原载于《苏州园林》2018 年第 1 期）

虎丘两个塔影园传承关系考

文/夏冰

　　虎丘一带,被称作塔影园的,据史志记载有两处,一为文氏塔影园,另一则为蒋氏塔影园。时至今日,由于时代的变迁,一座塔影园已经无从稽考,而另一座也历经沧桑,不复往日风貌,有待全面整治修复。

　　关于现存塔影园原为文氏塔影园还是蒋氏塔影园的问题,今人有不同的观点。1989 年所立《塔影园重修记》碑(碑在今塔影园中)与 1995 年出版的《苏州市志》上皆认为现存塔影园最早为文肇祉所筑。而笔者则根据当时史志记载并结合现在的实地情况,认为该园确系蒋氏始建,两个塔影园并无传承关系。

　　清乾隆时陆肇域、任兆麟所纂《虎阜志》(图 1)上载道:"塔影园,

图 1　《虎阜志》①

399

---

① 陆肇域,任兆麟. 虎阜志[M]. 苏州:古吴轩出版社,1995.

园史考证

在便山桥南。明上林苑录事文肇祉筑。《雁门家乘》:'一名海涌山庄,碧梧修竹,清泉白石,极园林之胜。以塔影在池,故名……'后国子生顾苓得之,改名云阳草堂(顾苓作有《虎丘塔影园记》,可参见《苏州园林历代文钞》上海三联书店 2008 年版、《虎丘山志》文汇出版社 2014 年版)……今废。"可见,陆、任二人编纂《虎阜志》时,文氏塔影园已经荒废,只剩旧址供人发思古之幽情了。

清时画家秦仪作于乾隆五十六年(1791)的《虎丘山塘图》册,绘有塘河、溪浜、桥梁、舟楫、会馆、祠墓、坊表、寺院和园林,大都标有名称,具有一定的历史研究价值。图册之图五上,在"斟酌桥"西,标有"塔影园",即指蒋氏园;之图八上,所绘"便山桥"南,标有"塔影园址",即指文氏园的旧址。这个画册其实已经解决了长期以来对"蒋氏塔影园""塔影山馆"和"文氏塔影园"混淆不清的问题。

就在文氏塔影园荒废之后,清乾隆时贡士蒋重光于虎丘东南隅利用程氏故居废壤精心构筑别业,亦名塔影园。《虎阜志》上记载:"蒋氏塔影园,在东山浜,贡士蒋重光所葺别业,中有宝月廊、香草庐、浮苍阁、随鸥亭诸胜。"又沈德潜《蒋氏塔影园记》:"赋琴主人为园于虎丘东南隅,山之明丽秀错,园皆得而因之,名曰塔影……园三面绕河,船自斟酌桥进,丛生菱荷,朋聚凫鸥……昔顾高士苓居塔影园……今异其地而同其名,殆有尚友前民之意焉。主人名重光,字子宣,姓蒋氏。园成为乾隆某年月日。"此记并无记载与"文氏塔影园"的传承关系。

以上文献所述,可见两个塔影园地理位置迥异,一个在便山桥(即望山桥)南,一个在斟酌桥西,显然两者并无历史文化上的渊源,只是蒋重光雅慕前朝顾高士,取了个相同名称而已。蒋氏塔影园的位置,不但与《虎丘山塘图》上所标"塔影园"位置相符,而且与今日塔影园的位置也相同。

又据成书于道光年间的《桐桥倚棹录》的记载可以知道,蒋氏塔影园于嘉庆二年(1797)被知府任兆炯改建为白公祠,祀唐太子少傅白居易。任兆炯还在白公祠"门首建桥,名曰塔影,便入祠之路,赤栏白石,丽景如画。桥联曰:'路入香山社,人维春水舟'"。而今塔影桥仍跨于虎丘与塔影园之间的河浜上,桥联尚存,"舟"字实为"船"字,并且还有另一侧桥联:"横波留塔影,跨岸接山光。"由塔影桥可知此地曾为白公祠,而白公祠即由蒋氏塔影园改建而来,因而现存虎丘塔影园为蒋重光始建无疑。《苏州文物》1992 年第 6 期上陈雪庵《二百年前的虎丘山塘》与 1993

年第 7 期上钱勤学《山塘访古笔记》关于塔影园的论述，与笔者持相同观点，可参阅。

白公祠在咸丰十年（1860）毁于兵燹，光绪二十八年（1902）就其址建李公祠，祀清大臣李鸿章。至今园中尚有光绪二十七年（1901）为李鸿章建专祠的谕旨碑一座。1949 年安徽私立淮上中学在此复校，1951 年易名为私立苏州虎丘初级中学，1956 年改为苏州市虎丘初级中学，1970 年改称苏州市第二十八中学，后成为江苏省苏州幼儿师范学校所在地。现该园已被列入古典园林修复规划，必应按照"历史真实性"的原则，加以修复，给今人和后人重现一处真实可靠的历史景观。

（原载于《苏州园林》2018 年第 2 期）

秦汉魏晋南北朝时期的苏州园林

文/孙中旺

　　苏州园林的兴建历史悠久，唐人陆广微的《吴地记》中就记载了春秋时期吴王寿梦曾在今苏州城内吴趋坊一带"凿湖池，置苑囿"，把这里当作"盛夏乘驾纳凉之处"，因此取名"夏驾湖"，可见苏州的园林在苏州城建造之前就已经出现。不过先秦时期苏州的园林主要是借助于自然山水而建造的皇家园林，如夏驾湖、长洲苑、姑苏台、馆娃宫等均是。秦汉魏晋南北朝时期是苏州园林发展的重要阶段，伴随着今苏州地区经济文化的发展及佛教的传入，造园活动也渐趋兴盛，私家园林和寺观园林不断涌现，打破了皇家园林一枝独秀的局面，并渐趋成为园林建设的主流。园林的建造艺术也日益成熟，从借助自然山水逐步向模拟自然山水的方向发展，对后世的园林建设影响深远。在园林建设发展的同时，造园家也在今苏州地区出现。

　　秦汉时期，关于苏州造园活动的记载大多和春秋吴国宫苑的遗存有关，如西汉时的吴王刘濞可能对早已遭受破坏的长洲苑进行过较大规模的修葺，因此枚乘在《谏吴王濞书》中记载西汉政府苦心修治的上林苑也"不如长洲之苑"。而秦汉时郡治为吴县的会稽郡衙署也建造在春秋吴国的宫殿旧址上，该衙署中可能尚有园林存在，据《汉书》卷六十四《朱买臣传》记载，汉武帝时朱买臣出任会稽郡太守后，曾将先前不安贫困而改嫁的妻子带回衙署，"置园中，给食之"。《越绝书》卷二《越绝外传记吴地传》也记载了东汉初年还在这座园中开凿了"东西十五丈七尺，南北三十丈"的宫池，可见此园林的规模之大。同书还有"桑里东今舍西者，故吴所畜牛羊豕鸡也，名为牛宫，今以为园"的记载，由此可见当时还曾把有些吴国苑囿改建为园。另外两汉时期的私家园林也见诸后世文献，清代道光年间（1821—1850）的《吴门表隐》及同治年间（1862—1874）的《苏州府志》都有关于"笮家园"的记载，并认为该园是"吴大夫笮融所居"。而清光绪年间的《五亩园小志》也记载了五亩园"胜绝一时，为汉张长史所置以树桑者"。虽然这些记载都因过于晚出而未必可靠，但考诸相关史料还是可以看到其合理成分，如上述笮家园的园主笮融，据《三国志》卷四十九《吴书·刘繇传》记载其为东汉末丹阳人，曾聚众附徐州牧陶谦，"谦使督广陵、彭城运漕，遂放纵擅杀，坐断三郡委输以自入"，并曾在徐州"大起浮屠祠，以铜为人，黄金涂身，衣以锦彩，垂铜盘九重，下为重楼阁道，可容三千余人"。从这些记载可见笮融不仅积累了巨额财富，而且还有督造建筑的具体经验，建造私家园林是完全可能的。

魏晋南北朝时期，今苏州地区的私家园林主要分为建在城郊的别墅园林和建在城内的住宅园林两类。别墅园林大多选择在依山傍水之地，因自然地形而略加整理，具有天然山水与人工营造相结合的特点。如东晋时王珣、王珉兄弟各自在虎丘山营建别墅，并经常在此接待客人，《晋书》卷九十四《戴逵传》就记载了当时名士戴逵曾与王珣一起在虎丘山别馆中"游处积旬"。而刘宋时的显宦张裕也曾在吴郡西部的华山建有别墅，据《宋书》卷五十三《张茂度传》记载张裕"内足于财，自绝人事，经始本县之华山以为居止，优游野泽，如此者七年"。可见张裕的华山别墅规模也应该比较庞大。

建在城内的住宅园林以顾辟疆园最为有名。顾辟疆为东晋人，出身于显赫的吴郡顾氏家族，曾任郡功曹、平北参军等职。顾辟疆园是东晋时江南最有名的私家园林之一，宋范成大在《吴郡志》卷十四《园亭》中记载该园林"池馆林泉之胜，号吴中第一"。顾辟疆常在其中"集宾友醉燕"，该园林也颇受文人雅士的倾慕，如《晋书》卷八十《王献之传》就有著名书法家王献之"尝经吴郡，闻顾辟疆有名园。先不相识，乘平肩舆径入"的记载。比顾辟疆园稍晚出现的戴颙园也是当时苏州著名的私家园林。戴颙是晋末宋初著名隐士，曾隐居于今苏州城，受到当地人的欢迎，"吴下士人共为筑室"，据《宋书》卷九十三《戴颙传》记载该园林"聚石引水，植林开涧，少时繁密，有若自然"，可见当时今苏州地区的造园技术已经比较成熟。除了顾辟疆园和戴颙园之外，当时的苏州地区还存在着不少小规模的园林，如《世说新语·简傲》就记载东晋时期吴郡一家士大夫家"极有好竹"，当时名士王徽之曾特意前来观赏，"肩舆径造竹下，讽啸良久"，而主人也"洒扫施设，在听事坐相待"，为了留住王徽之，甚至

"令左右闭门不听出",可见该宅也是当时一个比较有名的私家园林。《南史》卷四十八《陆慧晓传》也记载了宋齐时期,吴郡名士张融和陆慧晓并宅,"其间有池,池上有二株杨柳",名士何点和刘琏都曾专程到此拜访,并对池水和杨柳进行了高度赞赏,可见两人宅间可能也有比较简单的园林建设。

在私家园林兴盛的同时,寺观园林也开始出现。这一时期盛行"舍宅为寺"的风气,达官显贵们多将自己的宅园奉献给寺院。如上述东晋王珣、王珉兄弟在虎丘山建造的别业后来均舍宅为寺,分别称虎丘东、西寺。今城西的灵岩山寺原为东晋时司空陆玩舍宅而建。常熟虞山北麓的兴福寺,为南齐年间邑人郴州牧倪德光舍宅兴建。这些寺院所处山中,均为达官显贵舍其山墅而成,因此这些寺观园林本身就是由私家园林而来。另一类的寺观修造时就建得园林化,如《高僧传》卷十一《明律》记载,刘宋时期名僧释僧业曾被吴郡张邵"请还姑苏,为造闲居寺",该寺建造得十分优美,"地势清旷,环带长川"。《吴地记》也记载了东晋时何准在今苏州城建造的般若寺,"内有水池石桥",可见也是一所很园林化的佛寺。南朝时期由于政府的提倡,所以寺院经济实力雄厚,甚至出家人也比较富有,如《宋书》卷七十五《王僧达传》就有"吴郭西台寺多富沙门"的记载,为寺观的园林化建造提供了经济基础。

在园林建造兴盛的同时,今苏州地区还出现了南朝杰出的造园家张永。张永出身于门第显赫的吴郡张氏,其父张裕曾在吴郡城西的华山建造有别业。张永兴趣广泛、多才多艺,《宋书》卷五十三《张永传》载其"涉猎书史,能为文章,善隶书,晓音律,骑射杂艺,触类兼善,又有巧思",其自造的纸墨甚至连宋文帝也"自叹供御者了不及也",因此很得宋文帝器重。元嘉二十三年(446),刘宋政府建造大规模的皇家园林华林园和玄武湖,均委派张永统一监造,"凡诸制置,皆受则于永",此为史籍中记载由文人规划督建皇家园林最早的一例。张永对此也"每尽心力",使得华林园和玄武湖成为中国历史上著名的皇家园林。后来宋明帝刘彧还曾有把皇家园林南苑借给张永之举,可见张永在当时造园领域中的地位和影响。

(原载于《苏州园林》2007年秋、冬)